平成19年1月

鉄道構造物等
維持管理標準・同解説（構造物編）

▶基礎構造物・抗土圧構造物
― 令和7年付属資料改訂版 ―

国土交通省鉄道局 監修
鉄道総合技術研究所 編

丸善出版

令和 7 年付属資料改訂版について

　本書「鉄道構造物等維持管理標準・同解説」は，平成 19 年 1 月に国土交通省鉄道局長から通達された「鉄道構造物等維持管理標準」に解説を加え，さらにその参考となる資料を付属資料としてまとめたものである．平成 19 年に発刊されてから 15 年以上が経過し，技術が進歩しかつ維持管理における知見が蓄積したことにともない，平成 19 年版からさらに付属資料の充実を図ったのが「令和 7 年付属資料改訂版」である．具体的には，昨今，激甚化・頻発化する豪雨災害に対する鉄道河川橋りょうの維持管理の観点から，洗掘が発生しやすい河川橋りょうの特徴，洗掘に対する調査方法や健全度の判定方法，洗掘防護工の変状に応じた健全度判定例などを整理し，付属資料として追記した．なお，「鉄道構造物等維持管理標準」およびその解説については，平成 19 年版から大きな修正・追記は行っていない．

監 修 者 の 序

　鉄道事業の基本は安全の確保です．安全かつ安定的な鉄道輸送を維持していくためには，事業を支える基盤である鉄道構造物を適切に維持管理していかなければなりません．我が国の鉄道は，戦後の高度経済成長時に整備・改良された鉄道構造物により営業している路線が多いことから，維持管理の重要性は今後さらに高まっていくものと考えられます．

　国土交通省鉄道局では，平成12年度より鉄道の技術基準整備の一環として，「鉄道施設の検査のあり方」についての調査研究を，財団法人鉄道総合技術研究所に委託し検討を進めてきました．同研究所では学識経験者，鉄道事業者等の委員からなる「鉄道土木構造物の維持管理に関する研究委員会」（委員長：岡田勝也 国士舘大学教授）と「軌道の維持管理に関する研究委員会」（委員長：上浦正樹 北海学園大学教授）の2つの委員会を設置して，鉄道土木構造物と軌道の検査周期や健全度判定等に関する調査研究を行いました．

　鉄道局では，これらの委員会での調査研究の成果を踏まえ，平成19年1月に「鉄道構造物等維持管理標準」を制定し，全国の鉄道事業者に周知したところです．

　鉄道局が制定する「標準」は，鉄道事業者が遵守しなければならない安全基準（鉄道に関する技術上の基準を定める省令）に合致した設計や施工を，実務者が確実に行えるようとりまとめたものであり，これまでにコンクリート構造物をはじめとして数多くの標準が制定・改訂されています．

　これまでに制定した標準は「安全な鉄道構造物をいかにして作るか」という観点からとりまとめを行ってきた設計基準ですが，今回の標準は，「鉄道の安全をいかに維持するか」という観点から軌道・鉄道土木構造物の検査のあり方を検討し，鉄道事業者の実務を担当する方々が理解しやすい標準的な維持管理の手法としてとりまとめた維持管理標準です．

　具体的には，構造物の設置目的を達成するための要求性能を設定し，目視を基本とした検査により要求性能が満たされているかどうかを確認し，判定された健全度に応じて措置し，記録するという構造物の維持管理の流れを体系化して示しています．

　このたび，鉄道総合技術研究所が，これまでの調査研究で得られたデータの蓄積を活用して検査実務の一助となるよう標準に解説を加え，「鉄道構造物等維持管理標準・同解説」

として刊行されることは，誠に時宜を得たものであり，本書が維持管理業務に大いに活用されることを期待しています.

　おわりに，岡田委員長をはじめ，本書の刊行に至るまで多大なご尽力を頂いた関係各位に対し，心から敬意と謝意を表します.

　平成 19 年 1 月

国土交通省大臣官房技術審議官（鉄道局担当）

山　下　廣　行

刊行にあたって

　鉄道総合技術研究所では，省令・告示に関わる具体的な研究委託を国から受け，国土交通省の指導のもとに各分野の設計標準に関する委員会を設けて，条文策定に必要な調査検討を進めてきている．その成果として，土構造物，コンクリート構造物および鋼・合成構造物の3分野については平成4年10月に「鉄道構造物等設計標準・同解説」として刊行した．引き続き，基礎構造物・抗土圧構造物（平成9年3月），シールドトンネル（平成9年7月），鋼とコンクリートの複合構造物（平成10年7月），耐震設計（平成11年10月），開削トンネル（平成13年3月），都市部山岳工法トンネル（平成14年3月）等を刊行し，設計実務に広く活用して頂いている．最近では，変位制限（平成18年2月）も刊行した．

　一方，安全で安定的な鉄道輸送を維持していくためには，構造物の設計のみならず維持管理も重要である．本書「鉄道構造物等維持管理標準・同解説」は，平成19年1月に国土交通省鉄道局長から通達された「鉄道構造物等維持管理標準」に解説を加えたもので，平成13年5月から平成17年6月にかけて当研究所に設置した「鉄道土木構造物の維持管理に関する研究委員会」（委員長：岡田勝也 国士舘大学教授）において調査検討された成果に，巻末の付属資料を併せて今回の刊行としたものである．取り扱う構造物が多岐にわたるため，コンクリート構造物，鋼・合成構造物，基礎構造物・抗土圧構造物，土構造物（盛土・切土），トンネルの5分冊としている．

　本書に示された内容は，現時点における鉄道構造物維持管理の標準的な手法を示すもので，維持管理に関わる最新の研究成果を取り込むとともに，性能規定化の流れに沿って体系化されたものになっている．今後の技術の進歩や設計データの蓄積・更新によって，逐次，見直しや付属資料の充実をはかっていく必要があると考えられるものの，本書が，鉄道事業者が実施する構造物維持管理に大いに活用されることを期待している．

　おわりに，本標準の作成および審議にあたられた「鉄道土木構造物の維持管理に関する研究委員会」の委員長・各主査をはじめ，委員・幹事等の関係者各位の長期間にわたるご

努力に対し，深甚なる謝意を表する次第である．

平成 19 年 1 月

財団法人　鉄道総合技術研究所

理事長　秋　田　雄　志

まえがき

　現在供用中の鉄道土木構造物の大半は，明治から昭和初期および高度経済成長期に建設されたものである．これらは，複雑な地形・地質にあるだけでなく，地震や豪雨など環境から多様な影響を受けることも相まって，年々着実に経年化が進んでいる．今後も鉄道の安定・安全輸送を確保し続けるためには，これらの経年を経た土木構造物を適切に維持管理してゆくことが益々重要になっている．

　鉄道土木構造物の維持管理の方法が初めて体系化された指針は，昭和49年に国鉄により作成された「土木建造物の取替標準（土木建造物取替の考え方）」である．以降，国鉄の民営分割後においても，JR各社等では，この指針で示された検査の基本的な考え方に基づき維持管理業務が行われてきた．しかしながら，平成11年に相次いで生じた鉄道トンネルのコンクリートはく落問題を契機に，構造物の維持管理の重要性が再認識された．そして平成12年2月「運輸省トンネル安全問題検討会」（座長：足立紀尚京都大学教授（当時））によって「トンネル保守管理マニュアル」が策定され，トンネルに対しては，従来の定期検査に加えて，「初回全般検査」と「特別全般検査」を行うことが運輸省によって鉄道事業者に通達された．また，平成12年3月には，（旧）運輸省，建設省，農林水産省の3省が設置した「土木コンクリート構造物耐久性検討委員会」（委員長：町田篤彦埼玉大学教授（当時））の提言において，日常的な検査のほかに，全体を近接目視等により検査する定期検査の実施が謳われた．さらに，平成11年12月には，運輸技術審議会鉄道部会の「技術基準検討会中間とりまとめ」において，鉄道施設の安全性，安定性を確保するため，技術基準には定期的な機能確認のための規定を置く必要があることが指摘された．そして，平成13年12月には，「鉄道に関する技術上の基準を定める省令」が制定され，鉄道の技術基準を性能規定化することが示された．

　そこで，鉄道施設の検査のあり方を検討し，より適切な維持管理が可能となる検査周期やその方法などをとりまとめ，解釈基準としての鉄道土木構造物の維持管理標準を制定することを目的として，平成12年度に「鉄道土木構造物の維持管理に関する研究委員会」

（以降，本委員会と呼ぶ）が設置された．本委員会では，平成16年度までの延べ5年間に
わたって審議が重ねられ，維持管理標準の取り纏めに至っている．

　検討にあたっては，本委員会の下にコンクリート構造分科会（主査：魚本健人東京大学
教授），鋼・合成構造分科会（主査：森猛法政大学教授），基礎・土構造分科会（主査：岡
田勝也国士舘大学教授），トンネル分科会（主査：朝倉俊弘京都大学教授）の4分科会を
設置し，各構造物の個別の課題に関する検討を行った．また，検査区分や健全度判定区分
などの各構造物に共通する項目については，本委員会を中心として横断的な検討を行っ
た．

　維持管理標準の策定にあたっては，技術基準における性能規定化の流れを踏まえて，鉄
道土木構造物に要求される性能を意識し，列車運行および旅客公衆の安全性を確保するた
めの性能照査型維持管理体系を構築することを目指して検討を進めた．まず，各鉄道事業
者における検査体制や構造物の現状などの実態を把握した上で，具体的な検討課題を抽出
し，検討に着手した．具体的な検討課題としては，① 検査区分，② 検査周期，③ 検査
員，④ 調査項目と方法，⑤ 健全度判定，⑥ 措置，⑦ 記録，の7点が主なものである．①
検査区分については，各構造物に共通した検査体系として，初回検査，全般検査（通常全
般検査，特別全般検査），随時検査を提案した．②検査周期については従来より規定され
てきた全般検査の周期（2年）に関する検討を行い，2年を基本としつつ構造物の特性に
応じて周期を延伸できる条件を示した．さらに，③検査員については検査員のあり方，④
調査項目と方法については調査項目・調査箇所等の重点化や調査方法，⑤健全度判定につ
いては判定区分，⑥措置については措置方法の体系化，⑦記録については記録のあり方に
ついて具体的に言及した．

　本標準・解説の成案が得られるまでの間，国土交通省の指導のもと，各鉄道事業者との
間において繰り返し検討WGが開催された．関係各位による度重なるご努力に対し，深
く感謝の意を表する．

　鉄道事業者においては，鉄道土木構造物の安全性を確保し続けるために，この「維持管
理標準・同解説」を適切に活用されることを切に願うものである．

平成19年1月

鉄道土木構造物の維持管理に関する研究委員会

委員長　岡　田　勝　也

鉄道土木構造物の維持管理に関する研究委員会

（平成 17 年 6 月現在）

委 員 長	岡 田 勝 也	国士舘大学 工学部都市システム工学科 教授
委 員	魚 本 健 人	東京大学 生産技術研究所付属都市基盤安全工学国際研究センター長 教授
〃	丸 山 久 一	長岡技術科学大学 副学長
〃	宮 川 豊 章	京都大学 大学院工学研究科土木工学専攻 教授
〃	三 木 千 壽*	東京工業大学 大学院理工学研究科土木工学専攻 教授
〃	森 猛	法政大学 工学部土木工学科 教授
〃	山 口 栄 輝	九州工業大学 工学部建設社会工学科 教授
〃	日 下 部 治	東京工業大学 大学院理工学研究科土木工学専攻 教授
〃	古 関 潤 一	東京大学 生産技術研究所人間・社会系部門 教授
〃	朝 倉 俊 弘	京都大学 大学院工学研究科社会基盤工学専攻 教授
〃	杉 本 光 隆	長岡技術科学大学 環境・建設系 教授
〃	吉 野 伸 一	北海道旅客鉄道株式会社 鉄道事業本部工務部 専任部長
〃	一 條 昌 幸*	北海道旅客鉄道株式会社 鉄道事業本部 工務部長
〃	石 橋 忠 良	東日本旅客鉄道株式会社 建設工事部 担当部長
〃	関 雅 樹	東海旅客鉄道株式会社執行役員 総合技術本部技術開発部 次長
〃	後 藤 晴 男*	東海旅客鉄道株式会社 技術本部 副本部長
〃	丸 山 俊	西日本旅客鉄道株式会社 鉄道本部 施設部長
〃	東 憲 昭*	西日本旅客鉄道株式会社 鉄道本部 施設部長
〃	近 藤 隆 士*	西日本旅客鉄道株式会社 鉄道本部 施設部長
〃	西 牧 世 博	四国旅客鉄道株式会社 鉄道事業本部 工務部長
〃	宮 井 徹*	四国旅客鉄道株式会社 鉄道事業本部 工務部長
〃	古 賀 徹 志	九州旅客鉄道株式会社 鉄道事業本部 施設部長
〃	細 田 勝 則*	九州旅客鉄道株式会社 鉄道事業本部 施設部長
〃	江 村 康 博*	九州旅客鉄道株式会社 鉄道事業本部 施設部長
〃	三 枝 長 生	日本貨物鉄道株式会社 保全工事部長
〃	松 木 謙 吉	京王電鉄株式会社 常務取締役鉄道事業本部長

鉄道土木構造物の維持管理に関する研究委員会
基礎・土構造分科会

（平成 17 年 6 月現在）

主　　査	岡　田　勝　也	国士舘大学 工学部都市システム工学科 教授
委　　員	日　下　部　治	東京工業大学 大学院理工学研究科土木工学専攻 教授
〃	古　関　潤　一	東京大学 生産技術研究所 教授
〃	石　川　修　一	北海道旅客鉄道株式会社 鉄道事業本部工務部工務技術センター 所長
〃	高　木　敏　雄*	北海道旅客鉄道株式会社 鉄道事業本部工務部工事課 副課長
〃	輿　石　逸　樹	東日本旅客鉄道株式会社 鉄道事業本部設備部課長 環境保全・経費管理 GL
〃	加　藤　正　二	東日本旅客鉄道株式会社 鉄道事業本部設備部課長 構造物管理 GL
〃	谷　口　善　則	東日本旅客鉄道株式会社 建設工事部構造技術センター 課長 基礎・土構造 GL
〃	今　井　政　人*	東日本旅客鉄道株式会社 建設工事部構造技術センター 副課長
〃	丹　間　泰　郎	東海旅客鉄道株式会社 東海鉄道事業本部工務部施設課長
〃	三　輪　一　弘	東海旅客鉄道株式会社 総合技術本部技術開発部構造物チーム 土・基礎 GL
〃	長　縄　卓　夫*	東海旅客鉄道株式会社 総合技術本部技術開発部 土・基礎・防災グループリーダー
〃	村　田　一　郎	西日本旅客鉄道株式会社 鉄道本部施設部（土木技術）担当マネジャー
〃	細　岡　生　也	西日本旅客鉄道株式会社 鉄道本部施設部（土木技術）主査
〃	神　野　嘉　希*	西日本旅客鉄道株式会社 鉄道本部施設部マネジャー（土木）
〃	泉　並　良　二*	西日本旅客鉄道株式会社 鉄道本部技術部 主査
〃	長　田　文　博*	西日本旅客鉄道株式会社 鉄道本部技術部 主席
〃	中　田　昌　典*	西日本旅客鉄道株式会社 鉄道本部施設部 主幹
〃	光　中　博　彦	四国旅客鉄道株式会社 鉄道事業本部工務部工事課長
〃	高　瀬　直　輝*	四国旅客鉄道株式会社 高松保線区 助役
〃	兵　藤　公　顕	九州旅客鉄道株式会社 鉄道事業本部施設部工事課 副課長

委　　員	村　田　清　満*	財団法人鉄道総合技術研究所　構造物技術研究部　鋼・複合構造研究室長
〃	舘　山　　　勝	財団法人鉄道総合技術研究所　構造物技術研究部　基礎・土構造研究室長
〃	羅　　　　　休	財団法人鉄道総合技術研究所　構造物技術研究部　基礎・土構造主任研究員
〃	羽　矢　　　洋	財団法人鉄道総合技術研究所　構造物技術研究部　基礎・土構造主任研究員
〃	澤　田　　　亮	財団法人鉄道総合技術研究所　構造物技術研究部　基礎・土構造主任研究員
〃	小　島　謙　一	財団法人鉄道総合技術研究所　構造物技術研究部　基礎・土構造主任研究員
〃	神　田　政　幸	財団法人鉄道総合技術研究所　構造物技術研究部　基礎・土構造主任研究員
〃	稲　葉　智　明	財団法人鉄道総合技術研究所　構造物技術研究部　基礎・土構造研究員
〃	濱　田　吉　貞	財団法人鉄道総合技術研究所　構造物技術研究部　基礎・土構造研究員
〃	峯　岸　邦　行	財団法人鉄道総合技術研究所　構造物技術研究部　基礎・土構造研究員
〃	水　野　進　正	財団法人鉄道総合技術研究所　構造物技術研究部　基礎・土構造研究員
〃	西　岡　英　俊*	財団法人鉄道総合技術研究所　構造物技術研究部　基礎・土構造研究員
〃	大　木　基　裕*	財団法人鉄道総合技術研究所　構造物技術研究部　基礎・土構造研究員
〃	勅使河原　　敦*	財団法人鉄道総合技術研究所　構造物技術研究部　基礎・土構造研究員
〃	山　田　孝　弘*	財団法人鉄道総合技術研究所　構造物技術研究部　基礎・土構造研究員
〃	永　尾　拓　洋*	財団法人鉄道総合技術研究所　構造物技術研究部　基礎・土構造研究員
〃	小　島　芳　之	財団法人鉄道総合技術研究所　構造物技術研究部　トンネル　研究室長
〃	杉　山　友　康	財団法人鉄道総合技術研究所　防災技術研究部　地盤防災　研究室長
〃	村　石　　　尚*	財団法人鉄道総合技術研究所　防災技術研究部　地盤防災　研究室長
〃	布　川　　　修	財団法人鉄道総合技術研究所　防災技術研究部　地盤防災　副主任研究員
〃	佐　溝　昌　彦*	財団法人鉄道総合技術研究所　防災技術研究部　地盤防災　主任研究員

委　　員	榎　本　秀　明	財団法人鉄道総合技術研究所　防災技術研究部　地質　研究室長
"	木　谷　日出男*	財団法人鉄道総合技術研究所　防災技術研究部　地質　研究室長
"	太　田　岳　洋*	財団法人鉄道総合技術研究所　防災技術研究部　地質　主任研究員
"	小　西　真　治	財団法人鉄道総合技術研究所　鉄道技術推進センター　次長
"	棚　村　史　郎*	財団法人鉄道総合技術研究所　鉄道技術推進センター　次長
"	進　藤　良　則	財団法人鉄道総合技術研究所　鉄道技術推進センター　管理　課員
"	五十嵐　良　博*	財団法人鉄道総合技術研究所　鉄道技術推進センター　管理　副主査

（＊印　途中退任の委員）

目　　　次

付　属　資　料

1章 総　　　則

1.1　適用範囲

　本標準は、鉄道構造物の維持管理を行う場合に適用する。ただし、特別な検討により適切な維持管理が可能であることを確かめた場合は、この限りでない。

【解説】

　本標準は，鉄道構造物に対する検査手法および健全度の判定，さらに必要に応じて行う措置，記録等，一連の維持管理に関する基本的な考え方を示すものである．本標準は，本線において列車を直接的・間接的に支持する構造物，もしくは列車の走行空間を確保するための構造物の維持管理に適用するが，側線や関連施設などにおいても必要に応じて本標準を準用してよい．ただし，はく落等の公衆安全に関する事項については，本線，側線の区別なく適用するものとする．

　「鉄道構造物等維持管理標準・同解説（構造物編　基礎構造物・抗土圧構造物）」（以下，「本編（基礎構造物・抗土圧構造物)」）の適用範囲は，構造物の基礎および土留擁壁とその基礎とする．ただし，橋台・橋脚・ラーメン高架橋などの変状のうち，基礎に起因して生じるものについては「本編（基礎構造物・抗土圧構造物)」においても取り扱う．

　なお，関連他編の適用範囲は以下の通りである．

　「鉄道構造物等維持管理標準・同解説（構造物編　コンクリート構造物）」（以下，「本編（コンクリート構造物)」）の適用範囲は，鉄筋コンクリート，プレストレストコンクリート，鉄骨鉄筋コンクリート，無筋コンクリート，れんが・石積造の橋りょうおよび高架橋（支承部および高欄等も含む）とする．なお，橋りょうの基礎，土留壁・土留擁壁，開削トンネル，函きょなどのコンクリート構造物に関しては，「本編（基礎構造物・抗土圧構造物)」，「鉄道構造物等維持管理標準・同解説（構造物編　土構造物（盛土・切土)）」（以下，「本編（土構造物（盛土・切土)）」）あるいは「鉄道構造物等維持管理標準・同解説（構造物編　トンネル)」（以下，「本編（トンネル)」）によるものとするが，検査や措置等参考にできる部分については「本編（コンクリート構造物)」を準用してよい．

　「鉄道構造物等維持管理標準・同解説（構造物編　鋼・合成構造物）」（以下，「本編（鋼・合成構造物)」）の適用範囲は，鋼・合成土木構造物で，橋りょうにおいては支承も含む．なお，鋼製橋脚基礎や，合成構造物のコンクリート部分に関しては，「本編（基礎構造物・抗土圧構造物)」および「本編（コンクリート構造物)」によるものとするが，検査や措置等参考にできる部分については「本編（鋼・合成構造

2

物)」を準用してよい.

「本編（土構造物（盛土・切土））」の適用範囲は，鉄道事業者が管理する盛土と切土およびそれらに付帯する防護設備，排水設備とする．なお，設計上土圧を想定している土留擁壁は，「本編（基礎構造物・抗土圧構造物）」による．また，鉄道事業者が管理していない盛土，切土，小規模な自然斜面で検査が必要と判断された場合は，「本編（土構造物（盛土・切土））」を準用してよい．ただし，規模の大きな自然斜面については「本編（土構造物（盛土・切土））」の適用範囲外とする．

「本編（トンネル）」の適用範囲は，鉄道トンネルとする．その他，覆い工（緩衝工等）についても，はく落に関する安全性の項目は「本編（トンネル）」を準用することができる．また，鉄道を横断するトンネルでも検査や措置等参考にできる部分については「本編（トンネル）」を参考とすることができる．

なお，本標準の適用が適切でないと考えられる場合，あるいは新たに開発された技術を適用することにより，よりよい維持管理が可能になると考えられる場合は，構造物の種類や変状の実態を十分に理解した上で，本標準によらず最も適切と考えられる方法を採用してよい．

「本編（基礎構造物・抗土圧構造物）」に記述されていない事項で，参照すべき法令，基準，指針類のうち，主なものを次に示す．

① 「鉄道に関する技術上の基準を定める省令」：国土交通省令第 151 号（平成 13 年 12 月 25 日）
② 「施設及び車両の定期検査に関する告示」：国土交通省告示第 1786 号（平成 13 年 12 月 25 日）
③ 「鉄道構造物等維持管理標準・同解説（構造物編　土構造物（盛土・切土））」：鉄道総合技術研究所（平成 19 年 1 月）
④ 「鉄道構造物等維持管理標準・同解説（構造物編　コンクリート構造物）」：鉄道総合技術研究所（平成 19 年 1 月）
⑤ 「鉄道構造物等維持管理標準・同解説（構造物編　鋼・合成構造物）」：鉄道総合技術研究所（平成 19 年 1 月）
⑥ 「鉄道構造物等維持管理標準・同解説（構造物編　トンネル）」：鉄道総合技術研究所（平成 19 年 1 月）
⑦ 「鉄道構造物等設計標準・同解説（コンクリート構造物）」：鉄道総合技術研究所（平成 16 年 4 月）
⑧ 「鉄道構造物等設計標準・同解説（鋼・合成構造物）」：鉄道総合技術研究所（平成 12 年 7 月）
⑨ 「鉄道構造物等設計標準・同解説（鋼とコンクリートの複合構造物）」：鉄道総合技術研究所（平成 14 年 12 月）
⑩ 「鉄道構造物等設計標準・同解説（基礎構造物・抗土圧構造物）」：鉄道総合技術研究所（平成 12 年 6 月）
⑪ 「鉄道構造物等設計標準・同解説（土構造物）」：鉄道総合技術研究所（平成 19 年 1 月）
⑫ 「鉄道構造物等設計標準・同解説（シールドトンネル）」：鉄道総合技術研究所（平成 14 年 12 月）
⑬ 「鉄道構造物等設計標準・同解説（開削トンネル）」：鉄道総合技術研究所（平成 13 年 3 月）
⑭ 「鉄道構造物等設計標準・同解説（都市部山岳工法トンネル）」：鉄道総合技術研究所（平成 14 年 3 月）
⑮ 「鉄道構造物等設計標準・同解説（耐震設計）」：鉄道総合技術研究所（平成 11 年 10 月）
⑯ 「鉄道構造物等設計標準・同解説（変位制限）」：鉄道総合技術研究所（平成 18 年 2 月）

1.2　用語の定義

本標準では、用語を次のように定義する。

鉄　道　構　造　物：列車を直接的、間接的に支持する、もしくは列車の走行空間を確保するための人工の工作物。ただし仮設物を含まない。以下、構造物と記す。

維　　持　　管　　理：構造物の供用期間において、構造物に要求される性能を満足させるための技術行為。

維持管理計画：検査及び措置の方法等を定めたもの。

変　　　　　　　状：構造物があるべき健全な状態から性能が低下している状態。

構造物の機能：目的に応じて構造物が果たす役割。

構造物の性能：構造物が発揮する能力。

要　　求　　性　　能：目的及び機能に応じて構造物に求められる性能で、一般には安全性、使用性、復旧性がある。

安　　　全　　　性：構造物が使用者や周辺の人の生命を脅かさないための性能。

使　　　用　　　性：構造物の使用者や周辺の人に不快感を与えないための性能及び構造物に要求される諸機能に対する性能。

復　　　旧　　　性：構造物の機能を使用可能な状態に保つ、あるいは短期間で回復可能な状態に留めるための性能。

性　　能　　項　　目：構造物が要求性能を満たしているか否かを判定するために照査する項目。

性能項目の照査：構造物が要求される性能項目を満たしているか否かを判定する行為。

性　能　の　確　認：性能項目の照査等によって得られた情報を基に、健全度を判定することで、構造物が要求性能を満たしているかどうかを確認する行為。

健　　　全　　　度：構造物に定められた要求性能に対し、当該構造物が保有する健全さの程度。

検　　　　　　　査：構造物の現状を把握し、構造物の性能を確認する行為。

初　　回　　検　　査：新設構造物及び改築・取替を行った構造物の初期の状態を把握することを目的として実施する検査。

全　　般　　検　　査：構造物の全般にわたって定期的に実施する検査で、通常全般検査、特別全般検査がある。

通常全般検査：構造物の変状等を抽出することを目的とし、定期的に実施する全般検査。

特別全般検査：構造物の健全度の判定の精度を高める目的で実施する全般検査。

個　　別　　検　　査：全般検査、随時検査の結果、詳細な検査が必要とされた場合等に実施する検査。

随　　時　　検　　査：異常時やその他必要と考えられる場合に実施する検査。

検　　　査　　　員：検査計画の策定及び調査結果に基づく健全度の判定を行う者と、検査の区分

4

に応じて調査等を実施する者の総称。

調　　　　査：構造物の状態やその周辺の状況を調べる行為。

目　　　　視：変状等を直接目で見て行う調査。

入 念 な 目 視：構造物に接近する等して詳細に行う目視。

措　　　　置：構造物の監視、補修・補強、使用制限、改築・取替等の総称。

監　　　　視：目視等により変状の状況や進行性を継続的に確認する措置。

補　　　　修：変状が生じた構造物の性能を回復させること、あるいは性能の低下を遅らせ
　　　　　　　ることを目的とした措置。

補　　　　強：構造物の力学的な性能を初期の状態より高いものに向上させることを目的と
　　　　　　　した措置。

使 用 制 限：列車の運転停止、入線停止、荷重制限、徐行等により使用を制限する措置。

改　　　　築：構造形式を部分的あるいは全体的に変更する措置、あるいは構造物の一部を
　　　　　　　取り壊して作り替える措置。

取　　　　替：構造物全体を取り替える措置。

記　　　　録：検査、措置、その他構造物の維持管理に必要な情報を記す行為、及び記した
　　　　　　　もの。

【解説】

　本標準の解説において使用する主な用語の定義を次に示す.

本　　　　線：列車の運転に常用される線路.

側　　　　線：本線でない線路.

ライフサイクルコスト：構造物の建設，運用，廃棄までの生涯に必要なすべての費用.

アセットマネジメント：構造物を資産としてとらえ，将来にわたる劣化による機能低下の程度や措置後の
　　　　　　　　　　　機能回復・向上の効果を把握するとともに，その資産の生み出す便益や災害等のリスク
　　　　　　　　　　　も考慮した上で最も費用対効果の高い方法を選択して維持管理を行う行為.

調　　　　査　　日：構造物の検査単位における現地調査の完了した日付. なお，「施設及び車両の定期検査
　　　　　　　　　　に関する告示」（以下，「告示」と記す）に定める定期検査においては，調査日をもっ
　　　　　　　　　　て，定期検査の実施日とすることができる.

検 査 責 任 者：検査員のうち，検査計画の策定および調査結果に基づく健全度の判定を行う者.

検 査 実 施 者：検査員のうち，検査の区分に応じて調査等を実施する者.

補　　助　　者：検査員が行う調査等を補助する者.

走 行 安 全 性：列車が安全に走行できる性能.

公 衆 安 全 性：構造物に起因した第三者への公衆災害を防止するための性能.

安　　　　定：安全性に関する性能項目のうち，構造物の安定に係るもの.

　なお，本標準においては維持管理の実務を踏まえ，補強の用語を構造物の力学的な性能を初期の状態よ
り高いものに向上させる場合にのみ用いるものとした. 文献等においては，力学的な性能を回復，向上さ
せる場合を広く補強と定義する場合もあるので，注意が必要である.

　また，**付属資料**1-1に，基礎・抗土圧構造物全般や河川橋りょうの維持管理に関する用語の定義を示す.

2章　維持管理の基本

2.1　一　　　般

　構造物の維持管理は、構造物の目的を達成するために、要求される性能が確保されるように行うものとする。

【解説】

　すべての構造物は，外力や環境の影響によって経年とともに性能が低下する．したがって，想定される作用のもとで構造物本体あるいは構造物を構成する部材が継続して要求性能を満足している必要がある．そのために，設計・施工時には性能の低下を考慮に入れた様々な配慮が行われるが，一方で適切な維持管理を行うことにより性能低下のレベルを抑制することが極めて重要である．そこで，本標準においては，構造物が要求性能を満足しているかどうかを検査により確認し，必要に応じて措置し，記録を行うという性能規定型の維持管理体系の考え方を採用することとした．なお，ここでいう要求性能として，列車が安全に運行できるとともに，旅客，公衆の生命を脅かさないための性能（安全性）を考慮しなければならないが，必要に応じて使用性や復旧性などを考慮することができる．また，要求性能は供用期間中に変化することがあるので，実状に応じて構造物が要求性能を満足しているかどうかを適宜，確認する必要がある．

　変状には，部材の一部に発生するものから構造物全体にわたるものまで，その種類と程度は千差万別であり，それぞれの変状が構造物の性能にどのように関連しているかを把握することは容易ではない．また，性能の確認には，性能項目の照査のほか，変状原因の推定や変状の予測を含めて総合的な評価が必要と考えられる．本標準では，検査および措置の方法等を定めた維持管理計画に基づき，以下の手順により維持管理を行うこととしている．まず，変状の抽出を主な目的として目視を基本とした調査を行う．次に，調査により抽出された変状のうち，性能を低下させている程度が比較的大きな変状については詳細な調査を行い，その情報に基づき変状原因の推定や変状の予測，さらに性能項目の照査を行う．それらの結果を基に健全度を判定し，構造物が要求性能を満足しているかどうかを確認する（**解説図 2.1.1**）．なお，要求性能が満足されていないか，満足されなくなるおそれがある場合等には措置を行う．

　以上のように，本標準では性能規定化の流れに沿った維持管理の体系化を図っているが，これまで行われてきている維持管理の内容を変えるものではなく，性能規定化の中での維持管理の位置付けをより明確にしたものである．

6

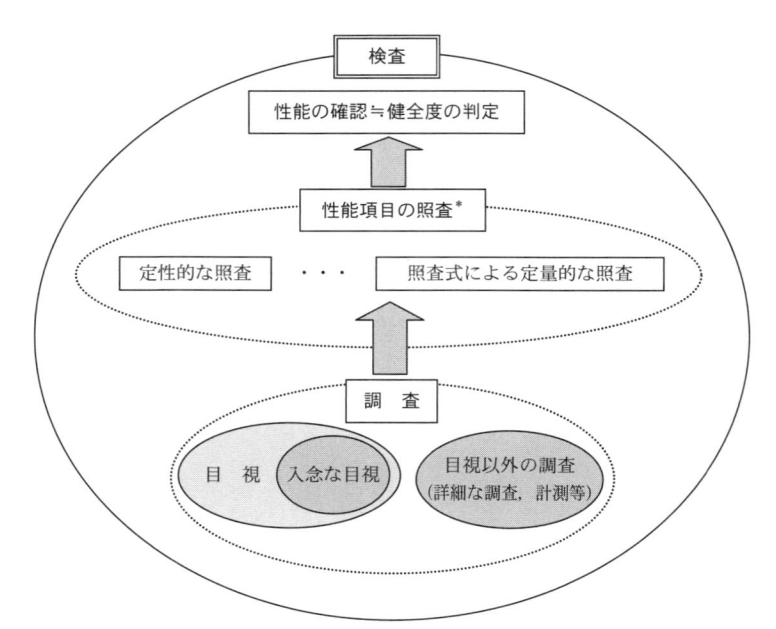

*全般検査においては主に目視による調査が行われ，健全度が判定される．変状がないか軽微
である場合には，そのことをもって構造物が所要の性能を有するとみなされ，性能の確認が
なされる．したがって，全般検査における目視は，安全性に関する性能項目（部材の破壊，
基礎の沈下，傾斜等）を定性的に照査している行為と考えることができる．また，個別検査
等においては，性能項目の照査を詳細に実施することになる．性能項目を詳細に照査する方
法としては，入念な目視等に基づく定性的な照査，あるいは照査式による定量的な照査等が
ある．

解説図 2.1.1　維持管理における検査の考え方

　なお，**付属資料** 2-1 に，鉄道河川橋りょうの基礎・抗土圧構造物における維持管理の基本に関する事項
を示す．

2.2　維持管理の原則

（1）　構造物の維持管理にあたっては、構造物に対する要求性能を考慮し、維持管理計画を
　　　策定することを原則とする。

（2）　構造物の供用中は、定期的に検査を行うほか、必要に応じて詳細な検査を行うものと
　　　する。

（3）　検査の結果、健全度を考慮して、必要な措置を講じるものとする。

（4）　検査及び措置の結果等、構造物の維持管理において必要となる事項について、適切な
　　　方法で記録するものとする。

【解説】

　維持管理は，下記の内容を踏まえて行うものとする．構造物の標準的な維持管理の手順を**解説図** 2.2.1
に示す．

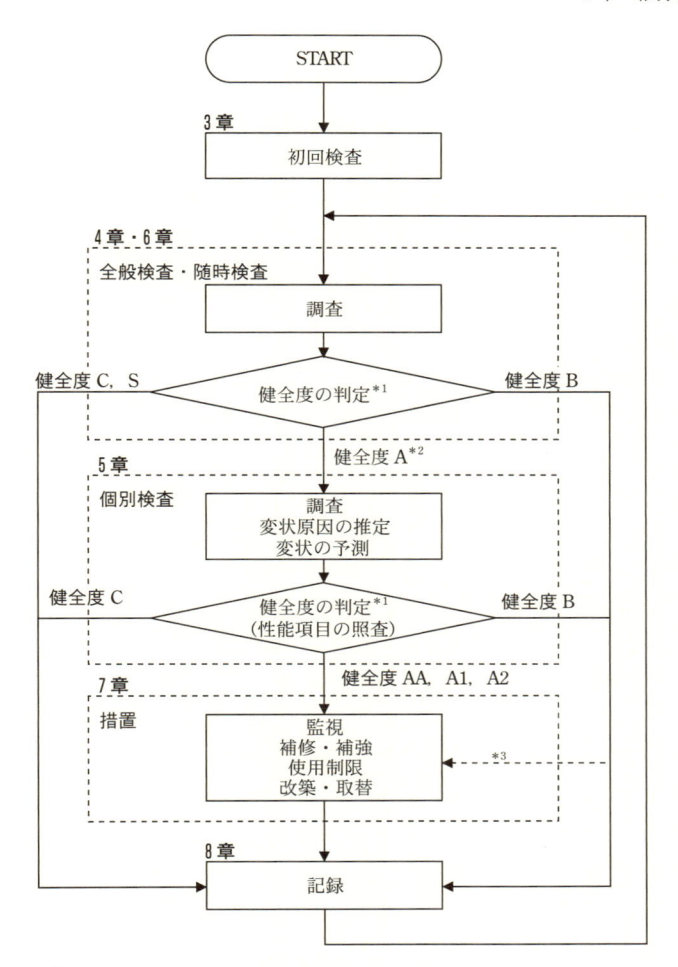

*1 健全度については，「2.5　検査」参照
*2 健全度 AA の場合は緊急に措置を講じた上で，個別検査を行う.
*3 必要に応じて，監視等の措置を講じる.

解説図 2.2.1　構造物の標準的な維持管理の手順

（1）について

　鉄道事業者は，構造物の要求性能を考慮した上で「2.3　維持管理計画」に基づき適切な維持管理計画を策定し，これにより構造物が供用期間を通じてその要求性能を満足するよう維持管理しなければならない．構造物の要求性能については「2.4　構造物の要求性能」によるものとする．

（2）について

　構造物の供用中は，その構造物が鉄道事業者の定める要求性能を満足しているか否かを把握するため，「2.3　維持管理計画」に従って必要な検査を実施し，構造物の現状を正確に把握することが重要である．検査の実施については「2.5　検査」によるものとする．

　なお，軌道の維持管理の中で実施される線路巡視により，構造物の変状が発見されることもあることから，それらの情報にも注意を払っておくのがよい．

（3）について

　措置の方法および措置の時期に関しては，変状の状況や変状の予測の結果に基づき適切なものを選択しなければならない．なお，措置の実施については「2.6　措置」によるものとする．

（4）について

　将来の維持管理を合理的に行うため，検査，措置等の結果のうち必要なものについて記録するものとし，参照しやすい形で保存するものとする．なお，記録の実施については「2.7　記録」によるものとする．

2.3　維持管理計画

　構造物の維持管理にあたっては、検査及び措置の方法等を定めた維持管理計画を策定することを原則とする。

【解説】

　鉄道事業者は，構造物が供用期間内において鉄道事業者の定める要求性能を満足するように，維持管理計画を策定するものとする．

　維持管理計画は，構造物の維持管理において検査および措置の方法等を定めたもので，構造物の維持管理にあたっては，これを策定することを原則とする．なお，維持管理計画の策定にあたっては，本標準に基づいて策定してよい．

　また，近年においては，構造物の建設から廃棄までのトータルコストを意識し，適切な補修・補強や取替を検討するという視点にたったライフサイクルコスト評価手法，さらには合理的な維持管理費の運用を目指すアセットマネジメントといった手法が検討されている．これらを構造物の維持管理に導入することで，より合理的な維持管理が可能となることも考えられる．これらの技術は，まだ検討すべき点が残されているが，今後これらの手法の導入についても適宜，検討するのがよい．

2.4　構造物の要求性能

（1）　構造物の維持管理にあたっては、構造物に要求される性能を定めるものとする。

（2）　構造物の要求性能として、安全性を設定するものとする。なお、本標準における安全性は、列車が安全に運行できるとともに、旅客、公衆の生命を脅かさないための性能とする。

（3）　構造物の要求性能として、必要に応じて適宜、使用性や復旧性を設定するものとする。

【解説】

（1）について

　本標準は，性能規定化に対応した標準として，検査から措置，記録に至るまでの構造物の維持管理の一連の流れを体系化して示したものである．構造物の維持管理にあたっては，要求される性能をあらかじめ定めた上で，検査対象となる構造物が所要の性能を有するか否かを確認することが基本となる．なお，**付属資料 2-2** に，維持管理における性能の確認に関する考え方を示す．

（2），（3）について

　構造物の種類は多様であり，要求される性能も様々なものが考えられるが，本標準では要求性能として，列車が安全に運行できるとともに，旅客，公衆の生命を脅かさないための性能である安全性を設定するものとする．その他の要求性能としては使用性，復旧性が挙げられるが，これらの性能については必要に応じて適宜設定するものとする．

　解説表2.4.1に基礎・抗土圧構造物の維持管理における要求性能，性能項目および照査指標の例を示す．ここに示した要求性能，性能項目および照査指標の例は，照査式等による定量的な照査の方法を用いる場合の例であるが，検査責任者の判断により，経験等に基づく定性的な照査の方法を用いることもできる．

解説表 2.4.1　基礎・抗土圧構造物の要求性能，性能項目および
照査指標の例

要求性能	性能項目	照査指標
安全性	安定 破壊 走行安全性 公衆安全性	沈下，滑動，傾斜 耐力，変位，変形 動的変位，静的変位，変形 はく離，はく落
使用性	乗り心地	動的変位，静的変位，変形
復旧性	安定 走行性 部材損傷	沈下，滑動，傾斜，周辺環境の変化 通り・高低変位 耐力，変位，変形

2.5　検　　　査

2.5.1　一　　　般

　構造物の検査は、構造物の変状やその可能性を早期に発見し、構造物の性能を的確に把握するために行うものとする。

【解説】

　本標準では，構造物の現状を把握し，構造物の性能を確認する行為を検査という．

　構造物の検査は，構造物の性能が要求性能を満足しているか否かを適切に判定できる方法で行わなければならない．また，構造物が置かれている環境条件および既往の検査記録等に基づき，適切な時期に検査を行うことも重要である．

2.5.2　検査の区分と時期

（1）　検査の区分は、初回検査、全般検査、個別検査及び随時検査とし、全般検査は、通常全般検査及び特別全般検査に区分する。

（2）　検査の周期は、「施設及び車両の定期検査に関する告示」に基づき、適切に定めるものとする。

【解説】

（1）について

解説図2.5.1に構造物の検査の区分を示す.

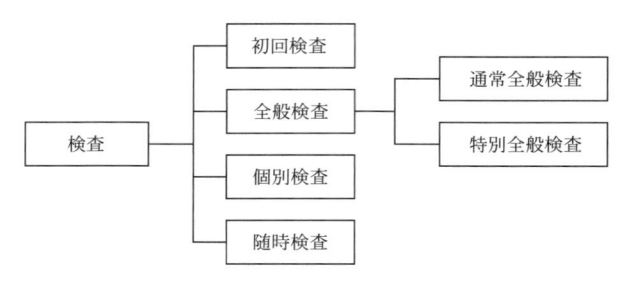

解説図 2.5.1　構造物の検査の区分

1)　初回検査

構造物の初期状態の把握等を目的に，新設工事，改築・取替を行った構造物の供用開始前に行う検査である．なお，大規模な補修・補強を実施した構造物についても必要に応じて実施するとよい．

2)　全般検査

構造物全般の健全度を把握するとともに，個別検査の要否，措置の要否について判定することを目的とする定期的な検査である．

①通常全般検査

構造物の変状等を抽出することを目的とし，定期的に実施する全般検査である．

②特別全般検査

構造種別や線区の実態に合わせて，必要に応じて行う検査である．検査の目的は，健全度の判定の精度を高めることである．なお，「告示」第2条4.では，詳細な検査等により所要の性能が確認された場合は検査の基準期間を延長することができると定められているが，この詳細な検査等は，本標準においては特別全般検査が該当する．

3)　個別検査

個別検査は，全般検査および随時検査において，健全度Aと判定された構造物および必要と判断された構造物に対して実施する検査である．検査の目的は，詳細な調査に基づき，変状原因の推定，変状の予測，性能項目の詳細な照査を行って精度の高い健全度の判定を実施することである．個別検査により，措置の要否，措置する場合の時期，方法等について詳細な検討が可能となる．

4)　随時検査

随時検査は，地震や大雨，融雪による異常出水等の災害による変状が発生した場合および変状を生じた構造物と類似の構造を有し，同様の変状が発生する可能性がある場合等，必要と判断された場合に行う検査である．

なお，コンクリートのはく落等が第三者の安全に重大な影響を及ぼすと考えられる場合においても，適宜実施するものとする．

また，近接施工が予定されている場合や河川管理者による浚渫工事など，今後，構造物の健全度の低下や，変状の発生につながるおそれがある場合には，工事の進捗やその影響度合に応じて随時検査を実施しておくことが重要である．

（2）について

本標準においては，**解説図**2.5.1に示す全般検査が「告示」（第二条：線路の定期検査）における定期

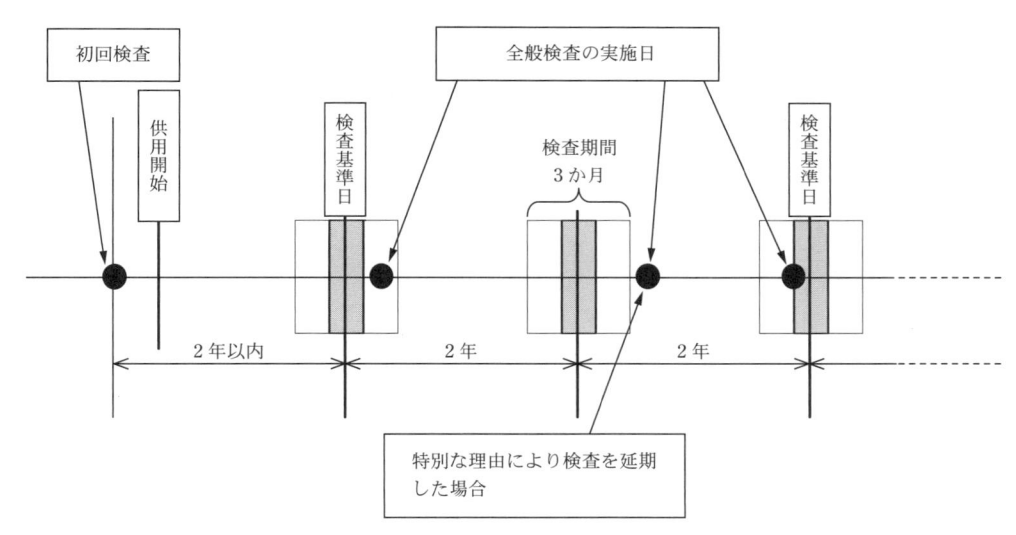

解説図 2.5.2　検査周期の考え方

検査に相当する．「告示」では，検査周期を短縮する必要があると認められる場合を除き，構造物の定期検査を2年ごとに行うことを基本としており，検査基準日（検査を実施すべき時期を決定する基準となる日）を定めて検査基準日の属する月の前後1か月を含む3か月の間に定期検査を実施することとしている．**解説図2.5.2**に，検査周期の考え方を示す．

　構造物の検査は，構造物の特性や状況に応じた適切な時期を決定し，同じ時期に定期的に行うことが重要となる．特に，土構造物や基礎構造物，抗土圧構造物，トンネルのような地盤と接する構造物は，地下水位や周辺環境等の季節変動による影響を受けやすい．そのため，構造物の経年的変化を正しく把握するには，検査を毎回同じ季節に行うことが重要となる．また，周辺の地盤状況を把握するためには，夏の草が繁茂する時期や降雪期を避けて，適切な時期に検査することが望ましい．一方，桁の伸縮状況やトンネルの漏水の程度等を調査するには，季節変動の影響を確認する必要があるため，随時検査等により全般検査を補完することが重要である．

　検査において，調査日と健全度の判定日は同一日であることが基本である．しかしながら，

　・調査を外注する場合

　・検査の単位が大きく，調査に数日を要し，一括して判定する場合

などにおいては，調査日と判定日に時差が生じることも想定される．この場合，検査責任者による健全度の判定日を検査の実施日とすると，この時差が原因で「告示」に定める検査周期が遵守されないおそれがある．また，場合によっては，調査時に健全度AAに相当する緊急に使用制限等の措置を行うべき変状が発見されることもあり得る．このような理由から，本標準では調査日を検査の実施日とすることを標準としている．

　なお，調査後すみやかに判定を行うことができるように，構造物の検査単位をむやみに大きくしないなど，適切な検査計画をたてておくことも重要である．

　以下のような特別理由がある場合は，これを記録した上で，その理由が終了するまで，検査を延期することができる．

　1）　輸送障害により検査ができない場合．

　2）　事故・災害により検査を行うことができない場合．なお，他の箇所の事故・災害により，その検査

12

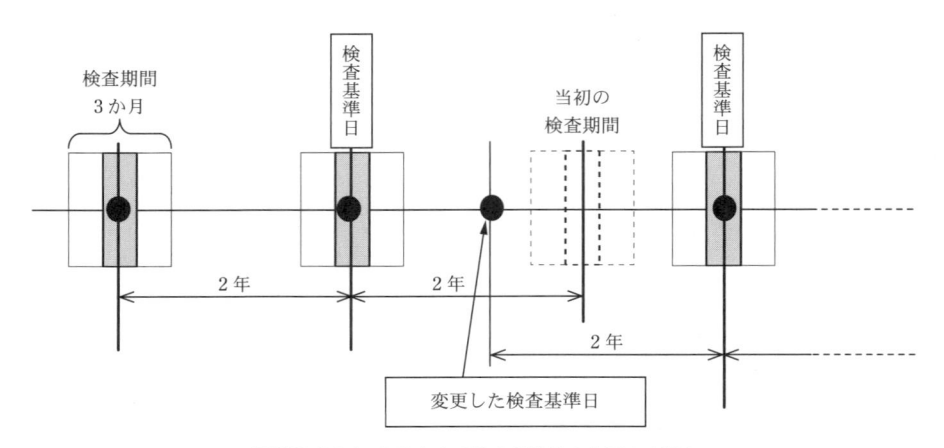

解説図 2.5.3　起算となる検査基準日を変更する場合

　　を中止して対応する必要が生じた場合も同様とする.

　3)　天候不良等により検査の実施が困難な場合.

　4)　その他やむを得ない事由により検査体制が整わない場合.

　上記理由が終了した場合は，すみやかに検査を実施しなければならない. この場合，検査基準日を変えずに次回の全般検査までの期間を短縮し，告示で定める周期を遵守することを基本とする（**解説図2.5.2** 参照）.

　なお，正当な理由により現行の検査基準日を変更する必要がある場合には，次の検査までの期間を短縮することにより，検査周期の起算となる検査基準日を変更できる（**解説図2.5.3** 参照）.

　さらに，鋼・合成構造物，コンクリート構造物（トンネルおよび抗土圧構造物を除く）において，特別全般検査を実施し，部材の劣化や構造物の安定性，周辺環境等に関する健全度が数年程度では変化しないと判断される構造物の場合については，「告示」により全般検査の周期を延伸することができる. 詳細については「4.4　特別全般検査」によることとする.

　また，コンクリートのはく離・はく落等が発生した場合に第三者に危害が及ぶおそれのある構造物に対しては，必要に応じて適宜，随時検査を実施することが重要である.

2.5.3　検　査　員

　検査員は，構造物の維持管理に関して適切な能力を有する者とする。

【解説】

　検査員は，検査計画の策定および調査結果に基づく健全度の判定を行う検査責任者と，検査の区分に応じて調査等を実施する検査実施者からなる. また，一般に，検査業務は検査員に加えて検査員の行う調査等を補助する補助者によって行われる. なお，検査責任者については，業務を外部に委託することは基本的にできない.

　検査業務を行う者は，検査を行うのに必要な知識および技能を保有する必要がある（鉄道に関する技術上の基準を定める省令　第10条）. 特に，検査員（検査責任者および検査実施者）は，維持管理を行うために適切な能力，すなわち各種調査や健全度の判定を行う能力を有している必要がある.

　検査実施者の業務を外部に委託する場合は，検査実施者が適切な能力を有していることを確認する必要

がある．その方法として，公的機関の定める資格による方法，鉄道事業者の定める資格による方法，鉄道事業者の指定する講習会を修了したものに検査員資格を授与する方法，構造物の検査業務に従事した経験年数から判断する方法などが挙げられる．

　特に，検査周期の延伸を目的として行う特別全般検査に携わる検査員については，構造物の検査に精通し，構造物が健全であるか否かを的確に判断する能力が求められるため，直轄，外注の如何を問わず，公的機関の定める適切な資格，あるいは構造物の検査業務に従事した十分な経験年数のいずれかを有する必要がある．

2.5.4　調　　査

　調査は、検査の区分に応じて、適切な方法により実施するものとする。

【解説】

　調査は，検査の区分，構造物の変状の種類に応じ，適切な方法により実施するものとする．

　1)　初回検査

　初回検査における調査は，入念な目視を基本とし，構造物の実状を考慮し，必要に応じてその他の方法により実施するものとする．

　2)　全般検査

　①通常全般検査

　　　通常全般検査における調査は，目視を基本として実施するものとする．

　②特別全般検査

　　　特別全般検査における調査は，入念な目視によるほか，必要に応じて各種の方法により実施するものとする．

　3)　個別検査

　個別検査における調査は，入念な目視を基本とし，変状の状態により各種の詳細な調査を実施するものとする．

　4)　随時検査

　随時検査における調査は，目視を基本とし，構造物の実状を考慮し，必要に応じてその他の方法により実施するものとする．

2.5.5　変状原因の推定及び変状の予測

（1）　個別検査においては、変状原因の推定及び変状の予測を行うことを原則とする。全般検査、随時検査においても、必要に応じて変状原因の推定及び変状の予測を行うのがよい。

（2）　変状原因の推定及び変状の予測は、調査の結果に基づき、適切な方法により行うものとする。

【解説】

（1）について

　変状が生じている構造物については，健全度の判定および措置の策定のために変状原因の推定および変

14

状の予測を行うことが重要である.

精度の高い健全度の判定が要求される個別検査においては，変状原因の推定および変状の予測を行うことを原則とする．全般検査，随時検査においては，必要に応じて行うものとする．

（2）について

変状原因の推定は，調査の結果に基づき行うものとする．なお，この場合，変状の原因が環境条件や使用条件などの外的な原因によるものか，あるいは設計条件や施工条件，使用材料といった構造物の内的な要因によるものか，両面について検討するものとする．

また，変状の予測は，過去の検査データ等を参考に，その発生の可能性あるいは今後の進行について適切に行う必要がある．

なお，変状原因の推定の詳細は「5.3　変状原因の推定」を，変状の予測の詳細は「5.4　変状の予測」を，基礎の特性と変状の概要は**付属資料2-3**を各々参照されたい．また，河川橋りょうにおける被災事例と局所洗掘に注意すべき橋りょうの着眼点について**付属資料2-4**に示す．

2.5.6　性能の確認及び健全度の判定

（1）　性能の確認は、健全度の判定により行うものとする。健全度の判定は、検査の区分に応じて、調査、変状原因の推定及び変状の予測等の結果に基づき、適切な判定区分を設けて行うことを原則とする。

（2）　健全度の判定区分は、**表2.5.1**を標準とし、各構造物の特性等を考慮し、定めることを原則とする。

表 2.5.1　構造物の状態と標準的な健全度の判定区分

健全度		構造物の状態
A		運転保安、旅客及び公衆などの安全並びに列車の正常運行の確保を脅かす、またはそのおそれのある変状等があるもの
	AA	運転保安、旅客及び公衆などの安全並びに列車の正常運行の確保を脅かす変状等があり、緊急に措置を必要とするもの
	A1	進行している変状等があり、構造物の性能が低下しつつあるもの、または、大雨、出水、地震等により、構造物の性能を失うおそれのあるもの
	A2	変状等があり、将来それが構造物の性能を低下させるおそれのあるもの
B		将来、健全度Aになるおそれのある変状等があるもの
C		軽微な変状等があるもの
S		健全なもの

注：健全度A1、A2及び健全度B、C、Sについては、各鉄道事業者の検査の実状を勘案して区分を定めてもよい。

（3）　トンネルについては、（2）に加え、必要と判断される箇所等に対し、**表2.5.2**を標準とし、はく落に対する安全性について健全度の判定を行うものとする。

表 2.5.2　トンネルにおけるはく落に関する変状の状態と標準的な健全度の判定区分

健全度	構造物の状態
α	近い将来、安全を脅かすはく落が生じるおそれがあるもの
β	当面、安全を脅かすはく落が生じるおそれはないが、将来、健全度αになるおそれがあるもの
γ	安全を脅かすはく落が生じるおそれがないもの

（4）　土構造物については、**表2.5.1**において健全度AをA1、A2に細分化しないことを基本とする。

【解説】

（1）について

　構造物に生じる変状は，部材の一部に発生するものから構造物全体にわたるものまで，その種類と程度は千差万別である．それらのすべての変状に対して，それぞれの変状が構造物の性能低下にどのように影響するのかを把握することは容易ではない．また，適切な維持管理を行うためには，変状原因の推定や変状の予測を行い，それらの情報を含めて総合的に判定を行う必要があると考えられる．よって本標準では，調査結果をもとに健全度を判定することによって要求性能を満たしているかどうかを確認することとした．

　全般検査および随時検査における調査は目視を基本とするが，目視による調査のみでは構造物の安定性や材料の劣化程度に関する情報を高い精度で得ることが困難であり，定量的に性能の確認を行うことは難しい．このような場合については安全側に健全度の判定を行い，疑わしいものについては個別検査を要する構造物として取り扱うことが大切である．

　一方，個別検査においては，必要により様々な機器を用いた詳細な調査を行うが，この場合には，破壊，安定，列車走行性等の性能項目の定量的な照査に基づき，より精度の高い健全度の判定による性能の確認が可能となる．

（2）について

　健全度は**表2.5.1**に基づきA，B，C，Sに区分することを原則とする（**解説表2.5.1**）．

　ここで，健全度Aと判定されたもののうち，健全度AAと判定された構造物は，運転保安，旅客および公衆などの安全ならびに列車の正常運行の確保を脅かす変状等があるため，緊急に使用制限，補修・補強あるいは必要に応じて改築・取替等の措置を講じる必要がある．また，全般検査および随時検査で健全度Aと判定された構造物に対しては，個別検査を行い，再度健全度を判定することになる（**解説図2.5.4**）．

　健全度A1または健全度A2と判定された構造物は，既に変状等があり，それが将来進行することで構造物の性能が一層低下することが予想されるため，早急あるいは必要な時期に措置を講じる必要がある．

　健全度Bと判定された構造物は，将来，健全度Aとなるおそれがあるため，必要に応じて監視等の措置を講じる．

　健全度Cまたは健全度Sと判定された構造物は，変状がないか，あっても軽微であるため，特に措置を行う必要はない．ただし，健全度Cの構造物については，次回検査時に変状が進行していないかどう

解説表 2.5.1　標準的な健全度と変状の程度等との関係

健全度		運転保安，旅客および公衆などの安全に対する影響	変状の程度	措置等
A	AA	脅かす	重大	緊急に措置
	A1	早晩脅かす 異常時外力の作用時に脅かす	進行中の変状等があり，性能低下も進行している	早急に措置
	A2	将来脅かす	性能低下のおそれがある変状等がある	必要な時期に措置
B		進行すれば健全度Aになる	進行すれば健全度Aになる	必要に応じて監視等の措置
C		現状では影響なし	軽微	次回検査時に必要に応じて重点的に調査
S		影響なし	なし	なし

注：本表は安全性について標準的な健全度と変状程度等との関係を記述したものであり，使用性や復旧性を考慮する場合には別途定めるものとする．

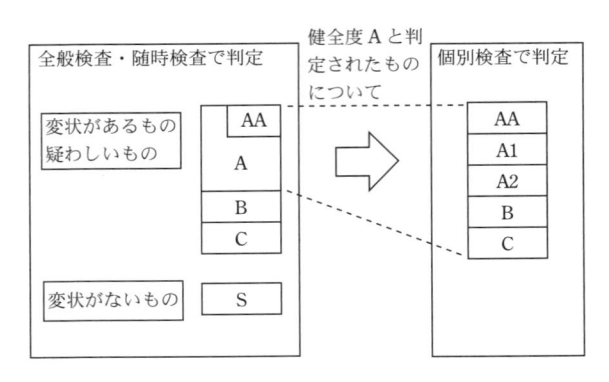

解説図 2.5.4　標準的な健全度の例

かを必要に応じて重点的に調査するのがよい.

（3）について

　本条文はトンネルを対象としたものであり，詳細は「本編（トンネル）」を参照されたい.

（4）について

　本条文は土構造物を対象としたものであり，詳細は「本編（土構造物（盛土・切土））」を参照されたい.

2.6　措　　　置

　措置は、健全度等を考慮して実施するものとする。

【解説】

　措置の選定および時期の設定は，維持管理計画に基づき，構造物の健全度，重要度，施工性，経済性等を考慮し，適切に行うものとする.

2.7　記　　　録

　検査、措置、その他構造物の維持管理に必要な情報については記録し、保存するものとする。

【解説】

　検査および措置の記録は，構造物の維持管理を行う上で重要な資料であるとともに，類似の構造物の維持管理を行う上での貴重な参考資料となることから，参照しやすい形に記録し，適切な方法により保存するものとする.

3章　初回検査

3.1　一　　般

（1）　初回検査は、新設構造物及び改築・取替を行った構造物の初期の状態を把握することを目的として実施するものとする。

（2）　初回検査は、供用開始前に実施するものとする。

【解説】
（1）について
　初回検査は，新設構造物および改築・取替を行った構造物を対象に，構造物の初期の状態を把握することを目的として実施する検査である．また，大規模な補修・補強が行われた場合においても必要に応じて初回検査を実施するのがよい．
　初回検査の記録は，構造物の供用期間中に実施される各種検査の基礎資料となることから，初回検査の実施に際しては，手戻りのないように適切に調査項目および調査手法を設定する必要がある．なお，構造物完成時の検査において初回検査相当の検査が行われる場合には，この検査の結果を利用してもよい．
　既存の構造物については，一般に初期の状態を把握することが困難である．このような構造物については，過去に実施した全般検査等の記録の中で適切と考えられるものを，初回検査相当の記録として扱うことが，良好な維持管理計画を策定する上で望ましい．
（2）について
　初回検査は，**解説図**3.1.1のように供用開始前に実施するものとする．
　なお，構造物の完成から供用開始までの間が長期にわたる場合もある．このような場合は，構造物完成時の検査のデータ等，構造物の初期状態を予め把握しておく上で必要なデータ等を収集しておくのがよい．

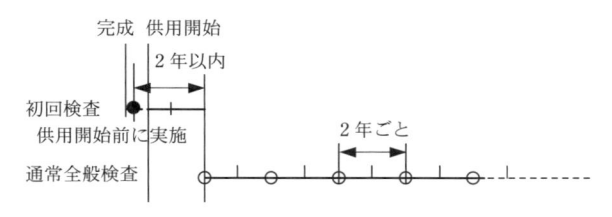

解説図 3.1.1　初回検査の実施時期

3.2 調査項目

初回検査における調査項目は、通常全般検査における「4.3.2 調査項目」に準ずるほか、必要に応じて調査項目を適宜、設定するものとする。

【解説】

初回検査における調査項目は，「4.3.2 調査項目」に示される調査項目に準ずるものとする．また，設計図書および施工管理書類等から得られる情報，さらには以下に示す項目を把握しておくことは，将来において変状程度，健全度の変化を定量的に評価する上で有効である．

・桁の設定状況と調査時の気温
・河床レベルの縦・横断測量値
・基礎の根入れ長
・抗土圧構造物の傾斜状況
・橋台，橋脚間の離れ
・橋台背面の道床厚
・土留壁，土留擁壁，護岸のき裂，切れの有無と傾斜状況
・周辺環境の状況写真

3.3 調査方法

初回検査における調査方法は、入念な目視を基本とする。なお、構造物の実状を考慮し、必要に応じて目視以外の方法により実施するものとする。

【解説】

初回検査における調査方法は，高所作業車や検査足場等を用いて構造物に接近した状態で行う入念な目視を基本とするが，検査前に構造物の設計図書および施工管理書類等に対して資料調査を実施しておくことは，精度の高い検査を実現する上で望ましいといえる．

また，目視以外に衝撃振動試験をはじめ，構造物ならびに構造物周辺の各種計測を実施しておくことは，その後の各種検査を実施する上で有効な基礎資料となる．

なお，大規模な補修・補強を実施した既設構造物を対象とする初回検査では，対策が必要となった原因やその時の状況および対策時の施工記録を入念に調査し，状況を正しく理解した上で調査に臨むことが重要である．この場合，既に生じている欠陥の抽出について，より入念に行うものとする．

3.4 健全度の判定

初回検査における健全度の判定は、通常全般検査における「4.3.4 健全度の判定」に準ずるものとする。

【解説】

　初回検査の対象構造物は，一般には，健全であると考えられるが，構造物の竣工から長い期間が経過した後に初回検査を実施する場合等では，何らかの変状が発生または進行していることも考えられる．したがって，通常全般検査における「4.3.4　健全度の判定」に準じて健全度の判定を行うものとする．

4章 全般検査

4.1 一　　　般

　全般検査は、構造物の状態を把握し、健全度の判定を行うことを目的として、定期的に実施するものとする。

【解説】

　全般検査は，変状の有無とその進行性，変状発生箇所の状況を把握することを目的として構造物の全般にわたって定期的に実施する検査である．全般検査は，目視あるいは入念な目視により，すべての構造物を対象として定期的に実施することを基本とする．

　全般検査を実施する上での留意点は，次のとおりである．

・河川橋りょうの場合，目視による変状の確認が困難な平水位以深のく体状況や河床状況を把握するため，渇水期に検査を実施することが有効である．

・基礎・抗土圧構造物に発生した変状は，そのまま上部構造物への影響として作用するのが一般的であるため，全般検査を計画する場合には，上・下部構造物を一体として検査計画を策定するのがよい．

　なお，全般検査の結果，健全度Aと判定された構造物については個別検査を実施し，より詳細な健全

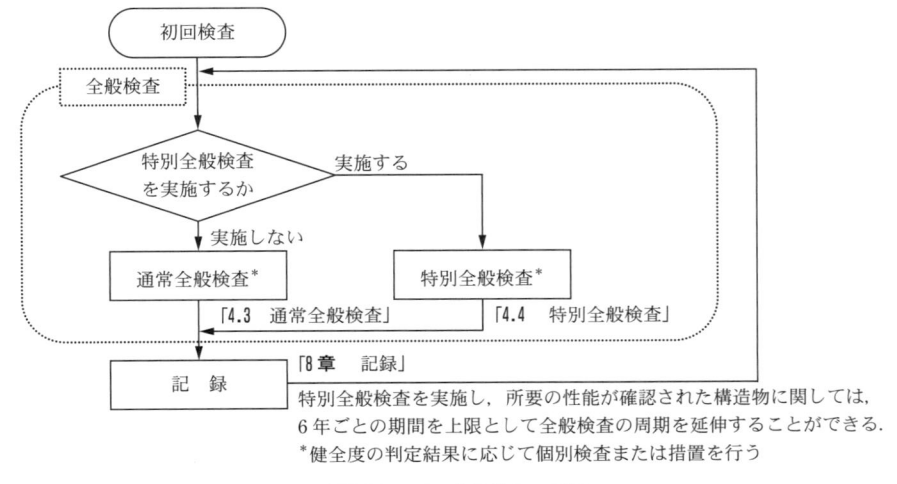

解説図 4.1.1　全般検査の手順

度の判定を行うこととなる．したがって，個別検査の調査項目および調査方法を決定するために必要な全般検査の調査に漏れがないようにすること，および写真や調査結果に対する考察等についても記録として残すことが重要である．

解説図4.1.1に全般検査の手順を示す．

4.2　全般検査の区分

全般検査は、以下のとおり区分する。

（1）　通常全般検査

（2）　特別全般検査

【解説】

全般検査は，原則として通常全般検査および特別全般検査の2つに区分される．

（1）について

通常全般検査は，一定期間ごとに定期的に行う検査で，その目的は構造物の変状の有無およびその進行性等を把握し，性能を低下させている変状またはそのおそれのある変状を抽出することである．調査方法は，目視によることを基本とする．

（2）について

特別全般検査は，構造物の特性や環境に応じて必要により定期的に行う検査で，その目的は健全度の判定の精度を高めることである．調査方法は，入念な目視を基本とし，必要に応じて各種調査によるものとする．

なお，特別全般検査により所要の性能が確認された構造物に関しては，次回通常全般検査を省略することで全般検査の検査周期の延伸を行ってよい．

4.3　通常全般検査

4.3.1　一　　　　般

通常全般検査は、構造物の変状等の有無及びその進行性等を把握することを目的として定期的に実施するものとする。

【解説】

通常全般検査の主たる目的は，構造物の変状もしくは既変状の進行の有無等を把握し，性能を低下させている変状，またはそのおそれのある変状を抽出し，個別検査の要否を決定することにある．したがって，構造物の特性とその構造物がおかれている周辺の状況に応じて調査項目を設定することが重要である．また，調査方法は目視によることを基本としているが，構造物の変状程度に応じて各種調査・試験の実施について検討することも重要である．

解説図4.3.1に通常全般検査の手順を示す．

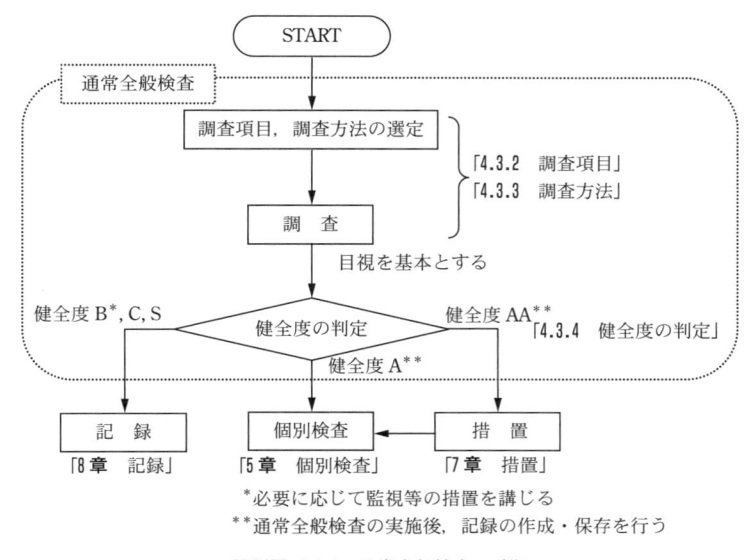

解説図 4.3.1　通常全般検査の手順

4.3.2　調査項目

　通常全般検査における調査項目は、構造物の特性と周辺の状況に応じて設定するものとする。

【解説】

　通常全般検査は，目視を基本とする検査である．したがって，基礎・抗土圧構造物の一般的な特性および構造物の周辺環境等を正しく認識し，変状の現れやすい箇所について重点的に調査することが重要である．また，初回検査や前回の全般検査等において既に変状の発生が認められたものについては，その進行性について調査することも重要である．

　解説表4.3.1に，通常全般検査における調査項目の例を示す．なお，部材・材料に関する調査項目については，「本編（コンクリート構造物）」および「本編（鋼・合成構造物）」によるものとする．

4.3.3　調査方法

　通常全般検査における調査方法は、目視を基本とする。

【解説】

　通常全般検査は目視を基本とする検査であるが，構造物の変状程度，その他の実状に応じて，適宜，計測等についても実施することが重要である．

解説表 4.3.1　通常全般検査における調査項目の例

構造種別	調査項目	
コンクリート 橋脚・橋台	ひび割れ (**解説図 4.3.2**) (**解説図 4.3.3**) (**解説図 4.3.4**)	ひび割れの有無（下記の箇所を中心に調査） 　杳座および杳座周辺 　胸壁下端およびその背面 　かけ違い部下端およびその背面 　形状変化部（張出し部・橋脚橋台下端） 　打継目・施工目地 　補修・補強箇所 ひび割れの長さ・幅 ひび割れの本数 ひび割れの方向 漏水・錆汁の有無
	変位・変形 (**解説図 4.3.5**) (**解説図 4.3.6**) (**解説図 4.3.7**) (**解説図 4.3.8**)	く体の傾斜・移動・沈下・はらみ出しの有無 橋台・翼壁間における段差・隙間の有無 施工目地における段差・隙間の有無 胸壁と桁の遊間量 桁の角折れの有無 軌道変位の有無 高欄の変状の有無 杳座の変形・破損の有無 杳座のめり込み・ばたつきの有無 ボルト等の変形・破損・ゆるみ・紛失の有無 ヘッドプレート・ソールプレートの変形・破損の 有無 可動杳の可動余裕の有無 橋台背面の変状（隙間・沈下・き裂等）の有無 衝突痕（車両・船舶・流木・岩石等）の有無
	浮き・はく落	浮き・はく落の有無 浮き・はく落の面積 落下のおそれの有無 鉄筋露出および腐食の有無
	洗掘等 (**解説図 4.3.9**)	局所洗掘の有無 河床低下の有無 根固め工の変状の有無 その他の原因による根入れ不足の有無
	その他	排水設備の異常の有無 流心（みお筋）・潮流の変化の有無 異常な川の流れ（渦の発生等）の有無 列車通過時の異常動揺・異常音の有無 近接工事の有無 河川管理者による浚渫の有無 ダム・堰堤の建設・撤去の有無 バラスト厚の変化の有無 その他，周辺環境の変化の有無
鋼製橋脚・橋台	コンクリート橋脚・橋台に準ずるが，必要に応じて「本編（鋼・合成構造物）」を参考にすることができる	
ラーメン高架橋 アーチ橋	ひび割れ (**解説図 4.3.10**)	ひび割れの有無（下記の箇所を中心に調査） （ラーメン高架橋） 　桁受け部 　杳座および杳座周辺 　形状変化部（張出し部・柱部下端） 　梁中央部 　梁隅角部 　地覆部・高欄部 　打継目・施工目地 　補修・補強箇所 （アーチ橋） 　クラウン 　スパン 1/4 点

解説表 4.3.1　（つづき）

構造種別	調 査 項 目	
ラーメン高架橋 アーチ橋	ひび割れ	スプリング部 支点部 地覆部・高欄部 打継目・施工目地 補修・補強箇所 ひび割れの長さ・幅 ひび割れの本数 ひび割れの方向 漏水・錆汁の有無
	変位・変形 (**解説図 4.3.11**) (**解説図 4.3.12**)	く体の傾斜・移動・沈下・はらみ出しの有無 ブロック間接合部における目違い・角折れの有無 橋台・翼壁間における段差・隙間の有無 施工目地における段差・隙間の有無 胸壁と桁の遊間量 桁の角折れの有無 軌道変位の有無 高欄の変状の有無 沓座の変形・破損の有無 沓座のめり込み・ばたつきの有無 可動沓の可動余裕の有無 橋台背面の変状（隙間・沈下・き裂等）の有無 衝突痕（車両・船舶・流木・岩石等）の有無
	浮き・はく落	浮き・はく落の有無 浮き・はく落の面積 落下のおそれの有無 鉄筋露出および腐食の有無
	洗掘等	局所洗掘の有無 河床低下の有無 根固め工の変状の有無 その他の原因による根入れ不足の有無
	その他	排水設備の異常の有無 流心（みお筋）・潮流の変化の有無 異常な川の流れ（渦の発生等）の有無 列車通過時の異常動揺・異常音の有無 近接工事の有無 河川管理者による浚渫の有無 ダム・堰堤の建設・撤去の有無 バラスト厚の変化の有無 その他，周辺環境の変化の有無
土留擁壁 護岸	ひび割れ	ひび割れの有無（下記の箇所を中心に調査） 擁壁全面 形状変化部 打継目・施工目地 補修・補強箇所 ひび割れの長さ・幅 ひび割れの本数 ひび割れの方向 漏水・錆汁の有無
	変位・変形 (**解説図 4.3.13**) (**解説図 4.3.14**)	く体の傾斜・移動・沈下・はらみ出しの有無 施工目地における段差・隙間の有無 擁壁天端の通り変位の有無 背面地盤の変状（隙間・沈下・き裂等）の有無 衝突痕（車両・船舶・流木・岩石等）の有無
	浮き・はく落	浮き・はく落の有無 浮き・はく落の面積 落下のおそれの有無 鉄筋露出および腐食の有無

解説表 4.3.1 （つづき）

構造種別		調 査 項 目
土留擁壁 護岸	洗掘等 (**解説図 4.3.15**)	局所洗掘の有無 河床低下の有無 根固め工の変状の有無 その他の原因による根入れ不足の有無
	その他	水抜き孔の詰まりの有無 流心（みお筋）・潮流の変化の有無 異常な川の流れ（渦の発生等）の有無 列車通過時の異常動揺・異常音の有無 近接工事の有無 河川管理者による浚渫の有無 ダム・堰堤の建設・撤去の有無 バラスト厚の変化の有無 その他，周辺環境の変化の有無
旧式構造物 （橋脚・橋台） (**解説図 4.3.16**) (**解説図 4.3.17**) (**解説図 4.3.18**)		コンクリート橋脚・橋台に準ずる． 加えて，下記の項目を調査すること． 　笠石のひび割れ・破損の有無 　笠石沓座のめり込み・ばたつきの有無 　れんが・石積のゆるみ・食い違い・欠落・欠損の有無 　目地切れ・欠落の有無
旧式構造物 （アーチ橋）		ラーメン高架橋・アーチ橋に準ずる． 加えて，下記の項目を調査すること． 　れんが・石積のゆるみ・食い違い・欠落・欠損の有無 　目地切れ・欠落の有無
線路下横断構造物	ひび割れ	ひび割れの有無（下記の箇所を中心に調査） （ラーメン型式・桁型式） 　形状変化部 　梁中央部 　梁隅角部 　打継目・施工目地 　補修・補強箇所 （アーチ型式） 　クラウン 　スパン 1/4 点 　スプリング部 　支点部 　打継目・施工目地 　補修・補強箇所 ひび割れの長さ・幅 ひび割れの本数 ひび割れの方向 漏水・錆汁の有無
	変位・変形	く体の傾斜・移動・沈下・はらみ出しの有無 施工目地における段差・隙間の有無 軌道変位の有無 周辺地盤の変状（隙間・沈下・き裂等）の有無 衝突痕（車両等）の有無
	浮き・はく落	浮き・はく落の有無 浮き・はく落の面積 落下のおそれの有無 鉄筋露出および腐食の有無
	その他	排水設備の異常の有無 列車通過時の異常動揺・異常音の有無 近接工事の有無 バラスト厚の変化の有無 その他，周辺環境の変化の有無

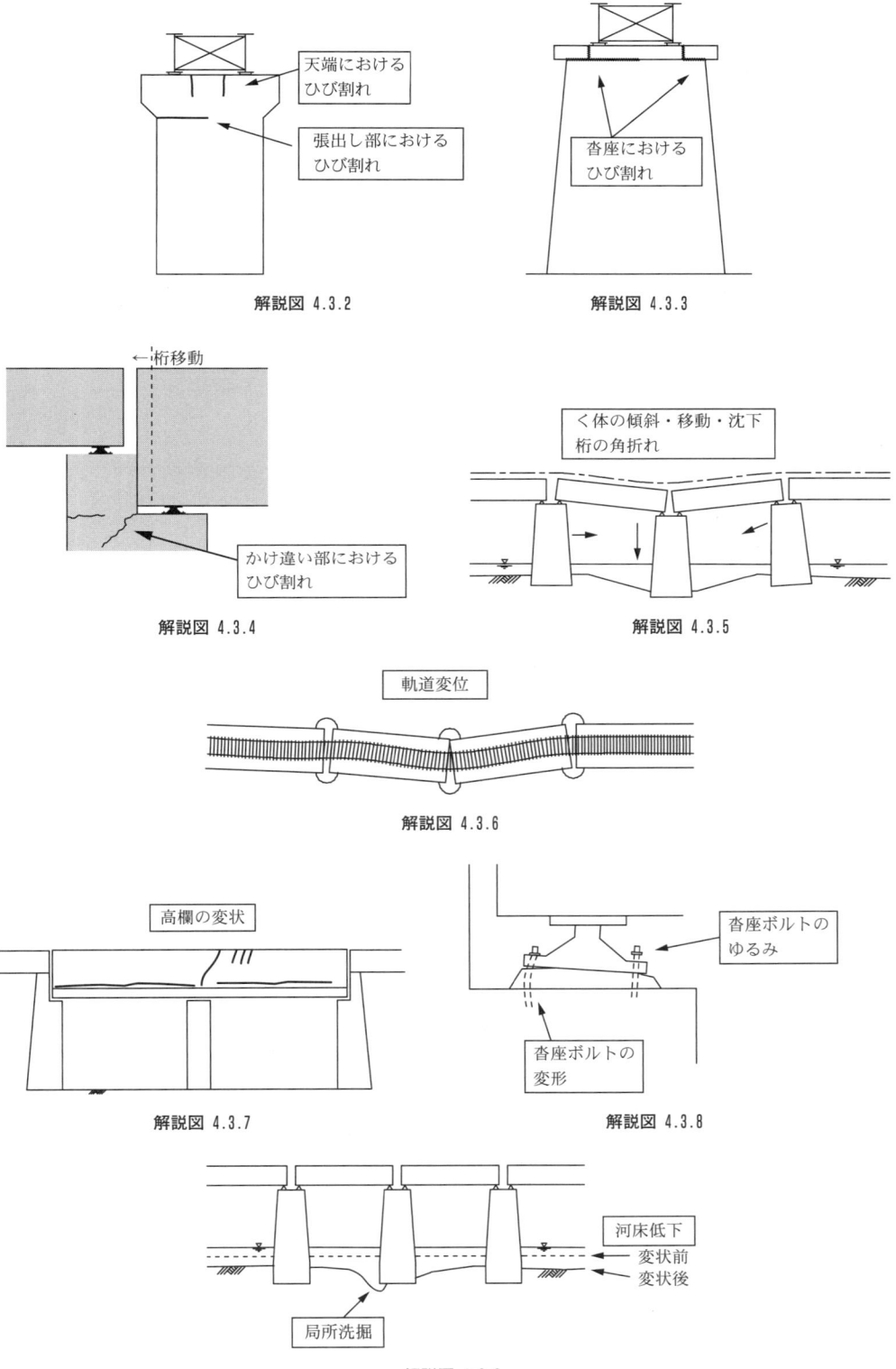

解説図 4.3.2

解説図 4.3.3

解説図 4.3.4

解説図 4.3.5

解説図 4.3.6

解説図 4.3.7

解説図 4.3.8

解説図 4.3.9

28

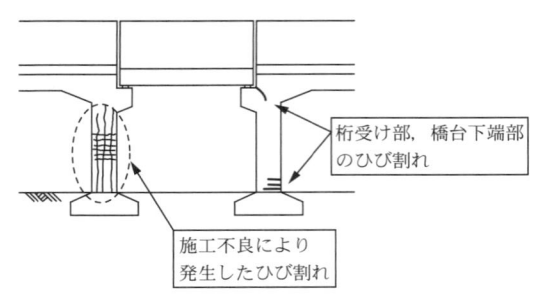

桁受け部，橋台下端部
のひび割れ

施工不良により
発生したひび割れ

解説図 4.3.10

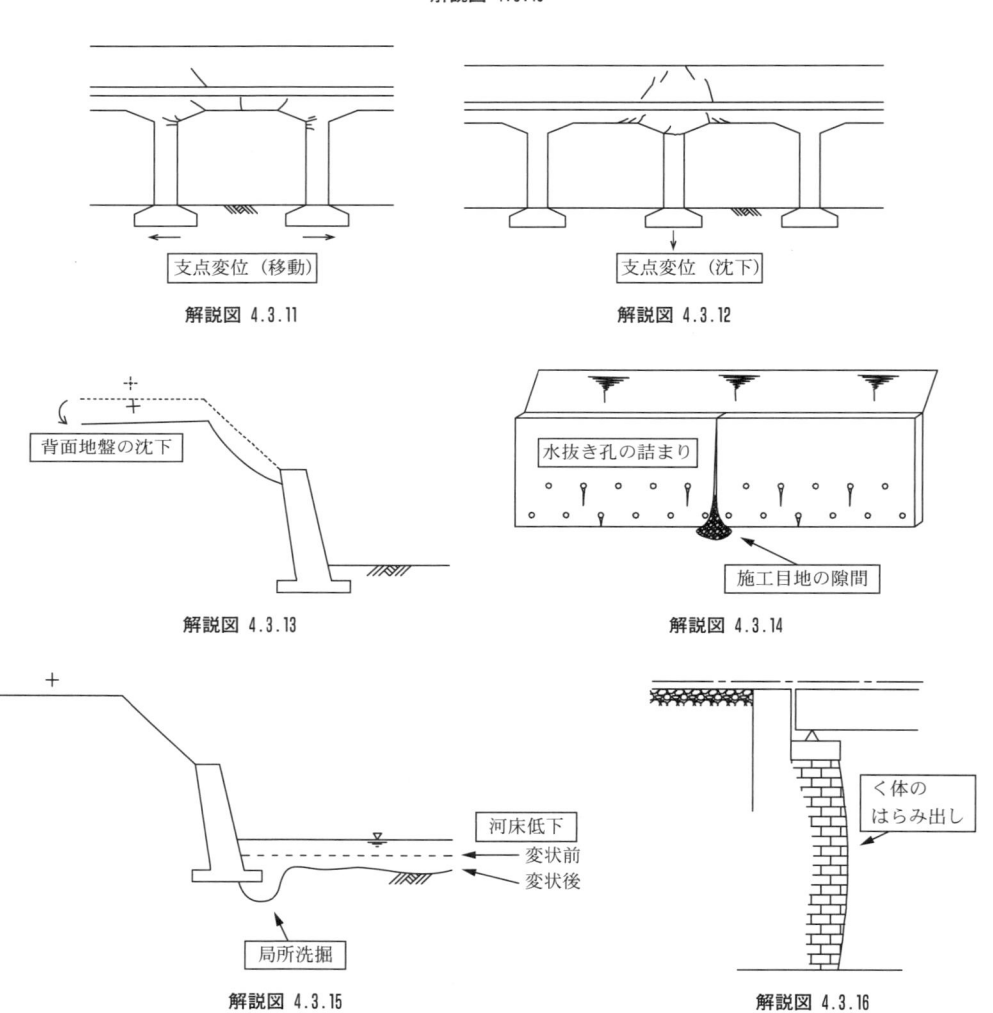

支点変位（移動）

解説図 4.3.11

支点変位（沈下）

解説図 4.3.12

背面地盤の沈下

解説図 4.3.13

水抜き孔の詰まり

施工目地の隙間

解説図 4.3.14

河床低下
変状前
変状後

局所洗掘

解説図 4.3.15

く体の
はらみ出し

解説図 4.3.16

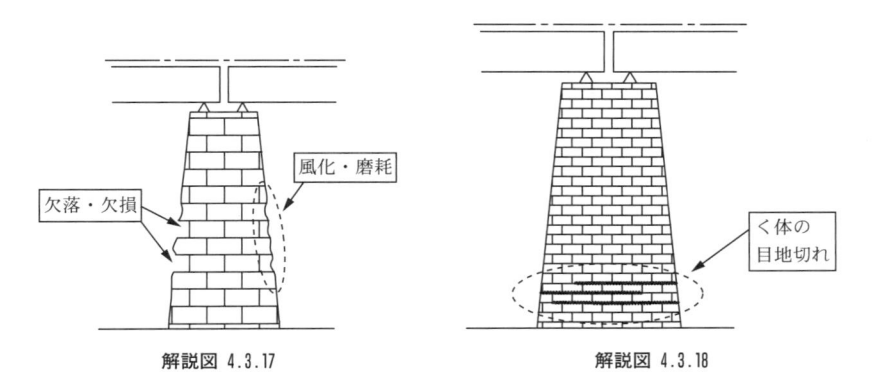

解説図 4.3.17　　　　　　　　　　　　解説図 4.3.18

以下に，基礎・抗土圧構造物に対する調査方法の例を示す．

1)　橋脚・橋台の調査方法

橋脚・橋台の基礎に変状が生じると，上部構造物に沈下・傾斜・水平移動等の変状が派生するが，これらの兆候は，沓座に現れるのが一般的である．例えば，可動沓の上沓と下沓が大きくずれたり，移動制限装置の可動余裕がなくなる等の状況を呈し，これにより基礎の変状の発生を知ることができる．また，橋台のパラペットと桁の遊間が狭まり，あるいは接触した場合，基礎の変状は比較的発見しやすいものとなる．なお，現状をペイントなどでマーキングしておくことで，その進行性を把握することも可能であるが，桁そのものについては温度により伸縮するため，一定の温度状況で測定することが望ましい．

また，洗掘については，みお筋の変化と河床の変化および構造物周辺の根固め工や床止め工の変状の状態をよく観察するとともに，必要に応じて洗掘深の測定を行うのがよい．

なお，軟弱地盤上に構築された橋台の場合，地盤の圧密沈下に伴う側方移動によって，橋台が傾斜の進行を示すものがある．このような変状の進行性を定量的に把握する上で，橋台間の離隔距離（上・下流側の両測線），支間長の測量，橋台面の傾斜角，桁・パラペット間の遊間等について，定期的に測量を行っておくことも重要である．

2)　ラーメン高架橋・ラーメン橋台の調査方法

ラーメン高架橋等についても，橋台・橋脚と同様に基礎に変状が生じると，上部構造物に沈下・傾斜・水平移動等の変状が派生するが，その兆候はブロック間の相対変位を確認することにより，比較的容易に把握することが可能である．したがって，その部分の目違い・角折れ量，あるいはゲルバー式の場合はゲルバー桁と桁受け部との間隔，高欄の食い違い量などを測定することにより，変状の発生状況を推定することができる．また，移動が著しい場合には接触した部分にひび割れが生じるので，それらに注意して調査することが望ましい．さらに基礎の不同沈下等が生じると，ハンチ部や中間梁にひび割れが生じやすいので，それらの変状にも着目するとよい．

3)　土留壁・土留擁壁・護岸の調査方法

土留壁・土留擁壁・護岸の変状は，基礎の変状を原因とする場合とく体そのものの耐力不足や劣化を原因とする場合が考えられる．前者の場合，基礎を直接目視することは困難であるが，橋脚・橋台の場合と同様，変状の発生は必然的にく体の傾斜，沈下となって現れる．また，後者においては，比較的容易に変状の発生を把握可能である．

したがって，調査においては，変状の種類と程度を的確に把握するとともに，その進行性を予測することが重要である．

4) 周辺環境条件に対する調査

全般検査は主として目視によって行う検査であるが，構造物だけでなく周辺環境の変化にも注意を払う必要がある．

河川にかかる橋りょうについては，河川のみお筋の変化や，上流におけるダムや堰堤の建設あるいは撤去，さらに上下流における堤防工事や，砂利の採取等々の有無に注意する必要がある．また，上流域における開発等の情報も大切である．これらの環境条件の変化は全般検査時のみならず，日常から情報収集に努めることも重要である．河川橋脚の洗掘災害に対する危険度を算定する例として，**付属資料 4-2** に洗掘を受けやすい橋りょうを抽出するための採点表を示す．

軟弱地盤では地盤の圧密に伴う構造物の沈下や傾斜が生じ，また橋台ではさらに側方移動による大きな変位が生じる場合がある．

なお，本来，変状の原因は個別検査において詳細な調査を実施することによって推定されるものであるが，主に目視による調査を行う通常全般検査においても変状原因の推定および変状の予測が可能な場合もある．変状原因の推定および変状の予測は，「**5 章 個別検査**」を参考にするとよい．以下に変状原因の例を挙げる．

・地盤沈下
・側方流動
・傾斜地盤上への構造物の構築
・洗掘および河床低下
・地震
・近接工事
・船舶，自動車等の衝突
・基礎材料の劣化
・荷重の増加，荷重性状の変化
・環境変化

4.3.4 健全度の判定

（1） 通常全般検査における健全度の判定は、変状の種類、程度及び進行性等に関する調査の結果に基づき、総合的に行うものとする。

（2） 構造物の健全度は、「**2.5.6 性能の確認及び健全度の判定**」に基づき判定することを原則とする。

（3） 安全を脅かす変状等がある場合は健全度 AA と判定し、緊急に使用制限等の措置を行うものとする。

（4） 健全度 A と判定された構造物は、個別検査を実施するものとする。

（5） トンネルについては、はく落に対する健全度の判定も行うものとする。

【解説】

通常全般検査における健全度の判定は，調査結果に基づき総合的に行うものとする．なお，健全度の判定は構造物の現状における性能に基づくだけでなく，次回の全般検査までの期間，あるいは必要に応じて

それ以上の期間を念頭において判定することが重要である.

（1）について

　通常全般検査は目視による調査を基本とするが，目視の結果からだけでは，構造物の健全度や部材の劣化状況を評価することが困難な場合がある．このような場合については安全側に健全度の判定を行い，疑わしいものについては個別検査を要する構造物として取り扱うことが大切である．また，必要に応じて変状原因の推定および変状の予測により，将来にわたる構造物の健全度を判定することも重要である．

　構造物を取り巻く環境条件も構造物の性能低下に対する影響度が高いことから，周辺環境条件に対する調査結果に基づき，健全度の判定を行うことが大切である．なお，構造物を取り巻く周辺環境に変化がないにもかかわらず構造物に変状が認められる場合，構造物自体に変状原因があると考えられる．基礎・抗土圧構造物に発生する変状原因は，く体を構成する材料の劣化・欠陥を原因とする場合と構造物の安定性に影響を及ぼす外的条件を原因とする場合のいずれかによるものが一般的であるため，材料・部材を原因とする変状については，「本編（コンクリート構造物）」および「本編（鋼・合成構造物）」に基づき健全度の判定を行い，外的条件により構造物の安定性を損ねるおそれのある変状については，調査の結果得られたすべてのデータに基づき総合的に判定することとする．

（2）について

　付属資料4-1に，全般検査における健全度区分の例を示す．必要に応じて参考にするとよい．

（3）について

　健全度 AA は，運転保安，旅客および公衆などの安全ならびに列車の正常運行の確保を脅かす変状等がある状態であり，この場合，緊急に使用制限等の措置を行い，個別検査により当該構造物の変状原因の推定を行うとともに，補修・補強，改築・取替等の措置を変状の状態に応じて適切に実施する必要がある．

（5）について

　本条文はトンネルを対象としたものであり，詳細は「本編（トンネル）」を参照されたい．

4.4　特別全般検査

4.4.1　一　　般

（1）　特別全般検査は、健全度の判定の精度を高めることを目的として、検査精度を高めて実施するものであり、通常全般検査に代えて実施することができる。

（2）　特別全般検査を実施する時期は、構造物の特性、環境に応じて適切に定めるものとする。

（3）　特別全般検査を実施し、所要の性能が確認された構造物に関しては、全般検査の周期を延伸することができる。ただし、抗土圧構造物、土構造物、トンネル、はく離・はく落が発生した場合に第三者に危害を及ぼすおそれのある構造物においては周期を延伸することができない。

（4）　トンネルにおいては、（2）にかかわらず原則として新幹線で10年を超えない期間ごと、新幹線以外で20年を超えない期間ごとに特別全般検査を行うものとする。

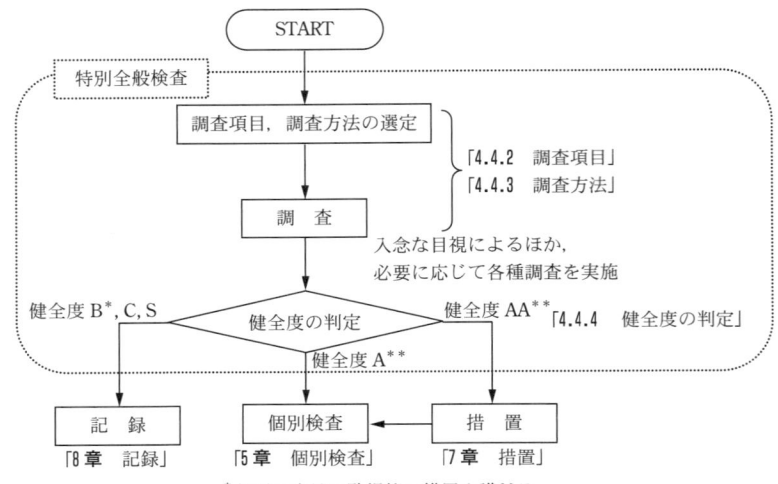

解説図 4.4.1　特別全般検査の手順

【解説】

（1）について

　特別全般検査は，健全度の判定の精度を高めることを目的として，入念な目視によるほか，必要に応じて各種調査により実施するものである．

　一般に，基礎・抗土圧構造物の全般検査は通常全般検査により実施すればよいが，健全度の判定の精度を高めたい場合や変状の予兆を捉えて早期に措置を実施したい場合においては，特別全般検査を積極的に活用するのがよい．

　解説図4.4.1に特別全般検査の手順を示す．

解説表 4.4.1　全般検査の周期を延伸することができない構造物の例

対象構造物	該　当　条　件
基礎構造物	健全度 A, B，あるいは C と判定された構造物
	新設構造物または改築・取替を行った構造物にあっては，初回検査の実施から 10 年を経過していない構造物
	既存の構造物にあっては，竣工後 10 年を経過していない構造物
	健全度が周辺の環境変化による影響を受けやすいと考えられる構造物
抗土圧構造物	すべての抗土圧構造物（抗土圧構造物の基礎を含む）
船舶・自動車等の影響を受ける構造物	桁下離隔距離が不十分で，船舶・自動車等の衝突履歴がある構造物
河川の影響を受ける構造物	急勾配河川に建設された構造物
	みお筋が頻繁に変化する河川の低水路部に建設された構造物
	毎年 1 回以上，徐行あるいは停止水位に達する河川に建設された構造物
その他	検査責任者が周期延伸することが不適切と考える構造物

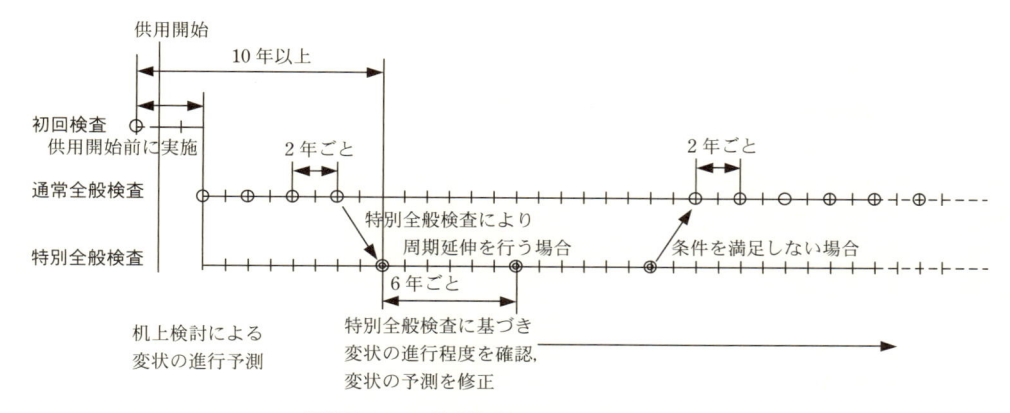

解説図 4.4.2　基礎構造物における周期延伸の例

（2）について

　特別全般検査を実施する時期および周期は，構造種別や線区の実態，環境等に応じて定めるものとする．一般には，上部構造物の特別全般検査に併せて基礎・抗土圧構造物の特別全般検査を実施するのがよい．

（3）について

　特別全般検査を実施し，部材の劣化や構造物としての安定性，環境の変化等に関する健全度が長期にわたり変化しないと判断された構造物に関しては，次回以降の通常全般検査を省略することで6年ごとの期間を上限として全般検査の周期を延伸することができる．

　ただし，はく落により列車の運行，旅客・公衆の安全の確保が問題となる構造物については全般検査の周期を延伸することはできない．さらに，**解説表**4.4.1に示した条件に該当する構造物についても全般検査の周期を延伸することはできない．

　解説図4.4.2に基礎構造物における周期延伸の例を示す．

（4）について

　本条文はトンネルを対象としたものであり，詳細は「本編（トンネル）」を参照されたい．

4.4.2　調査項目

　特別全般検査における調査項目は、通常全般検査における「4.3.2　調査項目」に準ずるほか、検査精度を高めるために必要な項目を適宜、設定するものとする。

【解説】

　特別全般検査の調査項目は，一般に通常全般検査における「4.3.2　調査項目」に準ずるものとするが，調査項目を増やして検査精度を高めたい場合や全般検査の周期延伸を考慮する上で必要と考えた調査項目について，「5章　個別検査」を参考に適宜，設定するものとする．

4.4.3　調 査 方 法

　　特別全般検査における調査方法は、入念な目視のほか、必要に応じて各種の方法によるものとする。

【解説】

　　特別全般検査における調査方法は，構造物に接近する等して行う入念な目視によるほか，必要に応じて「5章　個別検査」を参考に，各種の方法によるものとする．

4.4.4　健全度の判定

　　特別全般検査における健全度の判定は、通常全般検査における「4.3.4　健全度の判定」に準ずるものとする。

【解説】

　　特別全般検査における健全度の判定は，今回の調査結果だけでなく過去数回の全般検査の結果等を含め総合的に判断し，次回全般検査時までの構造物の安全性を担保するのに満足なものとなっていることが重要である．

　　なお，**付属資料** 4-1 に示した全般検査における健全度の判定の例を，必要に応じて参考にするとよい．

5章 個別検査

5.1 一般

　個別検査は、全般検査、随時検査の結果、詳細な検査が必要とされた構造物に対して、精度の高い健全度の判定を行うことを目的として実施するものとする。

【解説】

　1)　検査の対象と目的

　個別検査は，「2.5.2　検査の区分と時期」【解説】に示すように，全般検査および随時検査の結果，健全度Aと判定された場合に実施する検査であり，健全度の判定の精度を高めるとともに，適切な措置の方法およびその実施時期に関する情報を得るために実施するものである.

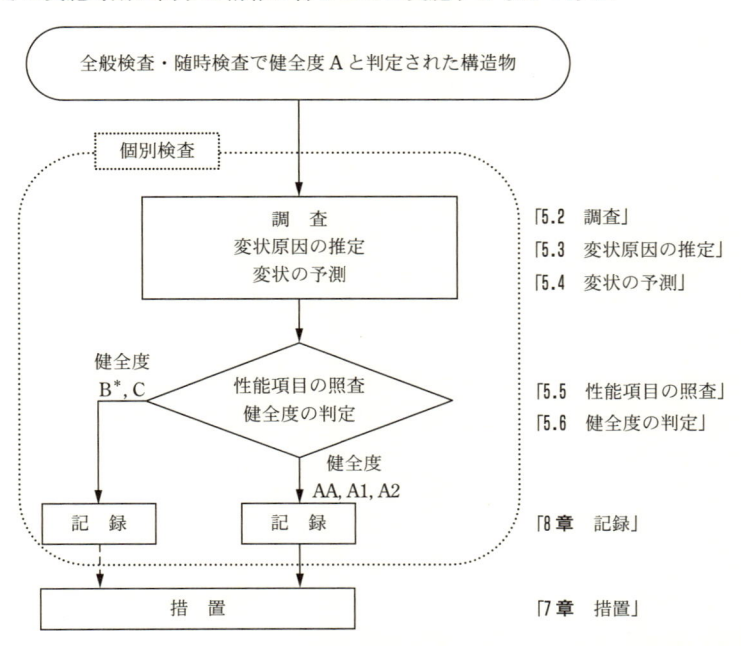

解説図 5.1.1　個別検査の手順

　なお，健全度A以外の判定となった構造物に対しても，ライフサイクルコストの低減・予防保全といった観点から維持管理を行う場合は，個別検査の手法を用いて詳細な調査を行い，変状を予測するのがよい．

　2）　検査の手順

　個別検査の手順を**解説図**5.1.1に示す．

　個別検査を行う場合は，全般検査および随時検査の結果を基に，適切な調査項目，調査方法を選定することが重要である．個別検査における調査方法は，入念な目視を基本とするが，構造物の特性や変状の種類・程度に応じて，各種調査機器を用いた詳細調査を適宜，追加する．

　なお，健全度の判定は，調査結果に基づき変状原因の推定および変状の予測を行い，さらに性能項目の照査を実施した上で，総合的に行うものとする．

　3）　検査の実施時期

　全般検査および随時検査の結果，健全度Aと判定された構造物については，すみやかに個別検査を実施することが望ましい．

　ただし，構造物の状況から個別検査の実施に急を要する場合以外は，河川橋りょうでは渇水期に検査を行う等，調査を精度よく実施できる時期に検査を行うのがよい．また，ラーメン高架橋や架道橋においては，高架下・桁下の利用状況から計画的に検査を実施せざるを得ない場合や，土留擁壁の水抜きパイプの通水状況などのように気象条件により調査結果が変動するおそれのある場合もあるため，注意を要する．

5.2　調　　　査

5.2.1　一　　　般

　個別検査における調査は、精度の高い健全度の判定が可能な情報が得られるよう、調査項目及び調査方法を適切に設定し、実施するものとする。

【解説】

　基礎・抗土圧構造物における個別検査の調査では，入念な目視およびその他詳細な調査により，地上部分の変状を適切に把握することに加え，地中部分の変状や周辺環境の変化等の外的条件を捕捉することが重要である．

　これらの入手した情報を総合的に判断することにより，変状原因の推定や変状の進行性の予測が可能となり，その結果，精度よく健全度の判定を行うことができることとなる．

　そのため，当初の検査計画の段階で，全般検査および随時検査の結果を基に，構造物の特性および変状の種類・程度を考慮し，変状原因の推定および変状の予測に必要となる情報を整理し，適切な調査項目および調査方法を設定することが望ましい．

5.2.2　調 査 項 目

　個別検査における調査項目は、変状原因の推定、変状の予測が可能な情報が得られるよう、構造物の特性、変状の種類及び周辺の状況に応じて設定するものとする。

【解説】

　個別検査における調査は，変状の程度や進行性をより詳細に把握することを目的とする．そのため，構造物の種別や状況および全般検査あるいは随時検査の結果に応じて，変状原因の推定および変状の予測に有用な調査結果を効率よく得られるように調査項目を選定することが重要である．

　個別検査における調査を大別すると以下の4つに分けられる．

1) 資料調査
2) 地上部の変状に関する調査
3) 地中部の変状に関する調査
4) 変状の外的条件に関する調査

以下に，各調査項目について解説する．

1) 資料調査

　資料調査は，調査項目・調査方法の決定等，他の調査の基本となるものであり，設計図書等の構造物の諸元に関する資料，経歴に関する資料，検査記録，周辺環境に関する資料等について収集・調査する．**解説表5.2.1**に一般的な資料調査項目を示す．

2) 地上部の変状に関する調査

　「本編（基礎構造物・抗土圧構造物）」では，地中部の変状が原因となって地上部の部材に変状が発生する場合について述べる．他の原因で発生する地上部の変状については，「本編（コンクリート構造物）」および「本編（鋼・合成構造物）」を参照して調査項目を選定するのがよい．

　地上部の変状に関する調査は，全般検査および随時検査により把握した地上部分の変状について，その

解説表 5.2.1　一般的な資料調査項目

調査区分	調査項目
設計図書・施工記録	構造物の設計図，設計計算書 使用材料の品質，強度 工事誌・施工記録 施工担当者の聞き取り調査
経歴調査資料	建設年次 載荷荷重の変遷 過去の災害などの記録 環境条件の変化 措置の記録
検査記録	変状状態の調査記録・変状の追跡記録・措置の記録等
周辺環境資料	地図類（地形図・地質図・地盤図・土地利用図・航空写真等） 調査または観測資料（土質調査記録・災害および気象に関する資料等）
その他	関係機関との協議議事録

解説表 5.2.2　地上部の変状に関する一般的な調査項目

調査区分	調査項目
構造諸元	部材寸法，鉄筋の有無（必要に応じて鉄筋量）
静的変位	構造物の変位・傾斜，構造物の目違い，桁の設置状況， 背面盛土の沈下・流失，構造物の不同変位，軌道変位
部材損傷	ひび割れ，変形（鋼・合成構造物），浮き・はく離・はく落， 支承部の損傷，アンカーボルトの変状，材料の劣化状況・現有強度
支持力特性	固有振動数，列車通過時の動的変位，極限支持力

解説表 5.2.3　地中部の変状に関する一般的な調査項目

調査区分	調査項目
構造諸元	部材寸法，鉄筋の有無（必要に応じて鉄筋量），根入れ深さ（根入れ比）
静的変位	基礎構造物の変立・傾斜
部材損傷	地中部材（橋脚基部・橋台背面・フーチング・地中梁・杭体・ケーソン函体）のひび割れ，鉄筋破断，材料の劣化状況・現有強度

解説表 5.2.4　変状の外的条件に関する一般的な調査項目

調査区分	調査項目
地盤の影響	周辺地盤条件の変化，地下水位の変化，地すべり等地盤の側方移動の有無
河川・海洋の影響	洗掘深さ，河床低下の有無，みお筋の変化，洪水時の最高水位・高潮時の最高潮位・高波時の最高波高
近接施工の影響	工事の状況，地形・地質条件，地盤変位
地震の影響	地震力および過去の地震歴，液状化の有無
衝突の影響	衝突物の種別・重量・速度，衝突時の状況
火災の影響	延焼面積，温度履歴，継続時間

程度を詳細に把握するために実施する．

　解説表5.2.2 に地上部の変状に関する一般的な調査項目を示す．

　3)　地中部の変状に関する調査

　地中部の変状に関する調査は，直接目視することのできない地中部分の変状が疑われる場合に，その変状の有無およびその程度を把握するために実施する．

　解説表5.2.3 に地中部の変状に関する一般的な調査項目を示す．

　4)　変状の外的条件に関する調査

　変状の外的条件に関する調査は，主に変状原因の推定に必要となる情報を得るために実施する．特に基礎・抗土圧構造物においては，外的条件の変化が構造物の変状に大きな影響を及ぼすため，個別検査で最も重点的に調査すべき項目である．調査区分として地盤の影響，河川・海洋の影響，近接工事の影響，地震の影響等に分類される．

　大雨あるいは地震の後など，随時検査の結果を受けて個別検査を実施する場合には，ある程度外的条件を特定することが可能なため，重点的に調査することができる．

　解説表5.2.4 に変状の外的条件に関する一般的な調査項目を示す．

5.2.3　調査方法

　個別検査における調査方法は、変状の実状に即したものとする。

【解説】

　個別検査における調査方法は，入念な目視が基本となる．しかしながら地中構造物においては，地盤の掘削が必要となり，変状を直接目視することが困難となる場合が多い．そのような場合には，地上部の変状の調査や，非破壊試験による調査を実施するのがよい．以下に「5.2.2　調査項目」【解説】に示した各調査項目に対応する一般的な調査方法を示す．

1)　**資料調査**

　資料調査の実施に際しては，構造物の維持管理に有用な資料を収集することにより，周辺環境の特性や構造物の弱点を把握することが重要である．これらの資料は構造物の設計時に収集されたもの，あるいは検査・措置時に記録されたものであり，「**8章　記録**」および「鉄道構造物等設計標準・同解説（基礎構造物・抗土圧構造物）」を参考とするのがよい．また，必要な資料がない場合や，周辺環境の変化により収集された資料が陳腐化した場合は，新たに試験を実施するなどして，資料を整備しておくのがよい．

　解説表5.2.5に資料調査を行う上で収集すべき資料の参考として「鉄道構造物等設計標準・同解説（基礎構造物・抗土圧構造物）」に定める基礎の計画・設計・施工のための調査の順序と内容の抜粋を示す．

2)　**地上部の変状に関する調査**

　地上部の変状に関する調査に際しては，変状の程度を定量的に把握するため，入念な目視に加えて，以下に解説する調査方法を参考に，必要な調査を選定して実施するのがよい．

a)　構造諸元

　構造諸元に関する調査方法について，**解説表5.2.6**に解説する．なお，鉄筋の有無（必要に応じて鉄筋量）の調査に関しては，「本編（コンクリート構造物）」によることとする．

b)　静的変位

　地中部の変状が原因となり得る地上部の部材の変状に関する調査方法について，調査を行う構造種別ごとに**解説表5.2.7**に解説する．

解説表 5.2.5　資料調査を行う上で収集すべき資料の参考

調査段階		調査目的	主な調査項目	調査内容
予備調査	資料による調査	地形・地質等地盤条件の大分類問題箇所の予測	地形図・地質図・地盤図・既存資料の検討	沖積低地・洪積台地・山間傾斜地等の区分 被圧地下水分布・液状化地盤・地盤沈下地帯の有無 既設構造物の設計・施工に関する記録と変状の有無等
	踏査	同上	現地調査による観察	露頭の地質（砂礫・砂質土・粘性土・風化土・崖錐・岩盤等），地形（地すべり・おぼれ谷等）の判定 のり面保護・地表の状態・植物の観察 地下水位・湧水箇所・水理（河川，水量）の状態の調査 作業空間・近接構造物の調査
	協議等による調査	河川・道路等の現況および計画の把握	河川・道路・その他管理者との協議	川幅・河床高・水位高等の河川の諸条件の現況と将来計画 河川内占有作業期間 道路幅員・建築限界等の道路の諸条件の現況と将来計画 道路占用・交通止め等に関わる諸条件
先行調査		構造物の形式の大要決定 概略設計に必要なデータの収集	ボーリング 標準貫入試験 乱した試料による室内土質試験 弾性波探査	土質の成層状態と支持層の概略判定 耐震設計上の特殊地盤の判定 液状化の判定　　圧密沈下の有無　　地下水の状態 本調査が必要な項目の判定　　概略設計
本調査		構造物設計の細目決定	標準貫入試験	土層の成層状態・支持層の決定・乱れの少ない試料の採取等
			室内土質試験	設計に必要な土質諸定数
			原位置試験	原位置の諸定数
		構造物施工法の決定	地下水関係調査	地下水の自然水位・流動・被圧地下水の有無
			河相調査	河床勾配・流心・洗掘等河道状況
			施工環境調査	近接構造物・埋設物・作業空間・工事用通路等の精査
精密調査		さらに必要と認められた調査	現場載荷試験	必要に応じ設計に必要な土質諸定数
			特殊調査	特殊条件（地すべり地帯・凍土・特殊土・特殊岩石・水質・有毒ガス等）が設計施工に及ぼす影響の判定

「鉄道構造物等設計標準・同解説（基礎構造物・抗土圧構造物）」解説表 2.2.1-1 より一部抜粋

解説表 5.2.6 構造諸元に関する主な調査方法

調査区分	構造種別	調査項目	主な調査方法	解説
構造諸元	全構造物	部材寸法	巻尺等による計測	竣工図の寸法との相違を確認する.
		鉄筋の有無（必要に応じて鉄筋量）	「本編（コンクリート構造物）」参照	コンクリート内の鉄筋に関する調査として，はつりによる目視・計測，電磁波レーダ探査，磁気探査等がある.

解説表 5.2.7 静的変位に関する主な調査方法

調査区分	構造種別	調査項目		主な調査方法	解説（調査の概要，適用条件，精度等）
静的変位	橋脚	変位	水平変位	測量	地盤との隙間により，水平移動の有無を確認することができる. 基準点を設置し，基準線からの離れをトランシット等の見通し器具を用いて測定する. 一般に誤差が大きい.
			沈下	測量	地盤沈下等のある場合の桁下空頭維持に関する照査を要する場合等に実施するとよい. 岩盤や支持層に直接支持され，沈下の少ない構造物上に基準となる水準点を設置し，レベル測量により変状の発見および進行状態の把握を行う. 支持層上部の地盤の沈下が構造物の沈下の要因となることが多いので，併せて地盤の沈下量も計測するとよい.
			傾斜	測量	鉛直軸線標が設置されている橋脚の場合，その測量を行う.（鉛直軸線標については**解説図5.2.1**）
				傾斜計による計測	傾斜計を設置し，傾斜量を計測する. 初回検査時に，橋脚天端における傾斜量の初期値をとる必要がある.（**解説図5.2.2**）
		不同変位		測量	各基礎間の不同沈下量や不同水平変位量を測量する.
	桁	目違い		スケール等による計測	不同変位のため発生する変状の発見や進行状態の確認を行う. 高欄の両端部等，1ブロック当たり4箇所・4隅で計測するとよい.（**解説図5.2.3**）
		設置状況	桁の通り	測量	橋脚・橋台の橋軸直角方向への変位により発生する.
			桁の遊間	スケール等による計測	橋台が前傾すると，遊間量が小さくなる. 桁の縦移動については，常時測定し，温度と桁の伸縮の関係を整理する必要がある.
			支承位置	スケール等による計測	上シューと下シューの相対変位を計測し，異常なずれの有無を確認する. 橋台・橋脚に水平変位・傾斜等の変状が発生した場合に生じる. 桁の遊間と同様に，測定時の温度と桁の伸縮の関係を整理する必要がある.
		不同変位		測量	桁の連続的な水平・鉛直変位を測量する.
	ラーメン高架橋	変位	水平変位	測量	橋脚の水平変位に準ずる.
			沈下	測量	橋脚の沈下に準ずる.
			傾斜	測量	橋脚の傾斜に準ずる.
				傾斜計	

解説表 5.2.7　（つづき）

調査区分	構造種別	調査項目			主な調査方法	解説（調査の概要，適用条件，精度等）
静的変位	ラーメン高架橋	目違い			スケール等による計測	突き合わせ接続式ラーメン高架橋等，連続する構造物の目違いを計測することにより，不同変位のため発生する変状の発見や進行状態の確認を行う．高欄の両端部等，1ブロック当たり4箇所・4隅で計測するとよい．
		ブロックの状況・不同変位	ブロックの通り・不同沈下		測量	単純梁接続式・背割接続式ラーメン高架橋等において，構造物の連続的な水平・鉛直変位を測量する． 圧密沈下・斜面・近接工事・地震等に起因する地盤の影響により発生する．（解説図5.2.4）
			ブロックの遊間		スケール等による計測	ラーメンの基礎が線路方向に変位を生じた場合，ブロック間もしくはブロックと接続部の単純梁が衝突，もしくは遊間が過大となる．
	橋台・土留擁壁	変位	水平変位		測量	橋脚の水平変位に準ずる．
			沈下		測量	地盤沈下や背面土の影響により発生する．
			傾斜		測量	背面土の土圧の変化もしくは基礎部の損傷・地盤の影響により発生する． 防波堤等では，侵食により背面土が流失した場合，安定性が低下することがある．
				傾斜計		計測方法は，橋脚の傾斜に準ずる．（解説図5.2.5）
		目違い			スケール等による計測	（土留擁壁において） 連続する構造物の目違い・段違いを計測することにより，不同変位のため発生する変状の発見や進行状態の確認を行う．土留擁壁の両端部上下等，1ブロック当たり4箇所・4隅で計測するとよい．
		不同変位			測量	（土留擁壁において） 構造物の連続的な水平・鉛直変位を測量する．
	背面盛土	沈下			測量	地盤沈下や盛土の沈下により発生する．地盤の影響による変状の発見に最も有効である． 橋台が前面へ移動あるいは沈下したり，杭頭部付近に空隙を併発するおそれがある．
		流失			測量	橋台・護岸が大きな洗掘を受けると，そこから吸い出し作用により背面盛土が流失することがある．その状態で波圧等外力の作用を受けると，構造物の安定が損なわれる危険がある．
	軌道	軌道変位			測量	橋脚の傾斜が軌道の通り変位となって現れる等，構造物の変位があった場合発生する． 軌道変位4項目（高低・通り・水準・平面性）の検測を行う．小さな変状の発見も可能であり，特に地震や出水直後の初期調査で真っ先に変状を発見することが多い． 常に軌道破壊の進行および整備が行われているため，初期値をとって構造物の変状の進行状態を把握することはできない．主に保線担当者が計測するため，相互に情報を共有化する必要がある．

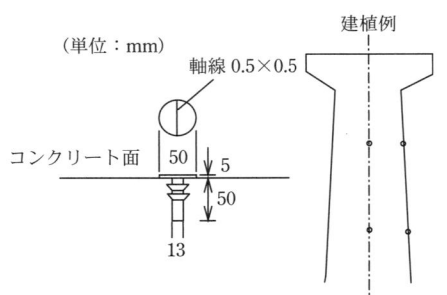

（単位：mm）

軸線 0.5×0.5

コンクリート面 50 5

50

13

標は，真鍮製とし，脚部をコンクリート中に埋め込み，1軸につき約2m以上の間隔を置いて上下2個取り付け，軸線を刻み込む．

解説図 5.2.1 鉛直軸線標の例

傾斜計

傾斜計の使用方法

H_d：橋脚高さ （m）
a_1：傾斜計の読み （初期値：mm）
a_2：傾斜計の読み （測定時：mm）
とすると，

橋軸直角方向
橋軸方向

傾斜計の台座

橋脚天端における水平変位 D は
$$D=(a_2-a_1)\times H_\mathrm{d}\div 10 \ (\mathrm{mm})$$

$H_\mathrm{d}=6.6$ m，$a_1=921$，$a_2=924$ の場合，
$$D=(924-921)\times 6.6\div 10=1.98 \ \mathrm{mm}$$

解説図 5.2.2 傾斜計による計測の例

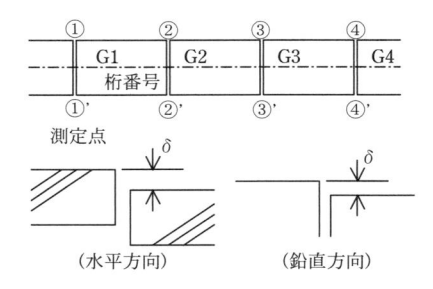

① ② ③ ④

G1 G2 G3 G4

桁番号

①′ ②′ ③′ ④′

測定点

（水平方向） （鉛直方向）

解説図 5.2.3 桁の目違い

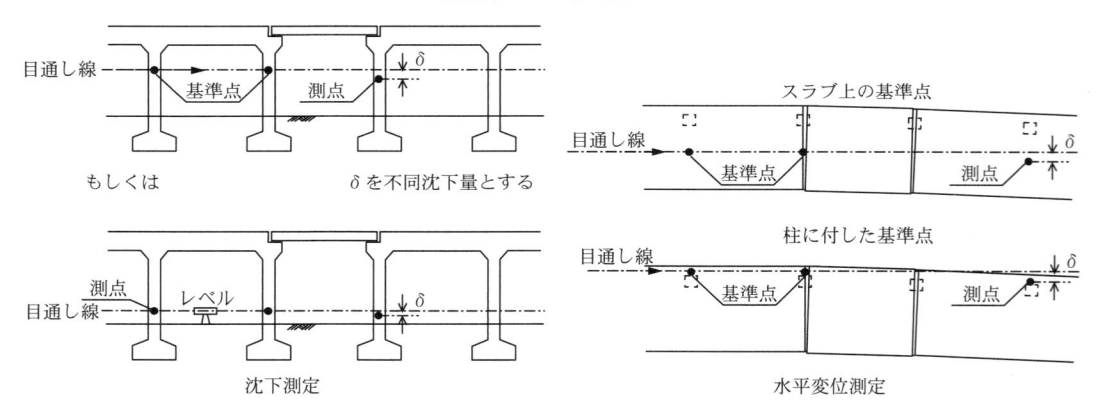

目通し線 基準点 測点 δ

もしくは δを不同沈下量とする

測点 レベル 目通し線 δ

沈下測定

スラブ上の基準点

目通し線 基準点 測点 δ

柱に付した基準点

目通し線 基準点 測点 δ

水平変位測定

解説図 5.2.4 単純梁接続方式のラーメン高架橋における不同変位測定

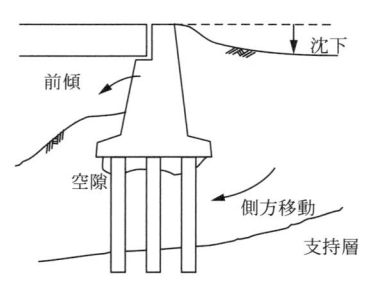

沈下

前傾

空隙 側方移動

支持層

解説図 5.2.5 背面盛土の沈下に伴う各種変状

c)　部材損傷

　部材損傷等に関する調査を実施する際は，「本編（コンクリート構造物）」および「本編（鋼・合成構造物）」に示された調査方法を併せて参照するのがよい．

　部材損傷に関する変状原因の予測を行うために実施する代表的な調査方法について，材料種別ごとに**解説表 5.2.8**に解説する．

d)　支持力特性

　地上部で行う構造物の支持力特性に関する調査項目のうち，基礎構造物の変状に直接関係するものを**解説表 5.2.9**に解説する．

解説表 5.2.8　部材損傷に関する調査方法

調査区分	材料種別	調査項目		主な調査方法	解説（調査の概要，適用条件，精度等）
部材損傷	無筋・鉄筋コンクリート	ひび割れ	幅	クラックゲージによる計測	クラックゲージをあて，ひび割れ幅を計測する．（**解説図 5.2.6**）
			深さ	超音波探傷	ひび割れの両側に超音波の発振子と受振子をあて，超音波の到達時間よりひび割れの深さを求める．あらかじめ超音波の伝播速度を計測する必要がある．
			長さの進行性	マーキングによる計測	ひび割れ先端にマーキングを行い，次回検査時に再度マーキングしてひび割れの進行性を計測する．（**解説図 5.2.6**）
		浮き・はく落		打音調査	ハンマーの打撃音より，コンクリートの浮きの有無を確認する．
				赤外線法	はく離の有無でコンクリートを伝わる熱の伝導性が異なることに着目し，赤外線カメラで構造物を撮影，表面の温度分布を捉える．（**付属資料 5-1 参照**）
		材料の劣化状況・保有強度	伝播速度	超音波探傷	超音波の伝播速度より，コンクリートの強度を推定する．
				衝撃弾性波法	衝撃弾性波の伝播速度より，コンクリートの強度を推定する．
	鋼・合成構造物	変形・ひび割れ		入念な目視	「本編（鋼・合成構造物）」参照　鋼構造物の場合，下部工（基礎）の変位が上部工等に変形となって現れる．特に部材の座屈に注意する必要がある．
		材料の劣化状況・現有強度		材料試験強度試験	「本編（鋼・合成構造物）」参照
		支承の損傷		入念な目視	（コンクリート橋についても同様）支承の損傷から，基礎部の変状を推定する．
				超音波探傷	アンカーボルト長が，設計通りあるか，または途中に破断がないか確認する．
	組積構造物	ブロックの損傷・劣化，目地の劣化・侵食，目地切れ		スケールによる計測	目地切れの範囲，深さを実測．河川流水部付近あるいはスプラッシュゾーンにおける目地の侵食範囲，深さを実測．
				打音調査	浮き，き裂状況，ブロックの強度特性を推定．
				衝撃弾性波法	衝撃弾性波の伝播速度より，強度特性，ばらつきを把握．

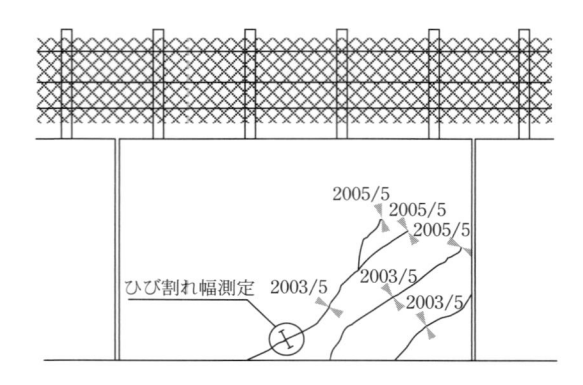

解説図 5.2.6　ひび割れの進行性の調査の例

解説表 5.2.9　支持力特性に関する主な調査方法

調査区分	調査対象	調査項目		主な調査方法	解説（調査の概要，適用条件，精度等）
支持力特性	全構造物	固有振動数		衝撃振動試験	地盤条件に変化があった場合，もしくは基礎部材に損傷が発生した場合には，構造物の固有振動数が変化する．初回検査時等にあらかじめ健全な状態における固有振動数を測定しておき（初期値取り），その数値と比較する等の方法により，健全度を判定することができる． **（付属資料5-3 参照）**
				微動計測	流水や風等の様々な作用を受け，構造物（特に橋脚）は常に微細に振動している．衝撃振動試験よりも適用条件は狭いが，その振動を測定・解析して衝撃振動試験と同様に構造物の固有振動数を求めることができる． 　また，微動の中に占めるロッキング振動の割合，あるいはリサージュ（振動の水平成分の軌跡を 2 次元的にグラフ化したもの）から構造物の健全度を判断する手法も提案されている．
		列車通過時の動的変位		沈下計による計測	ダイヤルゲージあるいは電気式記録計を用いて列車通過時の沈下の最大量を計測する．誤差が大きな場合もあるため，他の調査と総合して照査する必要がある．　**（解説図5.2.7）**
				列車通過時の振動計測	衝撃振動試験に使用するシステムを利用し，水平方向の振動計測を行うことができる．測定した波形は， ①活荷重の変動による 1 Hz 以下の成分 ②橋脚のロッキングによる 2〜10 Hz の成分 ③橋脚の弾性たわみや衝撃波動による 10 Hz 以上の成分 の合成となるが，②に注目するとよい． 　リサージュから，構造物の振動性状を推定することもできる．　**（解説図5.2.8）**
		極限支持力	地盤	平板載荷試験	JGS 1521　「地盤の平板載荷試験方法」に規定される方法によるのがよい．
			杭	杭の載荷試験	一般的に既存の構造物の極限支持力を測定することは困難であり，建設時に載荷試験を実施しているのであれば，そのデータを使用するのがよい．参考に以下の規定がある． JGS 1811　「杭の鉛直載荷試験方法」 JGS 1831　「杭の水平載荷試験方法」 JGS 1821　「杭の引き抜き載荷試験方法」

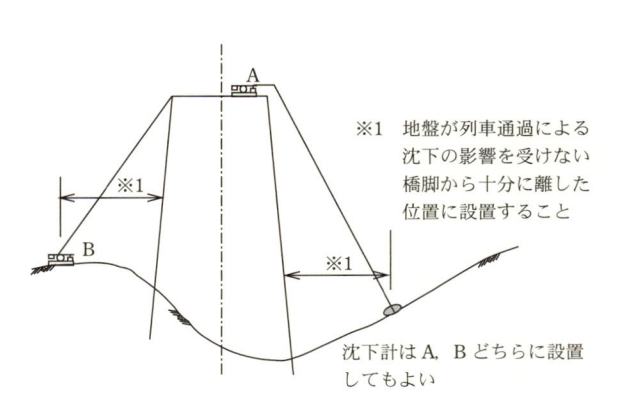

※1　地盤が列車通過による
　　沈下の影響を受けない
　　橋脚から十分に離した
　　位置に設置すること

沈下計はA，Bどちらに設置
してもよい

解説図 5.2.7　沈下計による計測の例

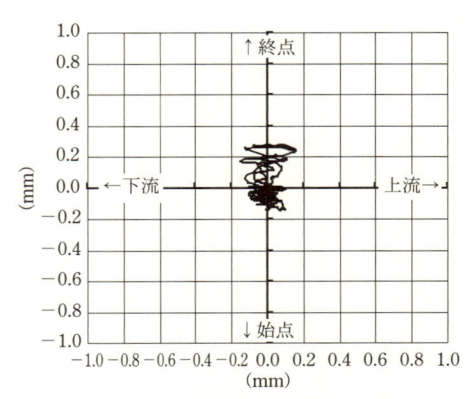

リサージュ：列車通過時等の橋脚天端の水平変位
　　　　　　の軌跡を表したもの

解説図 5.2.8　列車通過時の振動計測により得られ
　　　　　　　たリサージュの例

3)　地中部の変状に関する調査

地中部の変状の調査は，周辺地盤を掘削した上で入念な目視を行う方法が最も確実かつ詳細な調査法であると考えられる．しかし，掘削調査は困難であり，他の調査から地中部の変状を推定するのが一般的である．

掘削あるいは削孔した上で調査を実施する場合の解説を以下に示す．

a)　全面掘削による調査

直接基礎の調査においては，条件によっては全面掘削による入念な目視が実施可能な場合がある．その際の調査項目として，形状・寸法・根入れ深さ・支持地盤条件等の確認がある．

ただし，地下水位が高い場合や，土留擁壁や橋台といった常時土圧を受けている構造物ではフーチング前面の抵抗が失われると大きな変位が発生する場合があるので注意を要する．

b)　部分掘削による調査

全面掘削が困難な直接基礎やその他の基礎構造物では，条件によっては部分掘削により地中部の調査を行うことができる場合がある．

解説図 5.2.9のように部分掘削を行うことにより，全面掘削に準じた調査や，地盤沈下に伴うフーチング底面と地盤との空隙の有無等の確認が可能となる．

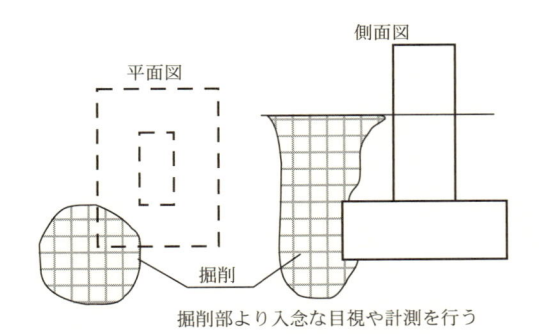

掘削部より入念な目視や計測を行う

解説図 5.2.9　部分掘削調査の例

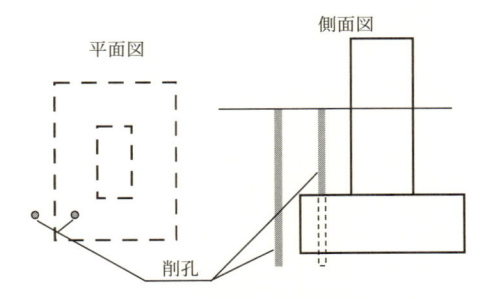

削孔部より非破壊試験等を行う

解説図 5.2.10　サウンディングまたはボーリング
　　　　　　　　による調査の例

c) サウンディングまたはボーリングによる調査

　用地の制約等により部分掘削も困難な基礎構造物において，必要により行う場合がある．

　適当な箇所に数箇所削孔することにより，フーチングの平面形状・厚さ・材質および地盤条件の判定等の調査は可能である．

　また，サウンディングあるいはボーリング孔を利用した各種非破壊試験法も急速に普及している．これにより効率的に有用な調査結果を取得できることから調査項目に応じた非破壊試験法を選定し，調査を行うのがよい（**解説図 5.2.10**）．

　地中部の変状に関する入念な目視以外の主な調査方法を**解説表 5.2.10** に示す．そのほか，部材の材料劣化・材料の現有強度を調査する場合には，「本編（コンクリート構造物）」および「本編（鋼・合成構造

解説表 5.2.10　地中部の変状に関する主な調査方法

調査区分	調査対象	調査項目	主な調査方法	全掘削	部分掘削	削孔	解　　説
構造諸元	全地中構造物	部材寸法	巻尺等による計測	○	○		全掘削もしくは部分掘削を繰り返し行い，竣工図との相違の有無を確認する．
		鉄筋の有無（必要に応じて鉄筋量）	電磁波レーダ（ボアホールレーダ）探査			○	「本編（コンクリート構造物）」参照　ボーリング孔あるいはサウンディング孔を利用することができる．検査に熟練を要する．（**付属資料 5-1** 参照）
			磁気探査			○	「本編（コンクリート構造物）」参照　ボーリング孔あるいはサウンディング孔を利用することができる．製造過程において帯磁する鉄筋の磁界の強さ・方向を計測する．（**付属資料 5-1** 参照）
		根入れ深さ（根入比）（**付属資料 5-2** 参照）	巻尺による計測	○	○		掘削によりフーチングの上面・下面の深さを計測する．
			く体ボーリング			○	ボーリング削孔をフーチング下面まで貫通させることにより，根入れを測定する．コア抜きした供試体を利用して材料・強度試験を行うことができる．
			電磁波レーダ探査			○	前述
			磁気探査			○	前述
			速度検層			○	基礎構造物近傍のボーリング孔を利用して速度検層を行い，得られる走時曲線から基礎の根入れを測定する．（**付属資料 5-1** 参照）
静的変位		変位・傾斜	測量	○	○		地中構造物の変位・傾斜状況を掘削により測量する．実施は困難な場合が多い．
部材損傷		材料の劣化状況・現有強度，ひび割れ，鉄筋破断	地中レーダ探査			○	構造物近傍のボーリング孔を利用し，地中レーダ探査を実施．得られる探査画像から構造物の損傷状況を推定する．
			ボアホールカメラ撮影			○	構造物に対しボーリングを実施．このボーリング孔を利用し，直接的に映像を収録することにより内部の損傷の有無・程度を把握する．（**付属資料 5-1** 参照）
			衝撃弾性波法			○	杭の損傷調査を目的として，フーチング上面から衝撃加振を行い，反射波の特性より，杭の変状状況を推定する．また，地中部壁前面から衝撃加振し，反射波の特性より，背面の空洞化やき裂等変状の発生を調べる．

解説表 5.2.11　変状の外的条件に関する主な調査方法

調査区分	調査対象	調査項目	主な調査方法	解　説
地盤の影響	構造物周辺の地盤	周辺地盤条件の変化	標準貫入試験等各種サウンディング	地下水位の変化に伴う構造物の変状は，地盤沈下に伴うネガティブフリクションの発生等，深刻である．地下水位あるいは水位の変化，および周辺地盤の地質，地盤の透水性を把握し，措置に関する検討資料とする．
		地下水位の変化	土質試験	
			地下水位計測	
		地すべり等地盤の側方移動の有無	測量	通常の構造物は地盤の動きに大きく影響を受けるため，傾斜地など変状の発生するおそれのある場所に構築された構造物，また既に変状の発生している構造物については，比較的広い範囲にわたって地盤（地表および地中）の水平変位・鉛直変位の有無，進行性の有無，および進行の速度等について，調査・把握することが重要である．
			資料調査	
			構造物周辺の地盤の目視調査	
河川・海洋の影響	構造物周辺の河川・海洋	洗掘深さ	巻尺等による計測	上流側におけるダム・頭首工の建設による河床面の低下は，橋りょう下部構造物にとって深刻な問題となる．　また，出水に伴って生じるみお筋の変化も橋りょう下部構造物の安定性において影響は大きい．　したがって，橋脚周辺の比較的狭い範囲だけでなく，橋りょう周辺，あるいは河川上流域における建設工事の動向について調査することが重要である．
		河床低下の有無	線路縦断測量，線路横断測量，資料調査，構造物周辺の環境の目視調査	
		みお筋の変化	線路縦断測量，構造物周辺の河川の目視調査	
		洪水時の最高水位・高潮時の最高潮位・高波時の最高波高	資料調査，構造物周辺の浸水状況の目視調査	洪水の最高水位が桁まで達した場合，構造物に過大な水平力が作用したと考えられ，構造物に対し詳細な調査が必要となる．　また，護岸の侵食は波浪，潮流によって生じるが，遠く離れた位置で施工される港湾関係者等による工事の影響を受けることもあることから，構造物近傍だけでなく，広い範囲にわたる調査も重要である．
近接施工の影響	構造物周辺の地盤	工事の状況	資料調査	基礎構造物においては，近接施工による影響を大きく受ける場合があるが，これは近接工事の接近度と地盤の強さ（軟弱さ）によってその程度が異なる．　したがって，近接工事の計画・状況，構造物が位置する地盤条件をあらかじめ把握することで，近接工事により構造物に生じる変状を予測し，さらに変状の観測体制を整えておくことが重要である．
			施工側からの情報収集	
		地形・地質条件	資料調査	
			構造物周辺の地盤の目視調査	
		地盤変位	観測杭の測量	
地震の影響	構造物周辺の地盤	地震力および過去の地震歴	資料調査	構造物に生じた変状と，各種の記録から，変状程度を推定するのがよい．　また，構造物の健全度の判定に当たっては，過去に経験した地震歴を参考にするとよい．　なお，余震により構造物が再度被災するおそれが大きいので，必要に応じて措置を講じるのがよい．
			周辺の地震計の記録収集	
			構造物周辺の地盤の目視調査	

解説表 5.2.11 （つづき）

調査区分	調査対象	調査項目	主な調査方法	解　説
地震の影響	構造物周辺の地盤	液状化の有無	資料調査	地震による変状には，地震時慣性力による変状の発生の他に地盤の液状化によるものがある．設計図書等より地盤条件の調査を行い，液状化に関する検討を行うのがよい．
			構造物周辺の地盤の目視調査	
衝突の影響	構造物全般	衝突物の種別・重量・速度	警察・消防または河川管理者等からの情報収集	衝突による変状には，自動車等の事故による衝突や河川出水時に侵食された巨礫等による衝突等がある．極めて短時間に健全度が著しく低下することもあることから，変状の発生を確認できずに列車を運行させた場合，重大な事故にいたるおそれも大きい．また，衝突が発生した場合は，関係各所から衝突に関する情報収集を行うことも重要である．
		衝突時の状況	出水時の河川状況に関する情報収集	
火災の影響	構造物全般	延焼面積温度履歴継続時間	入念な目視	火災に伴う構造物の損傷程度，範囲を正確に把握することは，措置方法を検討する上で重要である．入念な目視や強度試験等の詳細な調査結果も踏まえ，適切な補修を考慮するのがよい．
			資料調査	
			警察・消防からの情報収集	

解説表 5.2.12　基礎・抗土圧構造物における変状と地盤調査および土質試験の適用例

		直接基礎		杭基礎		ケーソン基礎		掘削土留工			備考
調査法＼変状		支持力不足	沈下の発生	鉛直支持力不足	水平抵抗力不足	鉛直支持力不足	水平抵抗力不足	土圧による土留の変状	ヒービング	パイピング	
地盤調査	標準貫入試験	○		○		○	○	○	○	○	
	不攪乱試料採取	○	○	○	○	○	○	○	○		
	攪乱試料採取				○	○	○				
	地下水位	○	○	○	○	○	○	○	○	○	
	被圧・流動地下水									○	
	現場透水試験	○					○			○	
	粒径観察	○		○							
	孔内載荷試験				○		○				
	支持層位置確認	○		○		○					
	鉛直・水平載荷試験	○	○	○	○	○	○				
土質試験	単位体積重量	○	○	○	○	○	○	○	○		
	比重									○	
	含水比									○	
	粒度			○	○	○	○			○	
	一軸・三軸圧縮	○		○	○	○	○	○	○		
	圧密		○	○		○	○				

※土質の種類により適切な調査法，試験法を適用すること

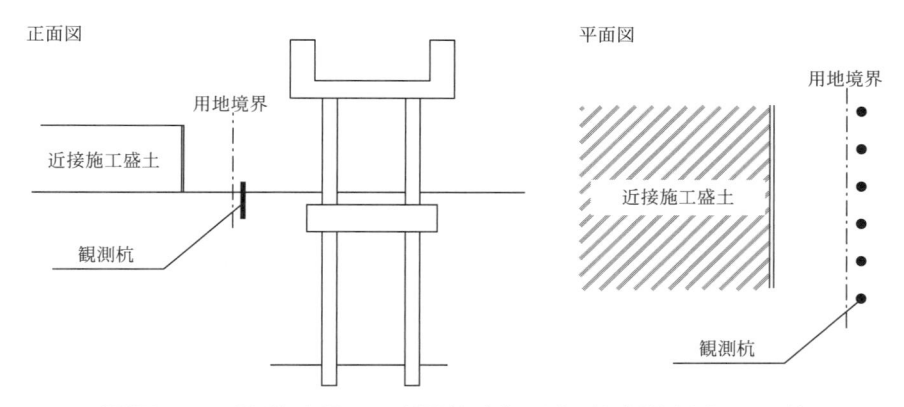

正面図　　　　　　　　　　　　　　　　平面図

用地境界

近接施工盛土

観測杭

近接施工盛土

用地境界

観測杭

解説図 5.2.11　観測杭の測量による軟弱地盤変位の調査の例（近接盛土施工の場合）

物）」に示された調査方法を併用するのがよい．

4）　変状の外的条件に関する調査

特に基礎・抗土圧構造物においては，外的条件の変化が構造物の変状に大きな影響を及ぼすため，変状の外的条件に関する調査は，個別検査で最も重点的に調査すべき項目である．**解説表 5.2.11** に変状の外的条件に関する主な調査方法を示す．なお，衝突の影響および火災の影響等については，「本編（コンクリート構造物）」および「本編（鋼・合成構造物）」に詳細に調査方法が解説されているものもあるので，併せて参照するのがよい．

基礎・抗土圧構造物の調査では，周辺地盤の調査が重要である．新設時の地盤調査データがある場合にはこれを用いることになるが，データがない場合，あるいは不十分な場合には，必要に応じて地盤調査，土質試験を実施することとなる．**解説表 5.2.12** に基礎・抗土圧構造物における変状と地盤調査および土質試験の適用例を示す．発生している変状や，想定される変状原因から，適切な地盤調査，土質試験を適用するとよい．

近接施工の影響の調査では，観測杭の測量を行う場合は**解説図 5.2.11** を参考にするとよい．その他，地下水位計測等の調査についても，適切なマニュアルにより実施するのがよい．

参考に，土質試験に関するマニュアルとして「土質試験の方法と解説」[1]，サウンディング等の地盤調査に関するマニュアルとして「地盤調査の方法と解説」[2] 等がある．

また，**付属資料 5-5** に河川橋りょうの洗掘対策工の変状事例・対応事例を示す．

参 考 文 献

1)　(社)地盤工学会：土質試験の方法と解説―第一回改訂版―，平成 11 年 3 月．
2)　(社)地盤工学会：地盤調査の方法と解説，平成 16 年 6 月．

5.3　変状原因の推定

個別検査における変状原因の推定は、調査等の結果に基づき行うものとする。

【解説】

変状原因の推定は，変状の予測を行うために必要である．変状原因は，環境条件や使用条件，あるいは設計・施工条件によるものなど様々であるため，**解説表5.3.1，解説表5.3.2，解説表5.3.3**，および「本編（コンクリート構造物）」，「本編（鋼・合成構造物）」に記載されている調査方法・変状原因を参考にして推定するのがよい．なお，変状は複数の原因により発生していることもあるため，主たる原因を特定するとともに，それに付随する原因も推定することが重要である．

また，地中部の変状は直接目で見て確認することができないが，その変状は地上部にも連動して現れる

解説表 5.3.1　力学的な影響による変状原因の例

変状原因		具体例	調査法
地盤条件の変化	地盤沈下	粘性土地盤の圧密沈下	標準貫入試験等各種サウンディング 土質試験，掘削調査 測量，地盤変位計測 載荷試験，現地踏査 列車通過時の振動計測 傾斜・沈下計測 衝撃振動試験 地下水位計測
		近接工事に伴うディープウェル等の地下水位低下	
	不同沈下	支持力不足	
	側方移動	軟弱地盤上の橋台等における背面土および軌道材料の荷重増	
		地盤強度不足による地盤の側方移動	
		斜面等傾斜地盤の降雨，地震，流水や波浪に伴う侵食等	
外力の変化	荷重の変化	列車荷重・列車本数・運行速度等の供用条件の変化	資料調査，耐力計算
	地震	地震時慣性力の作用	標準貫入試験等各種サウンディング 測量，地盤変位計測 載荷試験，現地踏査 列車通過時の振動計測 衝撃振動試験 掘削調査，資料調査
		軟弱地盤での地盤変位による外力の作用	
		地盤の液状化による支持力の低下	
	船舶，車両等の衝突	船舶や車両等の衝突	衝撃振動試験 情報収集
		出水時に流下する巨礫等の衝突	
環境の変化	洗掘および河床低下	河川内橋脚周囲の流水による局所的な洗掘	衝撃振動試験 列車通過時の振動計測 測量，資料調査 根入れ調査 傾斜・沈下計測 現地踏査 情報収集
		海中橋脚周囲の波浪・潮流による局所的な洗掘	
		流域の環境変化や河川改修による河床低下の発生	
		ダム工事，砂防工事に伴う河川への流入土砂の減少による河床の低下	
		護岸の普及による出水時の流速の増大	
		出水によるみおの変化	
		海岸の侵食	
		上流部への土木構造物（ダム，護岸，橋脚等）の新設	
		海岸部での海洋構造物の新設による波浪・潮流の変化	
	近接工事	構造物に近接した地盤の掘削	衝撃振動試験 測量 情報収集 現地踏査
		構造物に近接した杭の打設	
		軟弱地盤上への盛土の構築	
		軟弱地盤上への構造物の構築	

解説表 5.3.2　部材損傷から変状原因を推定する例[1]

対象	部材損傷	解説
コンクリート桁	桁のねじりひび割れ 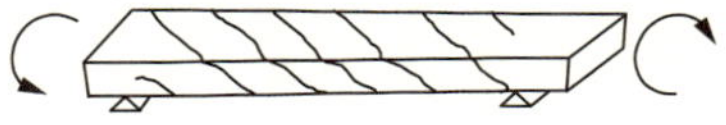	橋台・橋脚の傾斜等により，桁が極端に3点支持となった場合，桁のねじれのために斜めにひび割れが多く生じる．また，横桁がある場合，横桁に応力が集中し，ひび割れが発生しやすい．
	支点上あるいは支点付近のひび割れ 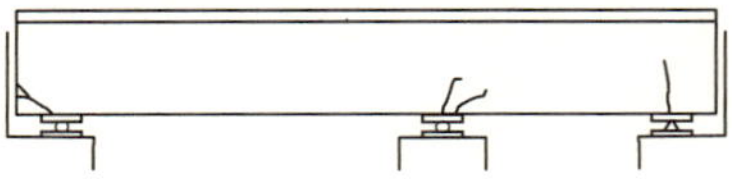	支点部のひび割れは一般に主鉄筋の外側に沿って生じる．固定端では支承のアンカー付近に生じることもある．橋脚・橋台の傾斜等により支点が水平方向に変位し，桁に過大な水平力が作用したおそれがある．連続桁の場合，支点が沈下した可能性もある．大きな地震力が作用した場合，桁端が損傷することもある．
ラーメン高架橋の柱・梁	ラーメン高架橋の柱・梁に発生するひび割れ 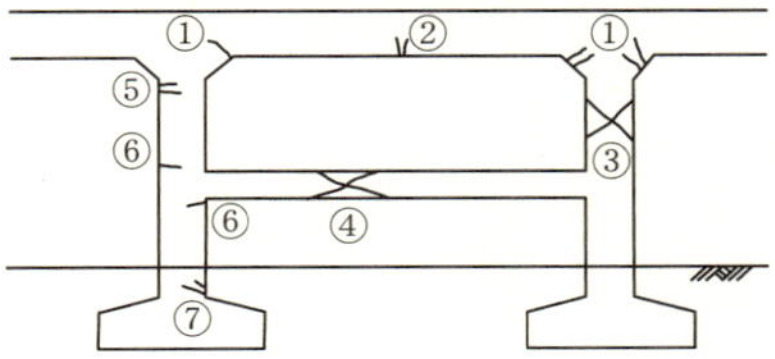	左図①ハンチ隅角部 　　②梁中央部 　　③柱中央部 　　④中間梁 基礎の不同沈下や水平変位が発生した場合等に生じる．③，④はせん断ひび割れ，他は曲げひび割れである．
		左図⑤柱上端部 　　⑥柱の中間梁接合部付近 　　⑦柱下端部 　ラーメンが過大な水平力を受けた場合，曲げひび割れが生じる． （⑦は目視できないが，⑤あるいは⑥にひび割れが生じた場合は，⑦にも生じている可能性がある）
橋台・土留擁壁	橋台・土留擁壁の前面に斜めに発生するひび割れ 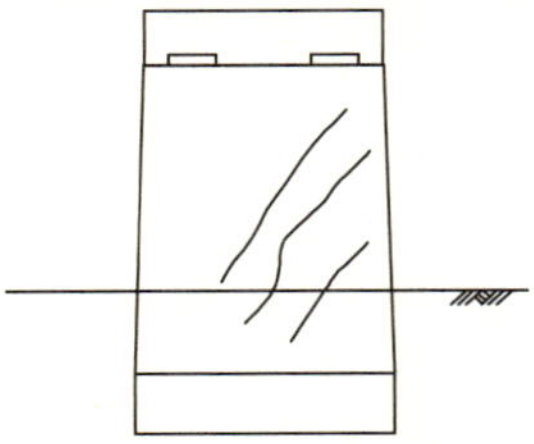	地盤沈下等により，構造物の左右に不同沈下が発生し，ひび割れが生じる． 　線増等により，新設橋台を在来橋台に併設した場合などに生じやすい．
支承部	桁座の損傷 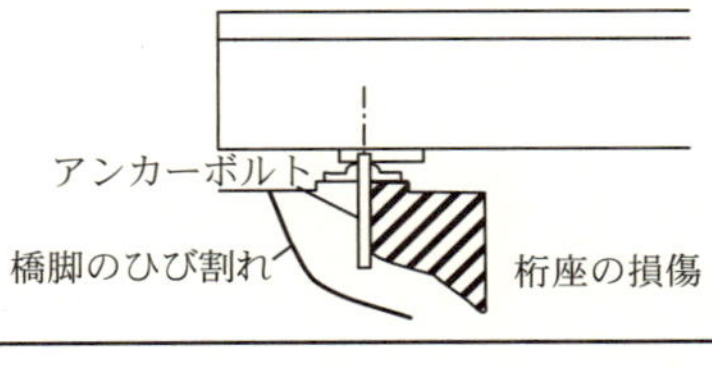 　アンカーボルト　橋脚のひび割れ　桁座の損傷	施工不良や，アンカーボルトの縁端不足により損傷が発生することが多い．

解説表 5.3.2 （つづき）

対象	部材損傷	解説
支承部	支承本体の損傷 アンカーボルトの折損 支承本体の損傷	鋳鉄あるいは鋳鋼製の支承に多く見られる. 桁の移動および橋脚・橋台の変位に伴って発生する.
	アンカーボルトの浮き上がり，切断，折損 アンカーボルトの浮き上がり 支承本体の損傷	地震動により上部工がアップリフトを受け，アンカーボルトが浮き上がる場合がある.
移動制限装置	鋼製ストッパー本体の損傷 損傷	橋脚・橋台と桁が橋軸直角方向に相対的に変位を生じた場合に発生する.
	鋼製ストッパーアンカーボルトの損傷 折損・抜け	橋脚・橋台と桁が橋軸方向に相対的に変位を生じた場合に発生する.
	サイドストッパーの損傷 ひび割れ	鉄筋コンクリート製サイドストッパーの損傷については，橋脚・橋台と桁が橋軸直角方向に相対的に変位を生じた場合に発生する.

ことが一般的であることから，このような構造物についても変状原因の推定は可能である.

1) 力学的な影響による変状原因

　力学的な影響による変状原因としては，地盤条件の変化，想定外の外力の作用，周辺環境の変化等が挙げられる．特に基礎・抗土圧構造物の健全性は地盤条件の変化に影響され，ラーメン高架橋や連続桁橋りょうなどは地盤沈下が要因とされる不同沈下により変状が発生しやすい．また，車両重量や列車の速度向上等による列車荷重・衝撃荷重等の増加および軌道重量等の増加により，設計当初に想定した作用力を超える外力が生じることなども変状原因となり得る．さらに，構造物の周辺環境の変化として，地下水位低下に伴う地盤の圧密沈下，河川における河床低下等，支持条件の変化なども変状原因となる.

2) 設計・施工による変状原因

　設計による変状原因としては，作用条件の設定誤り，構造解析の誤り等のほか，地盤調査の不足等が考えられ，その結果，支持力および耐力が不足して変状を生じることがある．よって，設計図書等の精査を

解説表 5.3.3　設計・施工による変状原因の例

変状原因		具体例	調査法
設計	設計不適合	作用条件（列車荷重等）の設定誤り	資料調査，土質調査 列車通過時の振動計測 衝撃振動試験 載荷試験，速度検層
		構造解析の誤り	
		地盤調査不足による設計地盤条件の設定誤り	
施工	材料の品質不良	コンクリートの配合不良	材料試験 資料調査
		粗悪な骨材（除塩が不十分な海砂等），不良鋼材の使用	
	施工不良	断面不足，鉄筋のかぶり不足	電磁波レーダ探査 ボアホールカメラ撮影 資料調査，載荷試験 衝撃振動試験 掘削調査
		コールドジョイント，ジャンカ	
		支持地盤の確認が不適切な直接基礎，支持層の確認が不適切な杭基礎等	
	その他施工時の障害	河川内橋脚基礎施工時の出水等に伴い，地盤が乱されたことによる支持力不足	衝撃振動試験 資料調査

行うことも重要である．

　施工による変状原因としては，使用材料の品質不良と施工不良が考えられる．ここで，使用材料の品質不良は，コンクリートの配合不良や粗悪な材料の使用といったことが挙げられる．施工不良については，コールドジョイントやジャンカ等のコンクリートの施工不良のほか，掘削時の施工不良等が挙げられる．直接基礎に関しては支持地盤の確認が不適切であった場合，杭基礎に関しては支持層の確認が不適切であった場合は，支持力不足が生じているおそれがある．

　3)　材料劣化による変状原因

　材料劣化による変状原因としては，コンクリートの中性化，鋼材の腐食等が挙げられる．材料の劣化は，施工時の条件や構造物を構築する周辺環境に影響され，その進行程度も異なる．したがって，材料劣化に関する影響要因をよく整理することが重要である．なお，材料劣化の詳細は「本編（コンクリート構造物）」，「本編（鋼・合成構造物）」による．

参 考 文 献

1)　JR北海道「地震発生時土木構造物検査の着眼点」

5.4　変状の予測

　個別検査における変状の予測は、調査の結果や変状原因の推定の結果等に基づき行うものとする。

【解説】

　ここでの変状の予測とは，現在の変状もしくはその変状が将来どの程度進行するかを予測することである．変状の進行により要求性能を満足しなくなる時期を予測することにより，A1・A2等の細分化された健全度の判定を行うことができる．また，ライフサイクルコストの最小化を視野にいれた維持管理を行う場合，変状の予測は適切な措置の時期や方法を選定する上で重要な情報となる．

変状が将来どのように進行するかを判断するには，既存の知見や理論，類似の事例などに照らして判断するのがよい．ただし，変状の原因となる周辺環境や外力の作用などが将来変化することが想定される場合は，それらも考慮して変状の予測を行うことが必要である．

基礎の沈下や傾斜といった変状では，地盤の圧密沈下や斜面の変状が原因となる場合があるが，圧密沈下等に関しては地盤調査，地下水位調査等を詳細に行うことで定量的に予測が可能となる．ただし地盤の圧密沈下などの現象は，周辺環境の変化などによって引き起こされる場合もあるため，それら外的条件の変化についても考慮して予測を行うことが必要である．

また，変状の原因が近接工事や河川橋脚周辺の護岸工事など，人為的な要因による環境の変化である場合は，工事の内容や工程，計画を把握することによって，構造物にどのような影響が現れるかを比較的精度よく予測することが可能である．

抗土圧構造物あるいは斜面上の基礎における傾斜や水平移動のような変状は，盛土や斜面の変状が原因となる場合がある．盛土や切土の変状の進行を予測するにあたっては，「本編（土構造物（盛土・切土））」を参考にするのがよい．

構造物を構成する材料の劣化が変状の原因となる場合は，気象条件の変化や飛来塩分量などの劣化要因をもとに，材料劣化の進行を予測することが必要である．コンクリート材料や鋼材の劣化の進行については，「本編（コンクリート構造物）」および「本編（鋼・合成構造物）」を参考にすることで，精度よく予測することが可能な場合がある．

5.5 性能項目の照査

個別検査における性能項目の照査は、必要な性能項目に対し精度のよい方法を用いて行うものとする。

【解説】

個別検査においては，精度の高い健全度判定が可能なよう要求性能に応じた性能項目および照査指標を適切に選定し，照査を行うものとする．なお，この場合，変状の予測結果に基づき，想定する期間における健全度評価を行うことが重要である．

個別検査における性能項目の照査は，入念な目視等に基づく定性的な照査，および照査式等に基づく定量的な照査によって行われるが，基礎・抗土圧構造物に関しては一般的には定性的な照査が基本となる．しかし，健全度の判定において，より精度の高い照査を行う場合などでは定量的な照査についても検討するのがよい．

ここで，照査式による照査を実施する場合は，性能項目の照査の方法として，「鉄道構造物等設計標準・同解説（コンクリート構造物）」ならびに「鉄道構造物等設計標準・同解説（基礎構造物・抗土圧構造物）」を参考にすることができる．

なお，基礎構造物における定量的な照査が可能な方法としては，基礎の支持力性状の把握を目的とした列車通過時の動的振動測定法，基礎の根入れ調査を目的とした磁気探査法，および標準値算定式より健全度指標 κ を求める衝撃振動試験等がある．

解説表5.5.1に基礎・抗土圧構造物における要求性能，性能項目および照査指標の例を示す．

解説表5.5.2に，河川橋脚の安定性を性能項目とする場合の，定性的な性能項目の照査の例を示す．

付属資料5-4に洗掘の影響を考慮した橋脚基礎の安定性評価の概要を示す．

解説表 5.5.1　基礎・抗土圧構造物の要求性能，性能項目および
　　　　　　　　照査指標の例

要求性能	性能項目	照査指標
安全性	安定 破壊 走行安全性 公衆安全性	沈下，滑動，傾斜 耐力，変位，変形 動的変位，静的変位，変形 はく離，はく落
使用性	乗り心地	動的変位，静的変位，変形
復旧性	安定 走行性 部材損傷	沈下，滑動，傾斜，周辺環境の変化 通り・高低変位 耐力，変位，変形

解説表 5.5.2　河川橋脚の安定性に関する性能項目の照査の例

変状の程度	変状原因の推定結果	変状の予測結果	性能項目の照査結果	健全度の判定結果
重　篤	異常出水により，支持地盤に達するような大きな洗掘を受けたことが原因	著しく変状が進行し，安全性を脅かす	「明らかな変状があり，現時点で安定性を失っており，緊急に使用停止，取替等の措置が必要」 　→　著しく安定性低下	健全度　AA
重　度	異常出水により，みお筋が変化し，洗掘が進行する状況に陥ったことが原因	変状の進行により，大幅な性能の低下が予測される	「明らかな変状があり，進行の程度から次回検査時まで安定性を担保できず，早急に措置を必要とする」 　→　安定性低下	健全度　A1
中程度	異常出水により，橋脚周辺に比較的顕著な洗掘が生じたことが原因	変状が進行するおそれがある	「現段階の変状では安定性に問題はないが，変状が進行し，次回検査時までに安定性が低下する可能性が高いため，監視等の措置を講ずるのがよい」 　→　安定性有	健全度　A2
軽微～ 中程度	大雨による局所洗掘が生じたことが原因	変状が進行すれば健全度Aとなる	「現状においては，安定性に問題はないが，進行性が疑われ，次回検査時までに安定性が低下する可能性があるため，監視等の措置について検討するのがよいと考えられる」 　→　安定性有	健全度　B
軽　微	大雨による河床レベルの低下の発生が原因	現段階で進行性はない	「変状は軽微で現段階では安定性に問題はなく，次回検査時まで安定性が確保されると判断できる」 　→　安定性有	健全度　C
な　し	原因となる事象は認められない	現段階で進行性はない	「変状がなく，次回検査時までの間，安定性が低下する危険性はほとんどない」 　→　安定性有	健全度　S

5.6 健全度の判定

（1） 個別検査における健全度の判定は、変状原因の推定及び変状の予測の結果、並びに性能項目の照査に基づき総合的に行うものとする。

（2） 全般検査あるいは随時検査で健全度Ａと判定された構造物の健全度は、「2.5.6 性能の確認及び健全度の判定」に基づき、より細分化して区分することを原則とする。

【解説】

　個別検査における健全度の判定は，変状原因の推定および変状の予測の結果や，性能項目の照査結果などに基づき総合的に行うものとする.

　全般検査あるいは随時検査で健全度Ａと判定された構造物については，個別検査を実施することで「2.5.6 性能の確認及び健全度の判定」に基づき健全度Ａ1，Ａ2を含む細分化した健全度に区分することができる.

6章 随 時 検 査

6.1 一 般

随時検査は、地震や大雨等により、変状の発生もしくはそのおそれのある構造物を抽出することを目的として、必要に応じて実施するものとする。

【解説】

随時検査は，地震や大雨等の自然災害により変状の発生もしくはそのおそれのある構造物や，船舶や自動車の衝突等により偶発的な外力が作用した構造物を対象に随時実施する検査である．

随時検査の目的は，上記構造物の変状の程度を迅速に判定し，措置の要否および個別検査の要否を決定することにある．

解説図 6.1.1 に地震や大雨等により変状の発生が懸念される場合における随時検査のフローを示す．

なお，不定期に行われる構造物の検査には，上記理由による場合のほか，コンクリートのはく落等による公衆災害や列車の運行に支障を及ぼすおそれのある構造物に対し実施する検査，さらに類似の構造物で変状が発見された際に一斉に行われる検査等があるが，これらの検査も随時検査に含めて取り扱ってよ

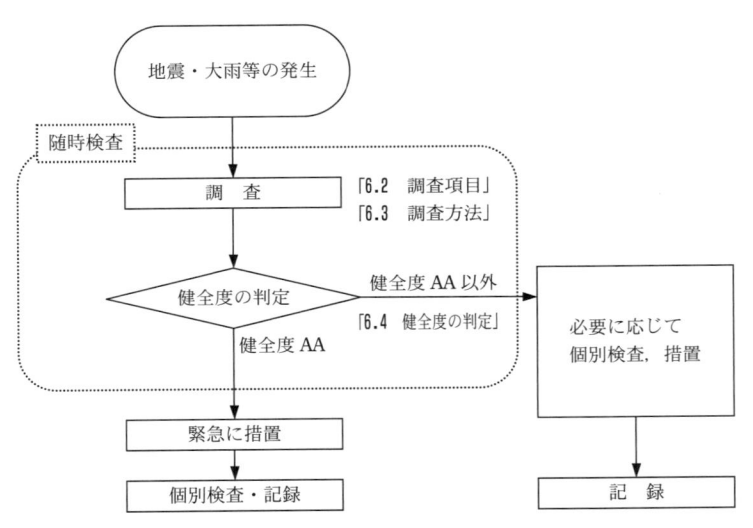

解説図 6.1.1 随時検査のフロー（地震・大雨等の場合）

58

い.

6.2 調査項目

　随時検査における調査項目は、変状の発生が懸念される要因及び構造物の特性を考慮し、変状発生の有無やその状況を適切に確認できる項目とする。

【解説】

　随時検査は，通常全般検査とは異なり，地震や大雨等の自然災害により変状の発生もしくはそのおそれのある構造物や，船舶や自動車の衝突等により偶発的な外力が作用した構造物を対象に行うものであるため，目視あるいはその他の調査方法における調査項目は予測される変状に応じて適切に選定することが重要である（**解説表**6.2.1参照）．一般に，橋台や橋脚の基礎に変状が生じるとその兆候はまず沓座およびその周辺に現れる．また，ラーメン高架橋の場合はブロックの接合部に，抗土圧構造物の場合は天端の通り変位や目地部分の食い違いとなって現れる．よって，このような箇所を中心に調査を進めていくことが望ましい．

　1）　地震の場合

　地震が発生した場合，構造物に作用した慣性力のほか，軟弱地盤の地盤変位による外力，地盤の液状化による支持力の低下等の影響により，移動・傾斜・沈下・浮き上がり・構造部材の変形・破壊等が発生する．したがって，地震の発生後に行う随時検査では，構造物の変形に着目するとともに，基礎の変状の兆候として現れやすい箇所を中心に調査することが重要である．併せて，地盤の変位や支持力の低下などを把握する目的で，構造物周辺の地盤の変状についても調査することが重要である．

解説表 6.2.1　随時検査における一般的な調査項目（橋脚の例）

随時検査の実施理由	調査項目の内容
地　震	・構造物の変形 ・沓座およびその周辺，ブロック接合部，天端通り変位や目地部分の食い違いの有無 ・構造物周辺の地盤の変状
大雨等に伴う出水	・構造物の変形 ・構造物周辺の洗掘状況 ・沓座およびその周辺，ブロック接合部，天端通り変位や目地部分の食い違いの有無
船舶・自動車等の衝突	・構造物の変形 ・衝突の痕跡
火　災	・構造物表面の変状 ・火災規模の把握
高潮・津波	・構造物の変形 ・構造物周辺の洗掘状況 ・沓座およびその周辺，ブロック接合部，天端通り変位や目地部分の食い違いの有無
類似構造物における第三者災害のおそれ	・類似構造物の変状発生箇所と構造あるいは部位が類似する箇所
近接施工	・構造物の変形 ・構造物周辺の地盤の変状 ・沓座およびその周辺，ブロック接合部，天端通り変位や目地部分の食い違いの有無

　2）　大雨等に伴う出水の場合

　異常出水が生じた場合，河川内や河川近傍に位置する構造物は河川流の影響により構造物の周囲が局所的に洗掘を受け，構造物の損傷や傾斜，場合によっては転倒，流失といった事態が発生することがある．したがって，大雨等に伴う出水の後に行う随時検査では，構造物の変形に着目するとともに，構造物の周囲の洗掘状況や基礎の変状の兆候として現れやすい箇所を中心に調査することが重要である．

　3）　船舶・自動車等が衝突した場合

　船舶や自動車の衝突，あるいは異常出水や土石流等による巨礫の衝突といった事態は，一般に設計上では考慮されていない．そのため，このような外力が作用した場合には構造物に変状が発生するおそれがある．したがって，船舶・自動車等が衝突した後に行う随時検査では，構造物の変形に着目するとともに，衝突の痕跡（ひび割れ等）にも着目して実施することが重要である．

　4）　火災が発生した場合

　火災の発生により構造物が加熱された場合，コンクリートは強度低下を起こすことが分かっている．また，緻密なコンクリートや含水率の高いコンクリートでは，急激な加熱により爆裂破壊を生じている場合もある．したがって，火災が発生した後に行う随時検査では，構造物表面の変状の有無に着目するとともに火災規模を正確に把握することが重要となる．

　5）　高潮・津波が発生した場合

　台風や発達した低気圧により発生する高潮，地震により発生する津波は，ともに大量の海水を構造物周辺に流入させ，地盤を局所的に洗掘し，構造物の損傷や傾斜，場合によっては転倒，流失といった事態を引き起こすことがある．よって，高潮・津波が発生した後に行う随時検査では，大雨等に伴う出水時と同様に構造物の変形に着目するとともに構造物の周囲の洗掘状況や基礎の変状の兆候として現れやすい箇所を中心に調査することが重要である．

　6）　第三者災害のおそれがある場合

　ある構造物においてコンクリート片のはく落等による第三者災害が発生した場合，類似の構造物においても同様の変状が生じていることが予想される．したがって，第三者災害が発生するおそれのある場合に一斉に実施する検査では，変状が生じた箇所と構造あるいは部位が類似する箇所に着目して実施することが重要である．

　7）　近接施工の場合

　鉄道用地外における施工であっても地盤の掘削や盛土によって構造物に変状をきたすことがある．したがって，近接施工の影響が懸念される場合には，構造物の性能を保持できるよう施工側と協議の上，工事前および工事期間中において調査を行うことが望ましい．

6.3　調査方法

　随時検査における調査方法は、目視を基本とする。なお、構造物の実状を考慮し、必要に応じて目視以外の方法により実施するものとする。

【解説】

　随時検査における調査方法は目視を基本とし「4.3.3　調査方法」に準ずることを原則とするが，構造物に変状が発生したかどうかを判断するため，必要に応じて変位量・傾斜角・沈下量・支間長・目違い

量・折れ角さらに基礎構造物周辺の洗掘状況等に関する計測を行うのがよい.

6.4 健全度の判定

　随時検査における健全度の判定は、通常全般検査における「4.3.4　健全度の判定」に準ずるものとする。

【解説】

　随時検査における健全度の判定は「4.3.4　健全度の判定」に準じ適切に行うものとする.

　ただし，前回の検査により健全度Aと判定され，監視の措置をとっている構造物において，あらためて随時検査を実施した結果，再度健全度Aと判定されたものの変状の進行が認められない場合，個別検査の実施は必要ない.

　随時検査は自然災害等の原因により変状の発生もしくはそのおそれのある構造物を早急に抽出することが主な目的であるため，「6.2　調査項目」「6.3　調査方法」により得られた情報から構造物の健全度を判定し，健全度AAとなる構造物や個別検査の必要な構造物を特定することが重要である.

　また，現状において変状が認められない状況にあっても，その後，列車荷重・余震・再度の出水といった作用により急激に変状が進行するといった事態に陥る場合も考えられるため，変状の進行性に特に留意して判定を行うとよい.

　なお，随時検査を実施する中で通常全般検査と同等以上の検査を行い，構造物の検査として適切な時期であった場合は，その内容を記録・保存した上で，通常全般検査に代えることができる.

7章 措　　置

7.1 一　　般

（1）　措置の方法と時期は、構造物の健全度、重要度、列車運行への影響度等を考慮し、決定するものとする。

（2）　措置の種類は、以下に示す（a）〜（d）より一つあるいは複数を組み合わせて選定するものとする。

（a）　監視

（b）　補修・補強

（c）　使用制限

（d）　改築・取替

【解説】

（1）について

　構造物の維持管理における措置は，構造物の性能低下に起因する事故や災害を未然に防ぐことを目的に，健全度の判定結果に基づいて実施されるものである．

　全般検査もしくは随時検査によって，健全度 AA と判定された構造物に対しては，緊急に措置を講じる必要がある．健全度 A と判定された場合は個別検査を行い，その結果に基づいて措置を講じることとなる．また，健全度 B の構造物に対する措置は必要に応じて行うことでよいが，変状が進行し，健全度 A となることを未然に防ぐための措置を講じることによって，将来において安全性を維持する上で有利な場合もある．

　措置を行うにあたっては，あらかじめ，検査の結果等から構造物の変状あるいは性能低下の状態とその原因を十分に把握し，性能維持または回復のために必要な措置の方法と時期を適切に決定しておくことが必要である．特に補修・補強のような対策を講じる場合，その緊急性の有無や，列車運行や周辺環境などの制約条件を総合的に考慮した上で，経済的かつ高い効果が得られるよう工法や使用材料の選定を行うことが必要である．なお，基礎の沈下や水平移動，洗掘といった変状は，進行すると線路に重大な悪影響を及ぼすおそれがあり，また，降雨など外的条件によって急激に進行することがあるため，これらの変状が進行している場合は，必要な補修・補強を可能な限り早めに講じることが，より適切な維持管理を行う上

で望ましいといえる.

　一方,補修や補強の必要がないと判断される場合でも,進行すると構造物の性能に問題が生じるような変状がある場合は,構造物の性能が維持されていることを確認するために,適切な頻度と方法によって変状の進行を監視することも必要となることがある.

（2）について

　措置の種類の選定については,健全度をもとに選定するのが一般的である.健全度Aの構造物に対しては,補修・補強の措置を講じるのが基本である.ただし,実施時期の選定は変状の程度によるが,特に健全度AAと判定された構造物は緊急に,健全度A1と判定された構造物については早急に措置することが必要である.なお,そのような構造物に対し,補修・補強を行うまでの期間も使用し続ける場合は,変状を監視し,安全が脅かされる状況が生じれば,すみやかに事故・災害防止の手配を講じなければならない.また,健全度Bと判定された構造物に対しては,必ずしも補修・補強を要するものではないが,進行すれば安全が脅かされるおそれがあるような変状に対しては,必要に応じて監視の措置を講じるものとする.

　健全度に応じた措置の方法と時期の目安を解説表7.1.1に示す.

解説表 7.1.1　健全度に応じた措置の方法と時期の目安

判定区分		措置の方法	措置の時期
A	AA	使用制限	緊急に実施することが必要
		補修・補強または改築・取替	
	A1	補修・補強または改築・取替	早急に実施することが必要
		使用制限	必要に応じて実施
		監視	補修・補強または改築・取替が完了するまでの間,実施することが必要※1
	A2	補修・補強	必要な時期に実施することが必要
		監視	補修・補強が完了するまでの間,実施することが必要
B		監視	必要に応じて実施
		（補修・補強）	（※2）
C		－	－
S		－	－

※1　完了後も実施し,対策効果の確認が必要な場合がある.
※2　健全度Bにおいて補修・補強の措置を行うのは,主に次の場合である.
　　・監視によって異常が認められたため,補修・補強の措置が必要となった場合.
　　・重要な構造物などにおいて,予防保全の目的で実施する場合.

7.2　監　　視

　監視は、構造物の変状の進行を把握することを目的とし、適切な方法により行うものとする。

【解説】

　監視の目的は,構造物の変状による性能低下が危険な状態に進行していないことを継続的に確認することである.したがって監視は,変状の進行状態を確実に把握し,危険な状況に進展した場合はすみやかに検知可能な方法によることが必要である.

　検査の場合と異なり,監視では変状の進行を時系列的に把握することが特に重要である.監視の方法

は，検査周期以上の頻度で目視を行うのが一般的であるが，沈下や傾斜といった変状に対しては，測定器具によって変状を定量的に把握する方法を用いることも有効である．

　構造物の基礎における変状は，列車走行による繰返し荷重によって進行するものも多く，輸送密度の大きい路線の構造物を監視する場合は，より高い頻度で行うことが必要となる．また河川橋脚における基礎の洗掘や土留擁壁のはらみだしなどのような変状は，降雨や増水の影響により大きく進行するおそれがあるなど，列車荷重以外の作用による影響が大きい場合もあるため，当該構造物の監視を重点的に行う必要がある．

　最近は監視の方法として，省力化や高精度化を目的にモニタカメラやセンサ等による常時モニタリングの方法が用いられることもある．この方法は，変状を連続的に常時監視するという点で望ましい方法といえる．なお，**付属資料7-1**に河川橋りょうの監視の方法の例を，**付属資料7-7**に近接施工に対する監視の事例を示す．

7.3　補修・補強

　補修・補強は、構造物の性能の維持、回復あるいは向上を目的とし、検査結果及び構造物の重要度、施工性、施工時期等を考慮して実施するものとする。

【解説】

　補修や補強には数多くの工法や材料があり，変状の原因，構造物の状況，地盤条件や周辺の環境，列車の運転状況を総合的に判断し，有効で経済的かつ施工性に優れた方法を選定することが必要である．また補修や補強は，講じた対策が目的に見合った効果を発揮し，構造物が性能を維持，回復あるいは向上するよう設計しなければならない．

　橋脚や橋台のく体の補修については，充てん工法や吹付け工法などの断面修復工法が一般的であり，また，く体の補強工法としては，コンクリート巻立てや鋼板巻立てなどの工法がある．これらについては「本編（コンクリート構造物）」を参照されたい．なお，基礎の補修・補強に用いられる主な工法の例を**解説表7.3.1**に示す．また，**付属資料7-3**に洗掘被災橋りょうの再供用による復旧事例を，**付属資料7-4～7-6**に地震および台風により被災した詳細な事例を示す．

　基礎の補修・補強の方法は，その目的に応じて次によるのが一般的である．

1)　変状原因の除去を目的とした基礎の補修・補強

　基礎の変状原因には圧密沈下，斜面の変位，河床低下，洗掘など多くのものがあるが，これらによる基礎の変状を防止するためには，構造物や基礎を補強するより，外的条件の発生そのものを防止したり，その影響が構造物に及ぶのを防止したりするほうが効果的な場合もある．

　これらの方法のうち，主なものを以下に示す．

　①圧密沈下に対する方法

　地下水のくみ上げによって発生する広範囲な沈下については，行政的な規制による対策も要請する必要があるが，構造物周辺の局所的な圧密沈下に対しては，基礎に作用する荷重を軽減する方法や，地盤改良などによって基礎下の圧密層を強化する方法等がある．

　②斜面の変位

　不安定な斜面において構造物の性能を確保するためには，アンカー工などにより斜面自体の安定を確保

解説表 7.3.1　基礎の補修・補強工法

工法	工法の概要
地盤改良工	基礎地盤にセメント系材料や薬剤などを加えて化学的に基礎周辺地盤を固結させるなどによって，地盤の強度を向上または安定させる工法であり，構造物の変位の進行を抑制し，または基礎の支持力の向上を図る目的で施工するものである．
根固め工	河川内橋脚の基礎周辺に捨石やブロック・蛇籠等を設置する，またはシートパイルや既製杭を打ち込むことによって，洗掘による根入れ不足を回復あるいは防止し，橋脚や橋台周辺の河床を安定させる工法である．根固め工の仕上がり面を河床面と一致させなければ，それにより新たな洗掘が発生するおそれがあるため，施工管理においては注意が必要である．
河床低下防止工（床止め工）	河川内橋脚下流側の河床に重量の大きいコンクリートブロックや堰堤を設置することによって，基礎周辺における河床面の低下を防止する工法である．河床低下の進行が著しく根固め工が困難である場合に本工法を検討するのがよい．
補強杭工	杭を増設し，構造物の荷重をそれらの杭に受け替え，あるいは分担させることによって基礎構造物の安定性を確保または向上させる工法である．アンダーピニング工法などもこれにあたる．
地中連続壁工	構造物の基礎周辺の地中にシートパイルあるいはコンクリート壁体などの連続壁を設置し，構造物下部の地盤を拘束・一体化することによって，地盤の支持力を向上させる工法である．
アンカー工	基礎地盤内に打ち込んだアンカーの引抜き抵抗によって地盤と構造物を定着させ，転倒や浮き上がりに対して安定性を向上させる工法である．

することが有効となる場合がある．

③河床低下および洗掘

河床低下および洗掘に対しては，根固め工や河床低下防止工など，河床の流失を防止する方法がある．ただし，概して河床は河川管理者の所管するところであるため，これらの施工においては事前に河川管理者との協議が必要であり，あるいは河川管理者側に施工を要望する場合もある．

解説表 7.3.2 に根固め工の主な工法を，**解説表 7.3.3** に河床低下防止工の主な工法を示す．また，**付属資料 7-2** に洗掘対策工の選定の概要を示す．根固め工において，橋脚のまわりにコンクリートブロックや捨石などを高く積み上げたものは，流水を阻害し，隣接橋脚部あるいは隣接橋脚間の河床低下が促進されるため避けるべきである．

2)　基礎の性能回復・向上を目的とした補修・補強の方法

基礎の性能回復・向上を目的とした補修・補強の一般的な方法は次のものがある．

①河床低下および洗掘により根入れ不足が生じ，不安定となっている場合

倒壊を防止することを目的として，シートパイルや杭，地下連続壁などを用いた根固め工によって基礎底面付近の土砂の流失を防止し，それによって基礎の補強を行うのが一般的である．なおシートパイルや杭，地下連続壁などの頂部と構造物は必要により結合する．

解説図 7.3.1 は直接基礎のシートパイルによる根固め工の例である．このように基礎周辺を締め切ることによって，基礎の安定に対する安全度は改善される．

また，**解説図 7.3.2** はケーソン基礎橋脚における河床低下に対する補強の例である．この例では，ケーソン基礎周辺に鋼管杭を打ち込み，頂版コンクリートで橋脚と一体化することによって，水平移動や転倒に対する安定性を確保している．さらに鋼管杭の内側にモルタル杭を打設して締め切るとともに，その内側の地盤にセメントミルクを注入し，鉛直支持に対する安定性を確保している．

なお，橋脚の補強工事では，桁などによる空頭制限を受ける場合も多く，**解説図 7.3.3** のような地中連続壁が多用された時期もあったが，工費が多大となることがあるので，他の工法との比較をすることも必

解説表 7.3.2 根固め工の主な工法

工　　法	適 用 条 件	制 約 条 件
① 蛇籠工 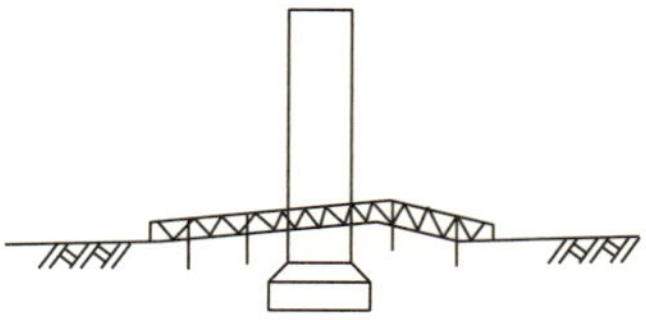	①河床が不安定な場合	①蛇籠間の締結を強固にして，蛇籠全体の安定を図る
② ブロック工 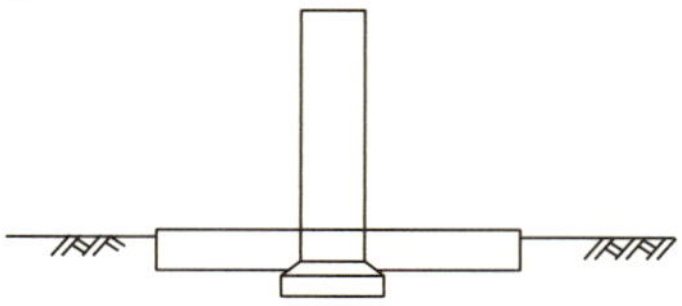	①河床が不安定で，根入れが浅い場合	①流水中に対し，部分施工をしないこと
③ 張コンクリート工 ④ 張コンクリート工＋薬注 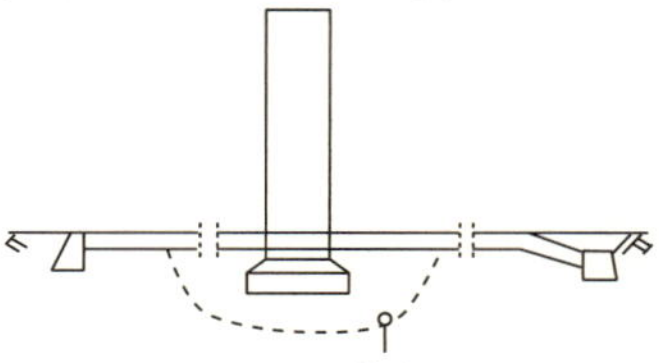	①河床が不安定で，根入れが浅い ②河幅が比較的狭い ③伏流水のおそれがある場合薬注を施工する	①河川全幅に対し，部分施工をしない ②上下流側に足を伸ばす
⑤ 枠組張石工 　 枠組蛇籠工 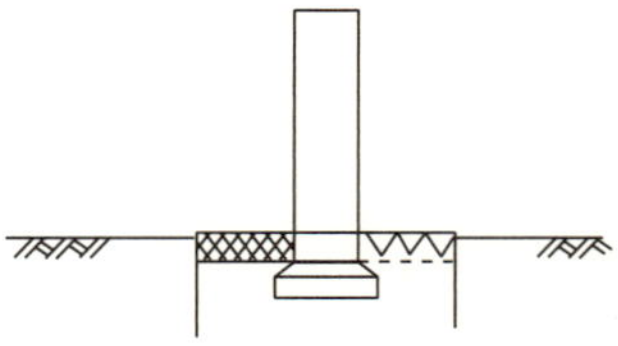	①比較的安定した河床で根入れの浅い場合	①根固め工が河床より高くならない
⑥ 捨石またはブロック工 ⑦ 捨石＋押さえブロック 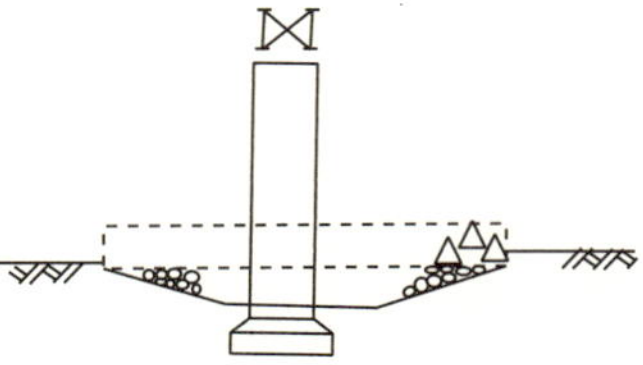	①砂れき供給の多い急流河川 ②比較的広範囲にわたる洗掘 ③捨石工だけで不安定な場合，ブロックで押さえる	①根固め工の天端が平均河床を超えない

要である．

　②支持力が不足している場合

　橋脚や高架橋において，ネガティブフリクションの発生，杭の本数あるいは杭の根入れ深さの不足，杭部材の腐食や劣化などによって，基礎の支持力が不足している場合の補強方法として，補強杭工が用いられることが多い．**解説図7.3.4**は，場所打ち杭によるアンダーピニング工法による高架橋基礎の補強の例である．また，土留擁壁においても，**解説図7.3.5**のように，補強杭工による基礎の補強を行った事例がある．

解説表 7.3.3　河床低下防止工の主な工法

工　　法	適　用　条　件	制　約　条　件
①　超重量コンクリートブロック方式	①渓流河川で急流 ②流量大	①個々のブロックが安定している
②　ブロック組合せ方式	①砂れきの供給がある河川	①各ブロック間，ブロック群の組合せが安定している
③　枠組方式	①砂れきの供給がほとんどない河川	
④　堰堤方式	①砂れきの供給がほとんどない河川	

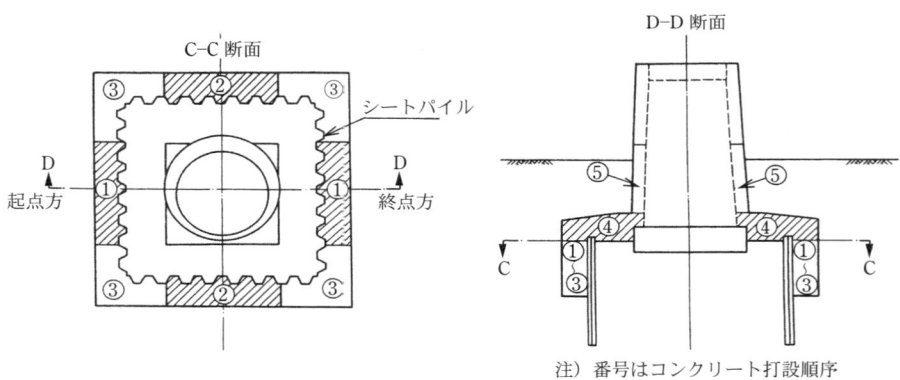

解説図 7.3.1　シートパイルによる根固め工の例

　一方，橋台や土留擁壁における水平力に対する補強では，アンカー工が用いられることが多い．この工法は，アースアンカーによる緊張力によって背面土とく体を拘束することによって，水平抵抗力を増加させるものである．

　③基礎の強度が不足している場合

　直接基礎のフーチング強度が不足する場合，**解説図7.3.6**のようにフーチング厚を増すことによる補強工法がある．ただし，コンクリートの場合は，新旧フーチングの結合が難しいので，新設のフーチングのみで所要の強度をもたせるよう設計することが多い．

　一方，杭基礎の強度不足に対する補強方法としては，②で述べたアンダーピニングなどの補強杭工を適用するのが一般的である．

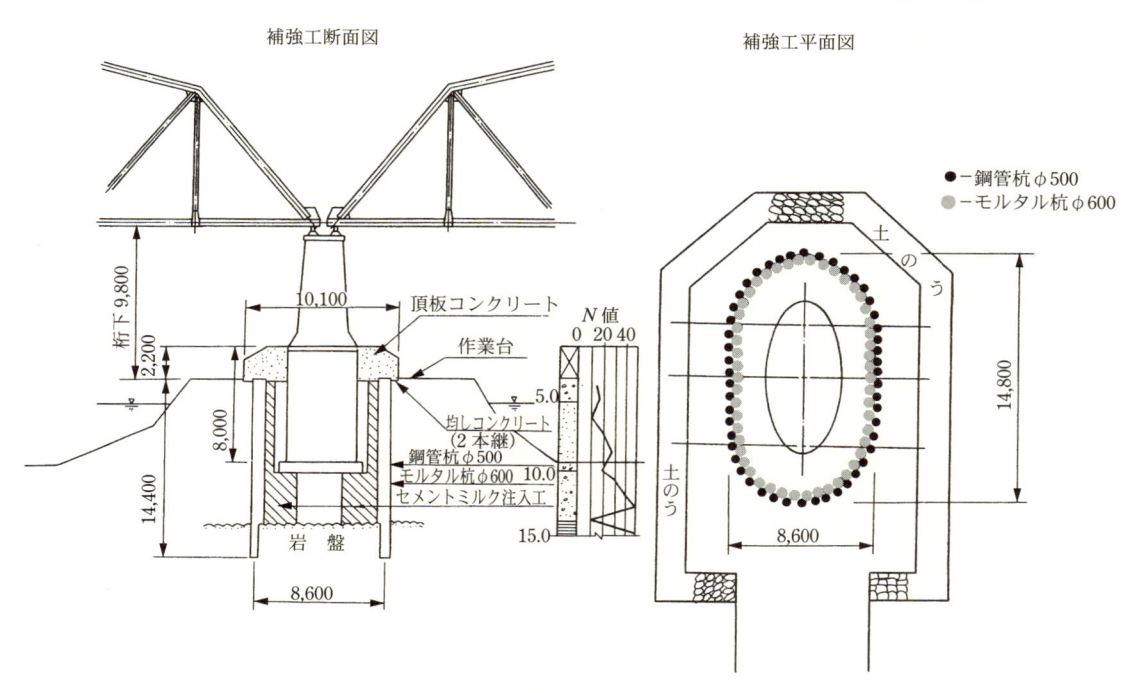

補強工断面図　　　　　　　　　　　　　　補強工平面図

解説図 7.3.2　鋼管杭による根固め工の例

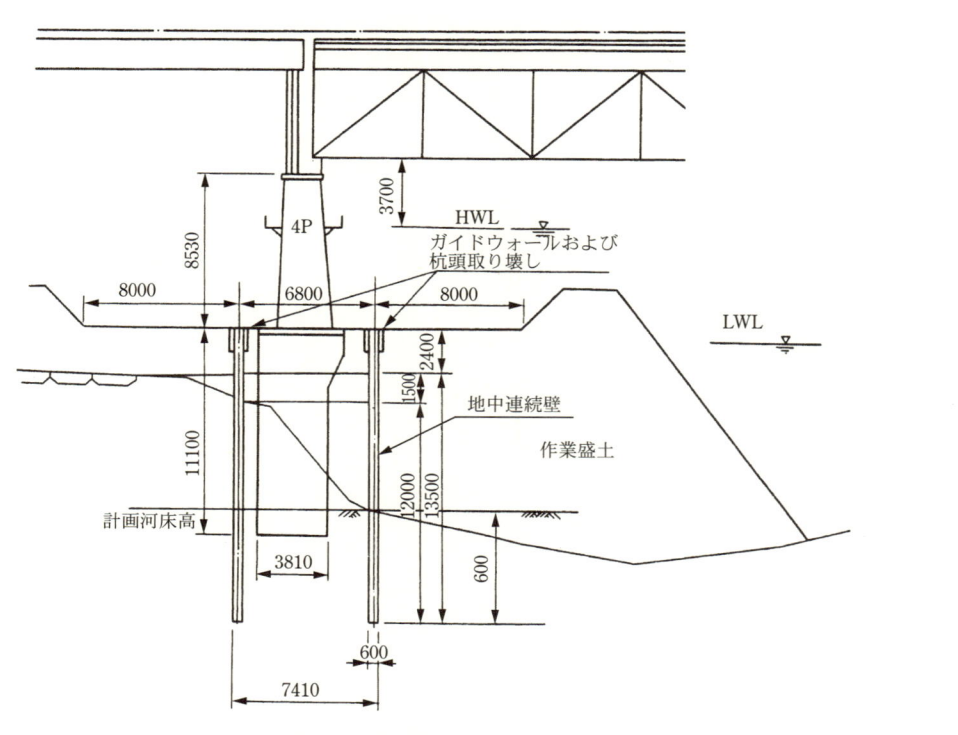

解説図 7.3.3　地中連続壁によるケーソン補強の例

68

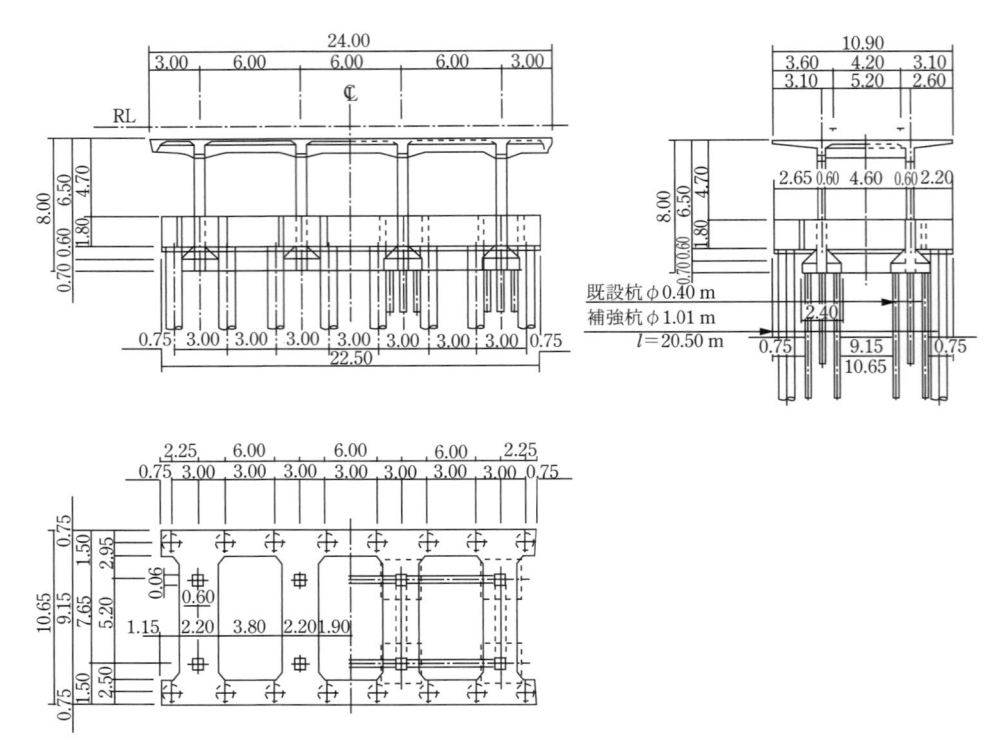

解説図 7.3.4　場所打ち杭によるアンダーピニングの例

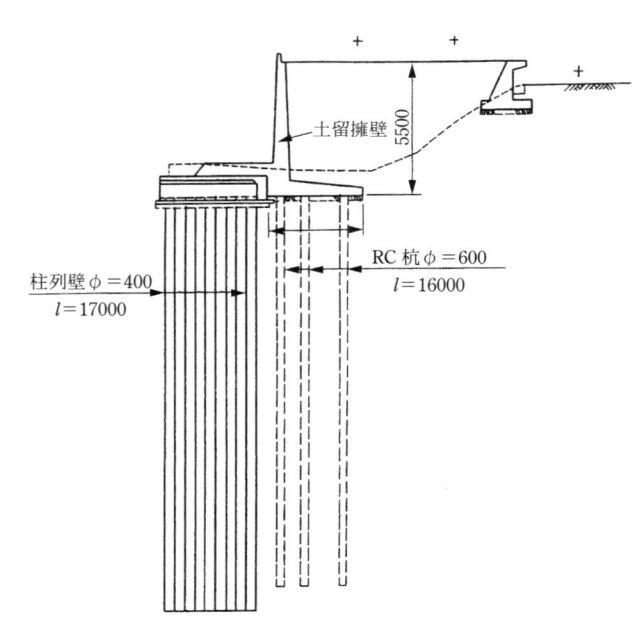

解説図 7.3.5　補強杭工による土留擁壁の補強の例

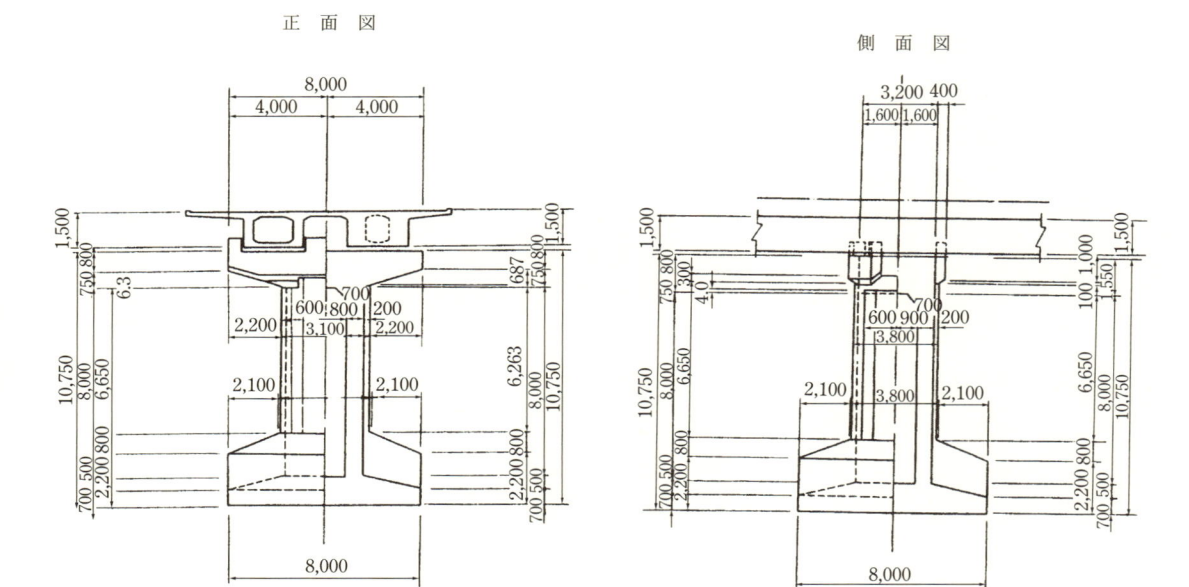

正 面 図　　　　側 面 図

解説図 7.3.6　フーチング厚増による直接基礎の補強の例

7.4　使 用 制 限

　使用制限は、列車の安全な運行、旅客、公衆の安全を確保するために実施するものとする。

【解説】

　構造物の変状や性能低下が安全性を著しく脅かすおそれがある場合は，事故および災害防止のために構造物の使用を一時的に停止または制限する措置を講じる必要がある．使用制限には，次のようなものがあり，構造物の変状や周辺の状況等に応じて行うこととする．

　①列車の運転規制

　列車の運転規制は，構造物の耐力低下や変位増大等によって列車が安全に運行できないおそれがある場合に，災害および事故防止のために当該箇所を含む一定の区間において列車の運行を制限する措置である．運転規制の種類については概ね**解説表**7.4.1のように分類される．

解説表 7.4.1　運転規制の種類とその目的

種　類	目　的
運転停止	徐行等の措置によっても運転保安の確保が困難な場合で，安全の確保もしくは事故防止のために行う．
入線停止	橋りょう等の構造物の耐力・剛性が不足する場合で，徐行による車両の入線に対しても安全性を確保できない場合．
荷重制限	橋りょう等の構造物の耐力・剛性が不足する場合で，構造物にかかる荷重を所定の限度内に抑えるために行う．これには重連禁止，積荷制限等がある．
徐　行	徐行は，次の目的で実施する． （ⅰ）走行時の衝撃を小さくし，構造物に作用する荷重を小さくする． （ⅱ）軌道変位に対して走行安全および所定の乗り心地を確保する． （ⅲ）異常をすみやかに感知し，事故防止の措置が直ちにとれるようにする．

②交差または近接する道路や通路・区域の通行規制

構造物の変状の進行により，線路と交差または近接する道路や通路・区域において歩行者や車両等の安全を脅かすおそれがある場合に，第三者災害を防止する目的で，それら道路や通路・区域の通行や立入を禁止または制限する措置である．

ただし，道路の通行規制を行う場合，一般に道路管理者あるいは警察等の許可または届出が必要であるなど，鉄道事業者の任意判断では実施できないことが多い．したがって，橋りょうなど変状が第三者に影響を及ぼすおそれのある構造物の維持管理においては，迅速な対応ができるよう，関係機関等との連絡体制についてあらかじめ確立しておくことが災害防止の観点において望ましいといえる．

なお，使用制限の措置を講じた後に，他の措置を講じることによって安全が確保されれば，使用制限の措置を解除してよい．

7.5 改築・取替

改築・取替は、必要性及び時期について、十分な検討を行った上で実施するものとする。

【解説】

構造物の改築・取替は，多額の工費と長い工期を要することが一般的であり，補修や補強など他の措置の方法によることが技術的に困難であったり，経済的に不利であったりする場合に選定される方法である．

構造物の健全度の低下に対する措置として改築・取替を行うのは次の場合である．

①構造物の老朽化または変状の程度が大きく，補修・補強による措置が技術的に困難な場合

②補修・補強に多額の工費を要し，かつ信頼度も低いため，取替によることが有利である場合

③ある区間で健全度の低い構造物が連続しており，個々に補修・補強を行うよりも区間全体の構造変更を行う方が有利である場合

7.6 措置後の取扱い

（1） 補修・補強等の措置を講じた場合は、健全度の見直しを行うとともに、回復した性能に応じて措置の内容を見直すことができる。

（2） 監視により変状の進行または新たな変状発生の兆候が認められる場合は、健全度の見直しを行うとともに、措置の内容を見直すものとする。

（3） 監視により変状の進行または新たな変状発生の兆候が認められない場合は、健全度の見直しを行うとともに、措置の内容を見直すことができる。

【解説】

（1）について

補修・補強の措置によって変状が解消され，性能が回復または向上した構造物に対しては，すみやかに調査を行い，健全度を適切に見直すとともに，その結果に基づいて以後の維持管理を行うことを原則とす

る．健全度の見直しにおける調査については「**4章　全般検査**」あるいは「**5章　個別検査**」で示す調査方法によるのがよい．また，改築・取替あるいは大規模な補修・補強によって構造物の仕様が大きく変更された場合は，措置完了後の状態を初期状態として以後の維持管理を行うことが望ましく，この場合，初回検査を行うこととする．

（2），（3）について

　監視によって著しい変状の進行または新たな変状の発生が認められた場合は，すみやかに調査を行って健全度を見直し，必要に応じて補修・補強の措置を講じることとする．ただし，安全性が著しく低下している場合など緊急を要する場合は，使用制限の措置を講じることが必要である．

　一方，監視の措置を講じたが，その後性能の低下や変状の進行がみられない構造物については，調査により健全度の見直しを行った上で，その結果に基づいて措置を解除または緩和してもよい．

8章 記　　　録

8.1 一　　　般

構造物の維持管理を将来にわたり適切に行うために、検査、措置等の記録を作成し、これを保存するものとする。

【解説】

検査および措置の記録は，構造物が過去どのような履歴を有していたかを正確に把握し，その後の維持管理を適切に行っていくための基礎資料となる．よって，検査および措置の実施後は，その内容を勘案した上で必要な内容についてはすみやかに記録を作成し，これを保存しなければならない．

本標準における記録の適用範囲は構造物の基礎および土留擁壁とその基礎としているが，実務においては，「本編（コンクリート構造物）」や「本編（鋼・合成構造物）」等で定められた構造物の情報と併せて記録を作成した方が維持管理を行う上で適切な場合がある．したがって，構造物単位あるいは一定のキロ程ごとなど，記録の方法を定めて運用しやすい形に整理するのがよい．

また，記録はできるだけ定量的な表現になるよう留意し，写真や図表を活用して分かりやすい内容にするのがよい．近年，パーソナルコンピュータやデジタルカメラ等の電子機器の発達がめざましく，通信環境の整備も進んでいる．これらは多くの文字・画像情報の扱いに適しているため，積極的に活用するのがよい．ただし，保存期間においてこれらのシステムが変更になっても，継続して利用できるよう配慮することが重要である．**付属資料 8-1** に，構造物の調査結果を記録するシステムの例を示す．

なお，検査および措置の記録のほか，以下に例示するような情報はその後の維持管理に有用であることから，必要に応じて参照しやすい形に記録し，保存するのがよい．

・設計図書，施工管理書類（設計計算書，設計図面，土質柱状図，土質試験結果，施工管理記録等）
・構造物の周辺環境に関する情報
・地元古老の言
・気象観測記録
・地図類（地形図，地質図，地盤図，土地条件図，土地利用図，土地分類図，古地図等）
・航空写真
・類似構造物における検査および措置等の情報

8.2 記録の項目

記録の項目は、次の各項について定めるものとする。

（1） 検査

（2） 措置

（3） その他、構造物の維持管理に必要な項目

【解説】

（1）について

　一般に検査の記録項目は，検査区分，検査日，検査責任者，調査項目，調査方法，調査結果および健全度を対象とすることとする．ただし，調査項目については，変状を確認した項目について記録すればよい．また，必要に応じて，天気・気温，写真・動画・スケッチ等についても記録項目とするのがよい．

　解説表8.2.1に検査における一般的な記録項目を示す．**解説表8.2.1**を参考に必要な項目を選択して記録するのがよい．

（2）について

　一般に措置の記録項目は，措置日および措置方法を対象とすることとする．また，必要に応じて，天気・気温，写真・動画・スケッチ等についても記録項目とするのがよい．

　解説表8.2.2に措置における一般的な記録項目を示す．**解説表8.2.2**を参考に必要な項目を選択して記録するのがよい．

　付属資料8-2に，検査・措置の記録様式の例を示す．

（3）について

　構造物名称，構造形式，線名・キロ程，竣工年等，構造諸元に関する記録項目は，構造物の維持管理上必要な情報であることから，検査および措置の記録に併記することとする．しかし，竣工後，経年著しい構造物の中には，戦災等やむを得ない事由により構造諸元に関する記録項目の一部が不明な場合もある．これらについては，これまでに残された記録や，今後，実施される検査および措置の結果等から推定，解明し，記述するのが望ましい．

解説表 8.2.1　検査における一般的な記録項目

記録項目	記録項目の内容
検査区分	初回検査，全般検査（通常・特別），個別検査，随時検査
日　時	調査日
担当者名	検査責任者 検査実施者
天　候	天気 気温
内　容	調査項目 調査方法 調査結果 変状原因の推定・変状の予測・性能項目の照査の内容（個別検査の場合）
健全度	健全度 判定の根拠
その他	写真・動画・スケッチ等

解説表 8.2.2　措置における一般的な記録項目

記録項目	記録項目の内容
日　時	措置日
担当者名	設計会社 施工会社
天　候	天気 気温
内　容	措置方法 措置の根拠 設計図書・施工管理書類
その他	写真・動画・スケッチ等

8.3　記録の保存

検査、措置等の記録は、適切な方法により保存するものとする。

【解説】

検査や措置等の記録は，適切な方法（保存期間，保存場所等）により保存するものとする．

付 属 資 料

付属資料 1-1　用語の定義

1.　用語の定義

　付属資料の用語においては，「1.2　用語の定義」に加えて，以下のように定義する．

1.1　基礎・抗土圧構造物全般に関連する用語

浅　い　基　礎：直接基礎のように，基礎底面が地表面から浅い位置にある基礎．基礎幅（短辺幅）と根入れとの比がおおむね 1/2 以下の場合，一般的に浅い基礎とみなしてよい．

圧　密　沈　下：軟弱地盤上に構造物による荷重が長期的に作用することで地盤内の間隙水が排水され，それに伴って構造物自体が時間とともにゆっくりと沈下する現象．

裏　込　め　材：抗土圧擁壁の背面に投入する地盤材料．

液　　状　　化：飽和した砂質地盤において，地震動により間隙水圧が上昇し，地盤がせん断強度を失い土の構造が破壊すること．

海　岸　護　岸：海岸部で背後の鉄道構造物を防護することを目的として設けられた構造物．

基　礎　構　造　物：橋台，橋脚，その他構造物の下部にあって上部からの荷重を地盤に伝えるための構造物．

基　　　　　礎：基礎構造物の略称．

基礎結合部材：フーチングなど，基礎部材を結合するための部材．

基　礎　部　材：杭など，直接荷重を地盤に伝える部材．

杭　　基　　礎：打込み杭，中掘り根固め杭，プレボーリング根固め杭，鋼管ソイルセメント杭，回転杭，場所打ち杭，深礎杭等により作用を地盤に伝える基礎．

ケーソン基礎：比較的大きな基礎く体を掘削しながら，沈下させて設置する基礎．

抗土圧構造物：抗土圧擁壁，抗土圧橋台の総称．関連用語との関係は以下のとおり．

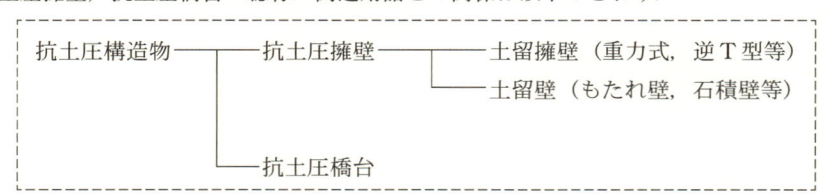

抗　土　圧　擁　壁：土留擁壁と土留壁の総称．

擁　　　　　壁：抗土圧擁壁の略称．

土　留　擁　壁：抗土圧擁壁のうち，背面の盛土，切土から作用する土圧に対して壁体の自重，強度および剛性で抵抗して背面の盛土，切土を支持する壁体．

土　　留　　壁：抗土圧擁壁のうち，主に自立した切土にもたれかかりながら壁体の自重でのり面を押さえて風化を防止する壁体．

抗 土 圧 橋 台：桁からの荷重を基礎地盤に伝達するとともに，抗土圧擁壁としての働きも兼ねる構造物.

橋　　　　　台：抗土圧橋台の略称.

固 有 値 解 析：構造物に対し寸法，質量，曲げ剛性，そして構造物を支持する地盤のばね定数を定めた
モデルを作成し，そのモデルの固有振動数や固有振動モードを計算によって求めること.

支 持 地 盤：基礎の周りの地盤のうち基礎の地盤抵抗の大部分を期待する範囲.

地盤ばね定数：地盤の弾性変位量とそのときの荷重を関連付ける定数.

衝 撃 振 動 試 験：橋脚等を重錘により打撃して得られる振動特性を用いて構造物の状態の変化を評価する
非破壊現地試験法.

上 部 構 造 物：基礎構造物より上方の構造物で，橋脚く体，橋桁などの構造物の総称.

スウェイ振動：構造物が水平に往復振動する振動モード.

側 方 移 動：軟弱な粘性土地盤において，近接した盛土などの偏載荷重によって構造物や地盤に生じ
る水平変位.

側 方 流 動：地盤の液状化等により地盤が水平方向に大きく移動すること.

頂　　　　　版：橋脚，橋台などを支え，上部構造物からの作用をケーソン側壁，鋼管矢板，連続地中壁
などに伝える版状の基礎結合部材.

直 接 基 礎：地盤を比較的浅く広く掘削し，底面処理を施し，フーチング等を設置して作用を支持層
に伝える，比較的浅い基礎.

軟 弱 地 盤：構造物の基礎地盤として十分な地耐力を有していない地盤.

波 止 壁：波が線路内に侵入するのを防止する海岸護岸上部の曲線形の部分.

の り 面：盛土や切土によってつくられた人工的な斜面.

背 面 地 盤：抗土圧構造物の背面にある地盤.

背 面 盛 土：抗土圧構造物の背面にある盛土.

深 い 基 礎：ケーソン基礎や杭基礎のように，基礎を弾性体として扱う必要がある根入れの大きい基
礎.

部 材 曲 げ 剛 性：曲げに対する構造物の持つ抵抗の度合い．部材の断面2次モーメントとく体材料のヤン
グ係数を乗じて求められる.

フ ー チ ン グ：構造部の柱，受台，壁などを支え，上部構造物からの作用を地盤に伝達する基礎部材あ
るいは杭へ伝える版状の基礎結合部材.

不 同 沈 下：沈下量に差異が生じること.

偏 土 圧：構造物に左右対称ではなく偏って作用する土圧.

曲 げ 振 動：構造物が曲げ変形し，たわむように振動する振動モード.

ロッキング振動：全体が剛体として回転するように振動する振動モード.

1.2　河川橋りょうの維持管理に関連する用語

ウォッシュロード：浮遊砂のうち河床に存在しないような微細成分.

うろこ状砂州：複数の複列砂州が組み合わさりうろこ状となった砂州.

運搬（作用）（土砂運搬）：侵食等により流失した土砂を川の流れ等が移動させる（作用）こと.

沿 岸 流：海岸に沿ってほぼ平行する海水の流れ.

河　　　　　岸：河川の岸，河川の両側に接する地.

河 岸 段 丘：河川に沿って分布する階段状の地形.

河　　　　口	：	河川が海や湖に注ぎ入るところ.
河　口　閉　塞	：	洪水などの流失土砂や波風の影響によって発達した砂州が河口部を塞ぐこと.
下　　降　　流	：	橋脚に衝突した流れが橋脚下方に潜り込む流れ. 下降流には橋脚前面の狭い範囲に生じる鉛直方向の下降流と橋脚側面に流下する下降流の2種類の下降流とがある.
河　　　　床	：	河川において流水に接する川底の部分.
河　床　掘　削	：	川底を掘り下げて（拡幅して），洪水時の川の水位を低下させること.
河　床　材　料	：	河床に堆積した土砂. 河川の上流では，大きくごつごつした石があり，中流では小さい玉石，下流では砂やシルト・粘土などの細かい土砂が堆積することが多い.
河　床　波	：	河床が砂や礫で構成されている河川や人工水路の河床に生じる砂や礫による様々な波状地形.
河　床　変　動	：	上流からの土砂供給の不均衡によって，河床が上昇したり低下したりする大規模な変動や小規模な河床波の波長などの総称.
河　　　　積	：	河道の断面積.
河　積　阻　害　率	：	橋脚の総幅が川幅に対して占める割合. ここにおける川幅とは流向に対して直角に測った計画高水位と堤防のり面の交点間の距離，橋脚の幅とは，流向に対して直角に測った計画高水位の位置における幅をいう.
本　川，　支　川	：	大小様々な川の総称. 河口から最も遠い谷から河口へつながる川をその川の本川といい，本川に合流する川を支川という.
河　川　改　修	：	洪水や高潮などによる災害を防止するために行う河川の改良. 必要な流下能力を確保するために，築堤，引堤，河床掘削（浚渫）などを行う.
河　川　管　理　者	：	川の治水・利水・環境整備の計画，工事や維持管理を行う者のことをいう. 一級水系・二級水系において河川法の適用を受ける河川の河川管理者は，国土交通大臣または都道府県知事となり，河川法の規定の一部を準用する準用河川や左記以外の普通河川は，市町村長が河川管理者となる.
河川橋りょう	：	鉄道が河川と交差する場合において河川を横過するものをいう.
河　川　の　狭　窄	：	橋りょう部の川幅が上流部の川幅の 0.6 倍以下の部分.
河　川　の　左　右	：	下流に向かって右側を右岸，左側を左岸という. また，右岸側から流れ込む支川を右支川，左から流れ込む支川を左支川という.
河　川　の　断　面	：	水位により水面幅が大きく変化する高水敷があるものは複断面といい大～中規模河川に多く，堤防に高水敷がないものは単断面といい比較的小規模な河川に多い.
河　川　の　湾　曲	：	河川において流路の曲率半径が河川幅の 7 倍以下の部分.
渇　　　　水	：	長い間，雨が降らずに川やダムの水が減少すること.
河　　　　道	：	堤防などに囲まれた細長い凹地となっている川の流路.
仮締切り（工）	：	河川部などにおいて水位以下に構造物を構築する際，水を遮断し，水の無い状態で本設構造物の工事を進めるために仮設的に構築される壁あるいは堤.
カ　ル　マ　ン　渦	：	流れの中に設置された橋脚などの構造物の後方に交互かつ逆向きに発生する渦列.
川　　　　幅	：	流向に対して直角に測った計画高水位と堤防のり面の交点間の距離.
岩　　　　着	：	構造物を岩盤支持層に接地させること.
巨　　　　礫	：	人力で動かせない程度の礫.

空 中 写 真 測 量：写真を用い，地表の地点の位置関係や面積，体積などを決定する作業を写真測量といい，航空機などを用いて空中から撮影した写真を用いるものをとくに空中写真測量という．

計 画 横 断 形：計画高水流量の流水を流下させ，流水の正常な機能を維持し，および河川環境の整備と保全をするために，河川管理者が定めた河川の横断形．

計 画 高 水 位（H.W.L）：堤防の高さや河床の高さを計画（治水計画）する際に，基準とする流量（計画高水流量）が流れるときの水位で河川管理者が定めるもの．

計 画 高 水 流 量：堤防の高さや河床の高さを計画（治水計画）する際に基準となる流量で，洪水調節が行われていないと想定した河川に計画規模の降雨が作用した際に流れる基本高水流量からダム等の各種洪水調節施設での調節量を差し引いたもの．

渓　　　　岸：渓流の河岸．

交 互 砂 州：水路の横断方向に交互に砂の波が繰り返している砂州．

洪 水・出 水：台風や前線によって流域に大雨が降り，その水が川に流れ込み，川の流量が急激に増加する現象．

高　　　　敷：洪水になると低水路からあふれだし洪水が流れるところ．グラウンドや公園，自動車教習場，ゴルフ場，農地など様々な形で利用されている．

勾 配（河 川）：川の流れる方向の川底の傾き．山間部では河床勾配が急になり，平野部では緩やかになる．

（低水・高水）護 岸：流水の作用から河岸または堤防を保護するために設けられる構造物．

固 定 砂 州：河川の湾曲部の内岸側などに形成される形状が移動しない砂州．

サーチャージ水位：ダムの貯水位を表すものの一つで，洪水時にダムによって一時的に貯留することとした流水の最高の水位．

砂 嘴（さ し）：沿岸流により河口にくちばし状に砂礫が堆積した部分．陸付近まで発達したものは砂州と呼ばれる．

砂　　　　州：河川，河口あるいは砂浜海岸等に細長く砂礫が堆積してできた部分．河川においては川幅のスケールで形成される中規模河床波のことをいい，交互砂州，固定砂州等に分類される．河口付近においては沿岸流の作用により砂礫が堆積し，陸付近まで発達したものをいう．

山 間 地：山と山の間の地域．

シートパイル基礎：鋼矢板とフーチングを結合した比較的浅い基礎で，鋼矢板，フーチング底面の地盤による抵抗を複合的に組み合わせた鋼矢板併用型直接基礎．

地 す べ り：重力の作用を受けて，斜面の一部が相当広い地域にわたって緩慢に運動を起こす現象．

出水期・渇水期：出水期は集中豪雨（梅雨），台風等洪水が起きやすい時期を指し，目安として6月から10月までの期間をいう．渇水期（非出水期）はこれ以外の期間をいう．

浚　　　　渫：川底の土砂やヘドロを取り除くこと．

常 時 満 水 位：ダムの貯水位を表すものの一つで，非洪水時にダムによって貯留する流水の最高の水位．

植　　　　生：ある地域もしくは地表を覆っている植物体の総称．

侵　　　　食：流水，地下水，氷河，風，波，海流，重力などの力が地表物質を運び去る現象．侵食が生じる作用を侵食作用という．

水　　　　位：河川などの水面の高さ．水面の高さと河床の高さの差を水深という．

水　衝　　部：河川が蛇行して流れる場合に水流が強く作用する外岸側の部分のこと．攻撃地形ともいう．

吸　出　　し：護岸背面の土などが堤防内部の水位が上下することなどに起因して流失する現象．

砂　浜　海　岸：砂や礫でつくられた海岸．砂浜海岸は波の作用により常に侵食，堆積を繰り返している．

瀬　・　淵：河川において，流れが早く水深の浅い場所を瀬，流れが遅く水深の深い場所を淵という．

堰　上　　げ：流れの中に構造物等を設けた際に，流れが阻害されて流れの一部あるいは全体の水位が上昇すること．

セ グ メ ン ト：河道特性を区分する際に，河床勾配により分類する方法．河床勾配が同じ区間では，ほぼ同じ大きさの河床材料を持っており，さらに洪水時に河床に働く掃流力や低水路幅・深さも同じような値を持っていることが多い．また，河床勾配だけでなく，支川合流，代表粒径の分布などを考慮して小セグメントに分類する場合もある．

付属表 1-1.1　セグメント表[1]

	セグメントM	セグメント1	セグメント2		セグメント3
			2-1	2-2	
地形区分	←─山間地─→	←─扇状地─→ 谷底平野 ←─────────→ 自然堤防帯 ←────────→ デルタ ←──────→			
河床材料の代表粒径 d_R	さまざま	2 cm 以上	3 cm〜1 cm	1 cm〜0.3 mm	0.3 mm 以下
河岸構成物質	河床河岸に岩が出ているところが多い．	表層に砂，シルトが乗ることがあるが薄く，河床材料と同一物質が占める．	下層は河床材料と同一，細砂，シルト，粘土の混合物．		シルト・粘土
勾配の目安	さまざま	1/60〜1/400	1/400〜1/5000		1/5000〜水平
蛇行速度	さまざま	曲りが少ない	蛇行が激しいが，川幅水深比が大きい所では8字蛇行または島の発生		蛇行が大きいものもあるが小さいものもある．
河岸侵食程度	非常に激しい	非常に激しい	中，河床材料が大きい方が水路はよく動く．		弱，ほとんど水路の位置は動かない．
低水路の平均深さ	さまざま	0.5〜3 m	2〜8 m		3〜8 m

設 計 洪 水 位：ダムの貯水位を表すものの一つで，設計洪水流量の流水がダムから流下する場合の貯水池の最高水位．

扇　状　　地：山地から平野へ川が流れ出すところを上空から見たとき，扇形に見える地形．洪水は山地から平野部へ流れ出すときに勢いが小さくなるため，石を運ぶ力も弱くなる．このため山地の麓付近で，水と一緒に流れてきた土砂や砂礫が同心円状に堆積して，扇形の地形を作る．

（河川）増　水：平常の水位よりも水かさが増すこと．

掃　流　　砂：河床の近傍で移動する砂粒子．

対　　　　岸：川や海などにおける向かい側の岸.

堆　　　　積：堆積物が形成される過程の総称.堆積物とは地表に分布する岩石の風化に由来する岩や土が水流などによって運搬,堆積した物質.

単断面（河道）：低水路だけで構成される河道.

単 列 砂 州：瀬と淵が縦断的に交互に現れ水流が一筋となる砂州.

治　　　　山：森林を維持造成することによって,林業の生産基盤である林地を保全すると同時に,山崩れ,洪水などによって国土が受ける災害を未然に防止する行為.

治　　　　水：洪水によって起こる災害から河川の周辺に住む人々や土地を守ることをいう.そのために作るダム・堤防・護岸などの施設を総称して治水施設という.

低　水　位：低水流量時の水位で,1年を通じて275日はこれより低下しない水位であり河川管理者が定めるもの.

低　水　路：平常時に川の水が流れている流路.

堤　　　　防：洪水を氾濫させないために,左右岸に築造した盛土などのこと.堤防のほとんどは土砂を盛って築造するが,コンクリートや鋼矢板などで築造した堤防を特殊堤という.

堤 防 の 内 外：人の生活圏が内側（堤内地）,川が流れている側が外側（堤外地）.

転　　　　石：岩盤から落下した岩塊が,その下方の斜面に二次的に堆積している状態のこと.下部の地盤が雨水で侵食されたり,地震力が作用したりすると安定を失い,転動,落下して落石となる.

土　石　流：山体を構成する土砂や礫の一部が,水と混合し河床堆積物とともに渓岸を削りながら急速（5〜20 m/s）に流下する現象.

中　　　　州：川の中の,土砂などが堆積して低い島状になっている所.

根　入　れ：現地盤面から基礎底面（杭基礎においては杭先端）までの深さ.将来の洗掘などによる地盤の変状を考慮した設計地盤面からの根入れ深さを有効根入れ深さという.

根 入 れ 長：根入れと同義.

根 入 れ 比：根入れ長と橋脚幅（河川の流れに直面した橋脚幅の平均値）の比.

根 固 め 工：橋脚の周辺や護岸壁の前面に設置して局所洗掘を防止・軽減し,保護する工作物.

根固めブロック：河川の流水により川底や護岸などが削られないように設置するコンクリートブロック.

は か ま 工：基礎の底面積を増加させ垂直支持力を増加させるための工法.

破　砕　帯：断層運動,褶曲運動などの構造運動に伴って破砕した岩石の帯状分布.

バックウォーター：下流での水位変化の影響が上流に及ぶこと.豪雨などで本流の河川水位が高くなると,傾斜が緩やかな支流の水位が,本川との合流地点より上流で急激に高くなる現象をいう.

破　　　　堤：洗掘,漏水,侵食などが原因で堤防が壊れること.

馬 蹄 形 渦：河床面と橋脚との境界付近に生じる馬蹄形の三次元的な渦の流れ.

氾　濫　原：洪水時に河川堤防から溢れた水によって浸水する低い土地.

風　　　　化：岩石が地表および地表近くで土壌へと変化していく過程.膨張収縮や凍結融解などによる物理的風化作用と酸化,炭酸化,水和などによる化学的風化作用とに分類される.

複断面（河道）：低水路と高水敷,堤防がある河道.

複 列 砂 州：水流が二筋となる砂州.

袋 型 根 固 工：合成繊維の袋材に砕石等の中詰材を詰めて河川の洗掘防止等に用いる工法．吊り施工が可能で設置面に柔軟になじむ等の特徴がある．

ふ と ん か ご：かご工の一種．鉄線で編んだ直方体のかごに，玉石または割栗石を入れたもの．

浮　　遊　　砂：河床から離れたところで水中を浮流しながら流下する細かい砂粒子．

不　　　　　陸：支持地盤に起伏があること．

平　　水　　時：河川などの平常時の流れの状態．

ポイントバー：固定砂州と同義．

み　　お　　筋：川を横断的に見たときに，最も深い部分．主に水が流れているところ．

融　　雪　（水）：積雪が雨や気温の上昇により解ける現象．融雪に起因する河川災害として，河川が増水して河岸決壊などの被害が生じる「融雪洪水」などがある．

よ　　ど　　み：水などが流れずにたまっているところ．

落　　差　（工）：河床の高さや河床勾配を安定させるために，河川を横断して設けられる落差のある施設．

利　　　　　水：河川の水を生活用水や農業用水，工業用水，発電などに利用すること．

流　　　　　域：降った雨や雪が特定の河川へ流れ込む範囲．

流 下 断 面：流水の流下に有効な河川の横断面．

流　　　　　砂：侵食や崩壊，土石流などによって河川に供給され，河川の流れによって運搬される土砂．

流　　　　　失：水などに押し流されてなくなること．

流　　　　　水：流れる水．水の流れ．

流　　　　　量：河道を流れる水の量のことをいい，一般的な単位は m^3/s である．

流　　　　　路：川の水が流れるところ．

露　　　　　岩：地表から露出している岩石．

参考文献

1)　山本晃一：沖積河川学 堆積環境の視点から，山海堂，1994．

付属資料 2-1　鉄道河川橋りょうの基礎・抗土圧構造物における維持管理の基本

1.　はじめに

　本付属資料は，「2章　維持管理の基本」の記載内容に関して，近年の豪雨時における河川橋りょうの被害実態を踏まえ，河川橋りょうの基礎・抗土圧構造物を対象とした場合に留意すべき維持管理の考え方や事項をとりまとめたものである．

2.　維持管理の基本に対応する留意点

2.1　一　　　般

　すべての構造物は，外力や環境の影響によって経年とともに性能が低下するため，想定される作用の下で構造物本体あるいは構造物を構成する部位・部材が継続して要求性能を満足している必要がある．基礎構造物は，橋脚，橋台，その他構造物の下部にあって，上部構造物からの荷重を地盤に伝えるための構造物を指す．そのため，地盤と部材の両方が所定の性能を発揮することで初めて基礎構造物の性能を有するものであり，検査にあたっては，地盤と部材それぞれの変状状況から基礎構造物の健全度を判断しなければならない．

　河川橋りょうの基礎・抗土圧構造物の場合には，特に洗掘や河床低下が構造物の安定性に大きく影響を及ぼすが，これらの現象は平常時のみならず，降水や融雪等による増水時に進行しやすい．その際，増水前に変状がない場合でも河川の流況の変化を伴いながら洗掘が急激に進行し洗掘防護工の流失等や構造物の不安定化を招く場合がある．そのため，定期的な検査に加えて，異常出水時等の随時検査等が重要となる．したがって，全般検査あるいは随時検査においては，構造物の現在の状態を把握することに加えて，将来発生する可能性がある増水をイメージしながら，基礎・抗土圧構造物の安定性に大きく影響を及ぼす周辺状況を適宜把握することが望ましい．

2.2　維持管理の原則

　河川においては流況の変化に伴いみお筋等の河川環境が変化するが，その変化の進行性は河川の特性や降雨履歴により大きく異なる．そのため，特に全般検査および随時検査においては河川の流況の変化と進行性を把握することが重要である．また，健全度判定の対象となる構造物の調査に加えて，桁や支承，軌道の状態，ならびに洗掘防護工等の工作物の状態についても調査を行い，調査結果を踏まえて総合的に健全度判定を行うことが必要である．

2.3　維持管理計画

　構造物の維持管理計画策定にあたっては，日常的な検査から補修・補強，そして供用終了後の除却や架

替えまでを含めたトータルコストを意識する必要があるが，河川橋りょうの基礎・抗土圧構造物の維持管理の場合には，補修・補強や除却・架替え等の措置の費用が高額となる場合が多い．また，洗掘防護工は基礎周辺の地盤の保護に有効であるが，工法によっては経年や増水に伴う河床の変動などによって洗掘防護工周辺の地盤の変状や洗掘防護工自体の流失が生じる場合がある．このような河床が相対的に変動しやすい河川に洗掘防護工を採用する場合には，補修や再施工がしばしば必要な場合もある．そのため，維持管理計画の策定にあたっては，アセットマネジメントやリスクマネジメントの考え方が重要となる．例えば，ハード対策のみならず近年の発展が目覚ましいデジタル技術を活用したソフト対策を適切に組み合わせることを検討するのがよい．

2.4　構造物の要求性能

　解説表 2.4.1 には照査式等による定量的な照査の方法による要求性能，性能項目に応じた照査指標の例を示しているが，基礎・抗土圧構造物においては，試験等により直接的に性能を評価することは一般に困難である．また，基礎構造物は通常土中に存在することから，目視による確認をすることもできない．そのため，性能を間接的に評価する試験や目視等による判断に基づいた定性的な照査により，構造物が要求性能を満足するかを総合的に判断する必要がある．

　特に，河川橋りょうの基礎・抗土圧構造物では，地盤が安定して橋脚，橋台を支持するためには，列車荷重を直接支持しないものの洗掘防護工，落差工などの工作物が地盤の洗掘や河床低下を防止する機能を発揮し続けることが重要である．そのため，これらの工作物の状態についても調査を行い，構造物の調査結果と併せて，総合的に構造物の健全度判定を行う必要がある．

2.5　検　　査

1)　初回検査

　初回検査における調査項目は，基本的に通常全般検査における調査項目に準じればよい．

　なお，河川橋りょうの維持管理において重要かつ基本的な調査項目は基礎の根入れ長であるが，建設年代が古い橋りょうにおいては，建設時の根入れ長が図面等に明確に記載されていない場合もある．また，河川の状況によっては河床高も建設時から大きく変化していることも多いため，必要に応じて調査等により，これらの状況を改めて把握しておくことが望ましい．

2)　全般検査

　全般検査では，目視調査が基本となるが，前述のように基礎・抗土圧構造物は土中に存在する部位が多いことから目視による確認をすることができない．一方で，河川橋りょうの場合，局所洗掘が橋脚周りで進行することにより基礎構造物の基本性能である支持力が低下すると，基礎の沈下や傾斜に繋がる．沈下や傾斜が生じた場合には，支承部や軌道変位などの変状が顕在化するため，全般検査においてはこれらの変状を捉えることが大切である．また，前述のように，河川の流況の変化を把握することに加えて，洗掘防護工，落差工などの工作物についても目視調査を行い，変状をとらえる必要がある．

　橋脚周辺の地盤の状況を確認することも重要な項目の一つであるが，橋脚がみお筋に存在するなどの理由で局所洗掘の発生を目視にて直接確認することが困難である場合には，根固め工等の変状の有無によって局所洗掘の兆候を捉えることができる．根固め工が存在しない，あるいは水深が深く根固め工の状態が目視で確認できない場合には，必要に応じて洗掘深測量等の計測によって根入れ長を直接的に確認することが望ましい．

　全般検査の実施時期については，基礎構造物の状況や河床状況の把握は平水時に行うことが基本であり，渇水期の調査はより有効である．また，構造物だけでなく周辺環境の変化を記録することに注意を払うことも重要である．特に，河床の変化や，過去の知見に照らして洗掘を受けやすい橋りょうと同様の周辺環境を有する場合には，これらの資料を参考として周辺環境の変化を記録することで，次回の全般検査の参考となる．さらに，橋脚や橋台に施工されている各種洗掘防護工は何らかの理由により施工されている場合が多く，この理由を資料等により調査して記録しておくことで，検査を実施する際の有益な情報となる．

3) 個別検査

　個別検査は，全般検査，随時検査の結果，詳細な調査が必要とされた構造物に対して，変状原因の推定，変状の予測により，より精度の高い健全度の判定を行うことを目的として実施する．

　しかし，基礎・抗土圧構造物の安定性に起因する変状では，変状原因が力学的な影響による場合や設計・施工による場合など，変状原因が複合する場合があるため，要因の特定や変状の予測が困難である場合が多い．さらに，河川橋りょうの場合には河川の流況などの状態変化を予測しがたいので，変状の進行を定量的に精度よく予測することは一般に困難である．これらのことから，基礎・抗土圧構造物に関しては，定量的に性能項目の照査ならびに変状の予測を行うことが一般に困難であるといえる．

　そのため，河川橋りょうの橋脚の安定性に関する性能項目の照査においては，定性的な手法と定量的な手法を組み合わせた変状の予測ならびに性能項目の照査によって健全度を評価するのがよい．

　なお，河川橋りょうについては上述のように変状の進行を予測することが難しいことに加え，洗掘防護工や落差工など洗掘や河床低下を防止する機能と，列車荷重を直接支持する基礎構造物の基本性能である支持力との相関性を定量的に把握することも難しい．したがって，全般検査において，洗掘防護工等の工作物の状態などから健全度がA相当と判断された場合でも，基礎・抗土圧構造物の性能に着目して実施した個別検査における判定によりBと判定されるものもあり，この点が他のコンクリート構造物や鋼・複合構造物における健全度判定の一般的な判定の考え方と異なる点であることに留意されたい．

4) 随時検査

　河川橋りょうの局所洗掘に対する随時検査の目的は，局所洗掘が懸念される異常出水が生じた場合において，変状の有無を迅速に把握して早急な措置や個別検査の要否を決定することにある．

　局所洗掘に対する随時検査の対象として，局所洗掘に注意すべき橋りょうをあらかじめ抽出するとともに，随時検査に対する着目点を把握しておくことで効率的な検査が可能となる．また，随時検査の実施時期は，局所洗掘が懸念される異常出水が生じた場合に実施することが基本となる．異常出水の具体的な要因としては，大雨，融雪，上流方のダムの放流等が考えられ，

・運転中止水位を超過する場合
・既往最大水位を超える水位を観測した場合

など，必要と判断された場合に随時検査を実施することが考えられる．具体的な実施時期については，異常出水後，水位低下等により検査が可能となった後，速やかに実施するのが基本となる．ただし，橋脚の不安定化が傾斜や沈下として顕在化するのは，必ずしも水位や流量が最大となる時期とは限らず，水位や流量のピークを越えた後の局所洗掘の進行によると疑われる，減水過程における橋脚の傾斜や沈下例が報告されている．また，融雪期には，増水期ほど水位が上昇しないものの水位の高い状態が長期間継続することで洗掘が進行する場合がある．そのため，随時検査の時期や頻度については適切に設定する必要があ

る．

　なお，局所洗掘に注意すべき橋りょう周辺において，河川改修・ダム撤去など河川環境の著しい変化が新たに確認された際には，その後の最初の増水後に随時検査を実施して，特に河川の流況変化の進行や洗掘防護工の変状の有無等を注意深く調査するのが望ましい．

　また，局所洗掘が懸念される異常出水時以外においても随時検査やその他の調査が実施されることがある．例えば出水期前の点検や河川状況の把握のための空中写真測量などの調査結果は，局所洗掘災害に対応する検査の健全度判定の精度を向上させることができるので，適切に実施するのが望ましい．

2.6　措　　　置

　構造物の維持管理における措置は，構造物の性能低下に起因する事故や災害を未然に防ぐことを目的に，健全度の判定結果に基づいて実施されるものである．

　措置には，監視，補修・補強，使用制限，改築・取替があるが，健全度 AA の場合を除き，一般的に実施されるのは監視と補修・補強である．特に河川橋りょうの場合には，変状が発生した基礎・抗土圧構造物に対して抜本的な補修・補強等を実施することはコスト等の観点から困難な場合もある．そのため，補修・補強等の優先順位を検討する上でも監視による措置を行うことは有効な手段の一つである．

　一方で，河川橋りょうにおいては，基礎底面にまで達するほど著しく洗掘を受けた場合には急激に支持性能が低下する．この場合の措置として，基礎の性能回復を目的とした補修・補強が必要となるが，地盤改良工や鋼矢板，増し杭による補強が一般的な工法となるため，大規模な施工となる．一般的に，洗掘が基礎底面に達していない状況であれば，埋め戻しや根固め工を施工することで基礎の安定性を確保することができる．このため，局所洗掘に注意すべき橋りょうにおいて特に不安定化が懸念される橋脚・橋台については，予防措置として根固め工等による洗掘対策工の実施を検討することが合理的な対応につながる場合もある．ただし，洗掘防護工によっては，増水時に流失することもあるため，洗掘防護工の補修や再施工が必要となる場合もある．これらのことを踏まえ，2.3 節で述べたアセットマネジメントの考え方などに基づいて検討するのがよい．

2.7　記　　　録

　維持管理における検査，健全度判定および措置については，上述のとおり周辺の河川環境の変化や洗掘防護工ならびに落差工などの工作物の状態と合わせて記録しておくのが河川橋りょうの維持管理においては有効である．また，周辺で実施される河川工事や河川改修の有無，その経緯や計画の考え方なども把握できる範囲で記録として残しておくことが望ましい．

付属資料 2-2　維持管理における性能の確認に関する考え方

1.　まえがき

　国の技術基準である「鉄道に関する技術上の基準を定める省令」（国土交通省令第 151 号，平成 13 年 12 月公布）では，従来の仕様規定型から性能規定型へ改正が行われた．また，土木学会コンクリート標準示方書が性能照査型の示方書として平成 14 年に改訂された．このような経緯から，鉄道構造物等設計標準も性能照査型に移行した．兵庫県南部地震を踏まえて平成 11 年に制定された「鉄道構造物等設計標準・同解説（耐震設計）」においては，設計地震動に対して所要の耐震性能を照査する性能照査型の設計体系となっている．また，平成 16 年に改訂された「鉄道構造物等設計標準・同解説（コンクリート構造物)」においては，構造物の要求性能を安全性，使用性，復旧性の 3 つに区分し，それぞれを照査する体系を導入した．

　上述の技術基準の動向を考慮すると，維持管理を対象とする本標準も性能照査型の体系を導入するのが妥当と考えられる．ただし，設計では一般に構造解析等の定量的な手法により構造物の性能が照査されるのに対し，維持管理では経験に基づいて定性的に性能が確認される場合が多い．この点を考慮し，本標準においては「性能の確認」という表現を用いることとした．

2.　構造物の性能の確認方法

2.1　基本的な考え方[1]

　構造物は，外力や環境の影響によって経年とともに性能が低下する．したがって，維持管理においては構造物の性能が必要な水準を満足していることを確認する必要がある．しかし，構造物に発生する変状の種類と程度は千差万別であり，それぞれの変状が構造物の性能にどのように関連しているかを把握することは容易でない．そこで，本標準では以下の手順で維持管理を行うことにより，必要なレベルの性能の確認を可能とした（付属図 2-2.1 参照）．

①　変状の抽出を目的として，目視を主体とした調査を行う．

②　発見された変状のうち，損傷程度の比較的大きな変状に対して，入念な目視，機器等を用いた詳細な調査を行う．

③　これらの調査結果を基に，構造物の健全度を付属表 2-2.1 により判定することにより，構造物が必要な性能を満たしているかどうかを確認する（「2.5.6　性能の確認および健全度の判定」参照）．

④　必要な性能を満足していない，あるいは満足しないおそれがある場合等には，措置を施す．

　なお，本標準でいう性能は，列車が安全に運行できるとともに，旅客，公衆の生命を脅かさないための性能（安全性）で，必要に応じて使用性や復旧性を考慮するものとしている．

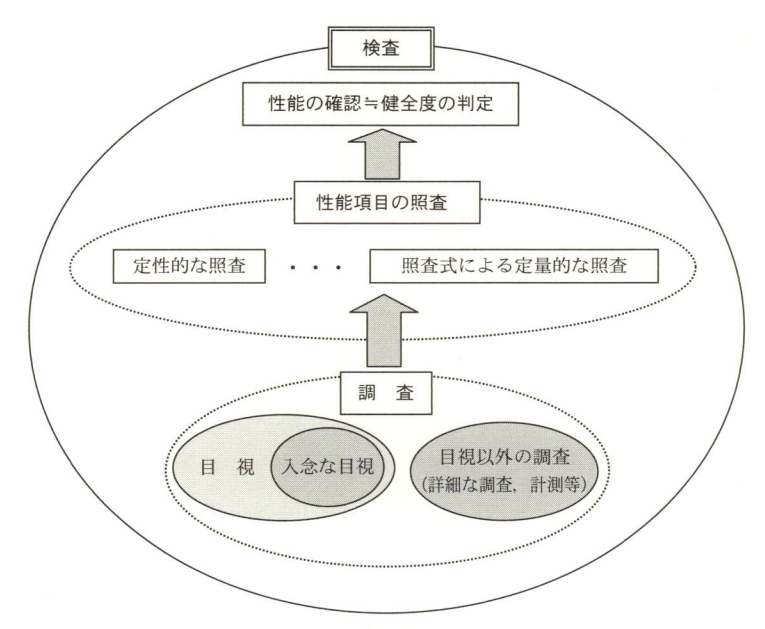

付属図 2-2.1　維持管理における検査の考え方

付属表 2-2.1　構造物の状態と標準的な健全度の判定区分

健全度		構造物の状態
A		運転保安，旅客および公衆などの安全ならびに列車の正常運行の確保を脅かす，またはそのおそれのある変状等があるもの
	AA	運転保安，旅客および公衆などの安全ならびに列車の正常運行の確保を脅かす変状等があり，緊急に措置を必要とするもの
	A1	進行している変状等があり，構造物の性能が低下しつつあるもの，または，大雨，出水，地震等により，構造物の性能を失うおそれのあるもの
	A2	変状等があり，将来それが構造物の性能を低下させるおそれのあるもの
B		将来，健全度Aになるおそれのある変状等があるもの
C		軽微な変状等があるもの
S		健全なもの

注：健全度A1とA2および健全度B，C，Sについては，各鉄道事業者の検査の実状を勘案して区分を定めてもよい．

2.2　全般検査における性能の確認方法

　全般検査においては，主に目視による調査が行われ，健全度が判定される．一般には，変状がないか軽微であればSまたはCと判定され，性能の確認がなされる．損傷程度の比較的大きな変状がある場合には，健全度がAまたはBと判定される．健全度Aの場合には個別検査により，詳細な調査が行われ，健全度Bの場合には必要に応じて監視等の措置が講じられる．

2.3　個別検査における性能の確認方法

　個別検査においても，まず詳細な目視調査が一次的になされるのが一般的である．この段階で，変状が軽微であると認められれば，健全度がCと判定され，構造物の性能の確認がなされる．これは全般検査における性能の確認方法と同じである．

　上記の一次的な目視調査においても変状程度が重大であると認められた場合や変状原因が不明な場合に

は，種々の非破壊試験，材料強度試験，鋼材腐食量等の詳細な調査が行われ，これにより健全度を判定できる.

3．ま　と　め

　構造物の維持管理は，構造物の要求性能を満たしているかどうかを検査により確認し，必要に応じて措置を講じるという流れに沿って実施される．本資料には全般検査等および個別検査における性能の確認方法についてまとめた.

参考文献

1)　市川篤司：鉄道土木構造物の維持管理標準（1），日本鉄道施設協会誌，Vol. 44, No. 3, pp. 59-61, 2006. 3.

付属資料 2-3　基礎の特性と変状

1.　基礎構造物の特性

　基礎構造物の保守にあたっては，その特性をよく認識し，理解しておくことが重要である．

　基礎の保守にあたって，正しく認識しておかなければならない基礎の特性や，基礎を取り巻く諸事情を以下に述べることとする．

1.1　ルート選定上の要請と構造物の設計・施工技術との関係

　鉄道構造物の設計・施工を左右するルート選定に対する考え方は，時代とともに変化してきた．かつては高速運転に対する要請および設計・施工に関する技術力も低く，また，社会環境にゆとりがあったことから技術上の問題箇所を避け，技術レベル・建設コスト本位のルート選定が行われることが普通であった．したがって，ルート選定は軟弱な地盤や不安定な斜面を避けること，橋りょう設置についてはなるべく地盤が良いこと，河川の狭窄部を直角に短スパン・多連の桁橋を架設すること等に重点がおかれていた．

　しかし，近年にいたって，用地の取得・公害対策・高速運転のための線形確保などが重視されるようになり，このため基礎や構造物にとって最も問題となる軟弱地盤や不安定な地盤などにもルートを選定せざるを得ないことが多くなった．さらに，騒音や振動などの公害対策のため，鋼桁などの軽量な単純構造の採用が制限され，弱い地盤に大重量の PC 桁の不静定構造物を設置するなど，現在の著しく進歩した構造物の設計・施工技術をもってしても，技術上，困難な状況で構造物を設計・施工しなくてはならない局面も増えてきている．

　また，バラスト軌道では構造物に変化が生じても軌道整正により，容易に軌道を保守することが可能であるが，近年採用されているスラブ軌道・直結軌道では構造物の不同変位を軌道整正によって保守できる限度があるため，変位量を補正可能限度内に抑える必要があるなど，基礎の設計は一層困難なものとなってきている．

　さらに，地下水のくみ上げによる地盤沈下から発生する構造物の不同沈下，あるいは木杭の腐杇，軟弱地盤上の鉄道構造物に近接した部外工事に起因する基礎の変位，河川橋りょうでは流域の環境変化・河川工事・砂利採取などによる流量の増大・河床低下・洗掘など，外的条件による変状が増大する傾向が生じている．

1.2　基礎の種別

　基礎は直接基礎・ケーソン基礎・杭基礎等の形式に大別され，これらの基礎形式はさらに材質・工法などにより細別される．

　近年，基礎工法の著しい進歩により，基礎工の種類はきわめて多く，現在実用化されている主なものを挙げると**付属表 2-3.1** および**付属図 2-3.1** のようになる．

付属表 2-3.1 基礎工の種別

基礎種別	構造形式による分類	工法による分類	材料による分類
直接基礎	独立フーチング 連結フーチング いかだフーチング 地盤改良併用型 鋼矢板併用型	開削工法 地盤改良併用型 鋼矢板併用型	れんが積み 石積み コンクリートブロック 鉄筋コンクリート
シートパイル基礎			
ケーソン基礎		オープンケーソン ニューマチックケーソン 圧入ケーソン	
杭基礎	支持杭 摩擦杭 群杭	※1	木杭 RC 杭, PHC 杭 PRC 杭, SC 杭 H 形鋼杭, 鋼管杭
鋼管矢板基礎		打込み杭工法 中掘り根固め杭工法	
連壁基礎			

※1 杭基礎の工法による分類は**付属図**2-3.1による

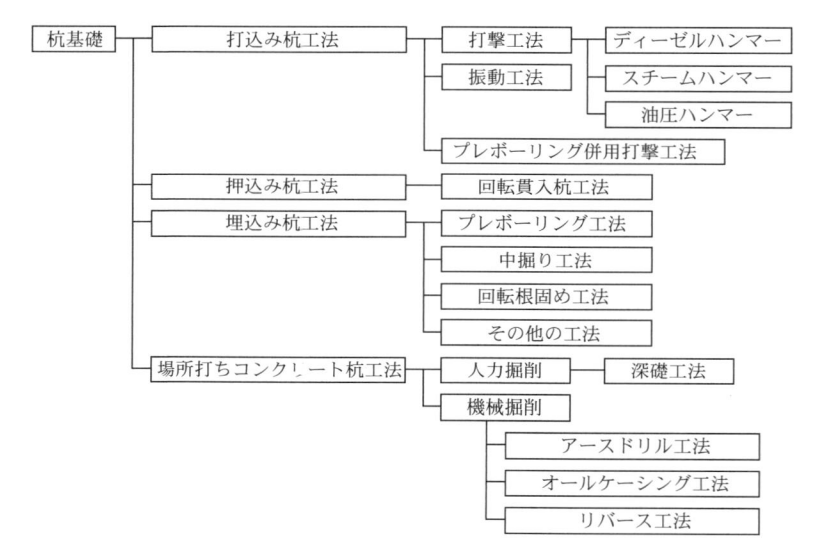

付属図 2-3.1 杭基礎の工法による分類

基礎は前述のように多くの種類があるが，時代とともに用いられる基礎種別に変遷がみられる．以下に基礎の変遷を示す．

（1）直接基礎および胴木工

直接基礎は古くから現在に至るまで用いられている伝統的な基礎形式であり，その構造に大きな変化はない．明治～大正中期まで主に使用されたれんが造・石造の橋台，橋脚，土留擁壁などでは，地盤の弱い場合は後述する胴木工により支持面積の増大を図ったものが多い．また，河川橋りょうの古いものでは，基礎地盤が砂質土の場合，当時の技術力では止水が困難な場合が多かったため，根入れ深さの小さいものが多く，洗掘や河床低下の影響を受けやすい構造となっている．

直接基礎では，構造物荷重を直接支持地盤に伝える構造部材としてフーチングがよく用いられる．フー

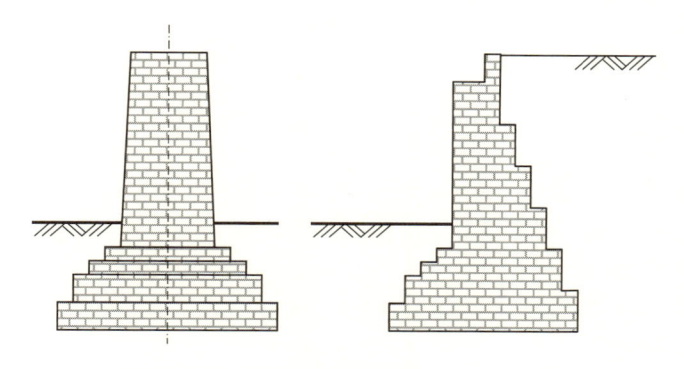

付属図 2-3.2　れんが造橋脚・橋台のフーチングの例

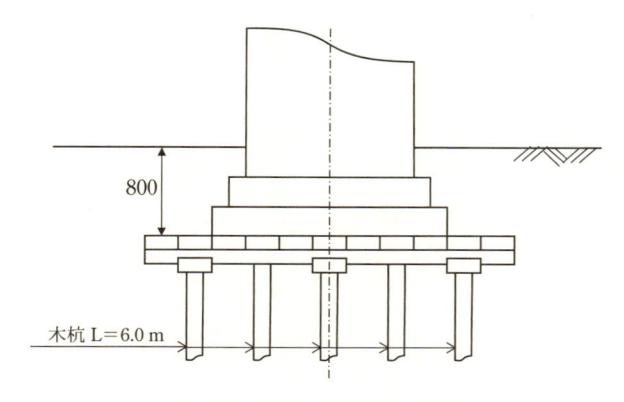

付属図 2-3.3　杭打ち胴木工の例

チングの構造や形式は，明治〜大正中期頃までは，れんが造・石造のものが主体であり，この場合は**付属図 2-3.2** に示すような構造のものが多く，フーチングの面積を大きくすることが技術上からも工費上からも困難であった．

　そのため地盤が弱く，後述する木杭では数多くの本数が必要とされる場合は，**付属図 2-3.3** に示すような胴木工（プランキング）を行い，フーチング面積の増大を図ったものが多い．なお，昭和初期以降，鉄筋コンクリートが用いられるようになってからは，フーチング面積の増大が比較的容易に行えるようになり，胴木工はあまり用いられなくなった．

（2）ケーソン基礎

　ケーソン工法による鉄道構造物の基礎は，明治 12 年に京都－大津間の鴨川橋りょう基礎として，れんが造のオープンケーソンとみなせるものが採用されたのが最初とされている．れんが造のオープンケーソンは，その後，明治・大正年間の井筒基礎の主流として広く用いられた．

　鉄筋コンクリートのオープンケーソンは，明治 41 年大分線に用いられたのが最初とされているが，れんが造との交替は極めて徐々に行われ，一般化されたのは昭和年代に入ってからである．

　ニューマチックケーソンは，明治 42 年に朝鮮鉄道の清川江橋りょう基礎に用いられたのが最初とされている．鉄道構造物のケーソン基礎としては，大正年代から昭和中期まではオープンケーソンが主に採用されていたが，近年に至り，現在線に近接した橋りょうや大型不静定構造物などが多くなり，基礎周辺の地盤のゆるみを抑えることのできるニューマチックケーソンが主に用いられるようになった．

　さらに近年では，水・土砂・鋼材等のカウンターウェイトによらずグラウンドアンカーを反力に油圧

ジャッキで強制載荷を行い，沈設する圧入ケーソン工法の実績などがある．

（3）杭基礎

杭基礎も古くから用いられている伝統的な基礎工法である．

木杭は，明治初年の鉄道創始期から昭和20年代の終わり頃までの長い間，構造物基礎として広く用いられてきた．しかし，地下水位以上では腐食するおそれがあるため，地下水位が深いところではフーチングを深く掘り下げなければならないこと，大径の長い杭材の入手が困難なこと，継手に問題があることなどの欠点があり，さらにコンクリート杭の発達により信頼度の高い大型の杭が大量に安価に入手できるようになったことから，近年ではほとんど用いられなくなっている．

RC杭は，鉄道構造物基礎としては，大正4〜8年に東京－万世橋間の高架橋の基礎として，現場で作成した八角形断面の杭を打ち込んだ例や昭和7年頃に城東線高架橋や大阪駅で短い杭の周辺摩擦力を増すために，つばのついた武智杭が用いられた例などがある．なお，それ以前にも一部には用いられていたようであるが，詳細は不明である．

遠心力締固めによるRC杭は，昭和12年に東京駅5番ホームの高架橋の基礎として用いられた記録があるが，鉄道用として広く用いられるようになったのは昭和20年代の後半からであり，遠心力締固め杭に関するJIS A 5310が昭和30年に定められてからは，信頼性の高い規格品が入手できるようになった．さらに，昭和45年に土木構造物として利用価値の高いモーメント杭（2種）がJISに追加され，平成12年にJIS A 5372に統合されて現在に至っている．

PC杭は，RC杭よりもやや遅れて昭和30年後半頃から一般に用いられるようになった．しかし現在では，高強度コンクリートを用いたPHC杭が主流となり，PC杭は用いられなくなった．PC杭・PHC杭に関する規格としては，プレテンション杭はJIS A 5335，ポストテンション杭はJIS A 5336が昭和43年に制定されているが，平成12年にJIS A 5372に統合されている．

鋼杭は，明治初頭の鉄道創始期に，大阪－京都間の橋りょう基礎として錬鉄製の円筒をスクリューパイル方式で用いた例があるなど，古くから用いられてはいるが一般的ではなかった．現在では鋼管杭・H形鋼杭が，RC杭やPHC杭の打込み困難な場合や，場所打ち杭の施工の困難な流動水や被圧水のある場合，極軟弱地盤地帯などの限定された条件のところで用いられる場合が多い．鋼杭に関する規格としては，鋼管杭についてはJIS A 5525，H形鋼杭についてはJIS A 5526がいずれも昭和38年に制定されている．また現在，ソイルセメント合成鋼管杭や回転圧入鋼管杭といった高支持力の鋼管杭工法が適用された事例もある．

場所打ちコンクリート杭は，古く昭和9年に大阪駅構内を横断する地下鉄工事のため450 mmのケーシングを打ち込み，その中にコンクリートを打設して杭とした例があるが，本格的な機械掘削による場所打ちコンクリート杭の採用は，昭和29年に国鉄がフランスのベノト社から掘削機械No.6（杭径1.4 m，1.2 m，0.95 m）を輸入してからとなる．

以後，リバースサーキュレーションドリル工法・アースドリル工法など各種のものが開発され，現在では最も進歩，発展の著しい杭種といえる．特に最近では，各種の打込杭が施工時の騒音・振動のため，その使用を制限されることが多くなっており，それらの点からも場所打ち杭が採用される事例が多くなっている．また杭径も0.8 m程度のものから，9.0 mとケーソン基礎に匹敵するような大径のものまで出現し，基礎工としての適用範囲も広くなりつつある．また，施工用地や空頭が制限された狭隘箇所における施工に対応した工法，さらに先行掘削後にPHC杭などの既製杭を埋め込むプレボーリング工法等がある．

深礎工法は，古くから用いられてきた基礎工法であるが，鉄道構造物基礎としてはあまり広範囲には用

いられなかった．しかし，木田式・大林式・鹿島式などの利便性の高い工法が開発されたこと，薬液注入などによる止水工法の開発やウェルポイントなどによる地下水位低下工法などの開発により，適用範囲が次第に広くなったことと，ホーム下や線間などの狭隘箇所での施工または山間部などで重機械の使用の困難な場所での施工が多くなってきたことなどの理由から，広く用いられるようになってきている．

2．基礎の変状

2.1　基礎に発生する変状と上部構造物に派生して発生する変状の種類

基礎に発生する変状と基礎の変状に派生して発生する構造物の変状には，以下のようなものがある．

（ i ）　沈下および不同沈下

（ ii ）　傾斜

（iii）　移動

（iv）　目違い

（ v ）　異常な応力およびひび割れ

（vi）　根入れ不足

（vii）　安定度不足

（viii）　強度不足

これらの変状の種類のうち，（ i ）～（ v ）は基礎から上方の構造物に派生して現れる変状で，目視が可能である．基礎より上部の構造物に派生する変状は，軌道変位をもたらすことが多く，運転保安および軌道保守周期などとの関係について検討する必要がある．基礎の変状や欠陥は目視することができないため，基礎より上部の構造物に現れるこれらの間接的な変状から，基礎の変状を推定するのが一般的である．

（vi）～（viii）は，（ i ）～（ v ）が生じる原因となるものであるが，（ i ）～（ v ）の変状が生じていなくとも検討を要する場合がある．特に基礎の変状は急激に進行することがあるため，これらに対する検討が重要となってくる．

以降に地形，地質，構造物の特性に応じた変状の特徴について記載するが，特に河川橋りょうにおける変状については，**付属資料 2-4** を参照されたい．

2.2　地形別に分類した基礎の変状

（1）傾斜地

傾斜地は，一般に地盤が不安定で地盤変位を生じやすく，谷側に働く水平力が作用する場合の安定性は低いのが普通である．特に支持層の傾斜が斜面と同方向の場合，表層が弱い場合，層の境界より水が浸出する場合などでは，斜面の安定度は著しく低いと考えてよい．さらに斜面の裾を河川・波浪などで侵食された場合や地震を受けた場合などは斜面の変位を生じやすい．

（2）扇状地

扇状地は，一般に砂層または砂れき層からなり，支持地盤としては概ね良好といえる．しかし，河床が不安定な場合が多く，洗掘・河床変動・流心の変化などが生じやすい地形である．

地下水位が高いうえに，玉石などにより矢板などの止水工の施工が困難なことなどから，橋りょう・護岸などの河川構造物の基礎は，根入れの小さな直接基礎が多く，洗掘などによる倒壊変状のおそれが多い地形である．

（3）沖積平野

沖積平野は，概して緩い砂層や圧密地盤等を有し，支持地盤としては良質とはいえない場所が多く，後述する 2.3(1), (2), (3) のような問題がある.

（4）河川後背湿地

河川後背湿地は，微粒な堆積物あるいはピートなど有機質土により形成された極めて軟弱な地盤が多く，後述する 2.3(1), (2) のような問題がある.

2.3 地質別に分類した基礎の変状

（1）軟弱地盤

標準貫入試験による N 値が 2 程度以下の軟弱な粘土層がある場合は，構造物を杭などにより下層の良質な地盤で支持したとしても，水平支持力の不足により水平方向の変位を生じることが多い．また，このような地盤条件のところでは，小さい地震や構造物前方のわずかな掘削などにより，大きく変位が生じるおそれがある．特に**付属図 2-3.4** に示すように，橋台・土留擁壁などのような抗土圧構造物では土圧による水平荷重が大きく，さらに盛土の荷重により軟弱地盤が沈下したり前方に押し出されたりするため，常時においても変状が生じやすい.

（2）圧密層

N 値が 2 以下の軟弱層だけでなく，4〜5 程度の粘土層でも層厚が大きい場合，地下水位の低下や盛土等による荷重増の状況下においては，相当量の圧密沈下が発生する．このような圧密層を貫いて支持層に達している基礎には，圧密沈下に伴うネガティブフリクションが生じ，構造物の変状の原因となる場合が多い.

地盤の圧密沈下によりネガティブフリクションが発生した状況では，フーチング外側の杭は内側の杭よりもネガティブフリクションによる作用力が大きいため，杭に不同沈下が生じようとする．このため，杭に加わる軸力やフーチングに対する杭反力の著しい不均衡から，部材に応力上の問題が生じることがある．また，地盤沈下があると，**付属図 2-3.5** のように杭基礎ではフーチングの下面に空隙が生じ，基礎の水平変位や振動を増大させる場合がある．なお，地盤沈下の影響は，摩擦杭より支持杭の方が大きい.

（3）ゆるい砂層

一般に N 値 5 程度以下の極めてゆるい砂層では，地震時に液状化を生じ支持力を失う場合が多く，N 値 15 以下の砂質土でも条件によっては液状化したり，支持力が減少したりすることがある.

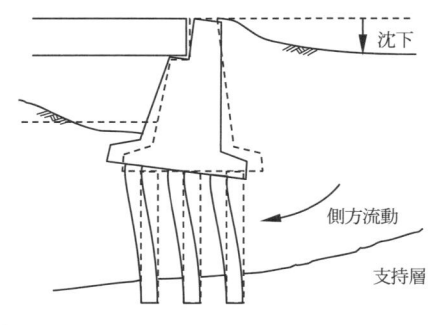

付属図 2-3.4 軟弱地盤の側方流動に起因する
橋台の変状

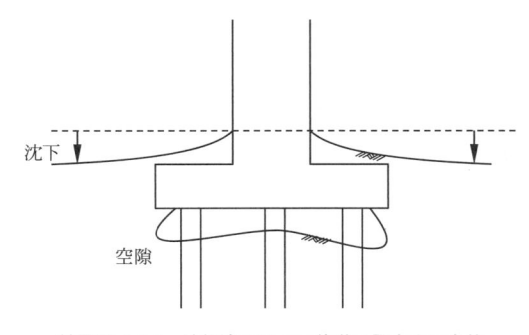

付属図 2-3.5 地盤沈下により基礎に発生する変状

2.4　構造物の種別と基礎の変状

（1）静定構造物と不静定構造物

　静定構造物は，一般に基礎の沈下・水平変位・傾斜に対して応力上の問題は生じないが，橋軸直角方向の水平変位・傾斜に対しては桁に応力が発生する．一方，不静定構造物においては，基礎に不同変位が生じた場合，それがどのような変位であっても構造物に応力が発生する．したがって，静定構造物基礎における橋軸直角方向の変位および不静定構造物基礎における不同変位に対しては十分注意する必要がある．これらの変位に対する許容値は構造物の剛性や強度により異なるので，構造物の特性に応じた検討を行わなければならない．

　なお，静定構造物では応力上の問題が生じなくても，変位が大きい場合には使用性が問題となることがある．

（2）基礎種別ごとにみられる変状の種類

　基礎種別ごとにみられる変状を**付属表 2-3.2** に示す．

付属表 2-3.2　基礎種別ごとにみられる変状

基礎種別			変状
直接基礎		岩着基礎	・地震時にせん断ひび割れを生じやすい． ・施工上の問題から十分な岩着状態ではないことがある．したがって洗掘等による倒壊のおそれがある．
		胴木工（プランキング）	・地下水位の低下があると腐食するおそれがある． ・軟弱地盤上にあるため，地下水位の低下による地盤の圧密沈下など，環境変化により変位を生じやすい． ・地震などの影響を受けやすい．
		フーチング基礎	・根入れ深さが浅いことが多く，洗掘による変状を受けやすい． ・斜面など不安定地盤では変位を生じやすい．
ケーソン基礎			・軟弱地盤上に構築された場合，地盤の側方移動の影響を受け，変位を生じやすい．
杭基礎	打込み杭	木杭	・地下水位が低下した場合，腐食を生ずる．
		RC，PC，PHC，鋼杭	・杭頭処理の際に，破損を生ずることがある． ・無理な打ち込みによる杭体の破損を生ずることがある．
	埋込み杭	RC，PC，PHC，鋼杭	・地盤の締固め効果を期待できず，地質や掘削方法によって支持力不均衡や不同変位を生ずることがある．
	場所打ち杭		・工法の選定の誤り，あるいは不適切な施工管理による杭の出来形不良，材質の低下などにより，支持力不足による沈下，不同沈下，または水平抵抗力の不足を生ずることがある． ・不完全なスライム処理により沈下，支持力の不均衡を生ずることがある．
	深礎		・地盤条件によりボイリング，ヒービングによる支持層の破壊と支持力の低下を生ずることがある．

2.5　上部構造物の材質と基礎の変状

　桁や橋脚，高架橋の柱等の構造物の材質には，鋼・鉄筋コンクリート・プレストレストコンクリート・無筋コンクリート・れんが・石およびそれらの合成構造物などがある．

　一般に，鋼構造物は死荷重が小さいことから，構造物荷重により基礎を変位させるおそれは少なく，また，じん性が大きいため各種材質の中でも基礎の変位に対して許容性が大きい構造物ということができる．

　一方，鉄筋コンクリートおよびプレストレストコンクリートは，自体の死荷重が大きく，地盤条件によっては構造物荷重により基礎を変位させるおそれがある．また，基礎の変位によりひび割れが発生する場合がある．

2.6 軌道構造と基礎の変状

　バラスト軌道では軌道整正を容易に実施することが可能であり，基礎の変位に対する許容性は比較的高い．一方，スラブ軌道・直結軌道の場合は，基礎の不同変位量がそのまま軌道の変位量となるため，基礎の変位量を許容限度内に収める必要がある．

2.7 構造物の建設年次と基礎の変状

　構造物の建設年次の著しく古いものは，老朽化により変状を生ずるおそれが大きい．また，竣工直後の新しい構造物も，設計が不適当であったり施工不良の箇所があると，まもなく変状が現れることがある．
　建設年次の古いもので長い間異常がないものは，環境条件に適した構造物とみることができる．しかし，環境変化があった際に，急激に不健全な状態に移行するおそれがある．

3.　基礎の変状の原因

3.1　基礎の変状の原因

　基礎の変状の主な原因は，大別して地盤の変位と地耐力不足および荷重の増大がある．以下に細分した変状原因を挙げる．
- （ⅰ）　地盤の沈下
- （ⅱ）　地盤の移動
- （ⅲ）　設計・施工の不良
- （ⅳ）　基礎の強度低下
- （ⅴ）　地盤支持力の低下
- （ⅵ）　荷重の増大
- （ⅶ）　その他

これらの変状は次のような場合に発生する．
（1）地盤変位
1)　軟弱地盤に盛土などの過載荷重のある場合
2)　地下水のくみ上げなどによる地下水位の低下がある場合
3)　地すべりのおそれのある不安定な斜面の場合
4)　傾斜地における流水，海岸部における波浪などによる自然侵食等により地盤の安定性が損なわれた場合
5)　構造物の近接箇所における杭打ち・根掘り・ケーソンの施工や，切取・盛土・その他の工事により地盤の安定性が損なわれた場合
6)　地震を受けた場合
（2）耐力不足
1)　構造物や基礎の設計・施工に問題がある場合
2)　水位低下により木杭の腐食がある場合
3)　構造物の老朽化により強度が低下した場合
4)　想定以上のネガティブフリクションが生じた場合
5)　河床低下，洗掘により地盤の支持力が低下した場合

（3）荷重の増大

1）　盛土のかさ上げ，バラスト厚の増大などを行った場合

以上の原因は変状を生じさせる直接的な原因であるが，基礎の場合，これらの原因が構造物に対し同じ条件で作用しても，発生する変状の種類やその程度は，同じにならないこともある．これは，地形・地質・環境条件・基礎を含む構造物の形式・建設時期など様々な要因が影響を及ぼしあうことによる．

3.2　基礎に変状を及ぼす外的条件の変化

前述した基礎の変状の背後要因として，外的条件の変化が挙げられる．外的条件の変化とは，鉄道構造物周辺の広範な地域において構造物や基礎の変状に直接あるいは間接的に影響を及ぼす自然現象または人為的な作用のことを指す．

構造物の変状の背後要因となる主な外的条件の変化を以下に示す．

（1）地盤変位に関係する環境条件の変化

地盤変位の原因のうち，環境条件の変化に関係するものは次の通りである．

1）　地下水位の低下

工場・ビル・団地などの地下水のくみ上げ

2）　近接工事

地下掘削・宅地造成など

3）　地形の変化

河川・波浪の侵食状態，護岸・土留擁壁・道路・河川などの工事，盛土・切取・宅地造成など

（2）河床低下・洗掘に関係する環境条件の変化

河床低下とは橋りょう付近の河床が全体的に低下するもので，洗掘とは橋脚近傍の河床が局所的に掘られるものである．前者は主として河川の広い範囲における環境条件の変化あるいは河川自体の平衡作用によるものであり，後者は主として橋脚の形状寸法，流水の阻害など橋脚位置における河床状態・流速・水位などの局所的かつ一時的な変化によるものである．これらに関係する環境条件の変化には以下のものがある．

1）　河床変化

橋りょう上下流部の広範囲におけるダム建設・骨材採取などによる河床勾配ならびに河床高などの変化，および橋りょう位置における河川の横断方向の河床変化

2）　河川工事

橋りょう上下流におけるダム・堤防・護岸・河川改修・河川付け替え・その他の河川工事

3）　流域環境

砂防ダム・その他の砂防工事・森林の伐採状況・大型団地の造成・市街地化など

付属資料 2-4　河川橋りょうの被災事例と局所洗掘に 注意すべき橋りょうの着眼点

1. はじめに

　本資料では，河川橋りょうにおける橋脚・橋台の洗掘および橋台背面の侵食等による被災事例の統計的な分析および代表的な事例を例示する．その上で，増水が発生した場合に洗掘が発生するおそれがある橋りょうをあらかじめ抽出する際に参考となる資料として，局所洗掘に注意すべき条件と調査の際の着眼点を整理する．

2. 被災事例の統計的分析

2.1　鉄道における河川橋りょう数と河川災害件数の推移

（1）鉄道における河川橋りょう数

　鉄道事業者 23 社から収集した，各事業者の管理下の橋りょう数に関するデータによると，上記の鉄道事業者らが管理している橋りょうの総数は約 87,000 基におよび，河川橋りょうはそのうちの約 27,000 基（31%）である（**付属図 2-4.1**）．またそれらの河川橋りょうのうち，2 径間以上の河川橋りょうは約 7,300 基であり（**付属図 2-4.2**），水位計や傾斜計が設置されている河川橋りょうは約 800 基であった（**付属図 2-4.3**）．

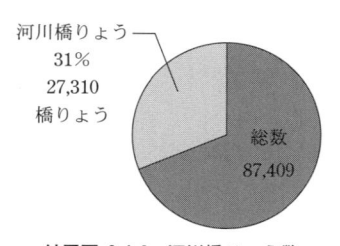

付属図 2-4.1　河川橋りょう数

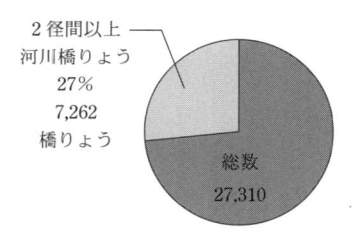

付属図 2-4.2　2 径間以上の河 川橋りょう数

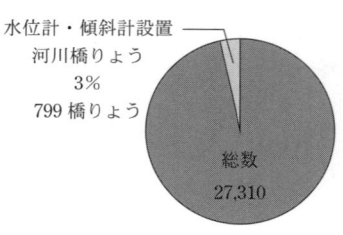

付属図 2-4.3　水位計・傾斜計設 置河川橋りょう数

（２）鉄道橋りょうにおける河川災害の件数

　付属図2-4.4では昭和26年（1951年）〜昭和60年（1985年）までに発生した鉄道橋りょうにおける総数5,166件の河川災害（橋台の被災も含む）の発生件数を発生年代ごとに整理している．鉄道橋りょうにおける河川災害の発生件数は，昭和40年代後半から急激に減少している．この理由として昭和40年代前半に局所洗掘深の推定方法が定められるなど，事後防災から事前防災の考え方に基づいた検査体制が整えられたことや，対策工の整備が進んだことが挙げられる．

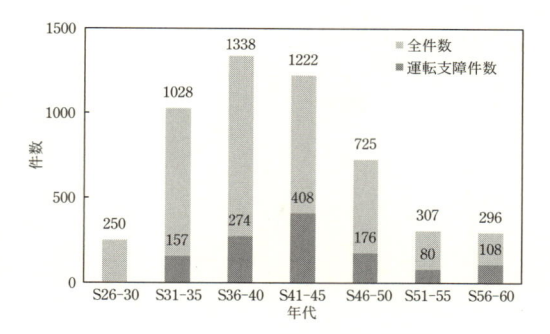

付属図 2-4.4　河川災害の発生件数の推移[1]

2.2　詳細記録を有する被災事例の整理

　昭和9年（1934年）〜令和元年（2019年）までに発生した河川災害のうち，構造諸元や被災時の状況が資料として入手できる154件の被災事例（橋脚・橋台の洗掘および橋台背面の侵食等）を統計的に分析した．ただし，被災事例によっては各整理項目の一部が不明なものがあるため，各項目の分析においては情報が存在する事例のみを対象とし，不明な被災事例は分析に含めていない．また，整理を行ったのは被災事例のみであるため，本分析が無被災事例を含む鉄道河川橋りょう全体の母集団の特性を考慮しきれていない点に注意されたい．得られた結果は以下の通りである．

（１）共通（橋脚および橋台）

① 分析の結果，昭和45年（1970年）以前に建設されたもののみに被災実績があり，特に昭和15年（1940年）以前の橋りょうが約8割である（**付属図2-4.5**）

② 被災橋りょうの基礎種別は7〜8割が直接基礎形式である（**付属図2-4.6**）

③ 被災橋りょうの多くは山間地や扇状地といった河床勾配が大きい地形に位置している（**付属図2-4.7，付属図2-4.8**）

④ 出水時の流量が河川の計画流量（被災当時に設定されていた値）の50％〜75％を超過した以降，変状の発生件数が大きく増加する傾向があった（**付属図2-4.9**）

（２）橋脚

⑤ 被災橋りょうの9割以上が河積阻害率5％以上である（**付属図2-4.10**）

⑥ 変状を橋脚ごとに整理すると，被災種別としては，基礎周りの洗掘のみが生じている事例が7割を占め，次いで傾斜が卓越した事例が多い（**付属図2-4.11**）

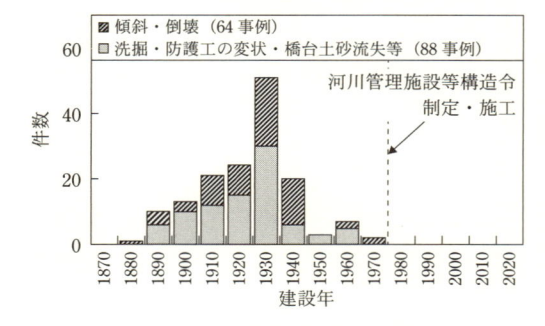

付属図 2-4.5　建設年ごとの被災件数

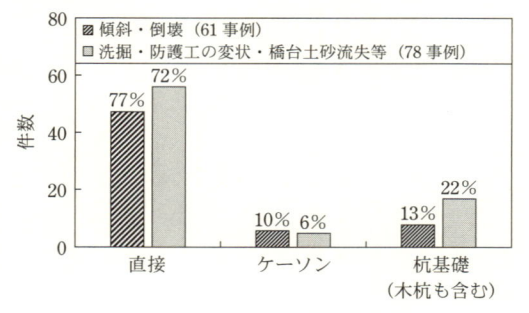

付属図 2-4.6　基礎種別ごとの洗掘被災発生件数

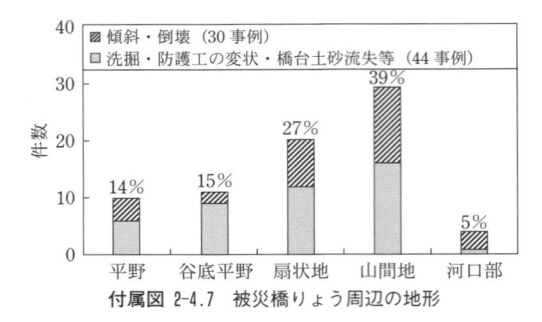

付属図 2-4.7 被災橋りょう周辺の地形

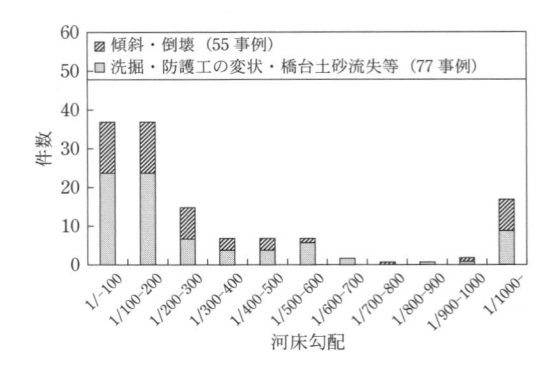

付属図 2-4.8 被災橋りょう周辺の河床勾配

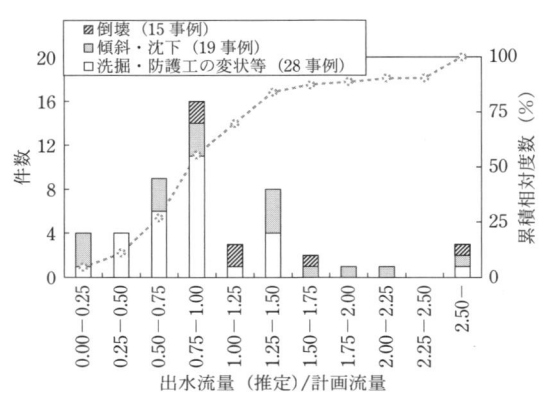

付属図 2-4.9 出水量と被災件数（参考値）

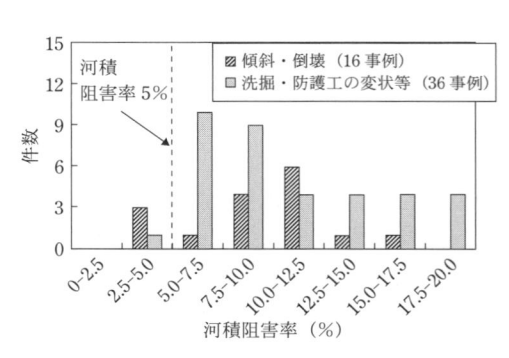

付属図 2-4.10 被災橋りょうの河積阻害率

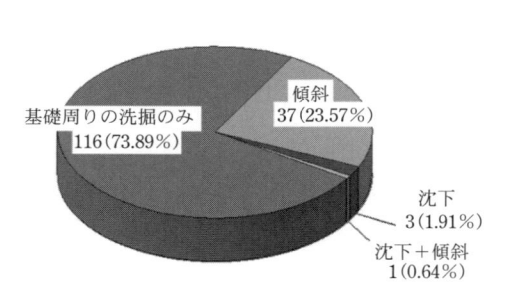

付属図 2-4.11 被災種別ごとの橋脚数（基）

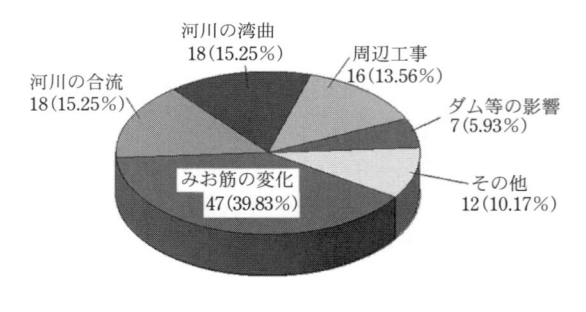

付属図 2-4.12 橋脚の被災要因

⑦ 橋脚ごとの主な変状要因はみお筋の変化といった流水位置の経時変化に関する要因が約4割，河川の合流や湾曲といった橋りょう周辺の河川構造に関する要因が約3割，河川改修や下流方の浚渫といった橋りょう周辺の工事の影響に関する要因が約1割を占める（重複を含む）（**付属図2-4.12**）

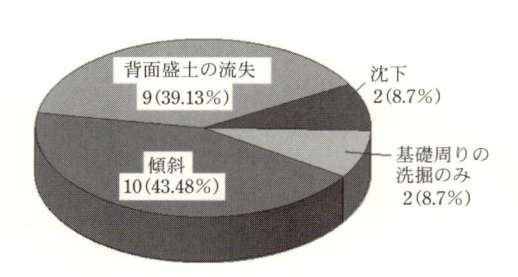

付属図 2-4.13　被災種別ごとの橋台数（基）

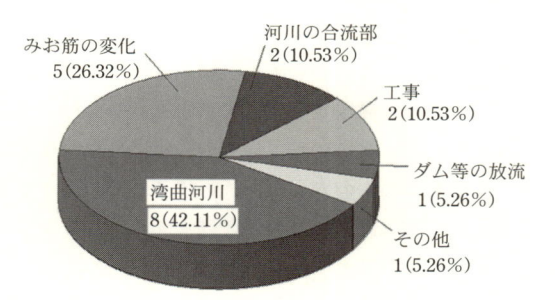

付属図 2-4.14　橋台の被災要因

（3）橋台

⑧　被害形態では傾斜および背面盛土が流失した被害が大半を占める（**付属図 2-4.13**）

⑨　橋脚と同様に，立地条件に起因する要因（橋台位置が水衝部となる場合等）が約 8 割程度を占めている（**付属図 2-4.14**）

①の理由としては，昭和 39 年（1964 年）に制定・公布された河川法，昭和 51 年（1976 年）に制定・施行された河川管理施設等構造令の影響が大きいと考えられる．特に河川管理施設等構造令では河川管理上必要とされる一般技術的基準が示されており，同構造令の制定後には，河川管理上必要な技術基準を考慮した橋りょうが構築されるようになったため，相対的に旧式の河川橋りょうの被災事例が多くなっていると考えられる．

また昭和 35 年（1960 年）から平成 2 年（1990 年）においては昭和 5 年（1930 年）前後と同程度もしくはそれ以上の数の鉄道橋りょうが建設されている[2] が，それらの被災事例が相対的に極めて少ないことからも上記の影響の大きさが見て取れる．

②の理由としては，一つは全国の鉄道網が精力的に整備された時期にあたる戦前の時代背景として，建設費の高い橋りょうの延長を減らすため，河道の狭窄箇所を横断して路線が設定される場合が多く，また，当時は人力掘削による施工が主体であったことから直接基礎が多いことが挙げられる．さらに，高度経済成長期には河床砂利が大量に採取されるとともに，治山事業の進捗，ダム建設，河道整備など河川上流から運搬される供給土砂量そのものが減少したため，根入れの浅い基礎形式の橋脚の根入れが河床低下によりさらに減少したためであると考えられる．

③の理由として，日本の地形的特性から日本の河川の多くは急勾配であり，ひとたび豪雨が発生した場合には流量の急激な変動により洗掘が進行する特徴を有しており，特に，「山間地」や山間地から平野部の境界にかけて形成される「扇状地」においては，河川の特性として河床や河岸の蛇行や侵食が激しいためと考えられる．このような地形上に構築された橋りょうは，他の地形条件よりも洗掘の被災を受けやすくなる．

④について，各河川において計画流量を基準としたときに流量が一定の割合を超過すると，被災件数が大きく増加する傾向を示した．また出水流量が増加するにつれて，傾斜や倒壊といった大規模な変状の割合が増加する傾向を示した．ただし，被災当時の計画流量および推定出水流量のデータがある事例において，これらの記録からは各流量をどのように算出・調査したかが明らかではない点に注意が必要である．そのため，**付属図 2-4.9** は参考値として取り扱うのがよいと考える．

⑤について，河積阻害率が 5％を超過すると被災件数が大きく増加する傾向を示した．洗掘や防護工等の変状の件数のピークが 5.0〜7.5％であるのに対し，傾斜や倒壊の件数のピークは 10.0〜12.5％であり，外力の大小はあるが河積阻害率が大きいほど，変状が大規模化する可能性が示唆された．なお，河積阻害

率は橋脚の総幅が川幅に対して占める割合で計算しており，川幅については，計画高水位（H.W.L.）の記録がある橋りょうについては計画高水位時の水面幅を川幅として，計画高水位が分からないものについては，桁下1mを水面としたときの水面幅を川幅として計算を行っている．

⑥について，橋脚の被災事例の多くは，傾斜や沈下が発生せずに洗掘に伴う根入れ長の減少のみにとどまっていることがわかった．次いで基礎の傾斜が卓越する事例が多く見られた．数が少ない基礎の沈下が卓越した事例は，河床材料が砂礫であり，洗掘に伴い基礎下部の砂分が吸い出されることで沈下が生じたものと推定される．

⑦については，増水に伴うみお筋の変化がある事例が約4割を占めており，橋脚付近で河川が合流している事例，湾曲した河川に位置する事例といった立地条件に起因する要因と合わせて全体の約7割を占めている．次いで，周辺工事が約1割となるが，この項目には河川改修や砂利採取等による下流方の浚渫があたる．ダム等の影響には，ダムの建設やダム・排水機場の放流等があたる．その他の要因では，周辺の落差工の破損に起因する事例や下流方に隣接する橋脚の局所洗掘が先行し，河床低下を引き起こして当該橋脚の洗掘を誘発させた事例などが含まれる．なお，**付属図2-4.12**の各要因数はあくまでも被災時の記録が残っていた資料に基づくものであるため，**付属図2-4.11**の橋脚の総数とは一致していない．また，1基の橋脚につき要因が重複したものも含まれる．

以上，統計分析により考察される被災事例の傾向を整理した．一方で，現在供用されている鉄道橋りょうストック全体[2]をみると，施工からの経年の平均は56年（平成24年（2012）調査時点）となっている．すなわち，河川管理施設等構造令の制定など鉄道河川橋りょうを取り巻く環境が変化するなかにおいて，旧式構造の橋りょうが現在も供用されていることを認識しておくことが必要である．したがって，過去と比較すると現在の被災件数は減少しているものの，特に構造条件や地形条件から想定される局所洗掘を受けやすい橋脚において，洗掘現象を見落とさないための適切な維持管理が求められている．

（4）その他

収集した被災事例をもとにその他，考察には至らないものの整理した項目（橋長，橋脚形状，流域面積）を参考資料として**付属図2-4.15～2-4.17**に示す．

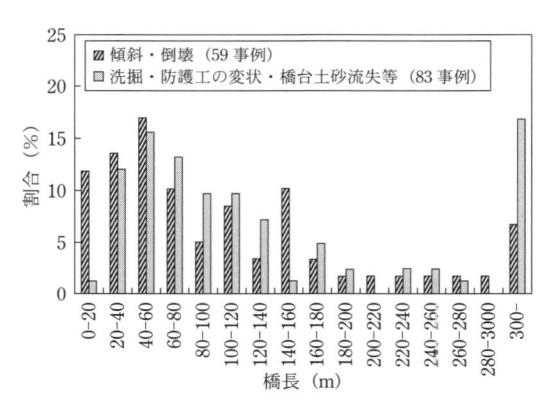

付属図 2-4.15　被災橋りょうの橋長

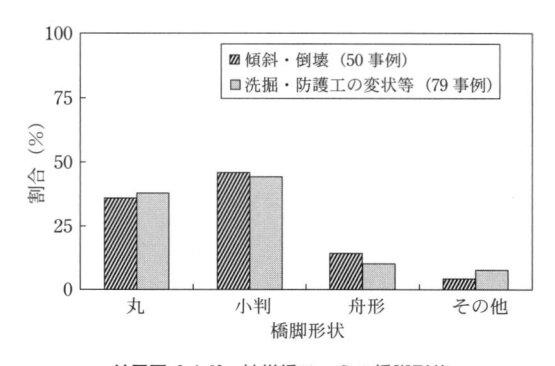

付属図 2-4.16　被災橋りょうの橋脚形状

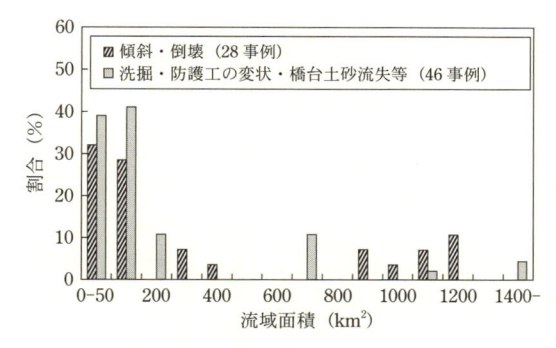

付属図 2-4.17　被災橋りょう位置における河川の流域面積

3.　被災事例の分析

　過去の橋脚および橋台における被災事例の中から，洗掘を受けやすい主な特徴を有する代表的な 21 事例について，被災橋りょうの諸元，概況，参考図および被災メカニズムを整理して以下に示す．

3.1　過去の代表的な橋脚の被災事例

（1）　A橋りょう

橋りょう 諸元	・支間長 12.9 m，22 連，橋長 297 m の単線を支持する橋りょう ・河口付近を渡河 ・橋脚は直接基礎橋脚（一部岩着）
被災概況	台風に伴う増水により 2 橋脚が上流方へ傾斜
参考図	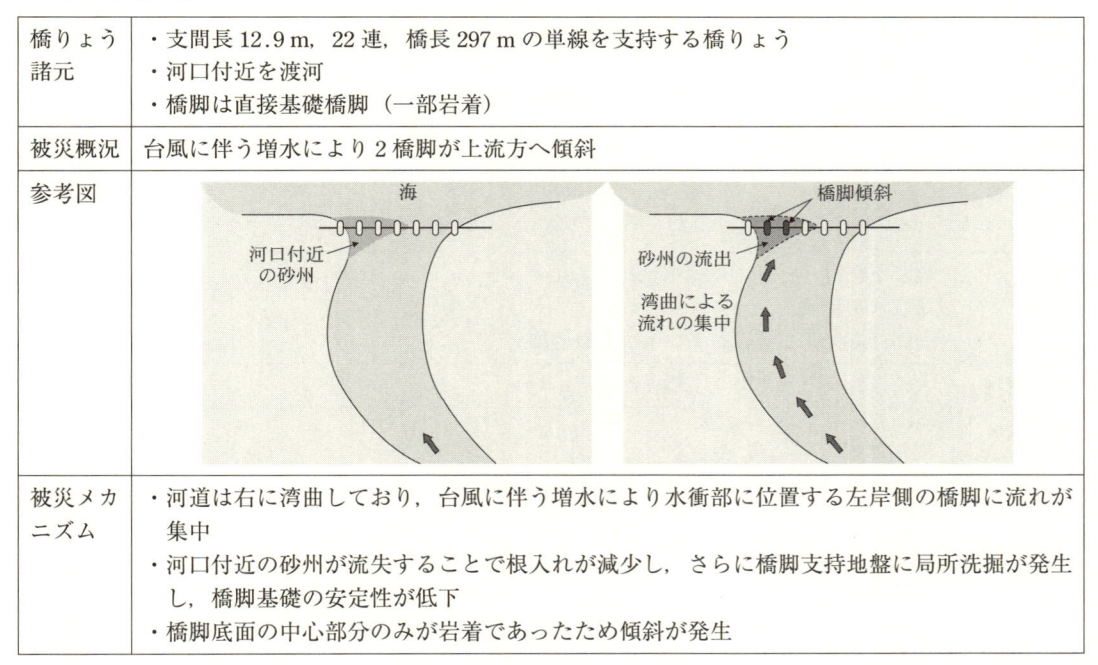
被災メカ ニズム	・河道は右に湾曲しており，台風に伴う増水により水衝部に位置する左岸側の橋脚に流れが集中 ・河口付近の砂州が流失することで根入れが減少し，さらに橋脚支持地盤に局所洗掘が発生し，橋脚基礎の安定性が低下 ・橋脚底面の中心部分のみが岩着であったため傾斜が発生

（2） B橋りょう[3),4),5)]

橋りょう諸元	・橋長 356 m，19 連の複線を支持する橋りょう ・扇状地を形成する河川を渡河 ・橋脚は井筒基礎橋脚であり，く体長は 4 m と井筒基礎としては短い
被災概況	融雪に伴う増水により 1 橋脚が傾斜
参考図	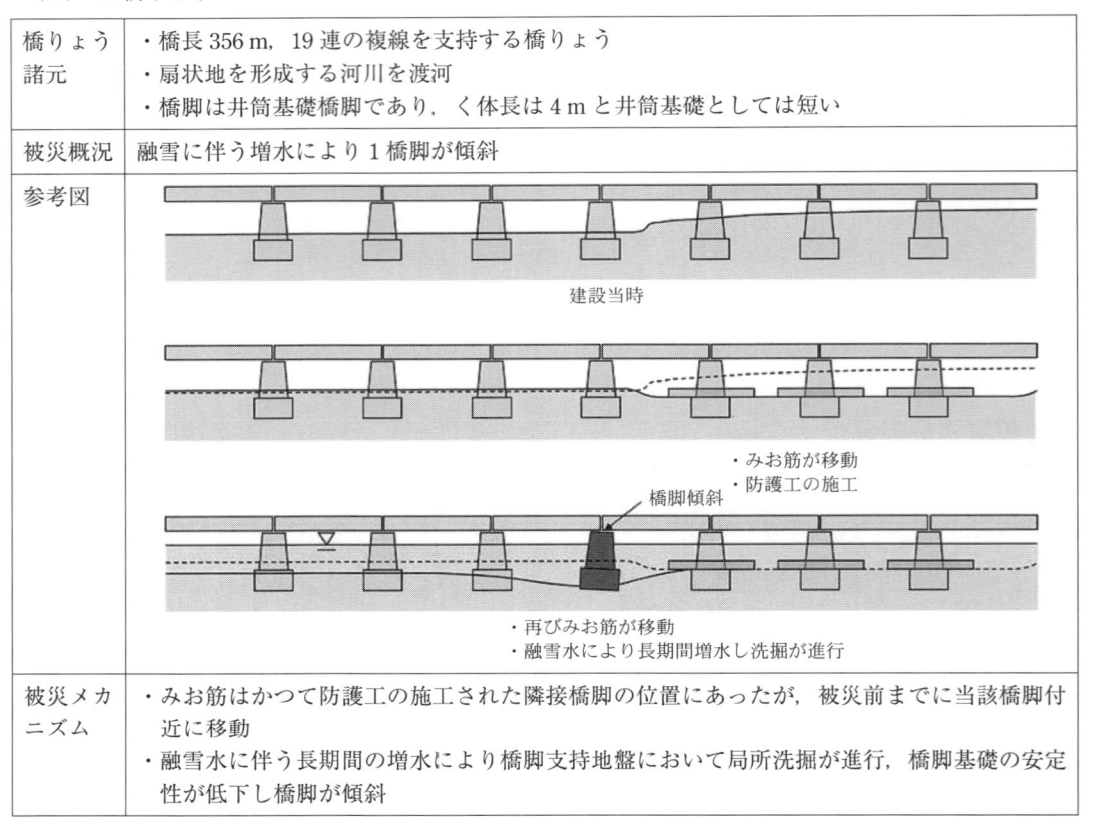
被災メカニズム	・みお筋はかつて防護工の施工された隣接橋脚の位置にあったが，被災前までに当該橋脚付近に移動 ・融雪水に伴う長期間の増水により橋脚支持地盤において局所洗掘が進行，橋脚基礎の安定性が低下し橋脚が傾斜

（3） C橋りょう[6),7),8)]

橋りょう諸元	・橋長 192 m，19 連の単線を支持する橋りょう ・扇状地を渡河 ・橋脚は直接基礎橋脚および木杭基礎橋脚
被災概況	・大雨に伴う増水により 1 橋脚が転倒
参考図	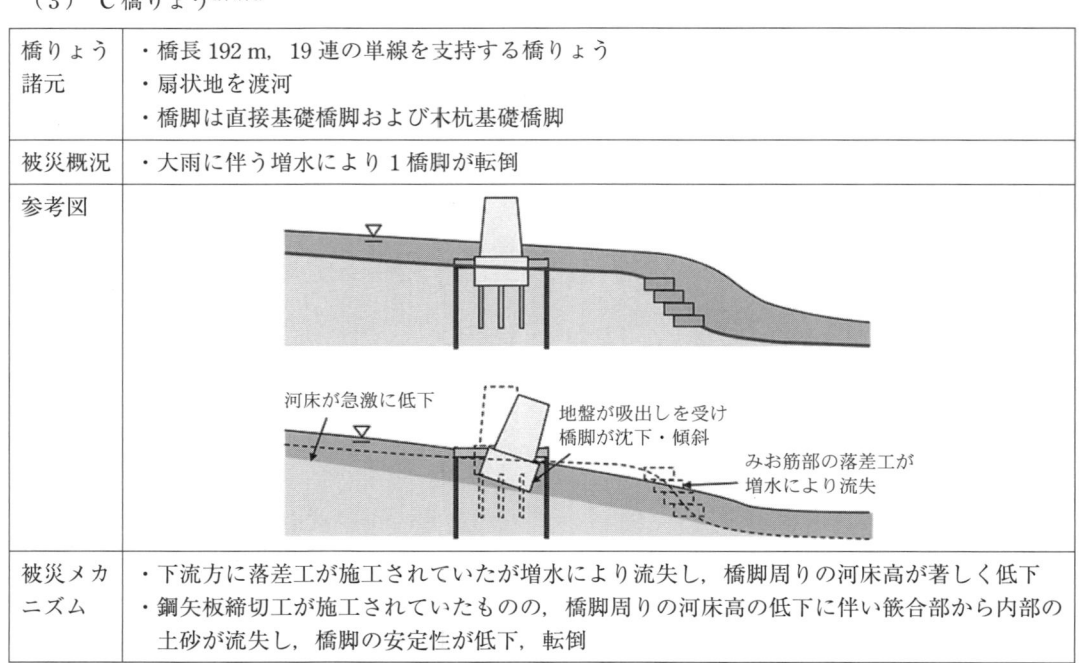
被災メカニズム	・下流方に落差工が施工されていたが増水により流失し，橋脚周りの河床高が著しく低下 ・鋼矢板締切工が施工されていたものの，橋脚周りの河床高の低下に伴い簓合部から内部の土砂が流失し，橋脚の安定性が低下，転倒

（4）　D橋りょう[9]

橋りょう諸元	・橋長 61 m，4 連の単線を支持する橋りょう ・山間地を渡河 ・橋脚は直接基礎橋脚（岩着）
被災概況	・経年的な局所洗掘により 1 橋脚の基礎底部が露出 ・詳細調査によって橋脚の傾斜に伴う約 10 mm の水平変位の発生が確認
参考図	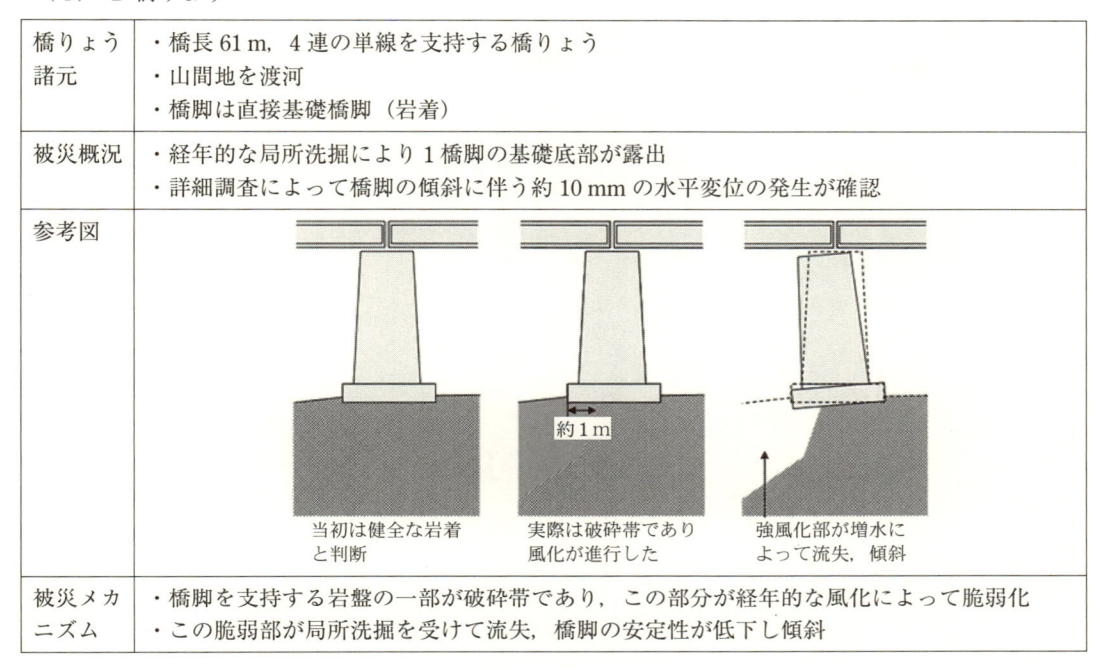
被災メカニズム	・橋脚を支持する岩盤の一部が破砕帯であり，この部分が経年的な風化によって脆弱化 ・この脆弱部が局所洗掘を受けて流失，橋脚の安定性が低下し傾斜

当初は健全な岩着と判断　　実際は破砕帯であり風化が進行した　約1 m　強風化部が増水によって流失，傾斜

（5）　E橋りょう[10], [11]

橋りょう諸元	・橋長 48.5 m，3 連の単線を支持する橋りょう ・山間部において河川と並走 ・橋脚は直接基礎橋脚（岩着）
被災概況	・大雨に伴う増水により 1 橋脚の基礎底部が露出
参考図	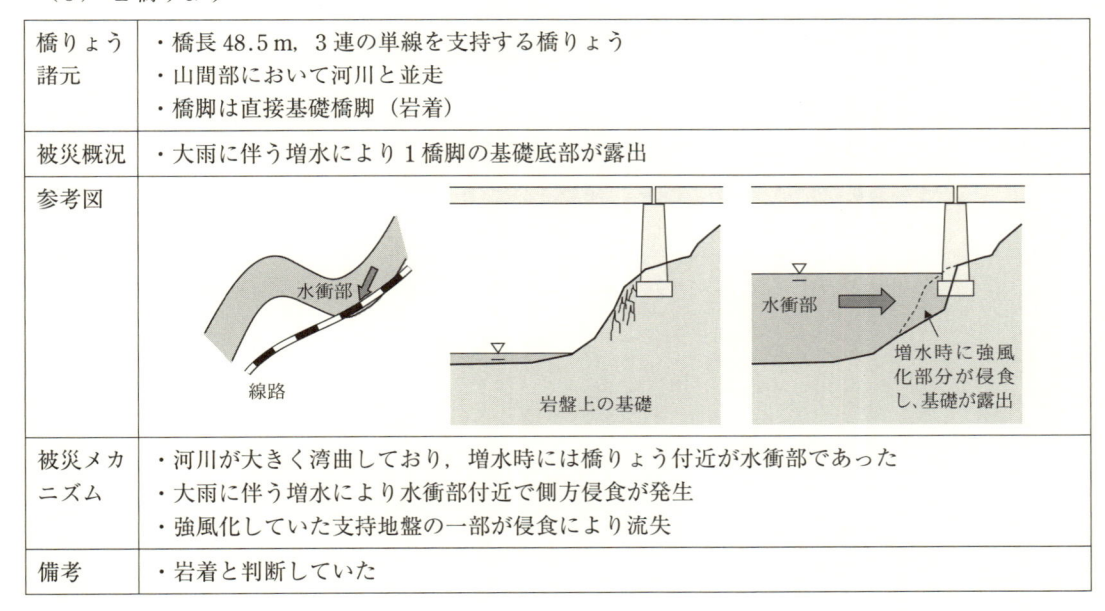
被災メカニズム	・河川が大きく湾曲しており，増水時には橋りょう付近が水衝部であった ・大雨に伴う増水により水衝部付近で側方侵食が発生 ・強風化していた支持地盤の一部が侵食により流失
備考	・岩着と判断していた

水衝部　線路　岩盤上の基礎　水衝部　増水時に強風化部分が侵食し，基礎が露出

（6）　F橋りょう[12),13),14)]

橋りょう 諸元	・橋長 571 m，9 連の単線を支持する橋りょう ・扇状地を渡河 ・橋脚はケーソン基礎橋脚
被災概況	・大雨に伴う増水により，2 橋脚が倒壊・流失 ・旧式のケーソン基礎 2 基と，建設年代が新しく根入れ長の大きいケーソン基礎 1 基の計 3 基が併設されていたが，旧式のケーソン 2 基のみ倒壊・流失
参考図	
被災メカニズム	・大雨に伴う増水により非常に大きな流速が作用し，橋脚周囲の根固めブロックの大部分が流失 ・流水が橋軸直角方向に対して大きく斜めに作用したため，流れ方向の投影面積が増して局所洗掘が大きく進行 ・局所洗掘が進行し安定性が低下，橋脚 2 基が倒壊・流失
備考	・被災前から経年的な河床低下がみられ，根固めブロック工が多数施工されていた

（7）　G橋りょう[15), 16), 17)]

橋りょう 諸元	・橋長 144 m，10 連の単線を支持する橋りょう ・河口付近において渡河 ・橋脚は直接基礎橋脚
被災概況	・台風に伴う増水により 1 橋脚が倒壊・流失
参考図	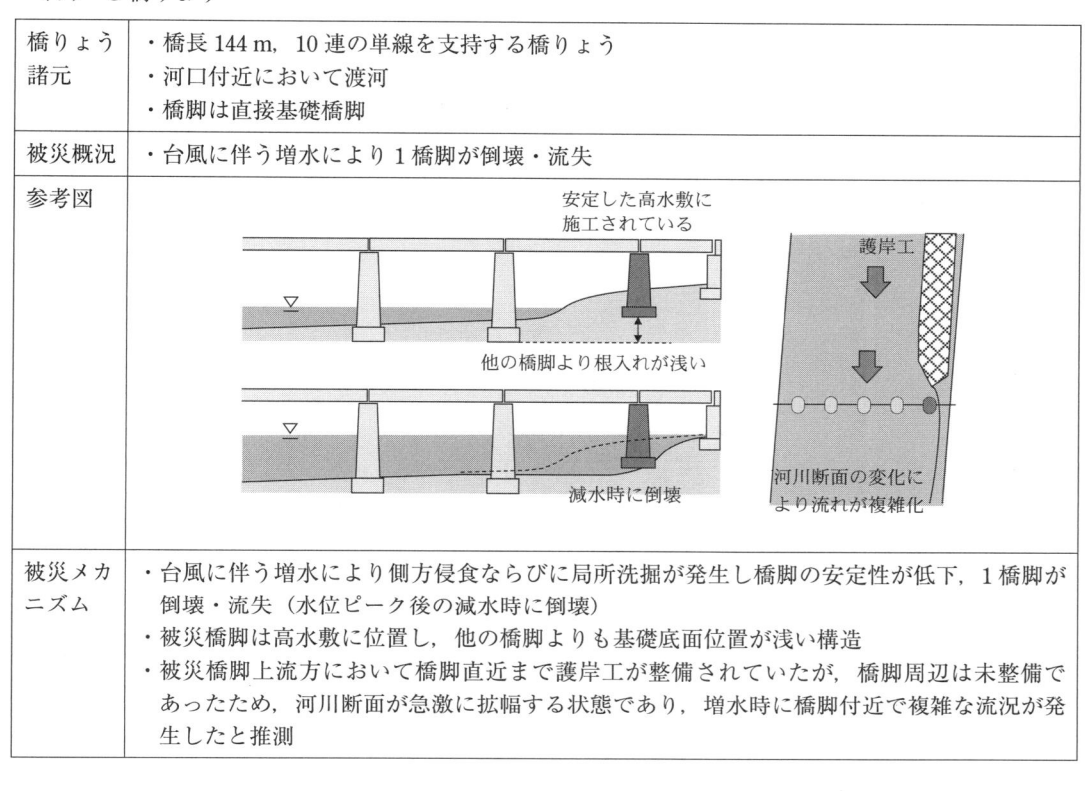
被災メカ ニズム	・台風に伴う増水により側方侵食ならびに局所洗掘が発生し橋脚の安定性が低下，1 橋脚が 倒壊・流失（水位ピーク後の減水時に倒壊） ・被災橋脚は高水敷に位置し，他の橋脚よりも基礎底面位置が浅い構造 ・被災橋脚上流方において橋脚直近まで護岸工が整備されていたが，橋脚周辺は未整備で あったため，河川断面が急激に拡幅する状態であり，増水時に橋脚付近で複雑な流況が発 生したと推測

（8）　H橋りょう

橋りょう 諸元	・支間長 12.8 m，3 連の単線を支持する橋りょう ・扇状地を渡河 ・橋脚は木杭基礎橋脚
被災概況	・大雨に伴う増水により 1 橋脚が倒壊・流失
参考図	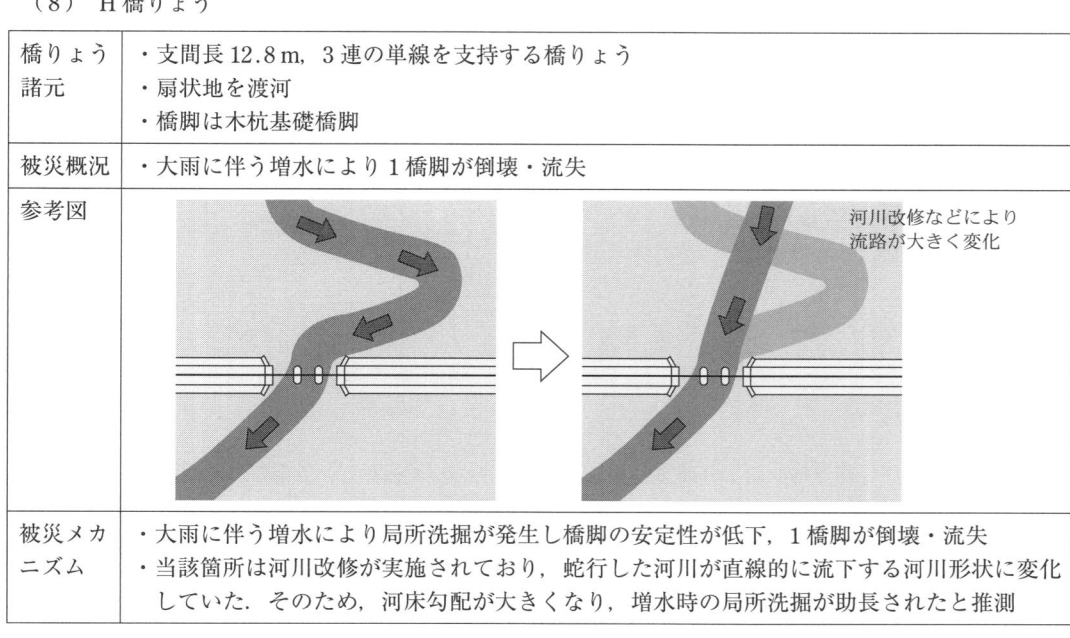
被災メカ ニズム	・大雨に伴う増水により局所洗掘が発生し橋脚の安定性が低下，1 橋脚が倒壊・流失 ・当該箇所は河川改修が実施されており，蛇行した河川が直線的に流下する河川形状に変化 していた．そのため，河床勾配が大きくなり，増水時の局所洗掘が助長されたと推測

（9）　I橋りょう

橋りょう 諸元	・支間長 19.2 m，25 連の単線を支持する橋りょう ・扇状地を渡河 ・橋脚は井筒基礎橋脚
被災概況	・台風による増水により 1 橋脚が傾斜
参考図	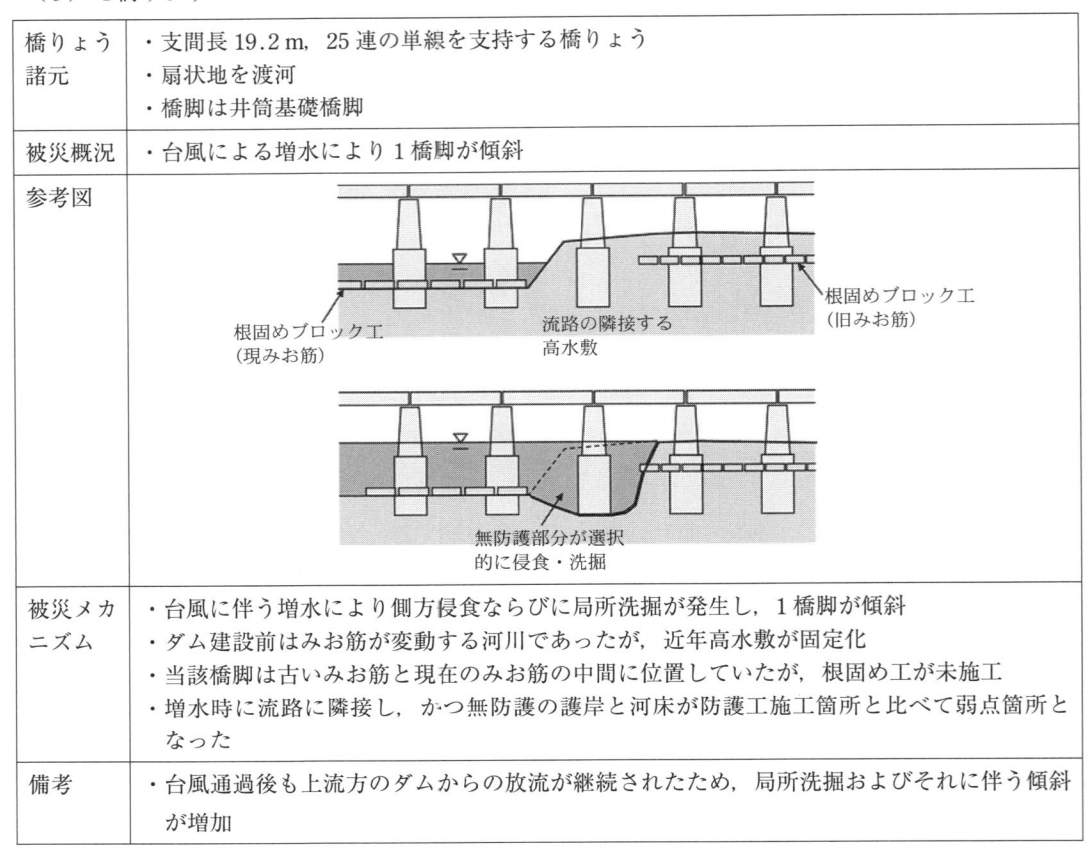
被災メカ ニズム	・台風に伴う増水により側方侵食ならびに局所洗掘が発生し，1 橋脚が傾斜 ・ダム建設前はみお筋が変動する河川であったが，近年高水敷が固定化 ・当該橋脚は古いみお筋と現在のみお筋の中間に位置していたが，根固め工が未施工 ・増水時に流路に隣接し，かつ無防護の護岸と河床が防護工施工箇所と比べて弱点箇所となった
備考	・台風通過後も上流方のダムからの放流が継続されたため，局所洗掘およびそれに伴う傾斜が増加

（10）　J橋りょう[18), 19), 20)]

橋りょう 諸元	・支間長 19.2 m，22 連の単線を支持する橋りょう ・扇状地を渡河 ・橋脚はケーソン基礎橋脚
被災概況	・台風による増水により 1 橋脚が傾斜
参考図	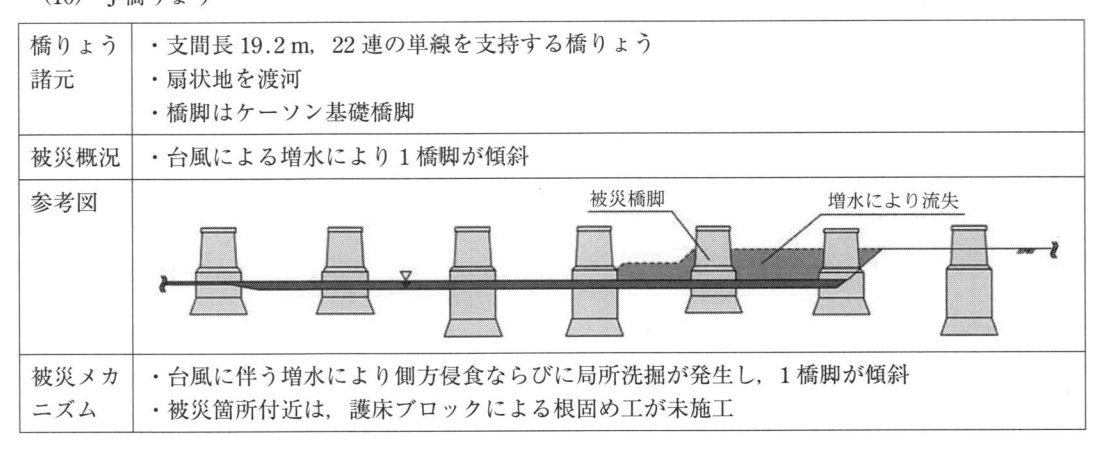
被災メカ ニズム	・台風に伴う増水により側方侵食ならびに局所洗掘が発生し，1 橋脚が傾斜 ・被災箇所付近は，護床ブロックによる根固め工が未施工

（11）　K 橋りょう

橋りょう諸元	・支間長 22.3 m，5 連の単線を支持する橋りょう ・河川の下流を渡河 ・橋脚は直接基礎橋脚
被災概況	・台風による増水により 1 橋脚が傾斜
参考図	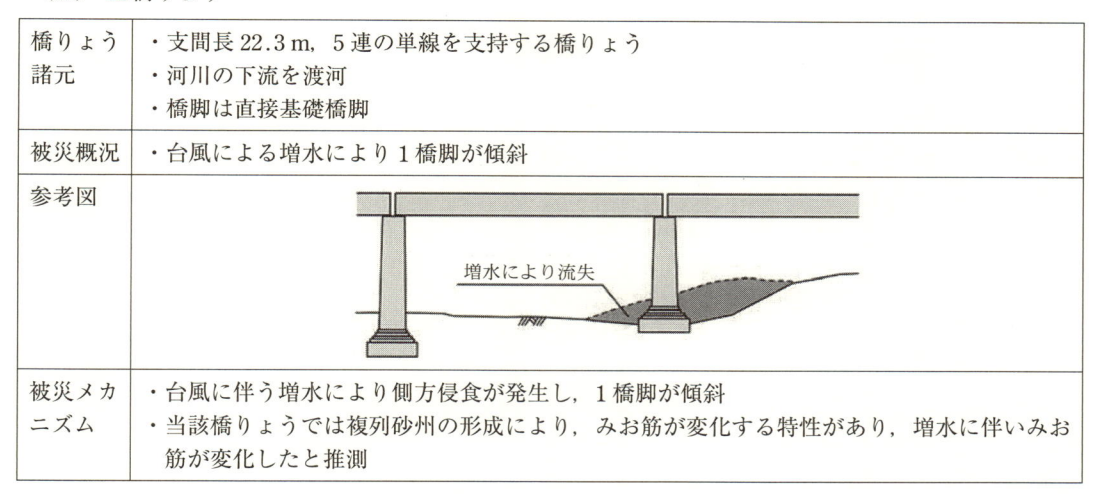
被災メカニズム	・台風に伴う増水により側方侵食が発生し，1 橋脚が傾斜 ・当該橋りょうでは複列砂州の形成により，みお筋が変化する特性があり，増水に伴いみお筋が変化したと推測

（12）　L 橋りょう

橋りょう諸元	・支間長 19.2 m，6 連の単線を支持する橋りょう ・河川の中流（谷底平野）を渡河 ・橋脚は直接基礎橋脚
被災概況	・台風による増水により 2 橋脚の根入れが低下
参考図	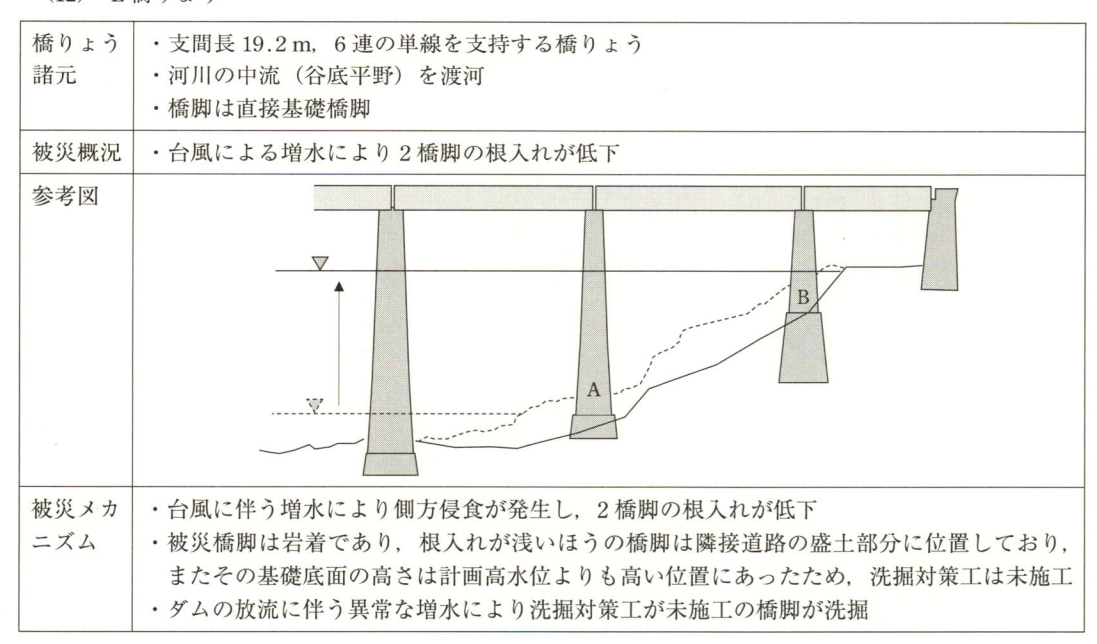
被災メカニズム	・台風に伴う増水により側方侵食が発生し，2 橋脚の根入れが低下 ・被災橋脚は岩着であり，根入れが浅いほうの橋脚は隣接道路の盛土部分に位置しており，またその基礎底面の高さは計画高水位よりも高い位置にあったため，洗掘対策工は未施工 ・ダムの放流に伴う異常な増水により洗掘対策工が未施工の橋脚が洗掘

114

（13） M橋りょう

橋りょう諸元	・支間長 19.2 m，6連の単線を支持する橋りょう ・河川の中流（谷底平野）を渡河 ・橋脚は直接基礎橋脚
被災概況	・台風による増水により1橋脚の根入れが低下し，根巻コンクリート下部が浮いた状態
参考図	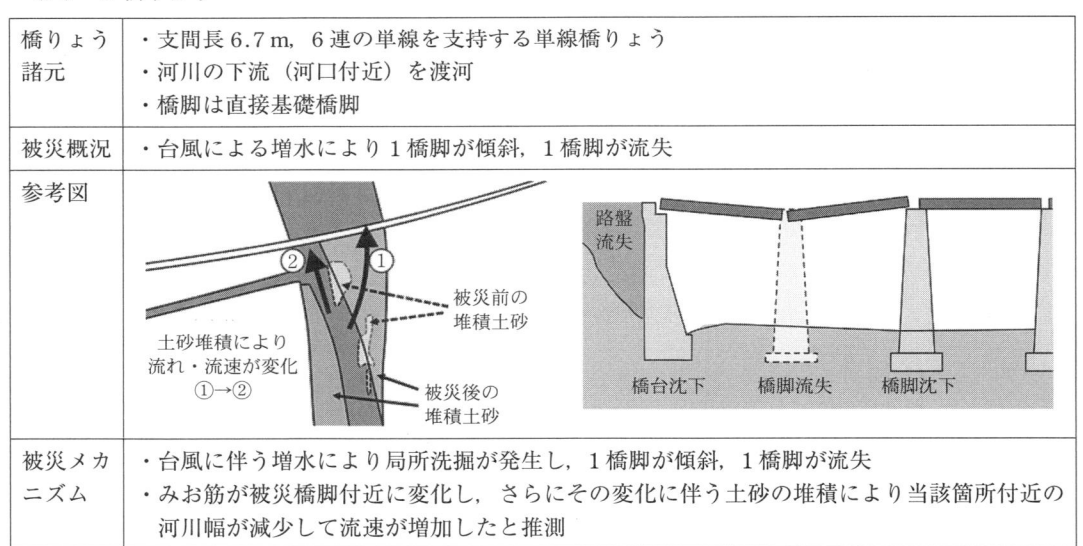
被災メカニズム	・台風に伴う増水により側方侵食が発生し，2橋脚の根入れが低下 ・被災橋脚は岩着であり，根入れが浅いほうの橋脚は隣接道路の盛土部分に位置しており，またその基礎底面の高さは計画高水位よりも高い位置にあったため，洗掘対策工は未施工 ・ダムの放流に伴う異常な増水により洗掘対策工が未施工の橋脚が洗掘

（14） N橋りょう[21]

橋りょう諸元	・支間長 6.7 m，6連の単線を支持する単線橋りょう ・河川の下流（河口付近）を渡河 ・橋脚は直接基礎橋脚
被災概況	・台風による増水により1橋脚が傾斜，1橋脚が流失
参考図	② ① 被災前の堆積土砂　土砂堆積により流れ・流速が変化 ①→② 被災後の堆積土砂　路盤流失　橋台沈下　橋脚流失　橋脚沈下
被災メカニズム	・台風に伴う増水により局所洗掘が発生し，1橋脚が傾斜，1橋脚が流失 ・みお筋が被災橋脚付近に変化し，さらにその変化に伴う土砂の堆積により当該箇所付近の河川幅が減少して流速が増加したと推測

（15）　O橋りょう[22]

橋りょう諸元	・支間長19.2 m，7連の単線を支持する単線橋りょう ・河川の下流（河口付近）を渡河 ・橋脚は直接基礎橋脚
被災概況	・大雨による増水により1橋脚が傾斜
参考図	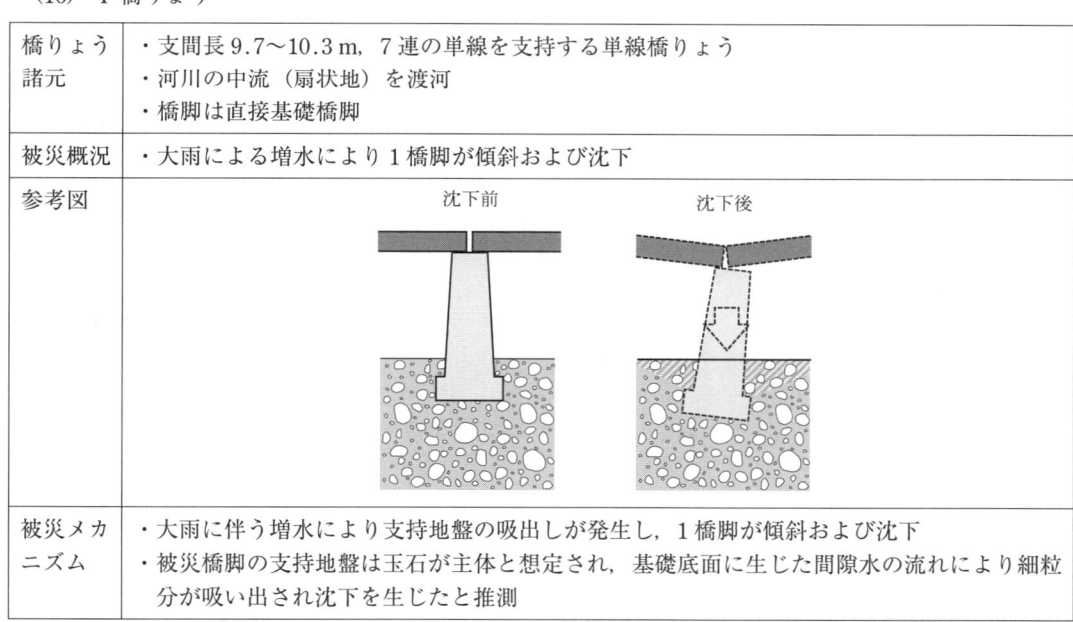
被災メカニズム	・大雨に伴う増水により砂州が流失してみお筋が橋りょうに対して45°程度の角度をもって交差 ・流れが斜めに作用した結果，橋脚の下流側で局所洗掘が発生し，1橋脚が下流方に傾斜

（16）　P橋りょう

橋りょう諸元	・支間長9.7～10.3 m，7連の単線を支持する単線橋りょう ・河川の中流（扇状地）を渡河 ・橋脚は直接基礎橋脚
被災概況	・大雨による増水により1橋脚が傾斜および沈下
参考図	沈下前　　　　　　　沈下後
被災メカニズム	・大雨に伴う増水により支持地盤の吸出しが発生し，1橋脚が傾斜および沈下 ・被災橋脚の支持地盤は玉石が主体と想定され，基礎底面に生じた間隙水の流れにより細粒分が吸い出され沈下を生じたと推測

3.2 過去の代表的な橋台の被災事例

（1） A橋台

橋りょう諸元	・橋長 79.8 m，6 連の単線を支持する橋りょう ・扇状地を渡河 ・橋台は直接基礎橋台
被災概況	・大雨に伴う増水によりみお筋が左岸側へ移動したことで洗掘・侵食が発生し，2 A橋台の翼壁ならびに橋台背面盛土が流失するとともに，橋脚・橋台が傾斜
参考図	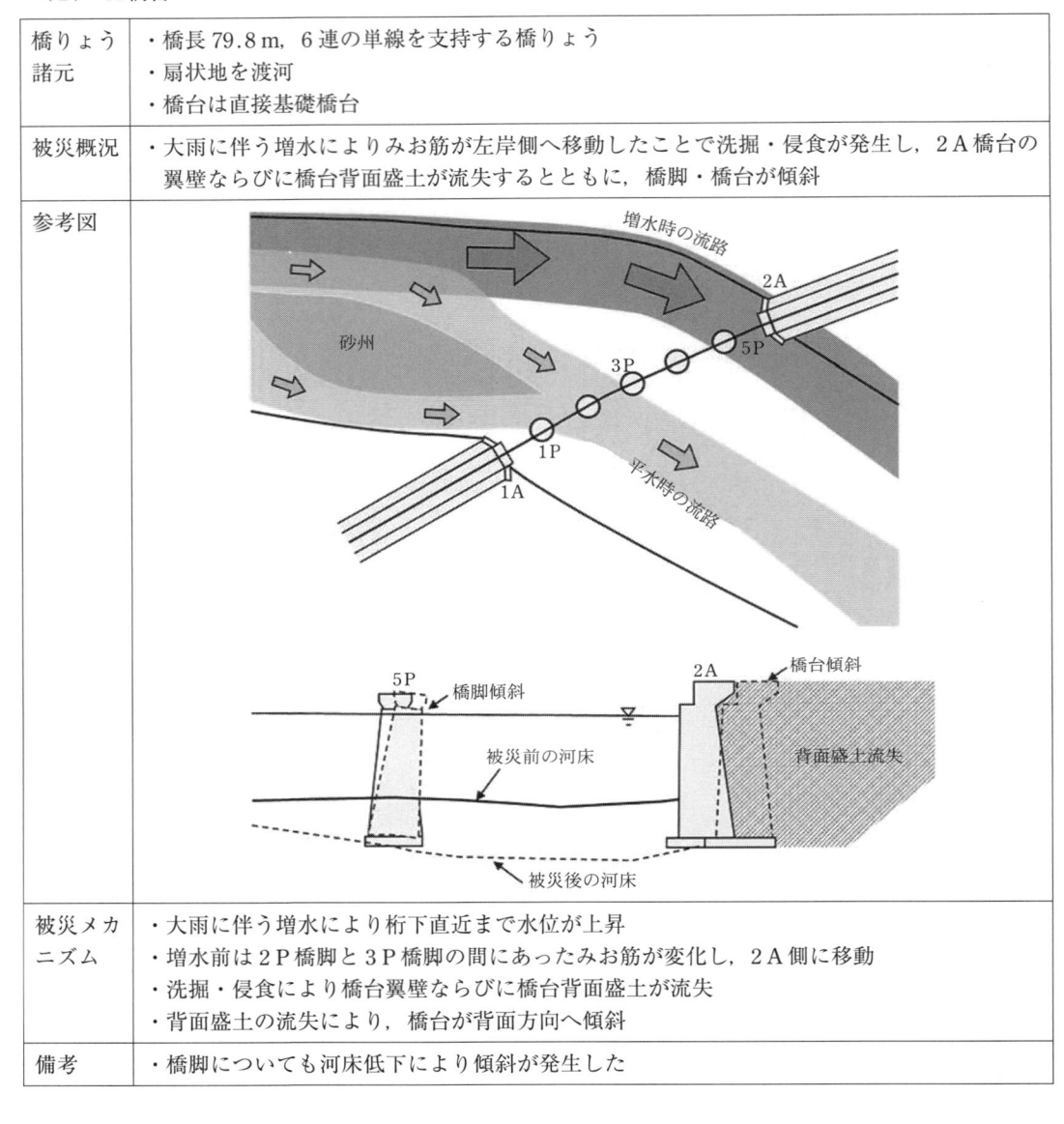
被災メカニズム	・大雨に伴う増水により桁下直近まで水位が上昇 ・増水前は 2 P橋脚と 3 P橋脚の間にあったみお筋が変化し，2 A側に移動 ・洗掘・侵食により橋台翼壁ならびに橋台背面盛土が流失 ・背面盛土の流失により，橋台が背面方向へ傾斜
備考	・橋脚についても河床低下により傾斜が発生した

（2）　B 橋台

橋りょう諸元	・橋長 91.5 m，2 連の単線を支持する橋りょう ・山間部を渡河 ・橋台は直接基礎橋台
被災概況	・大雨に伴う増水により 1 A 橋台で局所洗掘が発生し，橋台が傾斜・倒壊するとともに背面盛土が流失
参考図	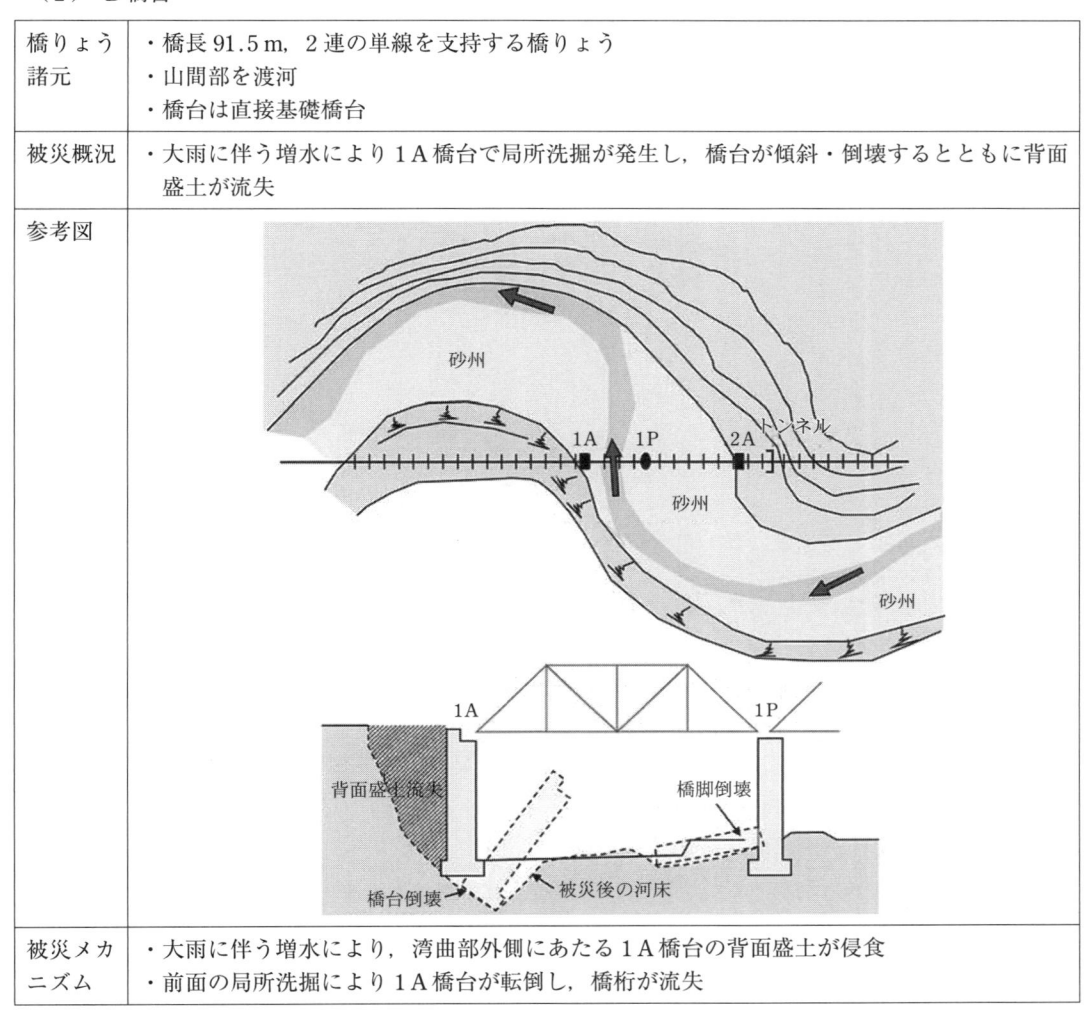
被災メカニズム	・大雨に伴う増水により，湾曲部外側にあたる 1 A 橋台の背面盛土が侵食 ・前面の局所洗掘により 1 A 橋台が転倒し，橋桁が流失

（3） C橋台

橋りょう 諸元	・橋長 22.3 m，7 連の単線を支持する橋りょう ・中流部（谷底平野）を渡河 ・橋台は直接基礎橋台
被災概況	・台風に伴う増水により，橋台脇および背面裏の翼壁が倒壊，本線路盤の土砂が流失，軌きょうが宙吊り
参考図	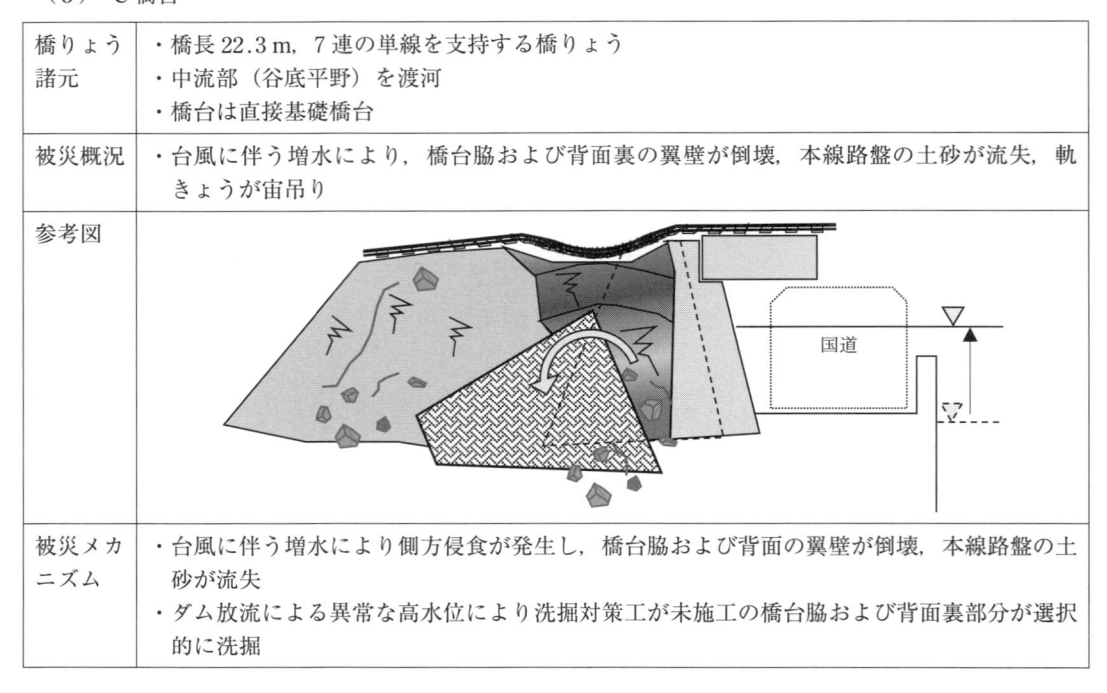
被災メカニズム	・台風に伴う増水により側方侵食が発生し，橋台脇および背面の翼壁が倒壊，本線路盤の土砂が流失 ・ダム放流による異常な高水位により洗掘対策工が未施工の橋台脇および背面裏部分が選択的に洗掘

（4） D橋台

橋りょう 諸元	・橋長 22.3 m，7 連の単線を支持する橋りょう ・中流部（谷底平野）を渡河 ・橋台は直接基礎橋台
被災概況	・台風に伴う増水により，橋台背面の盛土・本線路盤の土砂が流失，マクラギ端面が露出
参考図	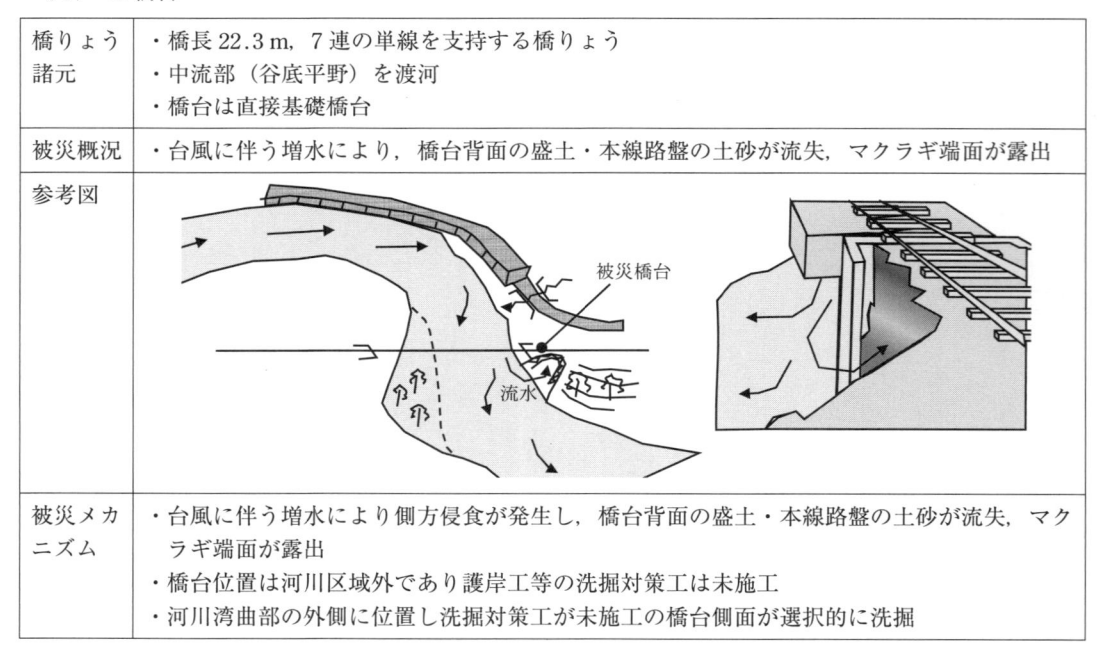
被災メカニズム	・台風に伴う増水により側方侵食が発生し，橋台背面の盛土・本線路盤の土砂が流失，マクラギ端面が露出 ・橋台位置は河川区域外であり護岸工等の洗掘対策工は未施工 ・河川湾曲部の外側に位置し洗掘対策工が未施工の橋台側面が選択的に洗掘

（5）　E橋台[23]

橋りょう諸元	・橋長13 m，5連の単線を支持する橋りょう ・中流部（扇状地）を渡河 ・橋台は直接基礎橋台
被災概況	・大雨に伴う増水により局所洗掘および前面盛土の流失が発生
参考図	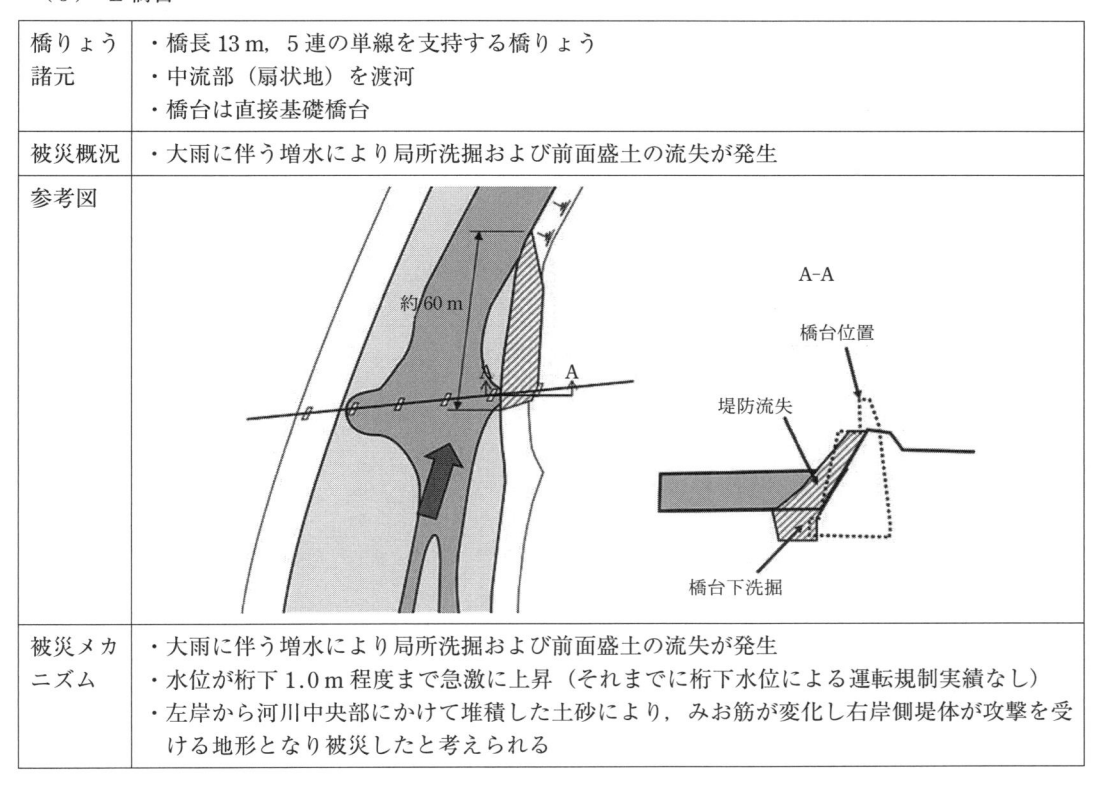
被災メカニズム	・大雨に伴う増水により局所洗掘および前面盛土の流失が発生 ・水位が桁下1.0 m程度まで急激に上昇（それまでに桁下水位による運転規制実績なし） ・左岸から河川中央部にかけて堆積した土砂により，みお筋が変化し右岸側堤体が攻撃を受ける地形となり被災したと考えられる

4. 異常出水時に災害に至りやすい橋脚・橋台の特徴

上述の事例のように過去に発生した局所洗掘をはじめとする橋脚や橋台の災害事例を分析した結果，**付属表 2-4.1** に示す特徴を有していることがわかった．これらの特徴を多く有する橋脚・橋台は局所洗掘が発生する可能性が高いと考える．

付属表 2-4.1 被災事例からみた異常出水時に災害に至りやすい橋脚・橋台の特徴

特徴	理由や背景など
直接基礎形式（木杭基礎）	建設的背景から，根入れが浅い橋りょうが多い．
扇状地に位置する橋脚	河川構造的背景から，侵食が進行しやすい．
過去にみお筋だった箇所に位置する橋脚	長期間河床が安定していても，増水が生じると河床が変動して過去にみお筋であった部分が再びみお筋となる可能性がある．
長期間安定した高水敷に位置する橋脚[※1]	長期間安定した高水敷でも増水時に河道の側方侵食が進行して被災する場合があり，過去には流路に隣接した橋脚が被災した事例も数多く報告されている．高水敷の橋脚は，みお筋内の橋脚よりも根入れが浅いものや防護工が未施工なものが多い．
河口や合流部の砂州に位置する橋脚・橋台	河口部の砂州は潮位変動や増水時に移動しやすい．砂州上に位置する橋脚・橋台は著しく河床が低下する可能性が高い．
砂州の上下流に存在している橋脚・橋台（河口以外）	上流からの流砂が堆積しているため，増水時には砂州が移動しやすく，河道も変化しやすい．河道の変化により橋脚・橋台が水衝部となると局所洗掘を受けやすくなる．
湾曲部外岸など水衝部に位置する橋脚・橋台	水衝部には増水時の流れの作用により内側よりも大きな侵食力が発生する．場合によっては，岩盤であっても風化部分が侵食され局所洗掘が発生する場合がある．
増水時に河川の流れ方向と橋軸方向が直交しない橋脚	橋脚周りの局所洗掘深は，流れ方向に対する投影面積が大きくなると増加する．
鋼矢板締切工やはかま工などが施工されている橋脚	鋼矢板締切工，はかま工等が設けられる理由の一つとして，河床全体が長期間にわたり低下していることが考えられる．これらについては，変状が確認された場合には既に安定性が大きく低下している可能性が高い．
基礎と支持地盤の不陸や，支持地盤の著しい風化があるもの	財産図や竣工図により岩着と判断されていても，実際には岩着していない場合や，長期間にわたり風化が進行している場合がある．
河川を取り巻く環境が変化した橋脚	河川改修や低水護岸の整備工事などによって，橋脚に作用するみお筋の固定化や河道の狭窄などが新たに生じると，短期間のうちに局所的な洗掘が生じる場合がある．
落差工が設けられている橋脚[※2]	下流方の落差工が設けられる理由の一つとして，河床全体が長期間にわたり低下していることが考えられる．落差工の変状や流失が生じると，上流方の河床が短時間のうちに著しく低下する．
下流方で河床を浚渫した橋脚[※2,※3]	近年の豪雨災害への対応として浚渫事例が増えている．その場合，下流方の浚渫の影響が上流域のかなりの範囲に及ぶ．結果として，根入れの減少や防護工の変状につながる可能性が高い．
河川の分合流部に位置する橋脚[※3]	流れがぶつかることにより増水時に洗掘を助長する複雑な流れが生じる場合がある．

※1 最近の被災事例をみると，長期間にわたり安定していた砂州や高水敷に位置する橋脚の被災事例が増加しているため，表中に加えている．被災事例が増加している原因として，みお筋内に位置する橋脚に対しては防護工などのハード対策が進み洗掘に対する抵抗性が向上したものの，近年の異常気象や局地的な豪雨によって増水規模が激甚化し，これまでの増水規模では変動せず被災を免れてきた高水敷の橋脚の危険性が相対的に高まったことが原因の一つと考えられる．
※2 河床低下に起因する，あるいは将来の河床低下のおそれを示す特徴である．500 m 程度下流方の浚渫が影響した事例もあり，河川工学の観点から被災の可能性を高める特徴であるため表中に加えている．
※3 被災事例には示していないが，河川工学的観点から被災の可能性を高める特徴であるため表中に加えている．

5.　局所洗掘に注意すべき橋りょうの抽出

5.1　局所洗掘に注意すべき橋りょうと抽出するための着眼点

　前節までに被災事例から異常出水時に災害に至りやすい橋脚・橋台の特徴について示したが，局所洗掘に対する抵抗性は河川の特性や橋りょうの構造条件の影響を大きく受ける．そのため，局所洗掘に対する橋りょうおよび橋台の維持管理にあたっては，これらの条件に着目して局所洗掘に注意すべき橋脚・橋台を含む橋りょうをあらかじめ抽出し，それらの橋脚・橋台および周辺の状態をより重点的に調査することで，的確かつ効率的に洗掘の危険性を把握することが可能となる．

　局所洗掘に注意すべき橋りょうを抽出する際に活用できる方法として，「洗掘を受けやすい橋りょうを抽出するための採点表」（以下，洗掘採点表）を提案しており，**付属資料 4-2** に記載されている．

　この洗掘採点表は，鉄道事業者において抽出の際に活用されている例もあるが，評価項目が多岐にわたるほか，個別検査相当の調査を要する項目があり，採点記録を蓄積して橋りょう同士の採点結果を比較するには，ある一定の労力を要する．

　そこで，前章までに示した被災事例からみた異常出水時に災害に至りやすい橋脚・橋台の特徴をもとに，局所洗掘に注意すべき橋りょうを抽出する際の着眼点を以下のとおり整理した．

①河川橋りょうの橋脚・橋台の立地条件に関する着眼点

　橋脚・橋台がどのような特性の河川内に位置するか把握することが重要である．例えば，河床勾配の建設当時からの著しい変化，砂州の変動（みお筋の変動），砂州（高水敷）の安定性，分合流部などの流れの急変部の存在，水衝部の有無，流れの作用方向，などが挙げられる．これらは，河川が流下する土地の地形・地質条件や，長期間にわたる河床材料の収支などの流入条件により規定されるものである．

②河川橋りょうの橋脚・橋台の構造条件に関する着眼点

　橋脚・橋台の構造条件の観点から，基礎・抗土圧構造物の設計に関する外力設定や施工方法の変遷などによる構造条件の違いを把握することが重要である．例えば，根入れが深い橋りょうと浅い橋りょうや河積阻害率の大小など設計時の架橋技術の差異に基づく構造条件，地盤に対する基礎形式の差異，などが挙げられる．

③河川橋りょうの周辺環境に関する着眼点

　橋りょう周辺地盤の変動に影響する河川橋りょうの周辺環境の変化を把握することが重要である．河川改修工事や河床の浚渫，ダム設置・撤去による流入土砂量の変化，横断構造物の設置・撤去による河床の変動，など人工的な要因による河川の流れの変化とともに，砂州や砂嘴の堆積・流失による環境変化などが挙げられる．これらの一部は，河床低下の要因となり，局所洗掘による変状発生の危険性を高める．

　付属表 2-4.2 に，上記で述べた橋りょうおよび橋脚・橋台の様々な条件ごとに，増水時に局所洗掘に注意すべき橋りょうの抽出にあたっての着眼点をまとめたものを示す．また「5.2　局所洗掘に注意すべき橋りょうと抽出される着眼点の状況」には，具体的に抽出作業を行う際の参考資料として活用できるように，これにあてはまるものが局所洗掘に注意すべき橋りょうと判断される状況を整理した．

　判断にあたっては，既往の全般検査や個別検査，随時検査等の記録を活用することもできる．また，着眼点には鉄道構造物のみを対象とした性能評価とは異なる視点が含まれるため，過去の被災歴や検査における長期的な環境変化や変状の進行性の記録などを総合的に活用することも望ましい．

　最終的な局所洗掘に注意すべき橋りょうの抽出の判断においては，「5.2　局所洗掘に注意すべき橋りょうと抽出される着眼点の状況」に示した状況に合致する着眼点の総数や，鉄道事業者の線区や構造の特性

等も考慮して総合的に判断してもよい.

付属表 2-4.2　局所洗掘に注意すべき橋りょうの着眼点

①河川橋りょうの橋脚・橋台の立地条件	洗掘対策工の実施の有無と変状の状況
	みお筋の方向
	みお筋の変化の有無
	高水敷の側方侵食の有無や堤防護岸の変状の有無
	水衝部
	合流部
②河川橋りょうの橋脚・橋台の構造条件	基礎形式
	根入れ長
	河積阻害率
③河川橋りょうの周辺環境	河床低下
	近接工事による護岸形状の変化の有無
	河川管理者による下流方の浚渫の有無
	ダム・堤防の建設・撤去の有無
	砂州・砂嘴の変化

5.2 局所洗掘に注意すべき橋りょうと抽出される着眼点の状況

①河川橋りょうの橋脚・橋台の立地条件

対象構造物等	着眼点と局所洗掘に注意すべき状況	
橋りょう全体 橋脚周りの 防護工	洗掘対策工の実施の有無 (a) 根固め工 (b) はかま工	みお筋中の橋脚において，他の橋脚に施工されている洗掘対策工が実施されていないもの
	 (c) 張コンクリート工 (d) 床止め工	高水敷の橋脚において，増水時に水が流下する痕跡があるものの他の橋脚に施工されている洗掘対策工が実施されていないもの

対象構造物等	着眼点と局所洗掘に注意すべき状況	
橋りょう全体 橋脚 護岸	みお筋の方向 	河川のみお筋の方向と橋脚の軸線が増水時に一致していないもの
	みお筋の変化の有無 	みお筋が変化し，これまで流路中になかった橋脚が新たに流路中に存在する状態になったもの
	低水護岸の側方侵食の有無や低水護岸の変状など 	低水護岸の側方侵食あるいは高水敷の侵食が確認されるもの ※固定化していた高水敷の植生の流失などを参考に判断するのがよい
		低水護岸に不陸や抜け落ち等の変状が生じ進行性が認められるもの

対象構造物等	河川の状況	着眼点と局所洗掘に注意すべき状況
橋りょう全体	水衝部	水衝部に位置しており無防護なもの
	合流部	合流部が橋りょうの前後，本川川幅の2倍の範囲内に存在するもの ※支川の川幅が本川幅の30%以上の場合を合流部と判断する

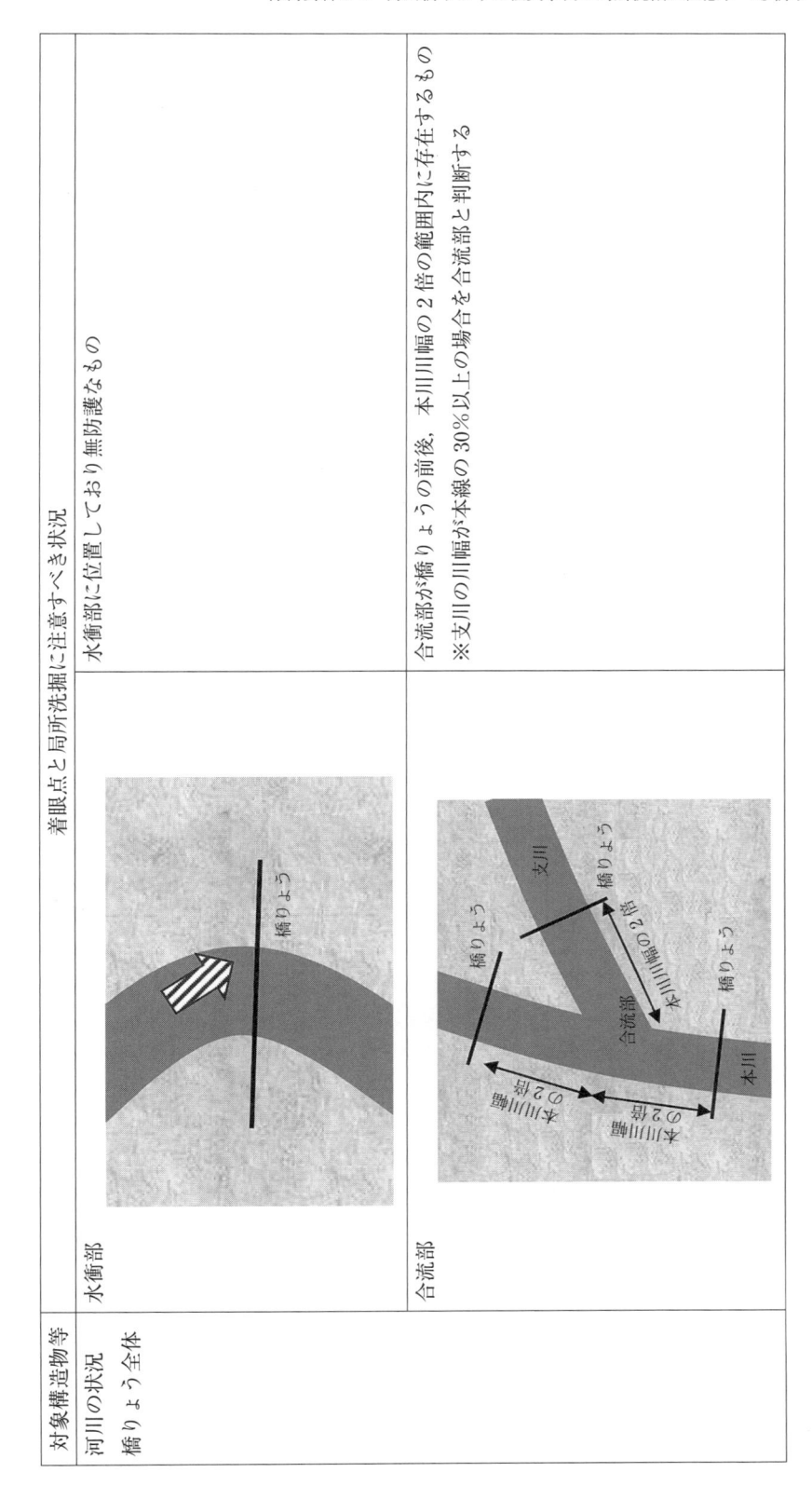

②河川橋りょうの橋脚・橋台の構造条件

対象構造物等	着眼点と局所洗掘に注意すべき状況	
橋脚基礎	根入れ長 根入れ比 L/B 　B：前面抵抗幅の平均値（$B=A/h$） 　A：流水に対する抵抗面積 　h：橋脚高さ 　L：根入れ深さ ※フーチングが河床より著しく突出した橋脚の橋脚幅の算定手法は，**付属資料5-4**を参照されたい	根入れ比 L/B が1.0を満足しない直接基礎（木杭基礎を含む） ※根入れ比 L/B が1.0～1.5の場合には根入れ減少の進行性を判断した上で総合的に判断するのがよい
		根入れ比 L/B が2.5を満足しないケーソン基礎（井筒基礎） ※根入れ比 L/B が2.5～3.5の場合には根入れ減少の進行性を判断した上で総合的に判断するのがよい
橋りょう全体 橋脚	河積阻害率	河積阻害率が10％以上のもの

③河川橋りょうの周辺環境

対象構造物等		着眼点と局所洗掘に注意すべき状況
橋りょう全体 橋りょう周辺の環境	河床低下	橋りょう位置において河床低下が進行しているもの
	近接工事等による河川幅、流路の形状の変化の有無	目視できる範囲において、近接工事により河川幅の狭窄・拡幅が生じたもの、あるいは護岸の新設・撤去や高水敷の掘削等などにより流路が狭窄・拡幅されたもの
	河川管理者による下流方の浚渫の有無	目視できる範囲において河床の浚渫が実施されているもの
	落差工の撤去・新設の有無	目視できる範囲において落差工の撤去・新設が生じたもの
	砂州・砂嘴の変化	目視できる範囲において砂州・砂嘴の著しい流失が認められるもの
	上記全体	資料収集や情報収集により上記の周辺環境の変化や、ダムの撤去や新設などが明らかなもの

参考文献

1) 日田勝也, 片寄紀雄, 浜田達幸：降雨に対する地盤と土木構造物の防災診断, 1995.

2) 国土交通省：社会資本の老朽化対策情報ポータルサイト, インフラメンテナンス情報, https://www.mlit.go.jp/sogoseisaku/maintenance/_pdf/research01_pdf12.pdf

3) 二橋隆史, 相川信之：東北本線 胆沢川（いさわがわ）橋りょう洗掘災害について, 土木学会第56回年次学術講演会講演概要集, pp. 434-435, 2001.10.

4) 三上勝旦, 小野寺吉生, 栗沢正仁：東北本線, 胆沢川橋りょう橋脚変状災害の復旧, 日本鉄道施設協会誌, pp. 42-43, 2001.4.

5) 三宮卓夫, 田中淳一, 小野寺吉生, 中山台三, 栗澤正仁：東北本線胆沢川橋りょう橋脚変状復旧について, SED, No. 15, pp. 80-85, 2000.11.

6) 戸田和彦, 石井千万太郎：平成9年長木川河道災害について（JR花輪線長木川橋りょう橋脚倒壊）, 土木学会東北支部技術研究発表会講演概要, pp. 246-247, 1999.3.

7) 玉藤春雄, 玉野恭嗣, 中林好範, 大槻茂雄：長木川橋梁の災害と復旧について, SED, No. 10, pp. 18-23, 1998.5.

8) 長木川橋梁の災害と復旧, SED, No. 10, pp. グラビア 10, 1998.5.

9) 田口均, 安東豊弘：田沢湖線六枚沢橋りょう洗掘災害, 日本鉄道施設協会誌, pp. 30-32, 1996.6.

10) 宮本茂, 山廼辺清二：水郡線橋脚洗掘災害の応急工事概要と発生要因分析, 土木学会第56回年次学術講演会講演概要集, pp. 428-429, 2001.10.

11) 木田静, 山廼辺清二：滝沢川橋りょう橋脚の洗掘災害と復旧ー水郡線下小川～西金間ー, 日本鉄道施設協会誌, pp. 27-29, 2000.6.

12) 寸上温：東海道線富士川橋りょうの被災と復旧工事 今後の橋りょう保守の考え方と国鉄, 土木学会誌 68(12), pp. 63-69, 1983-11.

13) 寸上温, 佐久間富士夫：東海道本線富士川橋りょうの災害と復旧工事, 基礎工, Vol. 11, No. 10, pp. 111-120, 1983.9.

14) 枚添親男, 土井利明：57年度の主な災害復旧工事 富士川橋りょう災害, 鉄道土木, Vol. 25, No. 6, pp. 35-39, 1983.6.

15) 亀沼裕介, 小久保将寿, 小幡安英：紀勢本線赤羽川橋りょう橋脚流失の被災状況と応急復旧について, 土木学会第60回年次学術講演会講演概要集, pp. 325-326, 2005.9.

16) 奥田純三, 大内慎一, 渡邊隆, 島崎繁一：紀勢本線赤羽川橋りょう災害復旧に係る設計・施工, 土木学会第60回年次学術講演会講演概要集, pp. 577-578, 2005.9.

17) 小久保将寿, 船山和人：紀勢本線 紀伊長島～三野瀬間赤羽川橋りょう 第1橋脚流失災害と復旧, 日本鉄道施設協会誌, Vol. 43, No. 6, pp. 21-23, 2005.6.

18) 伊藤久雄, 井上栄一, 宮崎真弥, 伊藤彰則：只見線大川橋りょうで発生した橋脚洗掘の原因と対策, SED, No. 47, pp. 71-77, 2016.5.

19) 伊藤彰則, 宮崎真弥, 今泉貴之, 伊東久雄：大雨による只見線大川橋りょうで発生した橋脚洗掘の復旧対策, 日本鉄道施設協会誌, pp. 92-95, 2016.10.

20) 井上達也, 伊藤雅, 片桐浩志：角川橋りょう橋脚洗掘対策とその背因考察, 日本鉄道施設協会誌, Vol. 56, No. 9, pp. 592-595, 2018.9.

21) 舟橋秀麿：台風12号により被災した紀勢本線井戸川橋りょうの復旧工事, JREA, Vol. 55, No. 6, pp. 52-55.

22) 松田修平：洗掘により橋脚が傾斜した橋りょうの仮設橋脚による応急復旧計画と評価, 鉄道施設協会 総合技術講演会, 2019.10.

23) 宮下優也：紀勢本線船津・相賀間往古川橋りょう橋台洗掘災害, 日本鉄道施設協会誌, pp. 30-31, 2009.6.

付属資料 4-1　全般検査における健全度の判定例

1. はじめに

　全般検査では，構造物の健全度を「2.5.6　性能の確認及び健全度の判定」に示されるA，B，C，Sの4つに区分し判定することを基本としている．また，健全度Aと判定された構造物のうち，運転保安，旅客および公衆等の安全ならびに正常運行の確保を脅かす場合については，健全度AAと判定する．

　全般検査の基本的な調査方法は目視である．以下，本資料では基礎・抗土圧構造物の全般検査の着眼点について整理する．また，近年多発する洗掘災害を踏まえ，河川橋りょうの基礎・抗土圧構造物に対する全般検査を詳述し，主に目視によって判明した各種構造物の外観上の変状に対する健全度の判定例について示す．

2. 基礎・抗土圧構造物の全般検査の着眼点

2.1　基礎構造物の全般検査の着眼点

　基礎に生じた変状は軌道や支承部等の基礎より上部の構造物への影響として顕在化することが多い．そのため，実質的に目視による確認が不可能な基礎構造物の全般検査は，基礎より上部の構造物の変状の有無を確認し，基礎の変状の有無を推定することで実施することになる．

　基礎の変状は，地盤の変位，基礎の安定性不足，部材の強度不足，荷重の増大などによって生じる場合が多い．**付属図4-1.1**は河川堤防の嵩上げにより基礎周辺地盤の上載荷重が増加し，地盤の側方移動によりケーソン基礎が傾斜した事例の概要である．基礎とともに橋脚が傾斜し，軌道変位や支承部で沓の移動などの変状が生じた．一方で，**付属図4-1.2**は根入れの減少にともない基礎の支持力が減少して橋台が傾斜し，桁とパラペットの遊間の目詰まり（衝突），背面盛土の沈下などが生じた事例の概要である．後述する河川橋りょうで生じる局所洗掘も基礎の支持力を減少させる現象である．

　特に基礎より上部の構造物に顕在化しやすい変状としては，軌道や支承部の変状であり，基礎構造物の全般検査においては，基礎構造物の一般的な特性および構造物の周辺環境等を正しく認識するとともに，

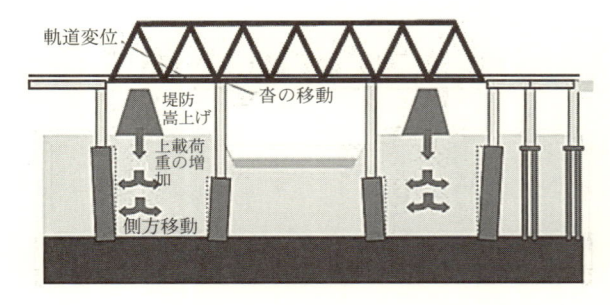

付属図 4-1.1　地盤の変位による基礎の変状例（右は実際に生じた軌道変位の状況）

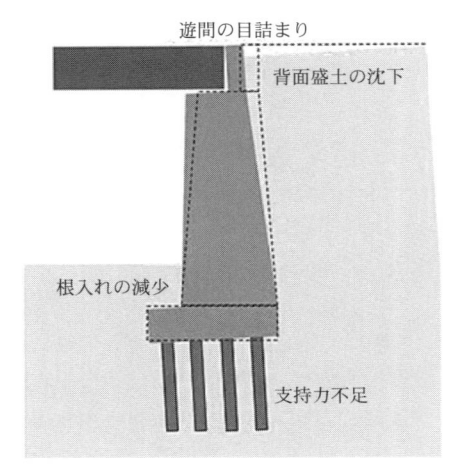

付属図 4-1.2　基礎の安定性不足による変状例（右は実際に生じた遊間の目詰まりの状況）

変状の現れやすい箇所について重点的に調査し，基礎の変状を見逃さないことが重要となる．

2.2　抗土圧構造物の全般検査の着眼点

　抗土圧構造物の変状は，壁体の劣化等に起因する場合，背面地盤の変状に起因する場合，基礎の変状に起因する場合に大別できる．

　壁体の劣化等に起因する場合，壁体に顕在化した変状の種類に着目するとよく，ひび割れや浮き，はく落等が代表的な変状である（**付属図**4-1.3参照）．背面地盤や基礎といった外的条件に起因する場合は，擁壁の傾斜，沈下のほか，目地部での食い違いやはらみ出し等が代表的な変状である．一般的には外的条件に起因する変状の場合は構造物の安定性が損なわれるなど重篤な問題となりうるが，目視だけでは壁体の劣化等に起因するかどうか判別が困難な場合には安全側に健全度を判定し，個別検査で詳細な調査を実施すると良い．なお，個別検査における詳細調査については，「**5章　個別検査**」を参照されたい．

　背面地盤の変状に起因する場合，背面地盤を含めて総合的に健全度判定を行うことが必要である．例えば**付属図**4-1.4のように，壁体の変状は軽微であっても，排水設備の不良によって盛土内の水位が上昇すると，擁壁に作用する水圧も上昇して擁壁の安定性に影響する．一方で，擁壁の変状が背面地盤の変状を

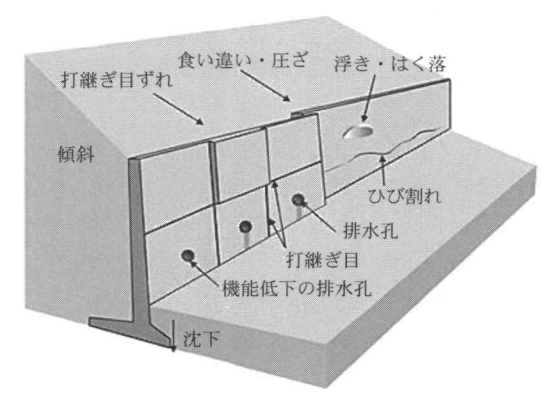

付属図 4-1.3　擁壁の主な変状の模式図

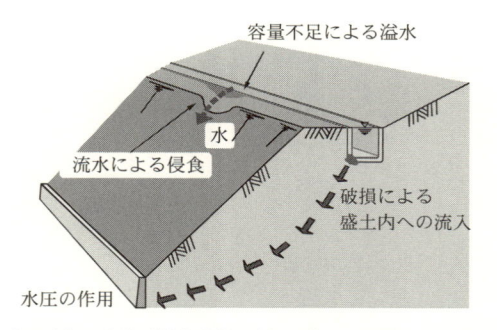

付属図 4-1.4　背面地盤の変状（排水設備不良）に起因する擁壁に作用する水圧の増加

助長する場合もある．よって，抗土圧構造物の健全度の判定を行う場合には，背面地盤の調査も併せて行い，総合的に健全度の判定を行うことが重要である．

　基礎の変状に起因する場合，前節に記載した内容に加えて，擁壁の場合には，擁壁の傾斜や沈下を，目違いなどとして把握することが出来る．また，橋台の基礎の変状に関する検査においては，基礎の変状が背面盛土の変状の原因となる場合もあるため，背面盛土を含めて総合的に健全度判定を行うことが重要である．

3.　抗土圧擁壁の構造形式ごとの調査項目

　擁壁の全般検査における調査項目の例は，**解説表 4.3.1** に土留擁壁・護岸について示されている．ここでは，土留壁のうちの石積壁とブロック積壁に対する調査項目の例を**付属表** 4-1.1 に示す．なお，土留壁のうちのもたれ壁については，**解説表 4.3.1** の土留擁壁・護岸の調査項目の例，ならびに部材・材料に関

付属表 4-1.1　土留壁（石積壁・ブロック積壁）に対する調査項目の例

変状の種別	調査項目
目地切れ 圧ざ	目地切れの有無（下記の箇所を中心に調査） 　擁壁前面（**付属図 4-1.5，付属図 4-1.6**） 　形状変化部（電柱基礎等）（**付属図 4-1.7**） 　嵩上げ部（**付属図 4-1.8**） 　補修・補強箇所 目地切れの長さ 目地切れの本数 目地切れの方向 圧ざの有無（**付属図 4-1.9**）
変位・変形	擁壁の傾斜・移動・沈下・はらみ出しの有無 擁壁天端の通り変位の有無 背面地盤の変状（隙間・沈下・き裂等）の有無 衝突痕（車両・船舶・流木・岩石等）の有無
その他	石積・ブロック積のゆるみの有無 石積・ブロック積の欠落・欠損の有無 列車通過時の異常動揺・異常音の有無 近接工事の有無 バラスト厚の変化の有無 切り盛り境 電柱基礎 その他，周辺環境の変化の有無（**付属図 4-1.10**）

132

付属図 4-1.5　目地切れ

付属図 4-1.6　樹木による目地切れ

付属図 4-1.7　形状変化部（電柱基礎）における目地切れ

付属図 4-1.8　嵩上げ部の目地切れ

付属図 4-1.9　ブロックの圧ざ

付属図 4-1.10　周辺砂浜の後退

する調査項目については「鉄道構造物等維持管理標準・同解説（構造物編）コンクリート構造物」を参照されたい.

　なお，**解説表 4.3.1** において護岸の調査項目の例として，根入れ不足の有無がある. 海岸護岸においては**付属図 4-1.10** で示すような周辺砂浜の後退の有無も着眼点の一つとなる.

4.　河川橋りょうの基礎・抗土圧構造物に対する全般検査

4.1　検査の考え方と調査項目

　洗掘現象は増水によってその進行性が高まるため，局所洗掘に対する調査では将来発生する可能性がある増水をイメージしながら現在の状態を把握することが重要である. 具体的には，根入れの変化，防護工の変状，周辺河川環境の変化から河川橋りょうの基礎・抗土圧構造物の局所洗掘に対する抵抗性が低下しているかどうかを捉えることが必要となる.

　ここで，基礎構造物は，橋脚，橋台，その他構造物の下部にあって，上部構造物からの荷重を地盤に伝えるための構造物を指す. そのため，地盤と部材の両方が所定の性能を発揮することで初めて基礎構造物の性能を有するものであり，それぞれの変状から基礎構造物の健全度を判断しなければならない. さらに，地盤が安定して橋脚，橋台を支持するためには，列車荷重を直接支持しないものの洗掘防護工，落差工などの工作物が地盤の洗掘や河床低下を防止する機能を発揮することが重要である. このため，河川橋りょうにおける基礎・抗土圧構造物の維持管理では，基礎・抗土圧構造物の変状と上記工作物の状況とを一体的に考慮し総合的に基礎・抗土圧構造物の健全度を判定することが必要である.

　全般検査においては，目視により新たな変状の有無を把握することで所定の性能を満足しているかどうかを照査することを基本としている. 変状に対する調査を行うべき具体的な調査対象と，各構造物に求められる性能を**付属表 4-1.2** に示す.

付属表 4-1.2　構造物と求められる性能

構造物	求められる性能
橋脚，橋台の基礎構造物	基礎の支持力が十分に維持されており，列車の安全輸送を脅かすような軌道等の変状を生じさせていない.
橋台翼壁	橋台背面盛土を安定させる.
洗掘防護工（根固め工，転倒防止工，河床低下防止工）	橋脚周囲の局所洗掘あるいは全体の河床低下を防止する.
落差工	河床の侵食を防いで河道の勾配を安定化させ，上流方の河床高を維持する.

　局所洗掘が橋脚周りで進行することにより基礎構造物の基本性能である支持力が低下すると，基礎の沈下や傾斜が生じる場合がある. その場合，基礎部材への過大な荷重の作用，基礎の沈下・傾斜に伴う支承部への想定外の荷重の作用などに起因する軌道変位などの変状が構造物において顕在化するため，これらの変状を捉えることが大切である. また，普段水面下にあり局所洗掘の発生を目視にて直接確認することが困難である場合には，根固め工等の変状の有無によって局所洗掘の兆候を捉えることができる. 根固め工を含む基礎周辺の状態が目視で確認できない場合には，必要に応じて洗掘深測量等の計測によって確認することが望ましい.

　河床低下の有無は全般検査での調査項目として**解説表 4.3.1** に記載されている. 河床低下を防止するための落差工は，鉄道構造物ではない場合にはその健全度を判定する対象とはならないが，被災事例からも流失した場合には急激な河床低下が発生して鉄道構造物に大きな影響を及ぼすことが明らかであるため，

付属表 4-1.3　変状に対する調査項目と着眼点の例

調査項目	着眼点
①軌道・支承部の状態	橋脚・橋台の傾斜・沈下による軌道変状
	橋脚・橋台の傾斜・沈下による支承部の損傷・変状
②基礎・抗土圧構造物の状態	橋脚・橋台・翼壁の傾斜・沈下
	洗掘の発生の有無
	河床低下の発生の有無
	橋脚・橋台と桁との相対変位
	ひび割れ
③洗掘防護工等の工作物の状態	根固め工，ブロック，かご工等の変状や吸出しの有無
	根固め工等と河床高との関係
	根固め工の連結
	はかま工の変状，河床面と基礎底面との位置関係
	鋼矢板締切工の変状，河床面と基礎底面との位置関係
	鋼矢板締切工の施工範囲
	落差工の変状と施工範囲

橋りょうの健全度を総合的に評価するために把握しておくべき調査項目とする．落差工が鉄道構造物ではない場合，橋りょうから 50 m 程度以内および目視できる範囲にある下流方の落差工については少なくとも調査するのがよい．なお，落差工に限らず河川の構造物は河川管理者が管理していることから，こうした河川管理者の構造物に変状が発生した場合における措置は，河川管理者との協力によって実施するのが基本となる．

　以上で述べた構造物の形式に応じた性能や，性能が低下した場合に生じると考えられる変状や影響に基づき，**付属表** 4-1.3 に示すとおり，変状に対する調査項目を 3 つに区分してそれぞれの着眼点を整理した．

4.2　河川橋りょうの基礎・抗土圧構造物に対する全般検査における留意事項

　河川橋りょうの基礎・抗土圧構造物に対する全般検査を実施する上での留意点は，次のとおりである．

➤ 基礎構造物の状況や河床状況の把握は平水時に行うことが基本であり，渇水期の調査はより有効である．

➤ 基礎に発生した変状は軌道や支承部等の上部構造物に影響を及ぼすことが多いため，基礎および上部構造物を一体として調査するのが有効である．

➤ 全般検査は主として目視によって行う検査である．一方で，健全度判定の対象ではないものの，構造物だけでなく周辺環境の変化を記録することに注意を払うことも重要である．特に，河床の変化が確認される場合や，**付属資料** 2-4 に示す洗掘を受けやすい橋りょうと同様の周辺環境を有する場合には，周辺環境の変化を記録することで，次回の全般検査の参考となる．

➤ 橋脚や橋台に施工されている各種洗掘防護工は何らかの理由により施工されている．この理由を資料等により調査して記録しておくことは，検査を実施する際の有益な情報となる．

5.　基礎・抗土圧構造物の全般検査における調査項目と健全度判定例

　基礎・抗土圧構造物の全般検査における健全度判定の例を**付属表** 4-1.4〜4-1.10 に記載する．なお，本表

は，主に目視によって判明した各種構造物の外観上の変状に対応する健全度の判定例を示したものである．また，護岸の洗掘や護岸前面に施工されているブロック工等の変状については，橋脚・橋台および洗掘防護工における洗掘や河床低下に関する変状の健全度の判定例を参考にしてよい．その際，護岸等の変状あるいは変状の進行が背面地盤に及ぼす影響も考慮して総合的に健全度を判定する必要がある．本表に示す変状とは別種の変状が認められた場合にも，「2.5.6　性能の確認及び健全度の判定」に示される考え方に準じて，適切に健全度の判定を行う必要がある．

付属表 4-1.4　健全度判定の例　橋脚・橋台 (1)

構造物	変状種別	重点調査箇所	調査項目	変状原因の推定例	状態の例	判定
橋脚，橋台	ひび割れ	・橋脚天端部の鉛直ひび割れ　① ・形状変化部（張出部，かさ上げ部など）② （図中　①　②）	・ひび割れの幅，本数，発生方向，進行程度 ・ひび割れからのさび汁の有無 ・橋台背面地盤の変状の有無 ・保守履歴の確認（橋台バラスト厚増加など） ・地震履歴	・橋脚天端部，張出し部上側鉄筋の鉄筋量不足または定着長不足 ・基礎の沈下，傾斜，移動 ・地震の影響 ・鉄筋腐食（漏水，塩害，中性化，アルカリシリカ反応，凍害等） ・橋台背面空洞，土砂流失 ・荷重増加 ・コンクリートのかぶり不足	**■頭部・桁座ひび割れについて**	
					幅 0.5 mm を超えるひび割れが発生し，落橋のおそれがあるもの	AA
					鉛直方向に幅 0.3 mm 程度以上のひび割れが多数発生	A
					鉛直方向に幅 0.2 mm 程度以下のひび割れが多数発生	B
	ひび割れ 相対変位	・かけ違い部の付け根 ・桁との相対変位 （図　桁移動／橋脚の前傾）	・ひび割れの幅，本数，発生方向，進行程度 ・桁同士の接触の有無 ・パラペットと桁の接触の有無 ・ひび割れからのさび汁の有無	・桁の移動（ふく進） ・橋脚，橋台の移動，傾斜による桁のストラット作用の影響 ・沓の作動不良	**■かけ違い部のつけ根のひび割れについて**	
					幅 0.3 mm 程度以上のひび割れがあるもの	A
					幅 0.2 mm 程度以下のひび割れがあるもの	B
		・パラペット付け根部 ・背面バラストの状況 （図　橋台の前傾）	・背面バラストの沈下，バラスト厚さの著しい違い	・パラペットと桁の接触 ・橋台の前傾に伴う背面バラストの沈下 ・側方移動に伴う背面路盤の沈下	**■パラペット下端部のひび割れについて**	
					パラペット下端部の水平または斜めひび割れが幅 0.3 mm 程度以上のもの	A
					パラペット下端部の水平または斜めひび割れが幅 0.2 mm 程度以下のもの	B
					■パラペットと桁の遊間	
					遊間がゼロの状態	A
					遊間の減少傾向が認められる	B
					■背面バラストの状況	
					パラペットと桁の遊間に減少傾向が認められるとともに背面バラストが著しく沈下または背面近傍が著しく厚い状況	A
					背面バラストのみの変状で，著しく沈下または背面近傍が著しく厚い状況	B

付属表 4-1.4　健全度判定の例　橋脚・橋台 (2)

構造物	変状種別	重点調査箇所	調査項目	変状原因の推定例	状態の例	判定
橋脚, 橋台	ひび割れ	・く体全般 ・施工目地と打継目 ・縦の打継目 ・フーチング, 基礎上部のひび割れ ・基礎地中部のひび割れ	・ひび割れの幅, 本数, 発生方向, 進行程度 ・施工目地の縁切れの有無, 範囲 ・地震履歴 ・近接工事状況（掘削の影響） ・周辺環境の変化（地下水位低下） ・ひび割れ幅 ・地質状況の確認 ・地震履歴	・地震の影響 ・鉄筋量不足または定着長不足 ・鉄筋腐食（漏水, 塩害, 中性化, アルカリシリカ反応, 凍害等） ・荷重増加 ・基礎の沈下・傾斜・移動 ・コンクリートのかぶり不足 ・不同沈下, 傾斜, 移動 ・杭反力の不均衡による反力の増大 ・地震による損傷 ・圧密沈下によるフーチング下面の空隙 ・無理な打込みによる杭体の損傷 ・杭頭取壊し時の損傷 ・近接工事の影響（掘削） ・近接工事の影響（ウェル等による地下水位低下）	■ く体全般, 施工目地と打継目のひび割れ 水平方向に幅 0.3 mm 程度以上のひび割れがあるもの 水平方向に幅 0.2 mm 程度以下のひび割れがあるもの ■ 縦の打継目のひび割れ ひび割れが深く, 広範囲で縁切れが生じているもの ひび割れが深く, 縁切れのおそれがあるもの ひび割れが深いが, 長さが短いもの ■ フーチング, 基礎上部のひび割れ（確認可能な場合） 幅 0.3 mm 程度以上のひび割れが多数発生 幅 0.2 mm 程度以下のひび割れが多数発生 幅 0.3 mm 程度以上のひび割れが少数発生	A B AA A B A B B

付属表 4-1.4 健全度判定の例 橋脚・橋台 (3)

構造物	変状種別	重点調査箇所	調査項目	変状原因の推定例	状態の例	判定
橋脚, 橋台	はく落 鉄筋の露出	・く体全般 片持ち梁はく落 頭部はく落 打継目・施工目地のはく落	・鉄筋露出の有無および腐食範囲 ・浮き・はく離範囲 ・衝突痕の確認（車両，船舶，流木） ・構造物周辺の利用状況	・鉄筋の腐食膨張，塩害，漏水 ・アルカリシリカ反応，凍害 ・経年劣化，施工不良	**■構造物全体**	
					公衆に影響を及ぼすおそれのあるもの	AA
					■はく落について	
					はく落箇所が全面にわたり，鉄筋が露出しているもの	AA, A
					はく落箇所が $1\,\mathrm{m}^2$ 程度以上で，鉄筋が露出し腐食があるもの	A

付属表 4-1.4　健全度判定の例　橋脚・橋台 (4)

構造物	変状種別	重点調査箇所	調査項目	変状原因の推定例	状態の例	判定
橋脚，橋台	変位，変形	・軌道 ・軌道変位，桁の角折れの有無	・軌道変位	・地震による変位，変形 ・基礎の変状による変位 ・洗掘による支持力低下 ・近接工事による地盤変位	**■く体の変位 (沈下, 傾斜, 移動) による軌道変位について**	
					軌道整備基準値を超えるような大きな変位量が軌道に発生し，列車走行自体が危険と判断されるもの	AA
					列車走行は問題ないものの，軌道に目視で確認できる程度の変位が発生しているもの	A
	変位，変形 相対変位	・橋台本体と翼壁との隙間	・橋台と翼壁の隙間量，進行程度 ・背面土砂の流失の有無	・地震による変位，変形 ・基礎の変状による変位 ・洗掘による支持力低下 ・近接工事による地盤変位	**■橋台本体と翼壁の隙間の有無**	
					隙間が発生し，バラスト，背面土砂等が流失している	A
					隙間が発生し，進行性が認められる	A
					背面土砂等の流失は現時点では認められないが，開口量が大きく，背面土砂流失が懸念されるもの	A
					隙間が発生しているが，開口量が小さい	B

付属表 4-1.4　健全度判定の例　橋脚・橋台（5）

構造物	変状種別	重点調査箇所	調査項目	変状原因の推定例	状態の例	判定
橋脚，橋台	橋台背面の変状	・橋台背面	・橋台背面盛土の沈下 ・軌道変状	・橋台の沈下，傾斜，移動 ・側方移動に伴う背面路盤の沈下 ・盛土のゆるみ，空洞，沈下 ・地震	■背面盛土の変状 橋台背面に，空隙や沈下が生じている	A
	支承部の損傷	・沓座と桁座前面間	・はく離，はく落の有無 ・鉄筋露出，腐食の有無	・橋脚・橋台の沈下，傾斜，移動 ・支承の機能不良 ・地震	■沓座と桁座前面間の変状について はく落箇所全面にわたり鉄筋が露出しているもの	AA，A
					はく落箇所が 300×300 mm 程度以上で，鉄筋が露出し腐食があるもの	A
		・沓下充填物	・沓下充填物の有無と破損状態	・沓下充填物の経年変化 ・ドライパッキングの不良，破損 ・すべり支承の機能不良 ・橋脚・橋台の沈下，傾斜，移動	■沓下の充填物について 沓下充填物の破損があり，沓がめり込んでいるもの	A
		・アンカーボルト	・破損，変形，ゆるみ，抜け	・地震による損傷 ・橋脚・橋台の沈下，傾斜，移動 ・桁の疲労によるばたつき ・支承の機能不良	■沓のアンカーボルトについて アンカーボルトの折損，変形，抜けがあるもの	A
					アンカーボルトにゆるみがあるもの	B
					アンカーボルト前面にひび割れがあり，浮きが生じているもの	A
					アンカーボルトの前面がはく落しているもの	A

構造物	変状種別	重点調査箇所	調査項目	変状原因の推定例	状態の例	判定
橋脚，橋台	支承部の損傷変状	・沓の移動 	・上沓と下沓の相対的な位置関係	・地震による損傷 ・基礎の沈下，傾斜，移動 ・支承の機能不良	**■沓の移動について**	
					上沓と下沓のずれ量が $D/4$ 以上かつ進行性のあるもの	A
					上沓と下沓のずれ量が $D/4$ 以上かつ進行性のないもの	B
		・ベッドプレート，ソールプレートの変形，き裂 ・沓の隙 ・桁のばたつき（3点支持）の有無 ・ロッカー沓の傾斜	・変形，ひび割れの有無 ・隙の有無 ・列車通過時のばたつきの有無 ・傾斜の有無	・地震による損傷 ・基礎の沈下，傾斜，移動 ・支承の機能不良	**■沓本体について**	
					沓に割れ，き裂があるもの	A
					沓に隙があるもの	A
					3点支持で桁がばたついているもの	A
					ロッカー沓が大きく傾斜	A

付属表 4-1.4　健全度判定の例　橋脚・橋台 (7)

構造物	変状種別	重点調査箇所	調査項目	変状原因の推定例	状態の例	判定
橋脚，橋台	洗掘	・基礎周辺地盤 フーチング底面の露出 （直接基礎）　　フーチング上・側面の露出（直接基礎） 杭頭部の露出（杭基礎）　　フーチングの露出（杭基礎） 基礎く体の大きな露出（ケーソン基礎）　　基礎く体の一部が露出（ケーソン基礎）	・局所洗掘の有無	・増水による洗掘	**■基礎の根入れについて**	
					局所洗掘により，直接基礎（木杭基礎を含む）のフーチング底面が露出しており，列車走行上支障があると判断できるもの	AA
					局所洗掘により，杭基礎の杭頭部が露出しており，列車走行上支障があると判断できるもの	AA
					局所洗掘により，ケーソン基礎のく体が大きく露出しており，列車走行上支障があると判断できるもの	AA
					局所洗掘により，直接基礎（木杭基礎を含む）のフーチング上面・側面や杭基礎のフーチング，ケーソン基礎のく体の一部等が露出しており，進行性や変化が確認されたあるいは不明なもの	A
					基礎は露出していないものの，局所洗掘が発生しており，進行性や変化が見られるもの	B
					局所洗掘が発生しており，直接基礎（木杭基礎を含む）のフーチング上面・側面や杭基礎のフーチング，ケーソン基礎のく体の一部等が露出しているものの，進行性や変化がないもの	B

付属表 4-1.4　健全度判定の例　橋脚・橋台 (8)

構造物	変状種別	重点調査箇所	調査項目	変状原因の推定例	状態の例	判定
橋脚、橋台	洗掘	・橋脚周り 渦やよどみ　流速が早い瀬の存在	・流況の顕著な変化点	・増水による洗掘	■橋脚周りの流況について	
					平水時において、橋脚周りの不規則な渦やよどみが新たに発生しているもの	A
					平水時において、水面形状が周辺の流れと異なるくほみや瀬が新たに発生しているもの	A
		・橋台 	・河川に突出した橋台側面の局所洗掘	・増水による洗掘	■橋台基礎の根入れについて	
					局所洗掘により、直接基礎（木杭基礎を含む）のフーチング底面が露出しており、列車走行上支障があると判断できるもの	AA
					局所洗掘により、杭基礎の杭頭部が露出しており、列車走行上支障があると判断できるもの	AA
					直接基礎（木杭基礎を含む）のフーチング底面や杭基礎の杭頭部は露出していないものの、局所洗掘が発生しており、進行性があるもの。または不明なもの	A
					■橋台背面の状態について	
					橋台背面の盛土材料の流失や道床沈下が明瞭なもの	A
					■橋台側面の状態について	
					橋台側面に局所洗掘が発生しているが軽微であり、進行性が見られないもの	B

付属表 4-1.4　健全度判定の例　橋脚・橋台 (9)

構造物	変状種別	重点調査箇所	調査項目	変状原因の推定例	状態の例	判定
橋脚，橋台	河床低下	・河床全体 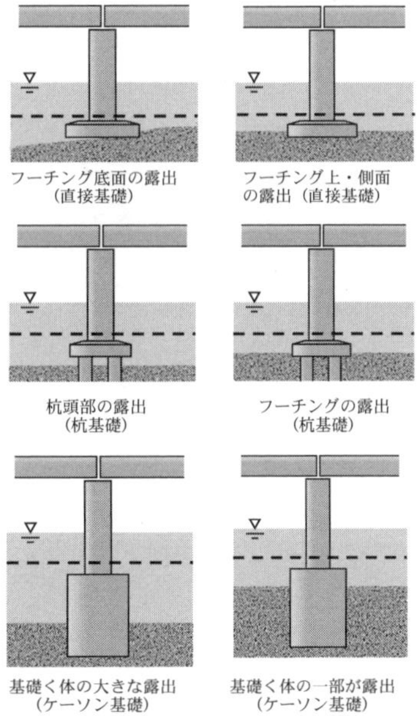	・河床全体低下の有無	・増水による河床低下	**■基礎の根入れについて**	
					河床低下により，直接基礎（木杭基礎を含む）のフーチング底面や杭基礎の杭頭部，ケーソン基礎のく体等が大きく露出しており，列車走行上支障があると判断できるもの	AA
					河床低下により，直接基礎（木杭基礎を含む）のフーチング上面・側面や杭基礎のフーチング，ケーソン基礎のく体の一部等が露出しており，進行性や変化が確認されたあるいは不明なもの	A
					基礎は露出していないものの，河床低下が発生しており，進行性や変化が見られるもの	B
					河床低下が発生しており，直接基礎（木杭基礎を含む）のフーチング上面・側面や杭基礎のフーチング，ケーソン基礎のく体の一部等が露出しているものの，進行性や変化がないことが確認されたもの	B

フーチング底面の露出
（直接基礎）

フーチング上・側面
の露出（直接基礎）

杭頭部の露出
（杭基礎）

フーチングの露出
（杭基礎）

基礎く体の大きな露出
（ケーソン基礎）

基礎く体の一部が露出
（ケーソン基礎）

付属表 4-1.5　健全度判定の例　抗土圧擁壁 (1)

構造物	変状種別	重点調査箇所	調査項目	変状原因の推定例	状態の例	判定
土留擁壁 土留壁 (もたれ壁)	ひび割れ 圧ざ	・擁壁前面の水平ひび割れと斜めのひび割れ、目地の開き量、圧ざ①、圧ざ② ① 水平方向のひび割れと斜め方向のひび割れ ② 食い違い、開口、圧ざ 食い違い、開口、圧ざ〔沈下により引きかかれる場合と土圧により押し出される場合がある〕〔沈下により押し出される場合は一般に斜めのひび割れを伴う〕	・擁壁および周辺地盤の沈下の有無 ・ひび割れ形状、ひび割れ幅 ・発生しているひび割れの方向 ・進行性（水平でひび割れは要注意） ・背面側の軌道バラスト厚の増加の有無 ・内視鏡による背面空洞の確認 ・亀甲状ひび割れの有無 ・ひび割れ部より白色または透明なゲル物質の析出の有無 ・近接工事状況	・不同沈下、地震 ・背面盛土の変位、地すべり ・土圧増大、背面の荷重増加、背面盛土による水圧上昇 ・近接施工による地盤変位 ・アルカリシリカ反応	■ひび割れについて 水平および斜め方向に幅 0.5 mm 程度以上、鉛直方向に幅 1.0 mm 程度以上のひび割れが発生し、進行性が認められるもの（無筋の場合）	A
					ひび割れから鉄筋のさび汁がみられるもの	A
					■圧ざについて 前壁下端部に水平方向の圧壊が生じているもの	A
	はく落 鉄筋露出 鉄筋腐食	・擁壁前面	・亀甲状ひび割れの有無 ・漏水、さび汁の有無 ・はく落範囲の確認 ・漏水位置の確認	・施工不良（かぶり不足） ・中性化、アルカリシリカ反応、塩害、凍害による鉄筋腐食 ・漏水による鉄筋腐食	■構造物全体 公衆に影響を及ぼすおそれのあるもの	AA
					■はく落について 前壁全面にわたり鉄筋が露出する程度にはく落したもの	A
					前壁に 1 m² 程度以下のはく落があり、鉄筋が露出するもの	B
					■擁壁前面の鉄筋腐食について 鉄筋が 2/3 以上にわたり露出し、腐食が確認されるもの	A
					1 m² 程度以下ではく落があり、鉄筋が露出しているが、腐食が著しくないもの	B

構造物	変状種別	重点調査箇所	調査項目	変状原因の推定例	状態の例	判定
土留擁壁 土留壁 （もたれ壁）	沈下 傾斜 はらみ出し	・天端の高低差，食い違い ・施工目地の段差，開き量	・進行性確認 ・背面地盤の変状の有無	・不同沈下 ・背面盛土，切土の変状 ・背面空洞	■目違い量について	
					土留擁壁に傾斜，沈下等の変状が 50 mm 以上あり，その進行が確認されるもの	A
					土留擁壁に傾斜，沈下等の変状が 50 mm 以内であって，その進行が停止しているもの	B
					■擁壁周辺の変状について	
					背面盛土，切土が沈下し，き裂が入っているもの	A
	排水不良	・水抜き孔の通水状態		・経年による目詰まり	■擁壁の水抜き孔について	
					通水孔が目詰まりを起こし，全く機能していないもの	A, B
					通水孔のほとんどが目詰まりしているもの	B, C

付属表 4-1.5　健全度判定の例　抗土圧擁壁（3）

構造物	変状種別	重点調査箇所	調査項目	変状原因の推定例	状態の例	判定
土留壁 （石積壁, ブロック積壁）	目地切れ	・壁体前面	・施工目地のひび割れの有無 ・施工目地の縁切れの有無	・不同沈下 ・経年劣化 ・背面盛土,切土の変状 ・上載荷重の増加	**■目地切れについて** 施工目地および打継目のひび割れが深く,縁切れしているもの	A
					施工目地および打継目のひび割れが深く,縁切れのおそれがあるもの	A
					施工目地および打継目のひび割れが深いが,長さが短いもの	B
	ブロックの 損傷・劣化	・壁体前面	・石・ブロックのひび割れの有無 ・石・ブロックのがたつきの有無	・不同沈下 ・経年劣化 ・背面盛土,切土の変状 ・上載荷重の増加	**■石・ブロックの状態について** ひび割れが深く,縁切れしているもの	A
					ひび割れが深く,縁切れのおそれがあるもの	A
					ひび割れが深いが,長さが短いもの	B
	はらみ出し	・壁体前面 ・施工目地	・施工目地の段差,開き量 ・ひび割れ	・地震の影響 ・背面盛土,切土の変状 ・上載荷重の増加	**■はらみ出しについて** 明らかにはらみ出しが確認でき,その進行性が認められるもの	A
					はらみ出しが確認できるが,その進行性が認められないもの	B

付属表 4-1.5 健全度判定の例 抗土圧擁壁 (4)

構造物	変状種別	重点調査箇所	調査項目	変状原因の推定例	状態の例	判定
土留壁 (石積壁, ブロック積 壁)	石・ブロッ クの陥没	・壁体前面 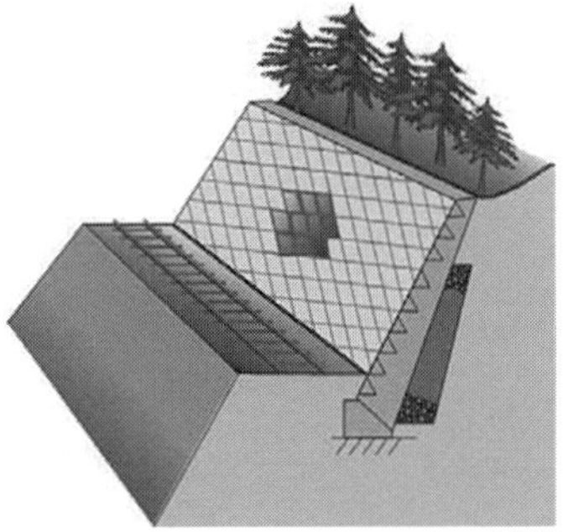	・石・ブロックの目違い ・背面地盤の状態	・背面盛土,切土の変状 ・背面空洞	**■目違い量について**	
					背面空洞により石・ブロックの目違い量が50 mm 程度以上で,その進行性が認められるもの	A
					背面空洞により石・ブロックの目違い量が50 mm 程度以下で,その進行性が認められないもの	B
	沈下・傾斜	・壁体天端・前面 ・背面地盤 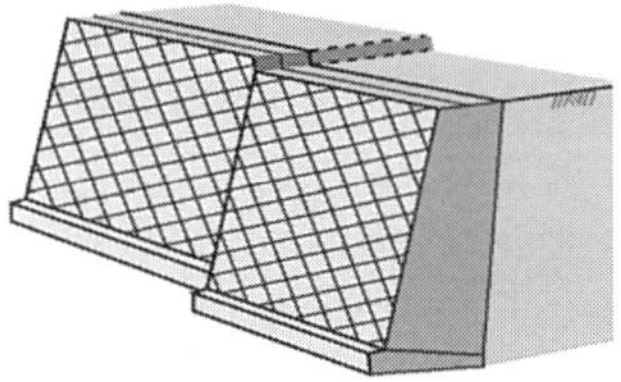 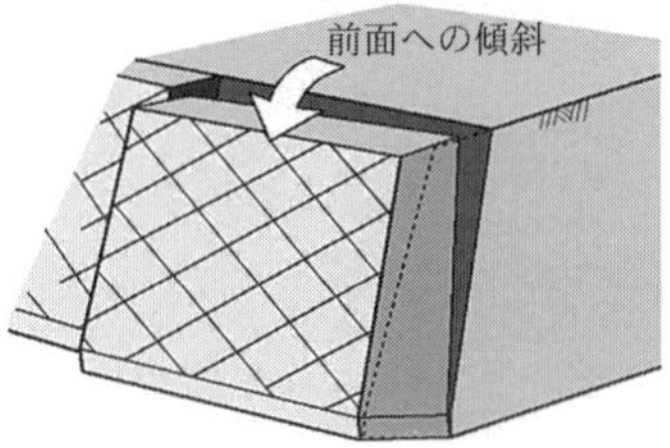	・目違い量 ・背面地盤の状態	・不同沈下 ・背面盛土,切土の変状 ・背面空洞	**■目違い量について**	
					傾斜,沈下等により擁壁の目違い量が50 mm程 度以上で,その進行性が認められるもの	A
					傾斜,沈下等により擁壁の目違い量が50 mm程 度以下で,その進行性が認められないもの	B
					■擁壁周辺の変状について	
					背面盛土,切土が沈下しき裂が入っているもの	A

前面への傾斜

付属表 4-1.5　健全度判定の例　抗土圧擁壁 (5)

構造物	変状種別	重点調査箇所	調査項目	変状原因の推定例	状態の例	判定
土留壁（石積壁、ブロック積壁）	排水不良	・水抜き孔の通水状態		・経年による目詰まり	通水孔が目詰まりを起こし、全く機能していないもの	A, B
					通水孔のほとんどが目詰まりしているもの	B, C
護岸擁壁	石・ブロックの抜け、目地切れ	・橋台の裏壁			■石・ブロック等の抜け、目地切れについて	
					基礎部の石・ブロック等の抜け、流失が明確なもの	A
					目地切れが著しく、基礎の露出や抜け落ちの発生が疑われるもの	A
					目地切れ等はあるが、部分的で進行性がないもの	B

付属表 4-1.5 健全度判定の例 抗土圧擁壁 (6)

構造物	変状種別	重点調査箇所	調査項目	変状原因の推定例	状態の例	判定
護岸	洗掘	・擁壁天端・前面 ・背面地盤 	・擁壁天端の高低差，食い違い ・施工目地の段差，開き量 ・擁壁前面のひび割れ ・背面地盤の沈下	・洗掘による基礎の支持力低下 ・洗掘による背面地盤の吸出し	■基礎部の根入れ状態について	
					急激に洗掘が進行し，列車走行上，支障があると判断できるもの	AA
					根入れが著しく小さく，列車走行上，支障があると判断できるもの	AA
					擁壁基礎周辺の水の色により著しい局所洗掘が認められるもの	A
					擁壁基礎周辺の流況に変化が見られるもの（ただし，局所洗掘の発生や進行のおそれがある場合はA）	B(A)

付属表 4-1.6　健全度判定の例　ラーメン高架橋 (1)

構造物	変状種別	重点調査箇所	調査項目	変状原因の推定例	状態の例	判定
ラーメン高架橋 アーチ橋 ラーメン橋台	ひび割れ	・梁中央部下面, 側面　① ・梁支点部下面, 側面　② ・桁受け部　③ ・中間スラブ下面　④ ・片持スラブ先端　⑤ ・打継目の縁切れ, 開口 ・漏水箇所	・フーチングの水平移動 ・水平ひび割れ（異常な水平力作用） ・斜, アンカーボルトの状態 ・桁の3点支持の有無 ・軸方向のひび割れ ・直角方向のひび割れ ・漏水の有無	・基礎の移動, 回転, 沈下 ・異常な水平力作用, 地震 ・鉄筋量不足 ・施工時の型枠位置不良 ・折曲鉄筋の位置不良 ・鉄筋継手の施工不良 ・施工不良, 鉄筋腐食	■ひび割れ全般 　幅が0.3mm程度以上のものが多数発生	A
					幅が0.2mm程度以下のものが多数発生	B
					ひび割れから鉄筋のさび汁がみられるもの	A
					■ゲルバー桁受け部について 　斜め方向に幅0.5mm程度を超えるひび割れが発生しているもの	AA
					斜め方向に幅0.3mm程度以上のもの	A
					■スラブについて 　幅数mm程度で, かつ上面に圧壊が観察される	AA
					幅数mm以上のひび割れが発生しているもの	AA
					幅が0.3mm程度以上のものが多数発生している	A
					幅が0.2mm程度のものが多数発生しているもの	B
					■柱部について 　破壊状態のもの	AA
					水平方向に幅0.3mm程度以上のひび割れが数段発生しているもの	A
					打継目が開口しているもの	B
					■アーチ部について 　幅が数mm以上のひび割れが発生しているもの	AA
					幅が0.3mm程度以上のものが多数発生しているもの	A
					幅が0.2mm程度以下のものが多数発生しているもの	B

構造物	変状種別	重点調査箇所	調査項目	変状原因の推定例	状態の例	判定
ラーメン高架橋 アーチ橋 ラーメン橋台	支点変位	・高架橋ブロック端部 高欄または地覆天端の水平方向間隙測定（線路左右同時） 高欄または地覆天端の鉛直方向目違い量測定（線路左右同時）	・鉛直，水平の目違いまたは折れ角 ・隣接構造物（高架橋，橋桁等）との間隙量 ・軌道変位 ・列車通過時の異常動揺，異常音 ・近接工事状況	・基礎の沈下，傾斜，滑動 ・地震による地盤変位 ・近接工事による地盤変位	**■構造物の変位について**	
					変位の進行が明らかに認められ，かつ 10 mm 以上の変位が確認されるもの	A
					隣接構造物に接触し，高欄やスラブおよび支承部とその周辺等に変状を及ぼしているもの	A
					隣接構造物に接触し，高欄やスラブおよび支承部とその周辺等に変状を及ぼす兆候があるもの	B
	鉄筋露出 鉄筋腐食	・梁下面，側面 ・スラブ下面 ・柱 ・打継部，施工目地周辺 ・既補修箇所，ジャンカ部	・かぶり厚さ ・鉄筋腐食の有無 ・亀甲状ひび割れの有無	・施工不良（かぶり不足） ・中性化，塩害，アルカリシリカ反応，凍害	**■構造物全体**	
					公衆に影響を及ぼすおそれのあるもの	AA
					■梁，中間スラブについて	
					全面にわたり鉄筋が露出しているもの	AA
					300×300 mm 程度以上の範囲で鉄筋が露出し，腐食しているもの	A
					300×300 mm 程度以下の範囲で鉄筋が露出しているが，腐食が認められないもの	B
					■片持スラブについて	
					300×300 mm 程度以上の範囲で鉄筋が露出し，腐食しているもの	A
					300×300 mm 程度以下の範囲で鉄筋が露出しているが，腐食が認められないもの	B
					■柱について	
					高さ 300 mm 程度以上の範囲で柱全周にわたり鉄筋が完全露出するもの	AA
					柱の 1 面に鉄筋がすべて露出しているもの	A
					300×300 mm 程度以上の範囲で鉄筋が露出し，腐食しているもの	A
					300×300 mm 程度以下で鉄筋が露出しているもの	B

付属表 4-1.7　健全度判定の例　旧式構造物 (1)

構造物	変状種別	重点調査箇所	調査項目	変状原因の推定例	状態の例	判定
旧式構造物（橋台、橋脚）	目地切れ 欠損	・桁座 ・パラベット まくらぎ下れんがの目地切れ、欠損 (a) ・パラベット下端部の目地切れ (b) ・く体全般	・笠石のずれ、傾斜 ・桁座れんがの目地切れ、欠損 ・笠石下れんがの圧潰 ・目地切れ部の漏水 ・進行性の確認	・経年劣化 ・地震の影響 ・基礎の沈下、傾斜、移動	■構造物全体 公衆に影響を及ぼすおそれのあるもの	AA
					■桁座 笠石が前に動き、ずれが生じているもの	A
					笠石の下のれんがが圧潰、あるいは、はらんでいるもの	A
					笠石の下のれんがが欠落しているもの	A
					笠石の目地切れが深く、多数生じているもの	A
			・桁の接触の有無 ・あおりの有無 ・目地切れ、欠損の有無	・経年劣化 ・桁の接触 ・地震の影響 ・基礎の沈下、傾斜、移動	■ (a) の場合 れんがが欠損し、軌道に大きく影響があるもの	AA
					目地切れが多数あるもの	B
					■ (b) の場合 パラベット下端部が切断されており、さらに進行性が認められるもの	AA
					パラベット下端部に目地切れがあり、切断するおそれがあるもの	A
					パラベット下端部に目地切れがあるもの	B
			・目地切れ欠損の有無 ・目地切れの深さ ・前面のはらみ出し ・橋台背面空洞の確認	・基礎の沈下、傾斜、移動 ・背面土圧増大 ・経年劣化 ・地震の影響	く体全般の変状について 目地切れが深く多数あるもの	A
					大きな欠損があるもの	A
					橋台前面に、はらみがあり進行性があるもの	A
					目地切れが多数あるもの	B
					橋台前面に、はらみがあるもの	B

付属表 4-1.7　健全度判定の例　旧式構造物 (2)

構造物	変状種別	重点調査箇所	調査項目	変状原因の推定例	状態の例	判定
旧式構造物（アーチ）	目地切れ 欠損	アーチ ・アーチ下面の線路方向の目地切れ① ・柱付け根部の水平方向の目地切れ② ① ② 柱	・れんがの欠落、ゆるみの有無 ・目地からの漏水の有無	・基礎の変位、傾斜 ・地震の影響 ・経年劣化	クラウン部に水平方向の目地切れが多数発生しているもの	A
					アーチ部に水平方向の目地切れが多数発生しているもの	A
					アーチ部のれんがが多数欠落しているもの	A
					れんがが部にゆるみが多数あるもの	A
					線路方向に目地切れが多数発生しているもの	B
					目地切れが多数発生しているもの	B
					火災によりれんが表面が欠落しているもの	B、C
					漏水があるもの	C
			・目地切れ、貧い違いの有無	・基礎の変位、傾斜 ・地震の影響 ・経年劣化	上部に水平方向の目地切れが多数発生しているもの	A
					貧い違いが大きく、目地切れが多数あるもの	A
					鉛直方向に目地切れが多数発生しているもの	A
					貧い違いが発生しているもの	A、B
					目地切れが多数発生しているもの	B、C

構造物	変状種別	重点調査箇所	調査項目	変状原因の推定例	状態の例	判定
無筋コンクリート (橋台,橋脚)	ひび割れ はく落				**■構造物全体**	
					公衆に影響を及ぼすおそれのあるもの	AA
		・パラペット	・ひび割れの幅，本数，発生方向，進行程度 ・沓座アンカーボルト変形，ゆるみの有無 ・沓座アンカーボルト周辺のひび割れの有無 ・桁同士の接触の有無 ・パラペットと桁の接触の有無	・地震の影響 ・桁の移動（ふく進） ・橋脚・橋台の移動・傾斜による桁のストラット作用の影響 ・沓の作動不良	**■パラペットのひび割れについて**	
					パラペット下端部のひび割れが深く，縁切れのおそれがあるもの	A
					パラペット下端部のひび割れが深いもの	A，B
					■アンカーボルト周囲の変状について	
					アンカーボルトの前面にひび割れがあり，浮きが生じているもの	A
					アンカーボルトの前面がはく落しているもの	A
					アンカーボルトの折損，変形，抜けがあるもの	A
		・く体全般	・施工継目，打継目のひび割れ① ・く体の鉛直ひび割れ② ・く体のはく落 ・橋台背面空洞の確認	・基礎の変位沈下，傾斜，移動 ・地震の影響 ・荷重増加	**■施工目地および打継目のひび割れについて**	
					ひび割れが深く，縁切れのおそれがあるもの	A
					ひび割れは深いが，長さが短いもの	B
					■はく落について	
					大きなはく落があるもの	A
					はく落が多数発生しているもの	B
					はく落が発生しているもの	C

付属表 4-1.9 健全度判定の例 線路下横断構造物 (1)

構造物	変状種別	重点調査箇所	調査項目	変状原因の推定例	状態の例	判定
線路下横断構造物	ひび割れ	・上床版 ・側壁 直角方向	・ひび割れの幅, 本数, 発生方向, 進行程度	・周辺地盤変位 ・不同沈下, 土圧増大 ・施工不良 ・地震の影響	**■構造物全体**	
					ひび割れから鉄筋のさび汁がみられるもの	A
					■上床版のひび割れについて	
					直角方向に幅 0.3 mm 程度以上のひび割れが多数発生しているもの	A
					■側壁のひび割れについて	
					鉛直方向に幅の大きいひび割れが発生しているもの	A
					水平方向に幅 0.3 mm 程度以上のひび割れが多数発生しているもの	A
					斜め方向に幅 0.3 mm 程度以上のひび割れが多数発生しているもの	A
	支点の変位	・支点部 R.L $\frac{1}{4}L$ L	・桁受け部の開口状況 ・目地部の開口, ずれ	・周辺地盤変位 ・不同沈下 ・地震の影響	**■支点変位について**	
					支点部が $L/4$ 以上水平移動し, 進行性が認められるもの	AA
					支点部が $L/4$ 以上水平移動したもの	A
					支点部の水平移動が $L/4$ 未満のもの	B, C
					■3点支持について	
					両端の支点部が開口, 圧壊が生じ, かつ鉄筋が露出し 3 点支持のもの	A
					3 点支持のもの	B

付属表 4-1.9　健全度判定の例　線路下横断構造物 (2)

構造物	変状種別	重点調査箇所	調査項目	変状原因の推定例	状態の例	判定
線路下横断構造物	縦方向の折れ込み	・延長方向の中央部 ・軌道直下部 ・線開直下部	・側壁の鉛直方向、上床版の水平方向のひび割れの有無 ・目地の開口、ずれの有無 ・目地からの漏水、漏土砂の有無	・周辺地盤変位 ・不同沈下、地盤の支持力低下 ・施工不良 ・地震の影響	■折れ込みによる変状について	
					上床版の横断方向に幅 0.2 mm 程度を超えるひび割れが多数発生するもの	AA, A
					目地の開口部やひび割れから漏水があるもの	A
					目地の開口部やひび割れが進行中のもの	A
					目地の開口部やひび割れから漏水が進行中のものがあるもの	B
					■不同沈下について	
					不同沈下が進行中のもの	A
					不同沈下が停止したもの	B
	はく落	・上床版 ・側壁	・上床、側壁のはく落 ・ひび割れからのさび汁 ・かぶり厚さ ・鉄筋腐食の有無 ・コンクリート材質の確認	・施工不良（かぶり不足） ・中性化、塩害、アルカリ反応、凍害	■構造物全体	
					公衆に影響を及ぼすおそれのあるもの	AA
					■はく落について	
					全面にわたり鉄筋が露出するもの	AA
					300×300 mm 程度以上の範囲で鉄筋が露出し、腐食しているもの	A
					300×300 mm 程度以下の範囲で鉄筋が露出し、腐食が認められないもの	B
	漏水	・上床版 ・側壁	・目地開口部およびひび割れ部からの漏水 ・コンクリートはく落部からの漏水 ・桁受け部からの漏水 ・コンクリートはく落、浮き上がりの範囲	・構造物の変位、ひび割れ ・鉄筋腐食	■漏水について	
					目地開口部から泥水のもれがあるもの	A
					ひび割れ部からエフロレッセンスがみられ、かつ漏水が結氷し、進行性がみられるもの	A
					桁受け部からの漏水、上床版を浮き上げるもの	A
					目地開口部はあるが漏水はないもの	B
					ひび割れ部からエフロレッセンスが見られないもの	B

付属表 4-1.10　健全度判定の例　洗掘防護工等の工作物（1）

構造物	変状種別	重点調査箇所	調査項目	変状原因の推定例	状態の例	判定
根固め工 （ブロック工，かご工（層積み））	不陸，流失，傾斜	・施工範囲の全域	・不陸，流失，傾斜の有無	・増水による洗掘	根固め工の不規則な不陸，流失および傾斜の範囲が橋脚・橋台まで及んでいるもの	A

付属表 4-1.10　健全度判定の例　洗掘防護工等の工作物（2）

構造物	変状種別	重点調査箇所	調査項目	変状原因の推定例	状態の例	判定
根固め工（ブロック工，かご工（層積み））	不陸，流失，傾斜	・施工範囲の全域	・不陸，流失，傾斜の有無	・増水による洗掘	根固め工の不陸，流失および傾斜が施工範囲の一部に生じているもの（ただし進行性が不明あるいは著しい場合はA）	B（A）
					根固め工の流失はないものの施工範囲（橋軸方向もしくは橋軸直角方向のいずれか）の1/2以上が傾斜しているもの	A

付属表 4-1.10　健全度判定の例　洗掘防護工等の工作物（3）

構造物	変状種別	重点調査箇所	調査項目	変状原因の推定例	状態の例	判定
根固め工 （ブロック 工，かご工 （層積み））	不陸，流 失，傾斜	・施工範囲の上下流方の端部	・不陸，流失，傾斜の有無	・増水による洗掘	根固め工の施工範囲の上流方端部の全体が侵食を受け不陸，流失および傾斜が生じているもの	A
					根固め工の施工範囲の上流方端部の一部が侵食を受け不陸，流失および傾斜が生じているもの	B
					根固め工の施工範囲の下流方端部の河床全体が落差による侵食を受けているもの，あるいは一部の侵食により下流方端部の一部のブロック等が流失しているもの	A
					根固め工の施工範囲の下流方端部の河床の一部が落差による侵食を受けているもの	B
根固め工 （ブロック 工(乱積み)）	流失	・施工範囲の全域	・流失の有無	・増水による洗掘	根固め工が施工されており施工時の施工範囲（橋軸方向もしくは橋軸直角方向のいずれか）の 1/3 以上が流失しているもの	A
					根固め工が施工されており施工時の状況が不明で一部の流失が明らかなもの	A
					根固め工が施工されており流失がなく進行性がないもの（ただし進行性が不明なものは B）	C(B)

付属表 4-1.10　健全度判定の例　洗掘防護工等の工作物（4）

構造物	変状種別	重点調査箇所	調査項目	変状原因の推定例	状態の例	判定
根固め工（ブロック工, かご工）	侵食, 洗掘	・根固め工周辺 防護ブロック・かご間の洗掘	・流下状況 ・侵食・洗掘の有無	・全体河床の変動 ・みお筋の変化	根固め工が河床面よりすべて突出しその下方を常時水が流下しているもの	A
					根固め工の上部の流れが一部, 根固め工の下部に潜り込んでいるもの	B
					橋脚間の防護ブロック・かごの間の侵食が進行し, みお筋の河床高がみお筋に隣接する基礎底面位置より低いことが明らかなもの	A

付属表 4-1.10　健全度判定の例　洗掘防護工等の工作物（5）

構造物	変状種別	重点調査箇所	調査項目	変状原因の推定例	状態の例	判定
根固め工 （ブロック 工，かご工）	洗掘， 吸出し	・根固め工下部地盤	・地盤の流失の有無	・増水による局所的な洗掘，吸出しの発生	ブロック工，かご工の底面に吸出しが橋脚周りで発生しているもの ※異種のブロックが異なる河床高で施工されているものは吸出しを受けやすい	A
					下部の吸出しにより一部の防護ブロック・かごが河床に支持されず，浮いた状態になっているもの	A
					吸出しはあるが防護ブロックやかごに浮きはなく，橋脚まで吸出し範囲が及んでいないもの	B

付属表 4-1.10　健全度判定の例　洗掘防護工等の工作物 (6)

構造物	変状種別	重点調査箇所	調査項目	変状原因の推定例	状態の例	判定
かご工	損傷	・全域	・破損の有無	・洗掘や河床変動に伴う傾斜 ・流下物の衝撃	かご枠工の破損が著しく，かご内のぐり石の大部分が流失したもの	A
ブロック工	損傷	・ブロック工の連結部分	・連結部分の損傷の有無	・腐食，傾斜や不陸に伴う破断	ブロック工の連結部分が損傷しているもの ※異種のブロックが異なる河床高で施工されているものは連結されていない場合が多い	B
はかま工	損傷	・全域	・損傷の有無	・増水による局所的な洗掘，吸出しの発生，河床低下	はかま工の天端コンクリートにき裂・沈下が生じたもの	A
					はかま工の天端コンクリートと橋脚との間に顕著な目地切れ，隙間が生じているもの	A
					はかま工底面の露出が明らかなもの	A
					はかま工内部の吸出しの発生が確認されたもの	A

付属表 4-1.10　健全度判定の例　洗掘防護工等の工作物 (7)

構造物	変状種別	重点調査箇所	調査項目	変状原因の推定例	状態の例	判定
張コンクリート工	損傷	・全域 ・張コンクリート工下流方端部 ・張コンクリート工下部地盤 落差による侵食	・き裂・沈下の有無 ・河床の侵食の有無	・増水による吸出しの発生	張コンクリートにき裂・沈下が発生したもの	A
					張コンクリートの施工範囲の下流方端部の河床全体が落差による侵食を受けているもの	A
					張コンクリートの下面に侵食が生じているもの（張コンクリート全体が浮いているものは AA）	A(AA)
					張コンクリートの下面の複数箇所に水が流下していることが明らかなもの（張コンクリート全体が浮いているものは AA）	A(AA)
鋼矢板締切工	損傷, 変位	・鋼矢板および天端全体 き裂　沈下 不陸 き裂 隙間 隙間　吸出し 傾斜	・損傷, 変位の有無	・増水による局所的な洗掘, 吸出しの発生, 河床低下	基礎底面深度まで洗掘や河床低下が認められるもの	A
					鋼矢板内部の天端コンクリートにき裂・沈下が生じたもの	A
					鋼矢板内部の天端コンクリートと橋脚との間に顕著な隙間が生じているもの	A
					鋼矢板の篏合の不良や腐食, 隙間や傾斜が生じているもの	A

付属表 4-1.10 健全度判定の例 洗掘防護工等の工作物 (8)

構造物	変状種別	重点調査箇所	調査項目	変状原因の推定例	状態の例	判定
鋼矢板締切工	損傷, 変位	・施工範囲全域, 側面	・侵食の有無	・みお筋の変化, 側方侵食	橋脚周囲の一部のみ施工されており直接基礎のフーチング底面や杭基礎頭部が露出しているもの	A
					橋脚周囲の一部のみ施工されており側方の侵食や防護工の損傷がみられるもの	A
沈床工	損傷	・施工範囲全域, 側面	・枠の損傷の有無 ・ぐり石の流失の有無	・流下物の衝撃 ・みお筋の変化	枠が破損, 流失しているもの	A
					ぐり石の流失が著しいもの	A
地下連続壁	洗掘, 侵食	・施工範囲全域	・洗掘, 侵食の有無	・増水による局所的な洗掘, 河床低下	洗掘や河床低下により地中に施工されていた連続壁自体が露出しているもの	A

165

付属表 4-1.10　健全度判定の例　洗掘防護工等の工作物（9）

構造物	変状種別	重点調査箇所	調査項目	変状原因の推定例	状態の例	判定
落差工	損傷，侵食	・落差工 一部のみ施工	・施工範囲	・増水による構造物の不安定化，下流方の河床低下	橋りょうから 50 m 程度以内および目視できる下流方の範囲において，落差工が河川幅の一部のみ施工されているもの	A
		・落差工および下流方 侵食 傾斜 不陸，一部流失 き裂　侵食，不陸	・損傷および河床の侵食の有無	・増水による構造物の不安定化，下流方の河床低下	橋りょうから 50 m 程度以内および目視できる下流方の範囲において，落差工の下流方が局所的に著しく侵食を受けているもの	A
					橋りょうから 50 m 程度以内および目視できる下流方の範囲において，落差工にき裂などの損傷が生じているもの	A
					橋りょうから 50 m 程度以内および目視できる下流方の範囲において，落差工があるが河川幅全体に施工され堅牢で変状がないもの	C

付属資料 4-2　洗掘を受けやすい橋りょうを抽出するための採点表[1]

1.　はじめに

　河川橋りょうにおける洗掘災害を防ぐために，橋りょうの状態を確認しておくことが必要である．橋りょうの状態を確認するための検査は，まず目視による検査（全般検査）を行い，必要な箇所については詳細な検査（個別検査）が行われている．個別検査では，洗掘の危険性のある橋りょうに対して対策の要否など，必要な措置の検討も行う．このプロセスで重要な点は，全般検査の段階で「洗掘を受けやすい橋りょう」を精度よく抽出することにある．

　これまで，洗掘に対する要注意橋りょうを抽出する手法としていくつかの手法が提案されている[2]~[4]．しかし，それらの適用に際しては，詳細な調査や河川工学の専門知識が必要であり，必ずしも全般検査の段階で活用できる手法とはなっていない．そこで，洗掘に対する要注意橋りょうを全般検査で効率的に抽出する手法として，（公財）鉄道総合技術研究所より採点表が提案された．なお，この採点表はあくまで洗掘に対する要注意橋りょうを抽出するものであって，現在の橋脚の健全度を判定するものではない．また，採点表により抽出された橋脚の場合であっても，その後の調査において危険性のないことが確認できれば対象から外しても問題ない．

2.　採点表の適用範囲

　この採点表は橋脚を有する橋りょうのみを適用範囲として設定しているが，一径間の橋りょうについても，被災事例からみた調査時の着眼点として，評価項目の一部や特記事項に記載の内容は活用できる．また，桁冠水による橋脚の倒壊などの災害については，洗掘災害とは原因が異なるため，今回の採点表の適用範囲外としている．

3.　洗掘の評価項目

　一般的に，河川橋脚における洗掘深や大きさを左右する要因は，これまで洗掘深の予測式[5]~[8] などに取り上げられているものがよく知られている．例えば，①河床材料の粒径，②河床勾配，③水位，④流速（流量），⑤橋脚幅などである．しかし，これらは時々刻々変動するものや特定するための作業が非常に煩雑であるものが多い．本方法では，洗掘現象に関係すると一般にいわれている条件を3つに分類した上で，過去の被災事例からみた特徴をもとに洗掘への影響が大きいと考えられている要因を評価項目とした（付属表 4-2.1）．

　なお，河床勾配や河床材料の粒径については，これらと相関があると思われる地形や河床材料で代表させることとし，また，橋脚幅のように基本的に不変なものは評価項目としていない．

付属表 4-2.1　採点表の評価項目

条件	評価項目
河川の環境条件	①地形, ②河川幅の狭窄, ③河床材料, ④全体河床の低下
橋りょう（橋脚）の構造条件	⑤河川の湾曲に対する橋脚の位置, ⑥河川敷に対する橋脚の位置, ⑦下流方の落差, ⑧根入れ比, ⑨根入れ長の変化, ⑩基礎底面の岩着
防護条件	⑪防護工の有無, ⑫変状の程度, ⑬河床面と基礎底面との高低差, ⑭施工範囲

付属表 4-2.2　採点表

	評価項目		区分	点数
河川の環境条件	地形※		平野	10
			谷底平野	10
			扇状地	0
			山間地	5
	河川幅の狭窄		なし	15
			あり	0
	河床材料※		砂	10
			礫	0
			露岩・巨礫	10
	全体河床の低下		あり	0
			なし	10
橋りょう（橋脚）の構造条件	河川の湾曲に対する橋脚の位置※		直線および曲線内側	15
			曲線外側	0
	河川敷に対する橋脚の位置		流水中	5
			陸地（護岸なし）	10
			陸地（護岸なし，流路に隣接）	0
			陸地（護岸あり）	25
			陸地（護岸あり，流路に隣接）	15
	下流方落差	高さ	なし	20
			～1 m	5
			1 m～2 m	0
			2 m～	◆
		変状	変状あり	◆
		施工範囲	河川幅の一部のみ	◆
	根入れ比		直接基礎・杭基礎	付属図4-2.1による
			ケーソン基礎	
	根入れ長の変化		前回調査に比べ1.5 m以上の増減がある	◆
	フーチング底面の岩着※		岩着ではない	0
			岩着と思われる	15
			岩着	30

	評価項目		区分	点数
防護条件			なし	0
			不明	0
	かご		変状あり	0
			変状なし	5
			変状不明	0
	ブロック	変状	変状なし	20
			変状中・一部流失・乱積み	5
			変状大・流失	◆
			変状不明	0
		連結	連結	5
	はかま	根入れ	河床＞はかま上面	20
			はかま下面＜河床≦はかま上面	10
			河床≦はかま下面	◆
		変状	変状あり	◆
			変状不明	0
	張コンクリート	敷設範囲	周辺全面	40
			$2D$以上（D：橋脚く体幅）	20
			$2D$未満（D：橋脚く体幅）	0
	シートパイル	根入れ	河床＞基礎底面	20
			河床≦基礎底面	◆
		変状	変状あり	◆
			変状不明	0

		区分	点数
特記事項	必ず調査する項目	下流方落差の構造形式	—
		橋脚基礎の構造形式※	—
	調査しておくことが望ましい項目	周辺で河川改修が行われているか	—
		前回調査時に比べ橋りょう周辺の河川環境が変化しているか	—
		河川の流向と橋脚の向き	—
		河口閉塞の有無	—
		被災歴の有無	—
		隣接橋りょうの有無※	—
		その他特有の条件	—

※　「A：基本的には変化しない項目」，これ以外の項目が「B：環境の変化があった場合には更新が望ましい項目」となる

4.　採　点　表

　付属表 4-2.2 に採点表を示す．採点は評価項目ごとに行い，現地の状況に最も近いものを選択する．評価項目には洗掘災害への影響を考慮して配点しており，各項目の合計点が対象橋脚の評価点となる．この評価点が 110 点を下回る場合，「より詳細な調査が必要と思われる橋脚（以下，要注意橋脚）」とみなす．なお，項目によっては点数欄に「◆」マークがついているものもあるが，この項目はそれ単独で洗掘災害発生の危険性がある重要な項目であるため，1 つでも該当すれば採点表の合計点にかかわらず，要注意橋脚とする．また，特記事項は「─」マークがついており，直接評価に加えないため点数は設定していない．しかし，下流方落差の構造形式および橋脚基礎の構造形式については基本事項として調査しておく必要がある．また，それ以外の項目についても調査しておくことが望ましい．なお，評価項目は以下のように，A：基本的には変化しない項目，B：環境の変化があった場合には更新が望ましい項目，から構成され，採点表の更新の際には留意が必要である．
・A：地形，河床材料，河川の湾曲に対する橋脚の位置，フーチング底面の岩着，橋脚基礎の構造形式
・B：河川幅の狭窄，全体河床の低下，河川敷に対する橋脚の位置，下流方落差の有無と施工範囲（構造形式を含む），下流方落差の変状，根入れ比，根入れ長の変化，各種防護条件の有無と敷設範囲，各種防護条件の変状や連結および根入れ

　付属表 4-2.2 の採点表を使用して，ある線区における 27 橋りょう・77 橋脚の評価を行った．これらの評価点の頻度分布を**付属図 4-2.2** に示す．なお，図中の要注意橋脚とは，橋脚の洗掘災害に関する専門技

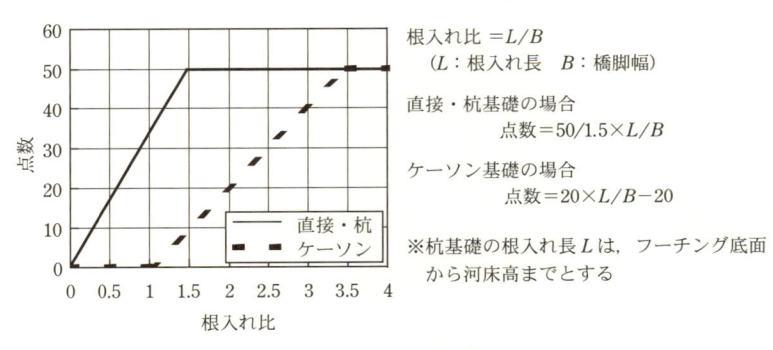

付属図 4-2.1　根入れ比と点数との関係

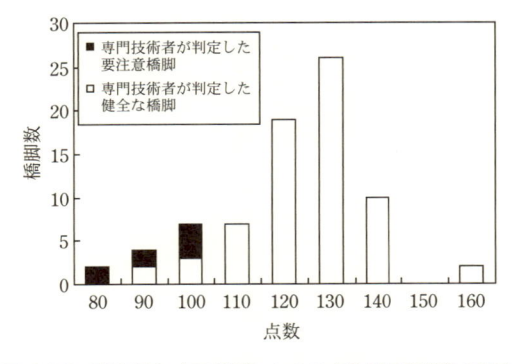

付属図 4-2.2　現地調査（77 橋脚）による点数別の橋脚数の頻度分布

術者が，採点表を使用せずに「洗掘要注意橋脚」と判断したものである．**付属図4-2.2**より，評価点が110点を下回る橋脚の中に要注意橋脚が含まれており，これが上述の110点をしきい値とした根拠となっている．

5． 評価項目の解説と採点例

ここでは，**付属表4-2.2**に示した採点表の評価項目ごとの考え方と採点結果の事例を示す．

5.1 地 形

地形区分は厳密なものではなく，国土地理院の1/25,000縮尺の地形図で想定できる程度の地形を選択する（**付属図4-2.3～6**）．一般に，河川は流下の過程で山間地をぬけ，扇状地を経て平野部を通り海へ注ぐ．しかし，場合によっては扇状地がそのまま海岸に接し，平野部をほとんどもたない地形の中を流れる河川もある．なお，扇状地とは，山間地からやや開けた平坦部へ出る，いわゆる谷の出口に相当する小さな地形も含むものとする．また，谷底平野とは谷状の地形をなす地域にある比較的平坦な地形の場所をいう．平坦面は古い時代の河床であり現在の河川が下方侵食して現在の平坦面が構成されていることが多い．また，平坦面の端部は何段かの段丘面をなすこともある．

上述した中で，扇状地は土砂の堆積，侵食が激しい地形であり，流路が安定しないという共通の特徴をもつ．その意味でこの評価点は，4つの地形の中で一番危険性の高い地形として位置付けている．

・平野（点数10点）

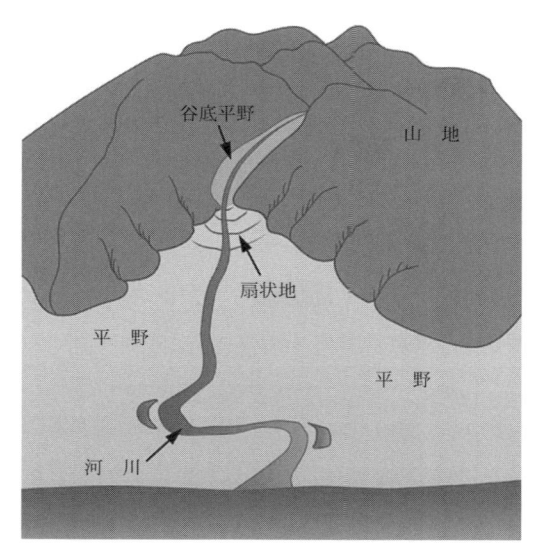

河川の下流域に広がる平野は標高が大きく変化せず，農業用地や住宅地として利用されている．平野における河川は勾配がゆるやかで川幅も山地河川と比較すると広い場合が多い．

付属図 4-2.3 地形の評価例（平野）

・谷底平野（点数 10 点）

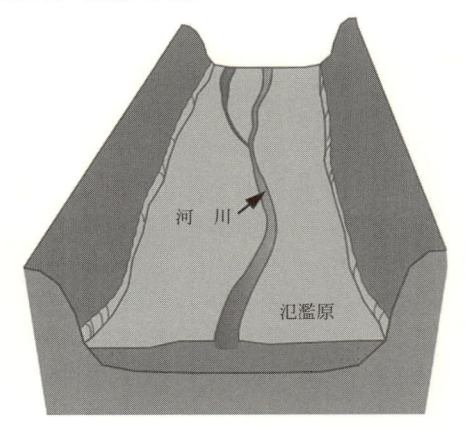

　谷底平野は，河川の中流域におい
て上流域から運ばれた土砂が山地の
間に堆積した比較的幅の広い平坦な
地形である．河岸段丘が形成されて
いる場合もある．

付属図 4-2.4　地形の評価例（谷底平野）

・扇状地（点数 0 点）

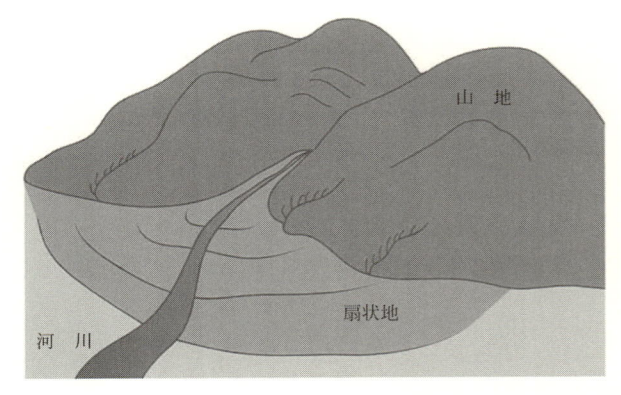

　谷を抜けた河川の流速が低下し，土
砂が谷の出口にたまることを繰り返し
て形成された地形である．洪水の際に
侵食を受けやすく河川が大きく蛇行す
ることがある．

付属図 4-2.5　地形の評価例（扇状地）

・山間地（点数 5 点）

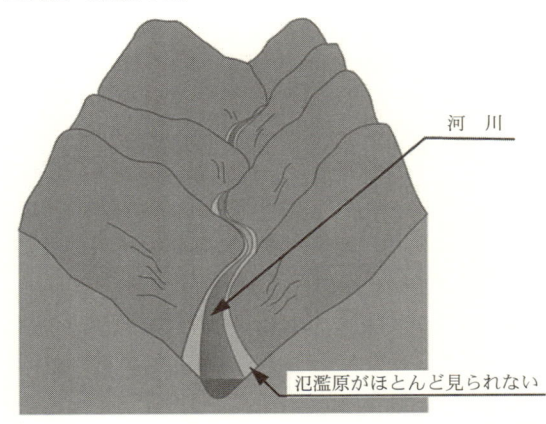

　上流域に見られる氾濫原がほとん
ど見られない地形である．河床材料
は礫・巨礫であり，岩盤の露出が見ら
れる場合もある．

付属図 4-2.6　地形の評価例（山間地）

5.2 河川幅の狭窄

河川幅の狭窄とは，平水時におけるみお筋の狭窄ではなく，河道幅（増水時の河川幅，堤防間の幅）を考えることを基本とし，**付属図4-2.7**に示すB/B_0が0.6以下の場合に川幅が狭窄しているものとする．ただし，**付属図4-2.8**に示す一時的な工事や河川改修等によってみお筋が狭まる場合には該当するものとして考える．

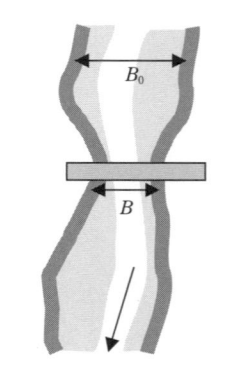

$B/B_0 \leqq 0.6$（河川幅の狭窄あり）

$\qquad > 0.6$（河川幅の狭窄なし）

ここに，B：橋りょう部川幅

$\qquad B_0$：上流部川幅

$\qquad B$とB_0の距離は50 mまたは川幅程度とする

付属図 4-2.7　河川幅の狭窄

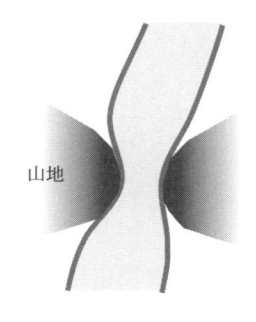
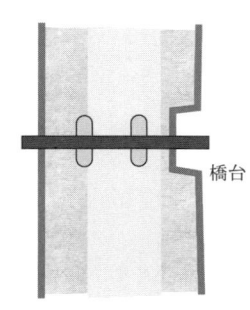
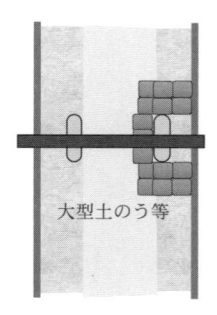

両岸の山地が迫っていることによる狭窄　　橋台部分の突出　　締切り工や河川改修

付属図 4-2.8　河川幅の狭窄の評価例

5.3 河床材料

河床材料は地盤工学の厳密な区分を用いるのではなく，現地で一番目に付く状態の河床材料とする．ただし，河床材料は，橋りょう周辺の場所によって表面上に観察される種類が異なる場合がある．このため，河床材料を選ぶ際には，本流路に近い部分の材料を優先するのがよい．区分の目安を**付属図4-2.9～14**に示す．なおこの区分は，学会等基準とは異なっており，例えば地盤工学会における砂と礫の区分（粒径2 mm以下が砂，2 mm以上が礫）と異なることに留意が必要である．

礫：概ね粒径10 mm以上の場合

砂：概ね粒径10 mm未満の場合

露岩：河床に堆積物がなく岩が露出している場合

巨礫：人力で動かせない程度の礫が散見される場合

・砂（点数 10 点）

付属図 4-2.9　河床材料の評価例（砂）

・砂（点数 10 点）

付属図 4-2.10　河床材料の評価例（砂）

・礫（点数 0 点）

付属図 4-2.11　河床材料の評価例（礫）

・礫（点数 0 点）

付属図 4-2.12　河床材料の評価例（礫）

・露岩・巨礫（点数 10 点）

付属図 4-2.13　河床材料の評価例（巨礫）

・露岩・巨礫（点数 10 点）

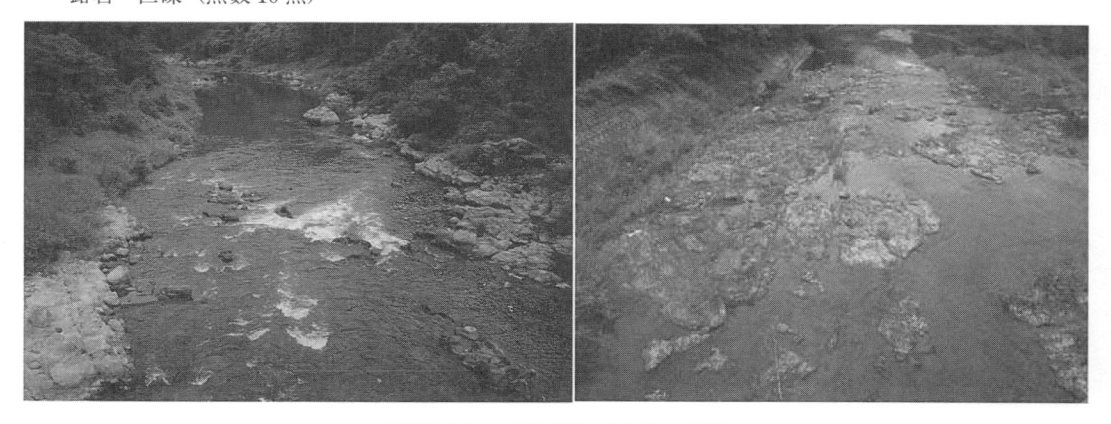

付属図 4-2.14　河床材料の評価例（露岩）

5.4　全体河床の低下

　全体河床の低下とは，橋脚の位置とは関係なく，河川の横断方向および縦断方向に河床の高さが下がる傾向のことをいう．また，河床の高さが下がる傾向とは，過去の検査記録と比較して明らかに傾向が認められる場合をいう（**付属図 4-2.15〜18**）．**付属図 4-2.15** に示すように，河川の河床低下の現象には，河道の一部で河床高が低下するものもあるので，この場合も，判断項目として「全体河床の低下」として扱う．

・低下なし（点数 10 点）
・低下あり（点数 0 点）

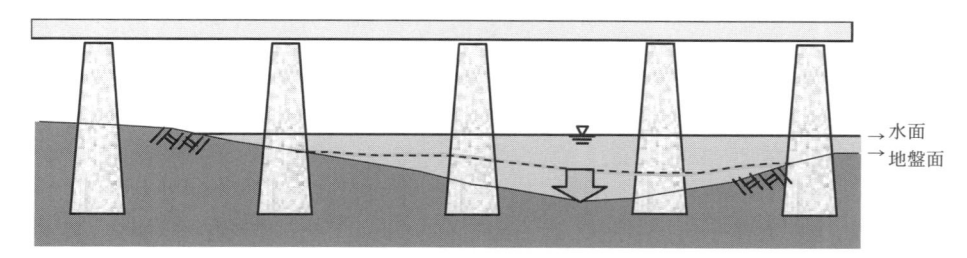

付属図 4-2.15　全体河床の低下

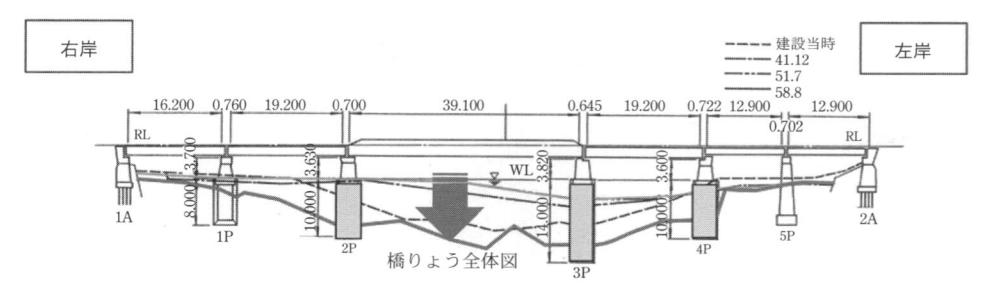

付属図 4-2.16　全体河床の低下の例（河床測定）

・1 年前の河床位置
・全体的に低下

付属図 4-2.17　全体河床の低下の評価例（低下あり）

付属図 4-2.18 長期的な河床低下の可能性を示唆する橋台・護岸基礎の露出

5.5 河川の湾曲に対する橋脚の位置

河川の湾曲とは，曲率半径が河川幅の7倍以下の場合とする（$r/B \leqq 7$，r：曲率半径，B：川幅）．

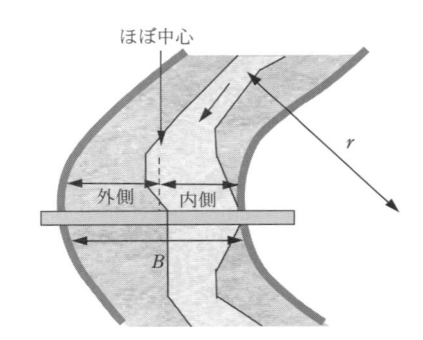

付属図 4-2.19 川幅と曲率半径

湾曲した河川内に橋脚がある場合，橋脚の位置により洗掘の危険性が異なるため，橋脚が曲線の内側か外側かを判定する必要がある．ここで言う「曲線外側に位置する橋脚」とは，河川が湾曲しており，増水時に明らかに水衝部に位置する橋脚をいう．この際，平水時におけるみお筋の湾曲ではなく，増水時の湾曲，いわゆる堤防の湾曲を考えなければならない．なお，内側・外側の区別は堤防間の幅のほぼ中心を基準とし，各橋脚に対して判断する（**付属図 4-2.19，20**）．

付属図 4-2.20 河川の湾曲に対する橋脚の位置の評価例

5.6 河川敷に対する橋脚の位置

河川敷における橋脚の位置により洗掘の危険性が異なるため，**付属図 4-2.21** に示す5つの状態に判別する．評価例を**付属図 4-2.22**に示す．なお，本項目では平水時の流路とし，流路に隣接とは流路より10mの範囲をいう．ただし，10m以上離れている流路に隣接しない橋脚においても，周辺に明瞭な新しい侵

食痕や洗掘孔がみられる場合には陸地（護岸なし，流路に隣接）とする（**付属図 4-2.23**）．また，この判別は各橋脚について実施する．

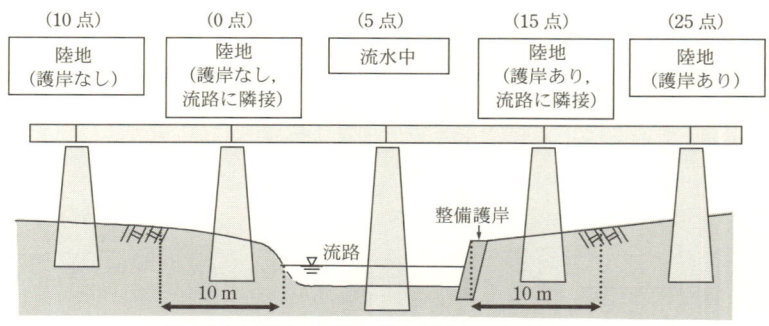

※隣接とは流路より概ね 10 m 以内にあることをいう

付属図 4-2.21　河川敷に対する橋脚の位置

付属図 4-2.22　河川敷に対する橋脚の位置の評価例

付属図 4-2.23　流路に隣接した橋脚で，侵食が進行している例

5.7 下流方落差

　下流方とは橋りょうから50 m 程度下流までの範囲をいう．また，下流方落差の変状とは，落差工の機能に影響を与えるシートパイルのかみ合さ不良や，ブロックの沈下や組合せ不良をいい，微細な変状は含まない．下流方落差の考え方を**付属図4-2.24**に示す．下流側落差の変状が見られる場合や下流方落差が河川幅の一部のみに施工されている場合（**付属図4-2.25**）は，その橋りょうの全橋脚を要注意橋脚として抽出する．下流側落差の評価例を**付属図4-2.26～33**に示す．

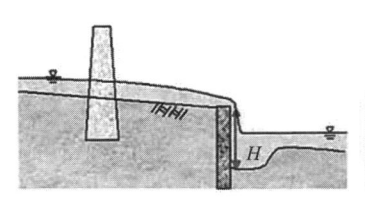 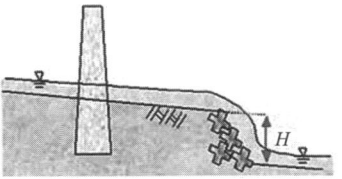 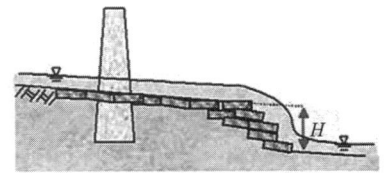

付属図 4-2.24　下流方落差 H の考え方

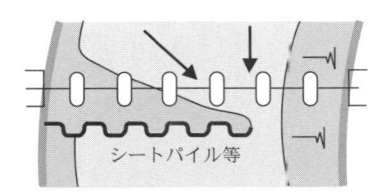 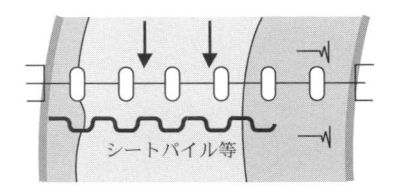

付属図 4-2.25　下流方落差が河川幅の一部にある場合の例

・～1 m（点数5点）

付属図 4-2.26　下流方落差の評価例（～1 m）

・1～2ｍ（点数0点）

付属図 4-2.27　下流方落差の評価例（1ｍ～2ｍ）

・1～2ｍ（点数0点）

付属図 4-2.28　下流方落差の評価例（1ｍ～2ｍ）

・2ｍ～（点数◆）

付属図 4-2.29　下流方落差の評価例（2ｍ～）

・変状あり（点数◆）

付属図 4-2.30　下流方落差の評価例（落差工の変状：ブロック積み）

・変状あり（点数◆）

付属図 4-2.31　下流方落差の評価例（落差工の変状：シートパイル）

・変状あり（点数◆）

付属図 4-2.32　下流方落差の評価例（落差工下方の侵食）

・河川幅の一部のみ（点数◆）

付属図 4-2.33　下流方落差の評価例（河川幅の一部のみ）

182

5.8 根入れ比

根入れ比とは橋脚幅Bと根入れ長Lとの比を表す．調査では，根固め工が施工されている橋脚においても，実測の根入れ長から根入れ比を求める．根入れ比の算定方法の例を**付属図4-2.34**に示す．また根入れ比の計算例を**付属図4-2.35〜38**に示す．

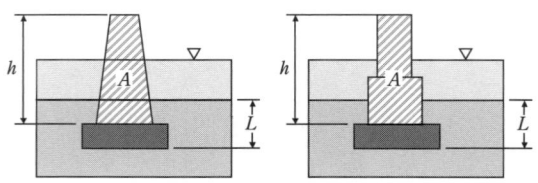

根入れ比
$=L/B$

B：前面抵抗幅の平均値（$B=A/h$）
A：流水に対する抵抗面積（ハッチング部の面積）
h：橋脚高さ
L：根入れ深さ
　直接基礎，杭基礎の場合：フーチング底面から河床位置
　ケーソン基礎の場合：ケーソン底面位置から河床位置

付属図 4-2.34　根入れ比の算定方法の例

・直接基礎・杭基礎

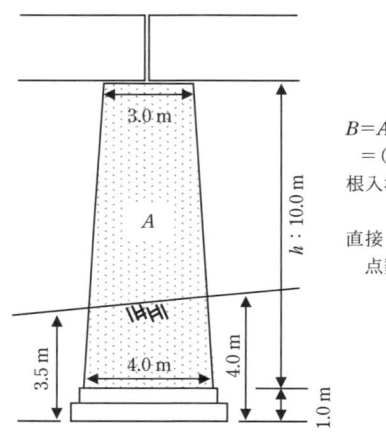

$B=A/h$（A：ハッチング面積，h：橋脚高さ）
$\quad =(3.0+4.0) \div 2 \times 10.0/10.0 = 3.50$
根入れ比$=L/B$（L：根入れ深さ，B：前面抵抗幅の平均値）
$\quad =3.5/3.5=1.00$
直接・杭基礎の場合
$\quad$点数$=50/1.5 \times L/B$
$\qquad =50/1.5 \times 1.0 = 33.3 \fallingdotseq 33$ 点

付属図 4-2.35　直接基礎・杭基礎の根入れ比計算例

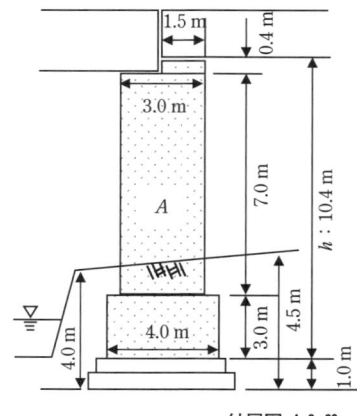

$B=A/h$（A：ハッチング面積，h：橋脚高さ）
$\quad =(1.5 \times 0.4 + 3.0 \times 7.0 + 4.0 \times 3.0)/10.4 = 3.23$
根入れ比$=L/B$（L：根入れ深さ，B：前面抵抗幅の平均値）
$\quad =4.0/3.23=1.24$
直接・杭基礎の場合
$\quad$点数$=50/1.5 \times L/B$
$\qquad =50/1.5 \times 1.24 = 41.3 \fallingdotseq 41$ 点

付属図 4-2.36　直接基礎・杭基礎の根入れ比計算例

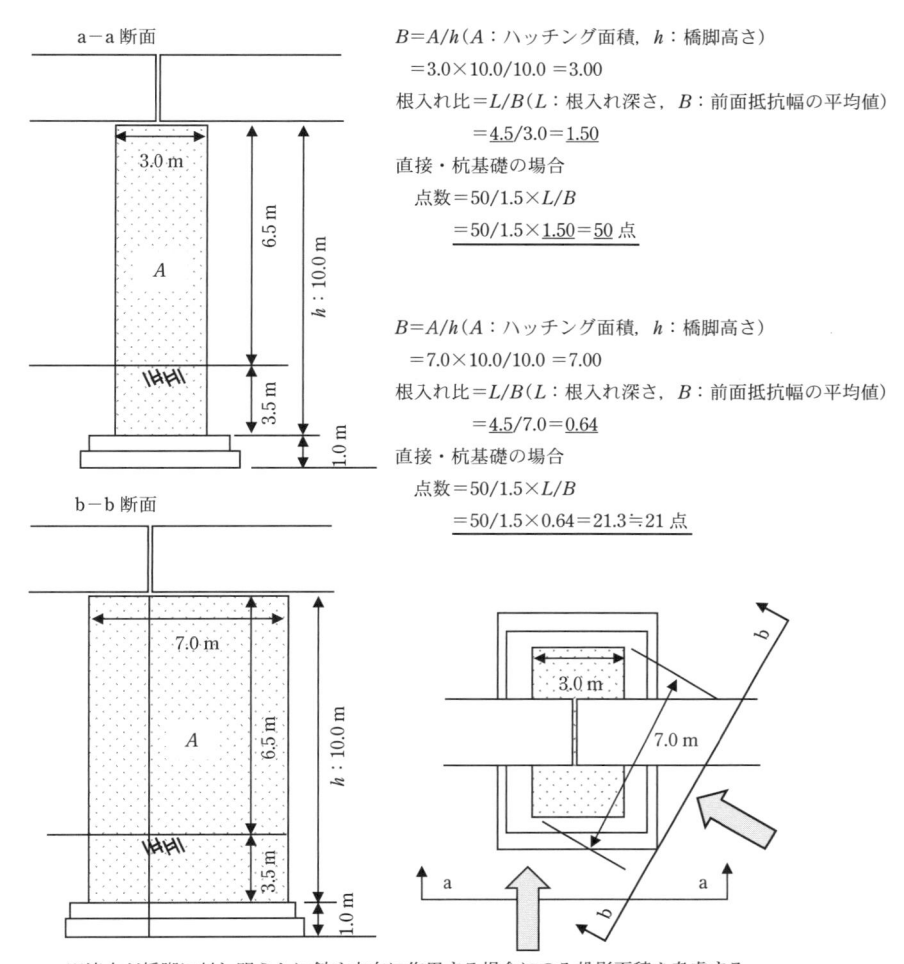

a－a 断面

$B=A/h$（A：ハッチング面積，h：橋脚高さ）

$\quad =3.0\times10.0/10.0=3.00$

根入れ比$=L/B$（L：根入れ深さ，B：前面抵抗幅の平均値）

$\quad\quad =4.5/3.0=\underline{1.50}$

直接・杭基礎の場合

　点数$=50/1.5\times L/B$

　　　　$=50/1.5\times\underline{1.50}=\underline{50}$ 点

$B=A/h$（A：ハッチング面積，h：橋脚高さ）

$\quad =7.0\times10.0/10.0=7.00$

根入れ比$=L/B$（L：根入れ深さ，B：前面抵抗幅の平均値）

$\quad\quad =4.5/7.0=\underline{0.64}$

直接・杭基礎の場合

　点数$=50/1.5\times L/B$

　　　　$=50/1.5\times0.64=21.3\fallingdotseq21$ 点

b－b 断面

※流水が橋脚に対し明らかに斜め方向に作用する場合にのみ投影面積を考慮する

付属図 4-2.37　直接基礎・杭基礎の根入れ比計算例

・ケーソン基礎

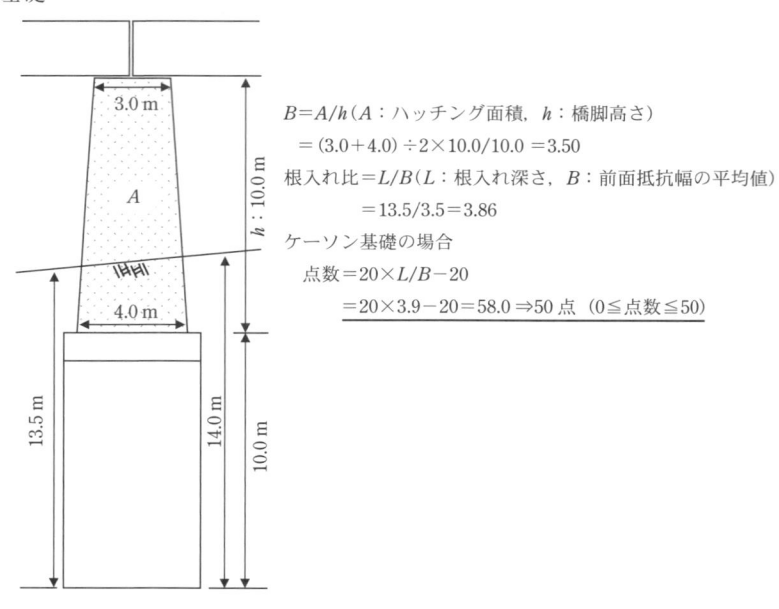

$B = A/h$（A：ハッチング面積，h：橋脚高さ）
$\quad = (3.0 + 4.0) \div 2 \times 10.0/10.0 = 3.50$

根入れ比 $= L/B$（L：根入れ深さ，B：前面抵抗幅の平均値）
$\quad\quad = 13.5/3.5 = 3.86$

ケーソン基礎の場合
$\quad$点数 $= 20 \times L/B - 20$
$\quad\quad = 20 \times 3.9 - 20 = 58.0 \Rightarrow 50$ 点　（$0 \leqq$ 点数 $\leqq 50$）

付属図 4-2.38　ケーソン基礎の根入れ比計算例

5.9　フーチング底面の岩着

「岩着」とは，フーチング底面のすべてが岩着しているものだけを扱う．フーチング底面の全面が岩着していないものを「岩着」と判定すると危険側に扱われるので注意しなければならない．岩着の評価例を**付属図 4-2.39〜42** に示す．なお，「岩着」は，目視で判定するものではなく，ボーリング等で確実に確認されたものを指す．また，「岩着と思われる」についても，目視で判定するものではなく，図面等で明記されているが，ボーリング等で確認していないものを指す．

・岩着ではない（点数 0 点）

付属図 4-2.39　フーチング底面の岩着の評価例（岩着ではない）

・岩着と思われる（点数 15 点）

付属図 4-2.40　フーチング底面の岩着の評価例（岩着と思われる）

・岩着（点数 30 点）

付属図 4-2.41　フーチング底面の岩着の評価例（岩着）

・参考　岩着と思われていたが風化の進行により洗掘を受け，底面の一部のみ岩着している．

付属図 4-2.42　一部のみ岩着している橋脚基礎の例（洗掘被災後に撮影）

5.10 防護条件

　採点対象となる防護工は，橋脚まわりに施工されているもののみとする．図面等に防護工の施工が記載されている場合に土砂の堆積や植生の繁茂などで確認できない場合や，現地にて一部に根固め工等の施工が確認できるが図面に記載されておらず施工範囲や詳細な構造が不明な場合は，「不明」として扱う．橋脚周りに防護工が2種類以上施工されている場合には，最も変状が大きい防護工をその橋脚の防護工として扱い採点を行う．また，すべての防護工が健全である場合には，代表的な1種類の防護工について採点を行う．なお，張コンクリートの敷設範囲の考え方を**付属図 4-2.43** に示すとともに，各防護工に対する変状の程度の考え方を**付属表 4-2.3** に，防護条件の評価例を**付属図 4-2.44～4-2.59** に示す．

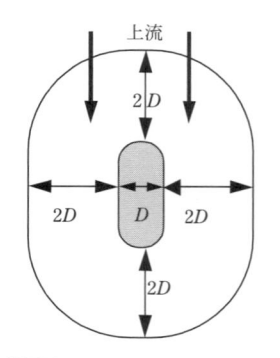

付属図 4-2.43　張コンクリートの敷設範囲

付属表 4-2.3 (1)　かご工の変状の程度

平　　面	断　　面	解　　説	変状程度
		不陸やかごの破損，流失がない	変状なし
		かごの破損，石の流失	変状あり
		かごの著しい不陸，沈下，流失	変状あり

付属表 4-2.3 (2)　根固めブロック工の変状の程度

平　面	断　面	解　説	変状程度
		（層積み用ブロックの場合） 流失ブロックや不陸もなし	変状なし
		（層積み用ブロックの場合） ブロック沈下，不陸，周囲洗掘 一部ブロック流失	変状中
		（層積み用ブロックの場合） ブロック沈下，不陸が甚だしい ブロック下の河床の吸出し ブロック流失	変状大
		（層積み用ブロックの場合） 度重なる根固め修繕により乱積み状態になっているもの	
	連結	（層積み用ブロックの場合） ブロック相互がシャックル等で連結されており，切断等がみられない	連結
		（乱積み用ブロックの場合） テトラポッド，六脚ブロック等 ただし，流失等の変状がある場合は，変状大とする	乱積み （変状大）

188

付属表 4-2.3 (3)　はかま工の変状の程度

平　面	断　面	解　説	変状程度
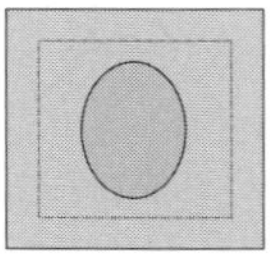	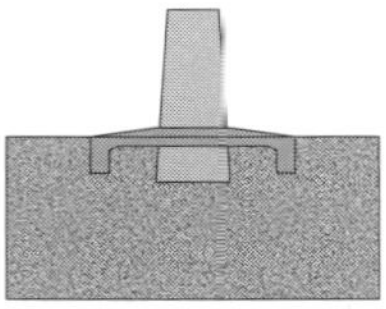	河床がはかま工の天端以上	河床 ∨ はかま上面
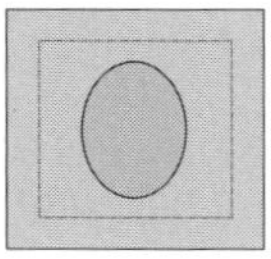	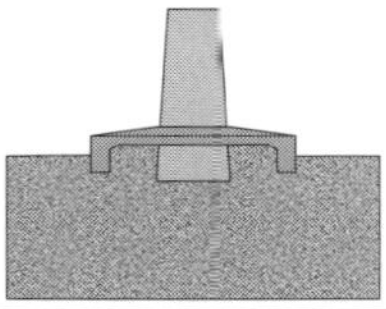	河床がはかま工の天端より下ではかま工の下端より上	はかま上面 ‖∨ 河床 ∨ はかま下面
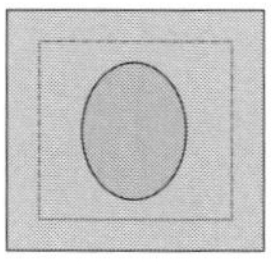	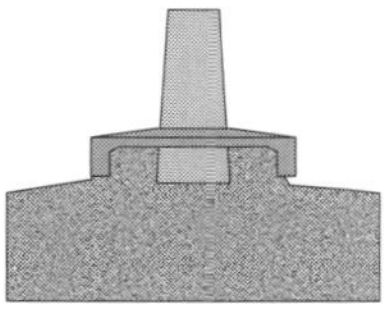	河床がはかま工の下端以下	はかま下面 ‖∨ 河床
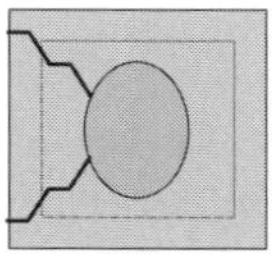	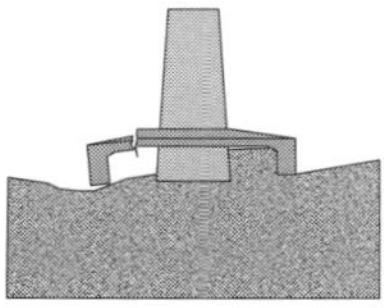	はかま工内部の空洞 はかま工のき裂，沈下 （乾燥収縮などの軽微なクラックは除く）	変状あり

付属表 4-2.3 (4)　シートパイル締切工の変状の程度

平　面	断　面	解　説	変状程度
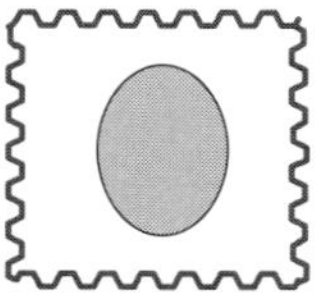	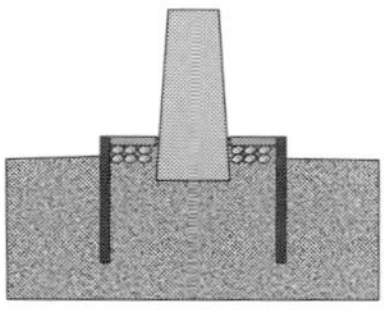	河床が橋脚基礎の底面より上	河床 ∨ 基礎底面
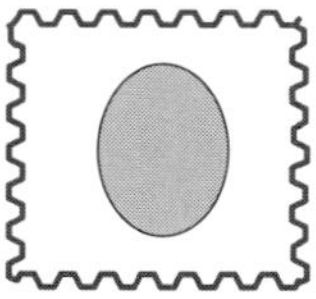	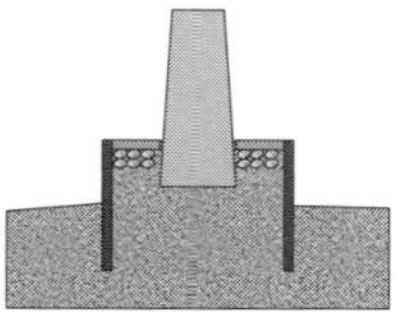	河床が橋脚基礎の底面以下	基礎底面 ‖∨ 河床
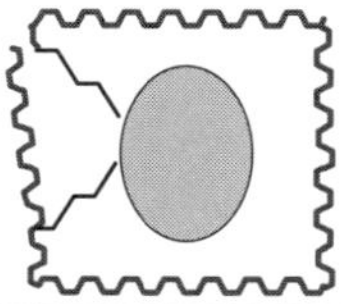	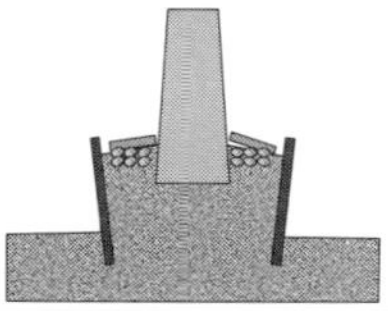	シートパイルが傾斜，天端コンクリートに隙間やき裂，沈下が発生	変状あり
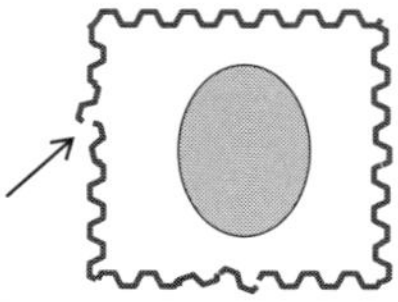	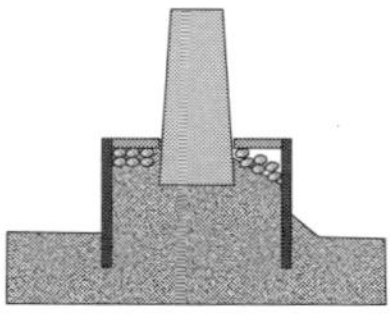	シートパイルにかみ合わせ不良があり，シートパイル内部吸出しが発生	変状あり

①なし（点数 0 点）

付属図 4-2.44　防護条件の評価例（防護なし）

②かご工
・変状あり（点数 0 点）

付属図 4-2.45　防護条件（かご）の評価例（変状あり）

③根固めブロック工
・変状なし（点数 20 点）

付属図 4-2.46　防護条件（ブロック）の評価例（変状なし）

・変状なし（点数20点）

付属図 4-2.47　防護条件（ブロック）の評価例（変状なし）

・変状中・一部流失・乱積み（点数5点）

付属図 4-2.48　防護条件（ブロック）の評価例（変状中）

・変状中・一部流失・乱積み（点数 5 点）

付属図 4-2.49　防護条件（ブロック）の評価例（変状中）

・変状大・流失（点数◆）

付属図 4-2.50　防護条件（ブロック）の評価例（変状大・流失）

・変状大・流失（点数◆）

付属図 4-2.51　防護条件（ブロック）の評価例（変状大）

・変状大・流失（点数◆）

付属図 4-2.52　防護条件（ブロック）の評価例（流失）

④はかま工

・根入れ（はかま下面＜河床≦はかま上面）（点数10点）

付属図 4-2.53　防護条件（はかま）の評価例（はかま下面＜河床≦はかま上面）

・根入れ（河床≦はかま下面）（点数◆）

付属図 4-2.54　防護条件（はかま）の評価例（河床≦はかま下面）

⑤張コンクリート

・周辺全面（点数40点）

付属図 4-2.55　防護条件（張コンクリート）の評価例（周辺全面）

・2D 以上（D：橋脚く体幅）（点数20点）

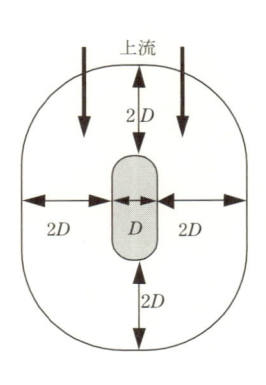

付属図 4-2.56　防護条件（張コンクリート）の評価例（2D 以上）

・2D 未満（D：橋脚く体幅）（点数0点）

付属図 4-2.57　防護条件（張コンクリート）の評価例（2D 未満）

⑥シートパイル締切工

・根入れ（河床＞基礎底面）（点数 20 点）

付属図 4-2.58 防護条件（シートパイル）の評価例（河床＞基礎底面）

・変状あり（点数◆）

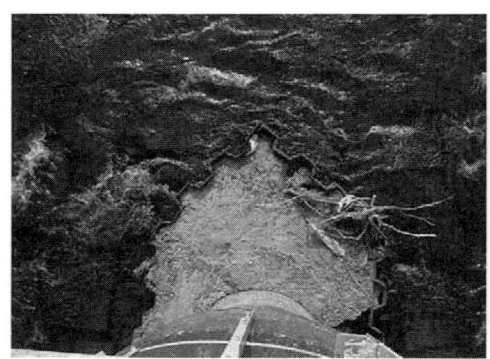

付属図 4-2.59 防護条件（シートパイル）の評価例（変状あり）

5.11 特記事項

　特記事項は直接評価に加えないため点数を設定しないが，基本事項として橋脚の構造形式や，下流方落差の構造形式は調査しておく必要がある．また，橋りょうから見える範囲内で前回検査時になかった整備護岸，河川護岸の根固めの新設および取水堰，取水口，魚道の新設または補修，河川工事が行われた場合等，周辺環境の変化を記録しておくことが望ましい．その他にも過去に被災歴がある場合や，上下流方 50 m 以内に隣接橋りょうがある場合にも記録しておくことが大切である．河口閉塞（**付属図 4-2.60**）などがある河口部の特殊な環境の場合や，橋脚の長軸方向と増水時における河川の流下方向とが異なる場合，橋台が河川内に突出している場合には，別途配点に対する検討が必要となる．

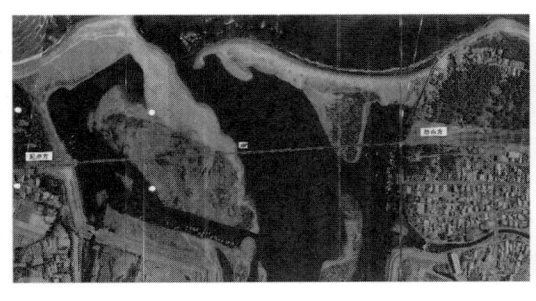

付属図 4-2.60　河口閉塞

参考文献

1) 佐溝昌彦・村石尚・中村貴史：「洗掘を受けやすい橋梁を抽出するための採点表（案）」，日本鉄道施設協会誌，第43巻11号，2005.11.

2) 新井秀雄：「橋脚の洗掘深度測定」，鉄道技術研究資料，1970.3.

3) 三上正憲：「橋脚等の洗掘に対する運転規制方法の改善」，日本鉄道施設協会誌，第38巻第1号，2000.1.

4) 青木照幸：「橋脚・護岸の洗掘に伴う運転規制方法の改善」，日本鉄道施設協会誌，第38巻2号，2002.2.

5) 村上　温：鉄道橋の洪水時被災機構と安全管理に関する研究，鉄道技術研究所報告，No.1307（施設編第573号），1986.3.

6) Tarapore, Z. S.：A Theoretical and Experimental Determination of The Erosion Pattern Caused by Obstructions in an Alluvial Channel with Particular Reference to a Vertical Circular Cylindrical Piers, Unpublished ph. D. Thesis, University of Minnesota, 1962.

7) 中川博次，鈴木幸一：橋脚による局所洗掘深の予測に関する研究，京都大学防災研究所年報第17号B，1974.4.

8) 須賀堯三，西田祥文：橋脚による局所洗掘深の予測と対策に関する水理的検討，土木研究所資料，第1797号，1982.3.

付属資料 5-1　各種調査法概要

1.　磁気探査法

1.　概　　要

　磁気探査法は，地中にある杭から発生している磁気を計測し，磁気の強さの変化を読み取ることで杭の長さを調べる非破壊検査法である．コイル型磁気傾度計を用いて磁気量の変化を測定することにより磁極部（杭先端部）を見つけ出す方法（**付属図**5-1.1.1参照）や，ホール素子を内蔵した磁気センサを用いて水平方向と鉛直方向の磁界強さの比を算出することにより磁極部（杭先端部）を見つけ出す方法がある．

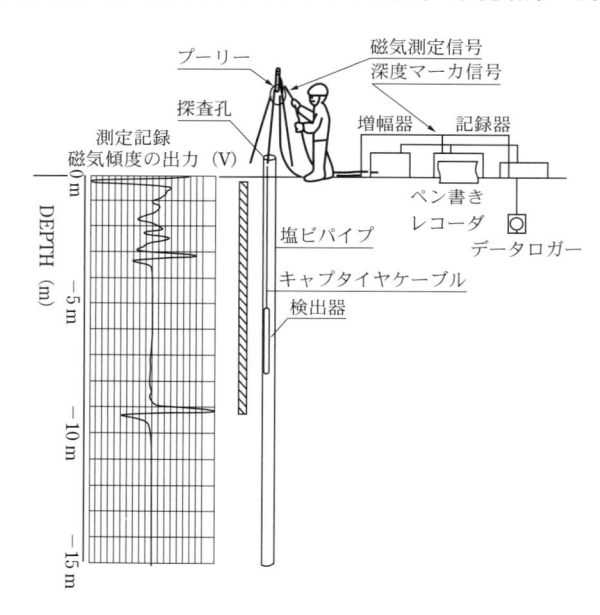

付属図 5-1.1.1　杭の磁気探査概要図（コイル型の例）

1.1　測 定 原 理

　鉄筋かごや鋼管などは，製造の過程においてそれ自身に発生する残留磁気と，その置かれる場所の地球磁場による感応磁気によって帯磁している．RC杭や鋼管杭などの棒状部材では，杭頭部と杭先端部に磁極が生じ，**付属図**5-1.1.2に示す概念図のような磁場が形成されている．このように杭の端部付近では磁力が大きく（磁束密度が高く）なり，これを磁気センサで測定することにより，杭の端部を推定することができる．

　しかし，地球は北極と南極を磁極とした一種の磁石であり，地球上であればどこでも磁場が観測される．この状況下で，RC杭などから発生する弱い磁力で生じる磁気の変化を測定するためには，高感度な

磁力検出器を用いる必要がある．現在，磁気検出方式にはフラックスメータ方式（磁気傾度計），フラックスゲート方式，光磁気共鳴磁力計，ホール素子内蔵方式等がある．

　一般に杭の磁気探査には，磁気量の変化（磁気傾度）が求められるフラックスメータ方式が用いられている．この方式は，磁界中でコイルを移動させると，コイルの断面を横切る磁力線の変化によりコイルに電流が生じることを利用している．しかし，この方法ではコイルの移動速度により起電力が変化するため一定の速度で降下させる必要がある．また，測定対象物の磁気が弱く，磁気傾度が緩やかな結果しか得られない場合は，杭先端位置の判定が困難となる．

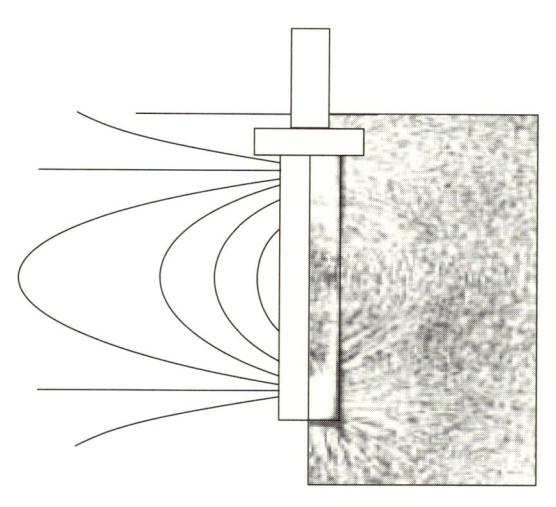

付属図 5-1.1.2　杭より発生する磁力線の概念図

　上記のような微弱な磁力を測定する方式として，ホール素子内蔵方式がある．ホール素子とは，半導体を用いた磁電変換素子のことで，直方体の素子に電流を加え，さらにその電流の直角方向に磁界を加えると，その両方に垂直となる電圧が発生する『ホール効果』を利用したものである．ホール素子を磁場に置くと，磁場の強さに比例した電圧を発生し，この電圧を増幅して磁束密度として読み取る．この方法は，測定で得られる磁力がセンサの移動速度に依存しないという利点がある．

　以下では，ホール素子内蔵方式（**付属図5-1.1.3**参照）について解説する．

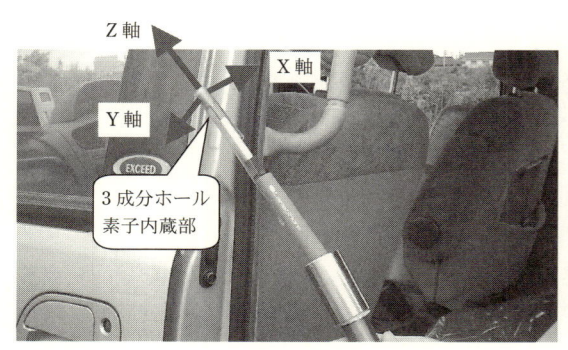

(a) ホール素子内蔵プローブ

(b) 計測器（ガウスメータ）

付属図 5-1.1.3　ホール素子型システムの概観

1.2　特　　徴

① ホール素子を用いているため，従来のコイルを利用した計測に比べ，操作が簡単で測定範囲が広い．

② 場所打ち RC 杭などの鉄筋の割合が低い杭や，杭との離れが大きく（数メートル），磁力が微弱となる場合も計測可能である．

③ 直接磁界の強さを計測するため，センサの降下速度に影響されず，磁気異常（地磁気以外の磁気成分）検出点を重点的に計測することができる．

④ ホール素子を 3 方向に配置することで，磁気量を 3 軸成分（水平 2 成分，鉛直 1 成分）計測できる

付属表 5-1.1.1　一般の磁気探査手法と本調査手法の比較

	一般的な磁気探査手法	ホール素子手法
磁気計名	フラックスメータ型	ホール素子型
測定値	磁束密度の変化量	磁束密度 （測定点の磁力の3軸成分）
特徴	・H型鋼杭や鋼管杭等，比較的鋼材量が多く，残留磁気の大きい物体に対しては良好な試験精度が得られる ・コイルの移動速度により，起電力が変化するため，一定の速度で降下させる必要がある ・杭と計測孔の離れが 1.0 m（RC 杭等）〜1.5 m（鋼管）を超えると磁気傾度が判別できなくなるので，できるだけ杭と計測孔を近づける必要がある	・場所打ち杭等の鉄筋量が少ない杭でも計測可能 ・磁界の強さを直接計測するのでセンサの降下速度に影響されない ・杭との離れが大きい場合（数メートル）でも計測可能 ・3軸成分（水平2成分，鉛直1成分）計測するので，高精度の判定が可能

　　　ことから，高精度の判定が可能である.

2.　調査の方法

2.1　試 験 手 順

①　磁気センサを挿入するための計測孔をボーリングにより設置し，塩化ビニルパイプで孔壁を保護する（鋼管は磁気の影響を受けるので使用しない）.

②　磁気センサおよび計測器をセットし，パソコンに接続する.

③　磁気センサのゼロ設定を行う.

④　地磁気を測定する.

⑤　孔内にセンサを下ろして深度と磁力の計測を行う. 地下水位がある場合は，浮力でセンサが沈まないことがあるので，錘をつけておくとよい.

⑥　計測作業を 3 回程度繰返し，重ね合わせ（スタッキング）により，計測ノイズを除去する.

2.2　測定上の注意点

①　深度計測用のカウンタの補正が必要.

②　計測前に，磁気センサのドリフト補正（初期値をゼロ設定する）が必要.

③　磁気センサは精密機械であり，プローブの軸部分やセンサ部が破損した場合は修理ができないので，取扱いには注意が必要.

④　計測孔内が地下水等で満たされている場合は，防水対策および浮力に抵抗するための錘が必要.

3.　データの解析と評価

①　計測データの補正（深度補正および地磁気成分除去）を行う.

②　x, y, z 方向の磁気成分から B_{h}/B_z 指標を算出し，杭の先端深度（磁極深度）を読み取る.

③　**付属図 5-1.1.2** のように，杭の磁極と杭先端の位置は異なることに注意する.

4.　適 用 事 例

調　　査　　日：平成 16 年 11 月 26 日

調 査 担 当：(財) 鉄道総合技術研究所　構造物技術研究部　基礎・土構造担当

調査対象箇所：鋼管杭（電力線鉄塔）（**付属図 5-1.1.4** 参照）

磁 気 セ ン サ：ホール素子内蔵プローブを用い，孔内の磁気量を 3 軸成分（水平 x，水平 y，鉛直 z）

について 3 回計測した.

計 測 結 果：**付属図** 5-1.1.5 に，3 回計測した結果を重ね合わせたものを示す．グラフから，B_h/B_z 指標の急激な変化点が確認できる．この結果より，杭先端の深さは，GL から 27.2 m 付近であることが判明した．

付属図 5-1.1.4　測定状況

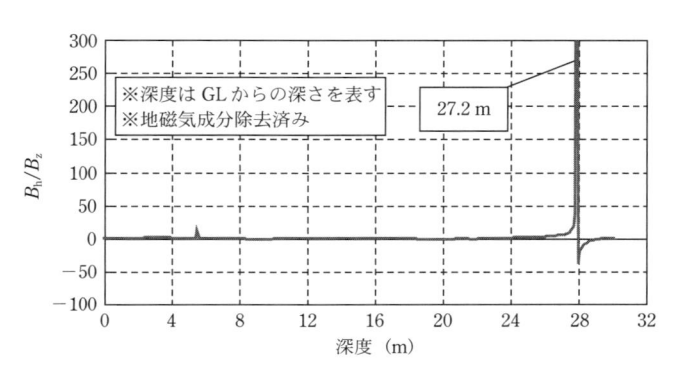

付属図 5-1.1.5　調査結果

2．ボアホールレーダ法

1．概　　　要

ボアホールレーダ法は，橋りょう基礎の直近に設置したボーリング孔を利用し，地中の橋りょう基礎の形状を推定する調査手法である．本調査手法が適用される場面としては，以下の状況が考えられる.

①　古い橋りょうの基礎で，根入れ深さや杭の本数等の基礎形状が不明である場合

②　既設基礎が側方流動などにより変形している可能性がある場合

本調査手法は，ボーリング孔にレーダのアンテナを挿入しながら，アンテナからほぼ連続的に電磁波を送受信することで，詳細な基礎の形状を推定することが可能である．しかしながら，地中では電磁波が伝搬し，反射する間に大幅に減衰するため，計測できる範囲はボーリング孔から離隔 2 m 程度となる.

1.1　特　　　徴

（1）基礎を掘削することなく，地中の基礎の形状を精度よく推定できる.

本調査技術は，供用中の橋りょう基礎を掘削せずに，形状を把握する目的で使用される．ボアホールレーダは，ボーリング孔内で送受信アンテナを移動しながら連続的に電磁波を送信し，周囲の地盤と電気的性質の異なる構造物からの反射波を受信することで，地中の擬似断面画像を得ることができる．この擬似断面画像からは次の事柄を把握することが可能である.

①　杭の配置・間隔

②　杭の根入れ深さ

③　杭径

④　杭の変位

（2）調査対象となる基礎が金属・非金属のいずれでもよい.

調査対象となる基礎（杭）は，コンクリート製でも鋼製でもよい．ただし，鋼製（鋼管など）の方が，

反射が強く明瞭に判断できる．また，木製（木杭など）を調査可能であるという報告もあるが，地盤条件によっては調査が難しい場合がある．

1.2 測定原理

　地中レーダは，電磁波が地中において透過する現象を利用した計測手法であり，地中媒質の電気的特性が誘電性であることを利用している．また，電磁波は電気定数の異なる境界面で反射することから，反射する電磁波を取得することで，地中の状況を推定することが可能となる．

　地中レーダに用いる周波数は高いほど探査精度が高く，探査可能距離が短いという特性を持っており，調査対象によって使用する周波数を使い分けることが多い．

　地中レーダに一般的に用いられる周波数帯は，10～1,000 MHz である．もともとボアホールレーダは，地下資源の探査に用いられており，100～200 MHz 程度の比較的周波数の低いアンテナが使用されていたが，橋りょう基礎の調査では，より詳細に基礎の形状を把握するため，500～1,000 MHz のレーダアンテナが使用される場合が多い．

　橋りょう基礎調査にレーダ法を用いる場合，送・受信アンテナの配置によって反射法と透過法に分けられる（**付属図 5-1.2.1**）．ボアホールレーダでは，反射法をシングルホール法，透過法をクロスホール法とも称する．

　反射法は，レーダ装置の送信アンテナによって送信された電磁波が，電気的特性の異なる物質の境界で反射する性質を利用したものであり，その反射波の映像を解析することによって調査を行う．

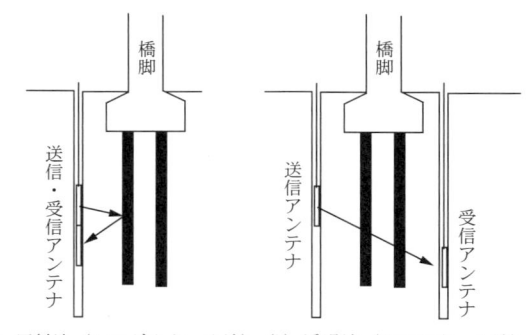

（a）反射法（シングルホール法）　（b）透過法（クロスホール法）

付属図 5-1.2.1　ボアホールレーダの計測方法

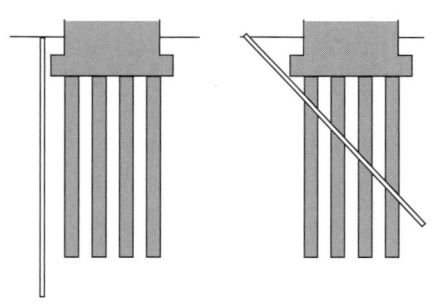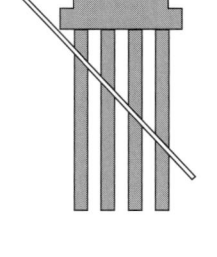

（a）基礎の直近に垂
　直ボーリングを
　設置する

（b）基礎を横切るよ
　うに斜めボーリ
　ングを設置する

付属図 5-1.2.2　ボアホールレーダにおけるボーリングの設置位置

　一方，透過法は，地中内部の構造によって電磁波の伝播速度と減衰特性が異なることを利用する方法である．透過法は，送・受信アンテナ間に挟まれる物質の平均的な伝播速度と減衰率を多点で計測し，このデータをトモグラフィ技術で解析することにより地下構造を把握するものであり，反射法と比較してより広範囲のデータ取得が可能になる．

　通常の橋りょう基礎の形状調査では，ボーリング孔が1つで計測できる反射法（シングルホール法）が用いられる．

　また，反射法は，**付属図 5-1.2.2** に示すとおり，橋りょう基礎の調査項目により，基礎の直近にボーリングを設置し，基礎の根入れ深さなどを計測する場合と，基礎を横切るように斜めボーリングを設置し，杭の本数や配置などを計測する場合がある．

2．システムの構成

　付属図 5-1.2.3 にボアホールレーダの基本的な構成を示す．

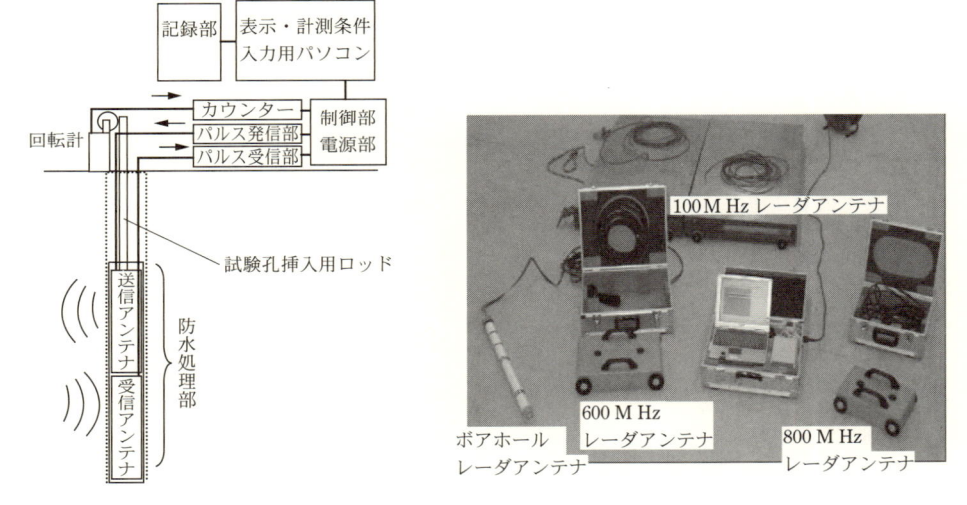

付属図 5-1.2.3　ボアホールレーダシステムの基本構成

　（1）ボアホールレーダアンテナ

　ボアホールレーダは，送信と受信アンテナが一体となっており，ボーリング孔に挿入可能なように円筒形をしている．また，防水処理がされており，地下水位より深い位置でも調査可能である．ボアホールレーダアンテナの周波数は200～800 MHz 程度であり，高い周波数のアンテナほど細部まで調査が可能である．

　（2）パルス発信部

　レーダ周波数は，アンテナの大きさと送信アンテナに入力される電気パルスの波長で決定される．パルス発信部（パルスジェネレータ）は，電気パルス信号を一定間隔で高速で送信アンテナに入力する．

　（3）パルス受信部

　パルス発信部に同期して，受信アンテナで受信する反射波を検出する．より遠くから反射して返ってくる反射波を増幅する機能などを有する．ボアホールレーダ装置によっては，パルス発信部・パルス受信部がアンテナ側にある装置もある．

（4）回転計・カウンター

　回転計は，レーダアンテナをボーリング孔に挿入することで回転し，挿入した長さを計測する装置である．ボアホールレーダ計測では，この挿入した長さに同期して，各挿入深度でのレーダ波形を記録する．橋りょう基礎構造を計測する際には，1〜5 cm のピッチでレーダ波形を記録する．

（5）制御部・表示部

　制御部は，調査を行う橋りょう基礎の条件に合わせて，計測設定を行う部分であり，計測レンジや反射波形の増幅率，深度方向の計測ピッチなどを設定する．また，表示部は，計測した画像や波形を確認する部分であり，計測しながら，リアルタイムで画像が表示される．このため，ボアホールレーダでは，地中内部の状況が計測と同時に確認できる利点がある．

3． 試 験 手 順

（1）ボーリング孔の設置位置の検討

　橋りょう基礎の根入れ深さを計測する場合は，垂直ボーリングを調査対象基礎に隣接して設置し，杭の本数や配置を確認したい場合は，斜めボーリングを調査したい箇所の直近を通過するように設置する．このボーリング孔は，橋りょう基礎の周辺状況によって制限を受ける場合が多いが，調査対象基礎から0.5〜2.0 m 程度の離隔で設置することが望ましい．

（2）ボーリング孔の設置

　ボーリング孔は，削孔後，孔壁が崩れないように，塩ビ管をケーシングチューブとして挿入する．このため，ボーリングの削孔径は，ボアホールレーダアンテナの外径とケーシングチューブの厚みから決定する．

　前述の外径55 mm のボアホールレーダアンテナを利用するためには，孔径86 mm のボーリングで削孔し，VP65 の塩ビ管を挿入して，試験孔とする．

（3）レーダ計測条件の設定

　ボアホールレーダ計測にあたり，レーダの計測条件を設定する．設定項目は，計測レンジ（反射波の計測時間で，計測レンジが長いほど深い位置の計測が可能である），増幅率，計測ピッチなどがある．

（4）ボアホールレーダアンテナの挿入およびレーダ計測

　孔口に回転計をセッティングし，挿入距離を計測しながら，ボアホールレーダアンテナをロッドやケーブルで挿入する．ボアホールレーダアンテナに指向性がある場合は，アンテナが常に調査対象の橋りょう基礎の方向を向いているように，ロッドにより向きを固定して挿入する必要がある．

　ボアホールレーダの計測は，挿入時でも引抜き時でもいいが，この際のレーダアンテナの走査は，0.5〜1.0 m/ 秒の速度で実施する．

（5）ボアホールレーダ計測結果の記録

　ボアホールレーダ計測後，画像データを確認し，ハードディスク等に保存記録する．

4． 測定上の注意点

　橋りょう基礎の変形量や形状を詳細に計測する場合には，以下に示すとおり，ボーリング孔の状態や誘電率を正確に計測して，画像を補正する必要がある．

（1）孔曲測定および補正

　橋りょう基礎のうち，鋼管杭などの変形状態を詳細に把握するためには，ボーリング孔が鉛直である必要がある．しかし，実際には多少の孔曲が生じるため，孔曲測定器を用いて，曲がり状況を把握し，計測

後の補正に用いるものとする.

（2）誘電率計測および補正

橋りょう基礎が埋設されている地盤は，層別に構成材料が異なり，誘電率に差が生じている．このため，構成する材料が誘電率を正確に計測する目的で孔間レーダ計測を行い，孔間の電磁波伝播速度から地盤の誘電率を推定する．なお，孔間レーダ計測のために，予め計測孔から約 1.5 m 離れた位置に補助計測孔を設置しておく必要がある.

5.　データの解析と評価

5.1　レーダ画像の画像処理

橋りょう基礎の地下の形状を明瞭に表示するため，レーダ計測後，増幅率の変更や差画像作成などのポスト処理を行う．この際，レーダ分解能が高いレーダ計測装置ほど，ポスト処理が有効である.

（1）増幅率の変更

調査対象となる基礎がボーリング孔から遠い位置にある場合は，基礎からの反射波が減衰の影響で小さくなる．そこで，より遠くから反射して返ってくる反射波を増幅するデジタル処理を行う.

（2）差画像の作成

強い反射のない反射波形を選定し，全体から差し引く処理を行い，ボーリング孔壁からの多重反射等の影響を除去し，調査対象となる基礎が際立たせる処理を行う.

5.2　レーダ画像の判読

計測結果の例として，斜めボーリングにより鋼管杭の平面配置を計測した結果を**付属図 5-1.2.4** に示す.

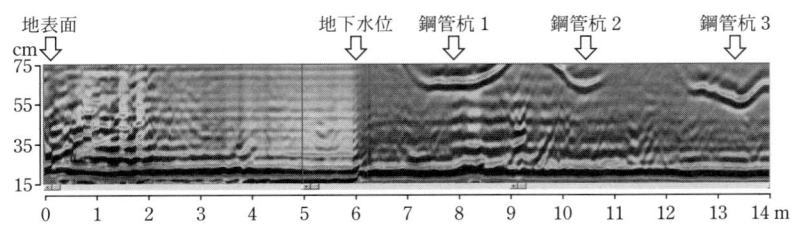

付属図 5-1.2.4　ボアホールレーダによる計測結果の例

ボアホールレーダの生画像は，横軸にボーリング孔中のアンテナの走査距離，縦軸に反射波の遅延時間で表示される．このため，ボーリング孔と橋りょう基礎との位置関係を推定するためには，以下の評価を実施する必要がある.

（1）地表面からの深さの検討

基礎の根入れ深さを調査する場合は，強い反射波が遠ざかりはじめる位置（画像上の根入れ深度）を判読し，ボーリング孔口の標高，ボーリング孔への挿入開始位置を整理することで，杭の長さ等を明らかにする．一方，基礎の水平位置を調査する場合は，最もレーダの反射が強くなり，反射遅延時間が短くなる位置を画像上の基礎の位置とし，根入れ深度と同様にボーリングの相対的な位置関係の整理から実際の位置を評価する.

しかし，斜めボーリングの場合は，孔曲がり等の影響を受けやすく，基礎の 3 次元的な位置の推定には限界がある.

（2）ボーリング孔からの距離の検討

ボーリング孔からの基礎の距離は，反射遅延時間と誘電率等を次式に代入することによって推定する．誘電率は地盤条件によって異なるため，正確にボーリング孔と基礎の位置を評価する場合は，前述の4（2）の計測を行い，推定した誘電率を用いる．

$$L = \sqrt{\left(\frac{\Delta T \cdot V}{2}\right)^2 - \left(\frac{l}{2}\right)^2}$$

$$V = \frac{V_\mathrm{c}}{\sqrt{\varepsilon_\mathrm{r}}}$$

ここに，　　L：ボーリング孔から杭までの離隔距離

ΔT：杭表面で反射して戻ってくるまでの時間

V：地中の電磁波伝播速度

l：送信アンテナと受信アンテナの中心間距離

V_c：光速（3.0×10^8 m/s）

ε_r：地盤の比誘電率（10〜50）

3. 速度検層による木杭の根入れ調査法

1. 概　　要

木杭に関する調査では，杭配列や杭径などを調べ，その結果から基礎としての安定性や耐震性を検討することは少なく，その下方をシールドトンネル等が通過する場合に施工の障害になるかどうかの判定のために，杭長を調べることが多い．

調査法としては，「速度検層」「IT 試験（インテグリティ試験）」「ボアホールレーダ法」等の手法が提案されている．「IT 試験」は，杭頭が現れている場合には適用可能と考えられるが，事例が少ない．「ボアホールレーダ法」による木杭調査に関しては，現在研究段階である．

以下に，「速度検層」による木杭の根入れ調査法について解説する．

木杭の剛性は，他の杭と比較して小さく感じられるが，冬季間に成長した部分の年輪は硬く，この部分の弾性波速度は，松杭の場合，1,900〜3,000 m/s 程度と地盤と比較して速い．この速い伝播速度を利用し，杭の長さを調べることが可能となる．

1.1 特　　徴

（1）木杭の特性

木杭は，年輪の部分が硬く，弾性波速度が速い．また，木杭の種類は「松」が多いが，産地が寒冷地の物ほど硬く，弾性波速度が速い．

松杭の弾性波速度は，1,900〜3,000 m/s 程度である．

（2）基礎杭の時代背景

木杭は，古代から 1950 年代後半まで盛んに用いられ，橋りょうの基礎としては「米松」を継ぎ足して 30 m 程度まで用いたともいわれている．木杭を打設する本来の目的は，杭基礎として支持力を確保することではなく，地業の一種として丸太を軟弱地盤に複数打設することにより，地盤の締固めを図り，地盤改良効果を得ることにあった．

なお，道路橋での基準で見ると 1966 年（昭和 41 年）までは規格が明示されていた（1976 年（昭和 51

年）の基準から除外されている）.

（3）地盤特性

木杭は，その材質から N 値の大きな地盤には使用されておらず，また一般には長尺の木杭は少ない．したがって，木杭の使用される軟弱な地盤の弾性波速度と，木杭の弾性波速度には，比較的顕著な差が生ずる.

1.2　測定原理

「速度検層による木杭の根入れ調査法」の測定原理は，**付属図 5-1.3.1** に示すように，木杭の速度と地盤の速度差を利用し，P 波伝播速度の走時曲線の折れ点から，杭の根入れ深度を調べるものである.

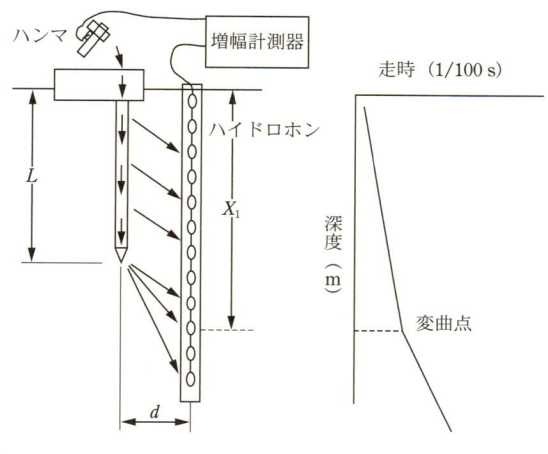

付属図 5-1.3.1　測定原理

2.　試験手順と留意点

① 木杭の直近（0.3～1.0 m）に，地盤調査と観測孔設置を目的として，ϕ86 mm 程度のボーリングを行う．この際，土層構成を把握するための標準貫入試験を 1 m ごとに実施するとよい.
　速度検層は，受振器としてハイドロホンを用いる場合があるが，この受振器は水中での受振が前提であるため，ボーリング時に地下水位の把握が必要である.

② 計測する深度は，設計図，地上の構造物，既往地質図などから，想定される杭長より 5 m 程度深い位置まで実施する．この際，計測の最も深い位置に受振器を降下させるために，受振器に錘を垂下させる必要のあることから，ボーリング深度はさらに 1～2 m の余掘りが必要となる.

③ 測定孔は，木杭が使われる所は軟弱層が多いので，孔壁保護を目的として VP65 または VU65 管を設置する．この際，管先端は開放しておいてよい．孔壁が崩壊しない場合は，裸孔の方が塩ビ管の影響がなく，よい結果が得られる.
　杭に振動を与える位置は，対象の杭に鉛直の振動を与える必要があるので，あらかじめ斜めボーリングなどで杭の位置を確認し，確実に起振することに努める必要がある.

④ 発振は，コア抜きボーリング等でフーチングなどを掘削し，杭頭で行うことが理想的であるが，フーチング天端で行ってもよい.

⑤ 観測孔の状態に左右されないため，およびキャプタイヤケーブルの伸びやヨレの影響を少なくするために，受振器を最深位置から徐々に引き上げる方向に計測するとよい．これにより，観測深度の誤差を減らすことができる.

⑥ 起振は,「ハンマ」または「標準貫入試験用モンケン」等を用いて行う. 発振孔を利用して杭頭部を振動させる場合には, 先端が閉塞したボーリングコアチューブや, あるいはボーリングロッドなどを補助的に利用する. また, 杭頭を破損しないように防護する.

⑦ 受振器は, 収録ごとに徐々に引き上げるが, 24連のプローブを使用する場合, 0.2〜0.5 m 引き上げて再度測定する. 受振器が1個の場合は, 最初に1〜2 m 間隔で測定し, 再度, 杭先端付近と思われる深度で 0.2〜0.5 m 間隔で測定を行う.

⑧ 各発振は, 受振器を移動した場合でも同じ条件の振動が得られるように, 同じ力（モンケンの落下高さを同じにする）での発振に努める必要がある.

⑨ 発振は数回行い, スタッキング処理（データの重ね合わせ）によるノイズ除去が行えるようにする.

3. データの解析と評価

速度検層測定結果の解析方法と評価は以下のとおりである.

① 複数回計測したデータから異常なものを除去し, 各計測深度ごとにスタッキング処理を行う.

② 発振・受振それぞれの P 波の初動から, 走時（弾性波の伝播時間）を読み取る.

③ 走時の折れ曲がり点を決めて速度層構造を決定する. 走時曲線は縦軸を深度, 横軸を時間とする. グラフの傾きが速度を表す. 走時曲線の折れ点が速度境界（変曲点）となる（**付属図 5-1.3.2**）.

④ 測定の結果得られる走時曲線の折れ点は, 実際の杭の長さより深い位置となる（**付属図 5-1.3.3**）. この深度補正は以下のように行う.

$$l' = \frac{V_{\mathrm{e}}}{\sqrt{V_1^2 - V_{\mathrm{e}}^2}} \cdot d$$

ここに, l'：深度補正距離（m）

V_{e}：地盤の弾性波速度（m/s）

V_1：杭の弾性波速度（m/s）

d：杭と観測孔との距離（m）

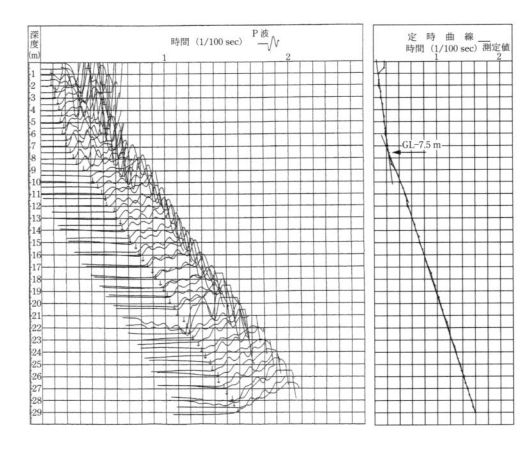

付属図 5-1.3.2 測定波形と走時曲線の例

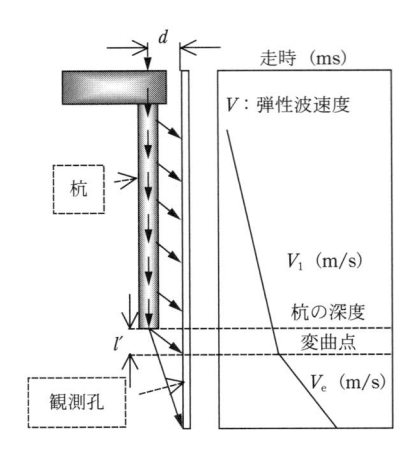

付属図 5-1.3.3 深度補正の概説

4．測定上の留意点

　発振は杭に振動が良く伝わるよう工夫する必要がある．フーチングと杭が完全に固定されているのであれば，杭の直上を打撃しても振動が伝わる．加振は，杭を破損しない程度で，大きい方がよい結果が得られる．杭頭が腐っている場合や，杭の位置が明確でない場合には，杭位置確認の斜めボーリングと併用で，斜めボーリングにより杭を打撃する方法もある．受振器は，水中浮遊型以外に測定孔に圧着するタイプもあるが，24連などのように一度の起振で多数の受振ができる方が，同じ条件での受振となるので解析上有利な結果が得られる．受振器が一つの場合は，打撃エネルギーを一定になるよう工夫すると，結果の解釈の精度が上がる．

　木杭の速度は，生産地や測定時の条件によって変化するので，結果の評価には注意が必要である．過去の計測事例や，気中での弾性波試験では，木杭の弾性波速度は $V_p = 2,000$ m/s 前後のものが多いが，材質によっては $V_p = 4,000$ m/s の例もある．

　木杭が打設されている地盤は，軟弱層が多いので水の速度に近い $V_p = 1,440 \sim 1,600$ m/s の場合が多い．地盤の V_p は，試験地で地盤を叩く速度検層を行うことにより把握することができるため，参考試験として実施することが望ましい．この手法は，継ぎ杭では継ぎ手部以深に振動が伝わらない場合があるので，注意を要する．

5．適用事例

- ・目　　　的：木杭および矢板の根入れ調査
- ・場　　　所：東京都
- ・時　　　期：1984 年

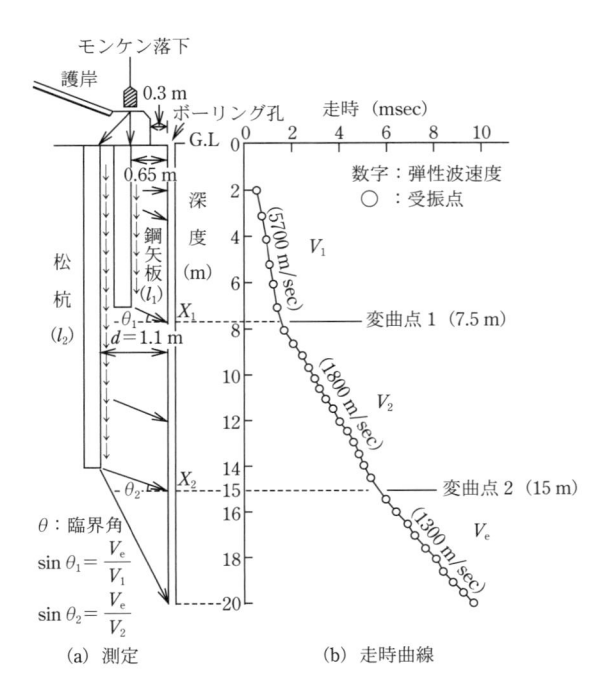

(a) 測定　　　　(b) 走時曲線

付属図 5-1.3.4　測定結果

・杭　　種：木杭，シートパイル
・地盤条件：不明（砂層，シルト）
・測定結果

深度補正後の深度：$l_1 = 7.5 - \dfrac{1300}{\sqrt{5700^2 - 1300^2}} \times 0.65 = 7.3$ m

$\qquad\qquad\quad : l_2 = 15.0 - \dfrac{1300}{\sqrt{1800^2 - 1300^2}} \times 1.1 = 13.9$ m

4. ボアホールカメラ法

1. 概　　要

1.1 特　　徴

　ボアホールカメラは，ボーリングにより削孔した孔内の状況を直接観察するためのカメラである．ボアホールテレビやボアホールスキャナ，ボアホールスコープという呼び方のものもあるが，同様の孔内観測システムである．このボアホールカメラでは，孔内観察をもとに，**付属表** 5-1.4.1 に示すような評価・確認が可能となる．

　ボーリング孔壁のボアホールカメラによる調査方法は，CCD カメラ等を孔内に挿入し，孔壁のき裂等をリアルタイムに観察しながら，記録を行うものである．測定結果は，調査現場において直接測定器のモニタで確認できるため，調査時にある程度の損傷度の判定が可能である．記録方式にはビデオテープを用いたアナログ方式のもの，および展開画像などをコンピュータ解析により出力可能なデジタル方式のものがある．この観察記録とボーリング時に採取したコアとの比較により，き裂の開口幅，方向，連続性等を確認することができる．以上のように，本手法は損傷状況を直接画面により確認できるため，信頼性の高い損傷調査方法といえる．

付属表 5-1.4.1　ボアホールカメラ法の利用

ダム	基盤岩の節理，き裂，断層など不連続面の観測・評価，グラウト計画策定前の岩盤評価やグラウチング効果判定
トンネル	老朽化トンネルのライニング背後の空洞や岩盤ゆるみ状態の確認，新設トンネルの先行予知調査
地下空洞	地下空洞サイトの岩盤評価，掘削に伴う岩盤ゆるみの挙動モニタリング
斜面安定	切取り斜面の岩盤ゆるみ評価，地すべり地点の岩盤状態確認
地下ダム	地盤内の空隙の直視による貯水効率の定量的評価
その他	コンクリート構造物内部の点検，井戸内部の変状確認，道路路床構造の点検

1.2 測定原理

　ボアホールカメラは，本体と 360°展開型プローブから構成される．

　CCD カメラの下に円錐型のミラーがあり，ここに映された孔壁全周をカメラで撮影し，このデータが記憶媒体にデジタル記録される仕組みとなっている．

　また，撮影と同時に，撮影された環状の映像は画像処理され，本体のモニタに展開画像として表示される．このデータをパソコンにより処理することで，解析結果を得ることができる．ボアホールカメラは，損傷状況を直接画面で確認できるため，損傷調査方法として信頼度の高い手法であると考えられるが，カ

メラの種類によって測定精度が異なる．さらに，ボーリング削孔時に損傷部を拡大してしまい，実際のひび割れ幅よりも大きく評価してしまうおそれがあることにも注意を要する．

2．システムの構成・仕様

2.1　計測装置の方式

　調査に利用されている計測システムの方式は数種類ある．それらは，BIPSystem，MBS 方式，Inspection Camera 方式の概ね 3 つのタイプのいずれかに属している．

　以下では，上記の装置のうち BIPSystem（BIPS）および Inspection Camera 方式（P・I・C）の 2 タイプについて解説する．

（1）BIPS

付属図 5-1.4.1 にシステムの構成を示す．円錐型反射鏡を用いることにより孔壁の定方位全周画面を取り込み，プローブ内の TV カメラから送られてくるアナログ画像信号をコンピュータ処理により A/D 変換し，リアルタイムに展開画像に変換，記録し，同時にモニタ表示する．展開原理は，全周画像を任意の円周に沿って一定位置から読み取り，これを展開画像上に横一列に配置する．プローブが深度方向に移動すれば，これに同期して一定間隔で深度カウンタから信号を発信させ，これをトリガとして上記作業を繰り返し，順次並べることにより深度方向に連続した展開画像を得ることができる．

　また，円錐型反射鏡の代わりに魚眼レンズを用いた方式は MBS 方式と呼ばれる．

（2）P・I・C

　P・I・C システムではカメラの前に平面反射鏡を置き，ある深度でテレビカメラを旋回させ，全周撮影した後，プローブを降下させ，次の位置で同一動作を繰り返して孔壁画像を得る．そのため，BIPS 方式と P・I・C 方式では，得られる画像が異なる．

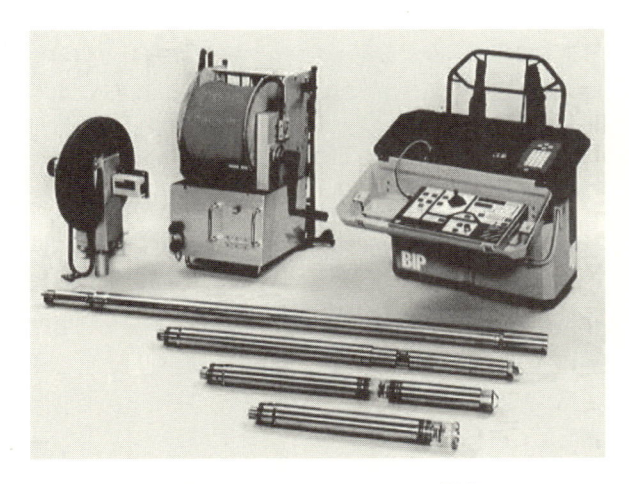

付属図 5-1.4.1　BIPS システムの構成

2.2　システムの構成・仕様

（1）撮影機器

　ボアホールカメラは，ボーリング孔内の状況を観測，撮影するためのテレビカメラ・方位計等を内蔵したプローブと，映像を記録するためのビデオ，解析するためのコンピュータ等から構成されている．

（2）削孔機械

削孔機械は，土質調査等に用いるボーリングマシーンとコンクリートコア抜き用ボーリングマシーンの2種類に分けることができる．各々の機械の特徴を要約して述べると次のようになる．

① 土質調査等に用いるボーリングマシーン

土質調査等に用いるボーリングマシーンは，動力としてディーゼルエンジンを使用する場合が多く，ロッドの先端にコアチューブを取り付けて，それを高トルクで回転させ削孔するものである．回転数は，20〜200回転／分が一般的である．重量は，エンジン部も含めて0.5〜3.0 t である．

② コンクリートコア抜き用ボーリングマシーン

コンクリートコア抜き用ボーリングマシーンは，動力としてモータを使用する場合が多く，スピンドルに直接コアチューブを取り付けて，高回転させ削孔するものである．回転数は500回転／分以上が一般的である．重量は50〜100 kg である．コアチューブの先端は，いずれの削孔機械ともダイヤモンドビット付きコアチューブを用いている．

3. 計測手順

3.1 測定方式の選定

測定器の選定は，以下に示した項目に留意して選定することが望ましい．

① BIPS と P・I・C とでは，光源の明るさが異なるため，画像の鮮明度が違う．具体的には P・I・C の方が明るく，孔径が大きい場合には鮮明に写る．

② 成果品は，BIPS では連続写真を比較的簡単に作成できるが，P・I・C はビデオ編集となり，煩雑であるが画像は鮮明である．

③ BIPS では，クラック幅の精度が通常 0.25 mm であるが，詳細画像を使用すると 0.10 mm まで可能である．

④ P・I・C では，解析者の能力にもよるが，クラック幅の精度は一般に 0.50 mm 程度である．

⑤ 先端カメラレンズ位置により，一般的には P・I・C の方が BIPS に比べて，深度が 5 cm 深く撮影できる．ただし，BIPS でも魚眼レンズ（特別品）を装着することにより，先端画像の撮影が可能となる．

⑥ 両ボアホールカメラとも，クラック幅が，1.0 mm 以上のものは明確に判別できる．
　　P・I・C は，クラックの幅の解析に使用するため，目標物を同時に撮影しキャリブレーションを行って決定する必要がある．

⑦ 測定費用は，現場条件および解析条件が同一である場合，一般的に BIPS の方が高額である．なお，観測システムには AC100 V 電源が必要である．

3.2 ボーリング

観測孔は下記の仕様に準じるものとする．

（1）必要孔径

最小孔径はボアホールカメラの大きさに依存し，ϕ56〜100 mm であるが，最大径は孔内水の濁りがなければ 200 mm でも可能である．ただし孔径を大きくした場合，撮影面積が増えることとなるが，得られる画像素子の情報量は同一なため，クラックの解析精度は落ちる．各ボアホールカメラの最低必要孔径は下記のとおりである．

BIPS：必要孔径 ϕ56 mm 以上

P・I・C：必要孔径 ϕ100 mm 以上

（2）削孔時の留意点

① 掘削方向に対して30°以上の角度がついているクラックは，観測孔の掘削による影響が少ない．

② 掘削方向に対して30°以上の角度がついているクラックは，削孔に使用するコアボーリングマシーンの回転数の違いによる影響が少ない．

③ 水平クラックの場合，観測孔の掘削によりクラックの角部が欠け，コンクリート片がクラック部分に詰まり，解析に支障をきたす可能性が高い．

④ 削孔に使用するコアボーリングマシーンの回転数の違いにより，欠ける状態が異なる．低回転掘削は，き裂面が大きく崩れて，崩れ落ちたコンクリート片も大きな物が多く，崩れた高さは比較的高い．一方，高回転掘削の場合は，き裂面が細かく崩れて，崩れ落ちたコンクリート片も細かく，崩れた高さも比較的小さい．

⑤ コアチューブの押し込み圧（掘進圧力）が強いほど，クラックに与える影響が大きい．

4． 損傷が懸念されるケーソン函体の撮影例

以下に，地震によって損傷が発生したと懸念されるケーソン函体で実施したボアホールカメラ撮影の概要を示す．なお，ケーソンに発生した変状等の詳細は，**付属資料 7-4** を参照されたい．

ケーソン頂版から約6mのボーリングを実施し，孔壁を清掃，清水で孔内を満たした後に撮影を行った．**付属図** 5-1.4.2 に孔壁展開画像および撮影箇所を示す．

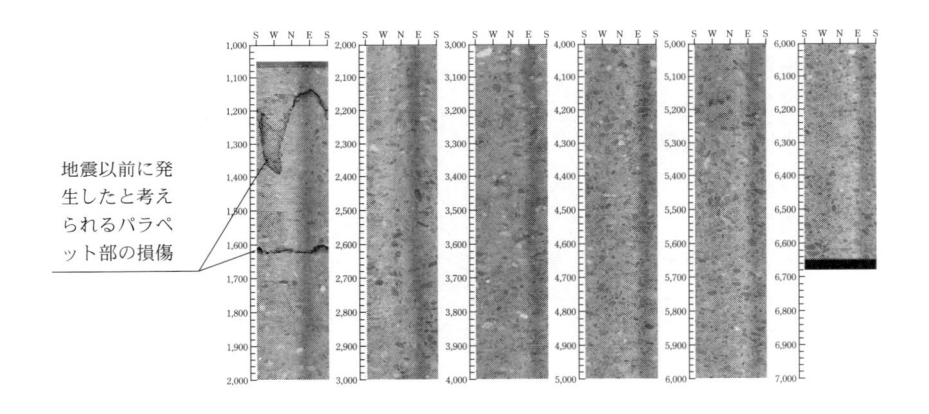

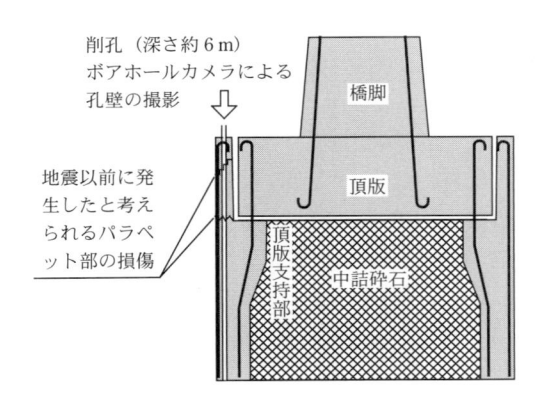

付属図 5-1.4.2　孔壁展開画像および撮影箇所

撮影の結果，ケーソン頂版パラペット部に2つのき裂を確認したが，撮影直前に発生した損傷ではなく，地震発生以前からのものであることが分かった．また，その他ケーソン函体には損傷が発生していないことが分かった．

5．赤　外　線　法

1．概　　　要

赤外線法は，赤外線映像装置を用いて，遠方から調査対象の表面温度分布を測定し，コンクリートの欠陥・損傷部に生じている健全部との温度差を捉えることにより，高速かつ安全に点検業務が行える手法である．

1.1　対 象 部 位

赤外線法は，コンクリートであれば基本的に部位・部材を問わず適用が可能である．ただし，鋼板やボード等で表面が被覆され，コンクリートの表面温度分布が測定不可能な部分（塗装を除く）および橋台・橋脚の天端等，地上から撮影できない部分は対象外とする．

1.2　検出可能な損傷の形態

赤外線法は，欠陥・損傷部と健全部に生じる温度差を検出する方法であるため，検出可能な損傷形態は，健全部との間に温度差を生じるものに限られる．健全部との間に温度差を生じる損傷とは，浮きのように空隙を生じるもの，欠損や鉄筋露出のように表面に凹凸を生じるもの，もしくは漏水部である．

1.3　赤外線法の特長

①　安全性が高い．
②　データの客観性，再現性に富む．
③　測定対象物を破損しない．
④　騒音や振動を発生しない．
⑤　足場の設置や高所作業を必要としない．
⑥　高速で経済的．

1.4　赤外線法の問題点

①　装置の取扱い，画像の判読には，多少の知識と経験を要する．
②　雨天・曇天日は，適用できない（人工的な熱源を利用する場合を除く）．
③　欠陥・損傷部と健全部の間に温度差がある時間帯は限られており，部位や方位により異なる．
④　赤外線法は，写真撮影に似ており，点検対象のコンクリート面が，樹木や道路付属物等により隠れているような場合は，適用できない．
⑤　強制加熱等の特殊な手法を用いない場合，赤外線法では，鋼板張りの背面コンクリートの欠陥・損傷等を検出することは困難であるが，塗装等の薄い被覆であれば適用できる．ただし，光沢の強い塗装の場合，赤外線装置の映像には，太陽の反射，あるいは前方の構造物等が鏡のように映し出されるために欠陥・損傷の検出が困難になる．

1.5　適 用 限 界

一般的な装置構成の場合，検出可能な損傷の最小寸法は，通常，1 cm×1 cm程度であり，これ以下の小さな損傷の検出には，超望遠レンズ等が必要になる．

検出深度（浮きの深さ）に対する限界は，日の当たる面で表面から5 cm程度，日の当たらない面で表

面から 3 cm 程度と言われている．ただし，検出深度の限界は，浮きの大きさに依存する．深い浮きでも
その面積が大きいものは検出しやすい．したがって，はく落の可能性が高い浮きほど検出しやすいといえ
る．

2．測 定 原 理

　一般に，物体中に空隙などの欠陥・損傷が存在する部分は，熱伝導率や比熱等，熱的性質が健全部と異
なる．健全部と欠陥・損傷部の熱的性質の違いは，気温や日射あるいは人工的な加熱・冷却に起因して生
じる構造物の温度変動の中で，表面温度の差となって現れる．土木分野における赤外線法とは，赤外線映
像装置を用いて物体の表面温度分布を測定し，熱画像上に現れる表面温度異常部から，欠陥・損傷の存在
を推定する方法である．

　赤外線法による欠陥・損傷検出の原理図を**付属図 5-1.5.1** に示す．同図からわかるように，赤外線法は，
内部に生じた空隙が断熱層となり，日射や気温変化に起因して生じる表面温度の日変動の中で，**付属図
5-1.5.2** に示すように欠陥・損傷部と健全部との間に表面温度差が生じる時間帯があることを利用して，
欠陥・損傷を検知する手法である．

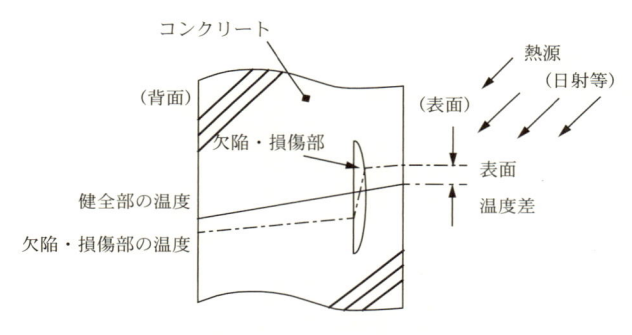

付属図 5-1.5.1　損傷検出の原理図

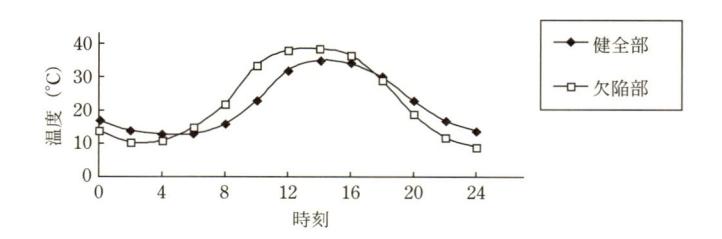

付属図 5-1.5.2　健全部と欠陥・損傷部の表面温度変化モデル

3．熱画像の判読方法

　赤外線装置による熱画像は，通常，温度の高低をグレースケールあるいはカラースケールを用いて表現
する．**付属図 5-1.5.3** は，橋りょう床版の熱画像をグレースケール表示したものである．

　通常，グレースケールでは，色の白い部分ほど温度が高いことを表し，画面右隅の温度スケールによ
り，画像上の各点の温度値が推定できる．同様にカラースケールでは，色の赤い部分ほど温度が高いこと
を表し，画面右隅の温度スケールにより，画像上の各点の温度値が推定できる．**付属図 5-1.5.3** の中で，
白枠で囲んだ部分がコンクリートの浮き部であり，異常高温部として検出されている．

216

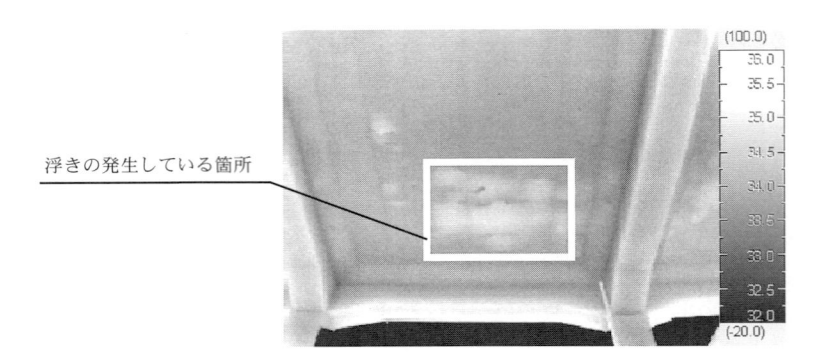

付属図 5-1.5.3　熱画像

4.　測 定 方 法

　目視で橋りょうの大まかな状況を把握した後，赤外線装置による測定を行う．赤外線装置による点検の要領を以下に示す.

4.1　事 前 調 査

　赤外線測定に先立って，対象橋りょうの大まかな目視を行う（ここでいう目視とは，あくまで赤外線法の付帯業務としての目視である）．目視の目的は，点検対象コンクリート面に付着しているガムテープ片や金属片および補修箇所等も，赤外線装置には温度異常部として検出されるので，これらを損傷と間違うことを防ぐためである．また，赤外線法で検出された浮きが，ひび割れを伴っているかどうかは，はく落の危険性を判断する上で重要な資料となる.

4.2　測 定 時 間

　南北に走る橋りょうを例に測定時間について説明する．朝9時〜12時頃までは，東向きの高欄に日光が直射するため，この部分の点検には最適である．また，10時〜14時頃は，太陽高度の上昇により地表面に日射が直射し，その散乱光により，床版下面や桁の温度が上昇する．気温の上昇も，これらの部分の温度上昇に寄与する．したがって，この時間帯は，床版下面や桁の点検に最適である．12時頃からは，西向きの高欄にも日射が当たり始めるが，西向きの高欄は，午前中，背面（道路側）からの日射を受けて，背面側の温度が上昇しているため，日射が当たり始めてしばらくは，日射による熱流が背面からの熱

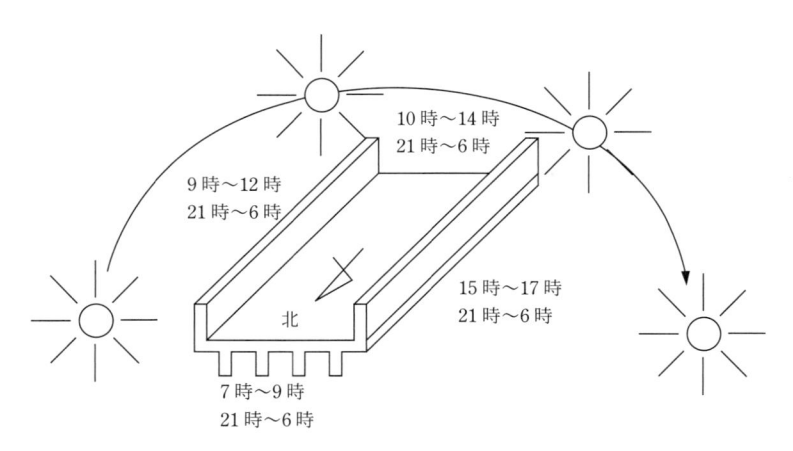

付属図 5-1.5.4　方位・部位別の測定時刻
（季節や地域により多少前後する）

付属表 5-1.5.1　方位・部位別測定時刻の目安

方位・部位	測定時刻
東向き高欄	9 時～12 時，21 時～翌 6 時
南向き高欄	10 時～14 時，21 時～翌 6 時
西向き高欄	15 時～17 時，21 時～翌 6 時
北向き高欄*	7 時～ 9 時，21 時～翌 6 時
床版下面，桁	10 時～14 時，21 時～翌 6 時

*　北向き高欄は，終日日陰となるため，午前中の気温上昇を
　　利用して測定するが，夜間の方が安定して良好な点検結果
　　が得られることが多い．

流に相殺され，欠陥・損傷部に温度差は生じないことがある．したがって，西向きの高欄の点検は，日射が当たり始めて十分に時間を経過した後で実施する必要がある．具体的には，15 時～17 時頃が最適である．また，日没後は，日中暖められたコンクリートが冷却され，欠陥・損傷部は低温部として検出できる．日没後，欠陥・損傷部が低温部として検出できるのは，概ね 21 時～翌 6 時頃までである．夜間は，方位・部位に関係なく損傷の検出が可能であるため，効率的であるが，橋りょうに付着したガムテープ片や付帯物等を損傷と間違いやすいため，投光機や懐中電灯による表面状況の確認が必要である．**付属表 5-1.5.1** に方位・部位別測定時刻の目安を示す．

4.3　測定位置

赤外線法は，写真撮影に似ており，できるだけ測定対象物の正面から測定する方が，良好な点検結果が得られる．測定可能範囲は，概ね仰角 70°以内，水平振り角は，正面から 30°以内とすることが望ましい．

4.4　測定距離

前述のように，測定距離は，最小検知寸法（検出できる損傷の大きさ）に影響する．距離が近いほど，小さな欠陥・損傷まで検出できるが，点検作業の効率は低下する．理想的な撮影距離は 5～20 m 程度であるが，望遠レンズや広角レンズを使用することにより検出精度と点検効率を両立できる．

4.5　損傷の判断

熱の流れは，一定の法則にしたがって温度の高い方から低い方へ流れる．またその流量は温度勾配に比例する．日射吸収や熱伝達がある場合は，受熱量の大きな部分の温度が上昇し，それが受熱量の小さな部

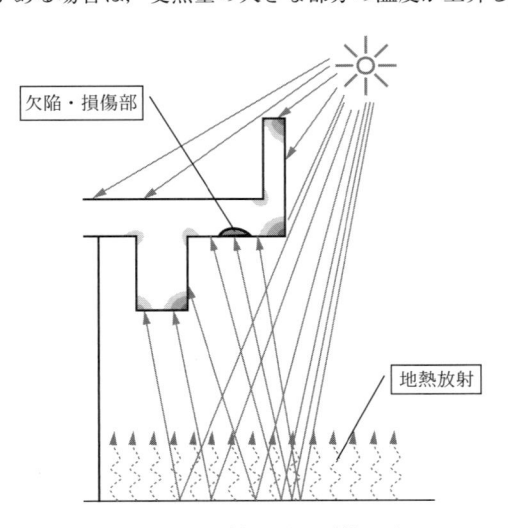

付属図 5-1.5.5　橋りょうの受熱モデル

分へ伝導する．**付属図 5-1.5.5** のような日照状況では，高欄天端，水切り部，桁下面の両端等の出隅は，2方向からの熱流入があるので温度が上昇しやすく，一方，体積に対して表面積の少ない入り隅部は，低温部となる．したがって，この状況では，出隅部から入り隅部への温度勾配が生じる．ここで，同図のように床版張り出し部下面に浮きがある場合，この部分が受熱した日射熱や空気伝達熱は，内部へ吸収されないために異常高温部となる．このように，赤外線法による損傷の検出は，熱流の方向を見定め，その法則に従わないイレギュラーな温度異常部を正確に見極めることが重要である．

6．GPS 変動調査法

1．概　　要

　構造物の変動把握や変動の進行性の確認には，公共測量や工事測量，地球科学，工業計測などの分野で利用されている GPS 測量が有効となる場合が多い．従来手法と比較して，特に専門的な知識を必要としないこと，高い精度（数 cm〜数 mm）が効率的に得られること，測点間の視通を必要とせず全天候下で測量が行えること，瞬間的な変動の測定および長期間にわたる変動の測定を同一の設備で行えるなど適応範囲が広いこと等，大きな利点を持つ．

1.1　GPS の概要

　GPS（Global Positioning System）とは，米国が開発した人工衛星による位置決定のため測位システムである．軍事利用を目的として開発された技術であるが，現在ではハイキングや釣りなどのレクリエーション，カーナビゲーション，測量，地殻変動監視，構造物監視など，民間分野での利用も進んでいる．GPS は，約 20,200 km 上空の異なる 6 つの円軌道上に 4 機ずつ，計 24 機（公称値，現在は 29 個が運用中）配置された人工衛星を利用している．

1.2　GPS の特徴・利点

　GPS を利用する最大の利点は，高精度の測位システムを 24 時間，天候・気候に左右されず，無料（利用者側機器は除く）で利用できる点にある．また測量作業が無人・単独で実施できることから，作業効率向上，コスト削減効果が得られ，近年急速に普及している．

1.3　GPS の基本的な測位原理

　GPS は，最低 3 個の GPS 衛星からの信号を同時に受信し，GPS 衛星と GPS 受信機間の距離を計測することにより，3 次元の位置を決定することができる．実際には時刻誤差の補正も必要になり，さらにもう一つの GPS 衛星，つまり 4 個以上の GPS 衛星から電波を受信し，3 次元の位置と時刻を決定している．

　それぞれの GPS 衛星は正確に位置が制御され，その位置情報を放送しているため，GPS 衛星は軌道上の基準局となり，利用者の位置を正確に決定できる．カーナビゲーションなど一般的な利用においては，民生用に公開されている C/A コードを利用する．この場合得られる精度は，GPS 受信機の性能にも依存するが，10〜30 m 程度である．

2．スタティック法を用いた変動調査法

2.1　鉄道構造物の変動調査に求められる条件

　鉄道構造物に発生する変動量は，その対象物の構造特性により異なるが，最大でも数 cm 程度と予測される．変動が発生する期間は，変動の発生原因により，瞬間的なものから長期間にわたって変動が発生す

るものなど様々である．

　基礎構造物・抗土圧構造物の変動調査を実施する場合，着目すべき変動は，地盤の側方移動に伴う不同変位等，比較的長期にわたるもので変動量が小さいものとなることが多い．そのため，測定誤差が数 mm 以内の計測が可能な手法を用いる必要がある．

2.2　要求される計測精度を満足する調査法

　GPS 測位手法は多数の手法が存在するが，上述のように誤差数 mm の精度で計測可能な手法として，スタティック法が挙げられる．以下に，スタティック法を用いた変動調査法の概要を解説する．

　なお，短時間のうちに変動する対象物を測位する場合は，他の手法（たとえばエポック・バイ・エポック法[1]）を適用するとよい場合がある．

2.3　スタティック法の概要

　スタティック法は，高い計測精度を持ち，長期的な変動の検知に適している．国内では精密地殻変動の監視や，公共測量に用いられており，スタティックに対応した基線解析用ソフトウェアも GPS 受信機メーカー等より数多く供給されている．公共測量規定に定められており，正式な手順により測量を実施すれば，公の測量成果として扱うことが可能である．

　スタティック法は，原則的に観測中に変動が発生してはならない．その他スタティック法の特徴を，**付属表 5-1.6.1** に示す．

付属表 5-1.6.1　スタティック法の特徴

種　別	計測精度	特　徴
スタティック法	数 mm〜数 cm	・観測局が不動であることが前提条件 ・長時間の観測データを解析することにより，高精度化を実現 　（観測時間が長いほど有利） ・長期的な変動検知に適している

2.4　基本的な機器構成

　付属表 5-1.6.2 に，スタティック法に用いる主な測量機器の構成を示す．

付属表 5-1.6.2　スタティック法に用いる主な測量機器の構成

種　別	構　成	役　割
GPS 基準局	GPS アンテナ GPS 受信機 三脚等 記録媒体	GPS 衛星からの電波を受信するアンテナ 受信した電波を変換・保存する機器 GPS アンテナを固定する 観測データを保存する媒体
GPS 観測局	GPS アンテナ GPS 受信機 三脚等 記録媒体	同上
基線解析	基線解析用ソフトウェア パソコン	観測データを解析するための専用ソフトウェア 基線解析用ソフトウェア用

（1）GPS アンテナ

　GPS 受信機メーカーが供給している GPS アンテナは，その目的別に数種類供給されている．**付属図 5-1.6.1** に，その一例を示す．GPS アンテナの固定方法については，定期的な測量の場合には三脚を利用し，連続的な観測にはアンテナ常設のための固定治具に取り付けることが多い．

（2）GPS 受信機

　GPS 受信機は，大別すると 1 周波受信モデルと 2 周波受信モデルに分類される．2 周波受信モデルの場

(a) 持ち運びが容易な測量用アンテナ　　(b) 精密観測用チョークリングアンテナ　　(c) 積雪対策ドーム付チョークリング
アンテナ

付属図 5-1.6.1　GPS アンテナの種類

合，基線長（GPS 基準局と GPS 観測局の距離）を問わず利用できる．1 周波受信モデルは安価であるが，精度を維持するためには基線長 5 km 以下での利用が望ましい．

3．スタティック法による変動調査の実施手順

3.1　スタティック手法による変動調査の概要

　スタティック法による GPS 測位手法では，既知点（既に座標の分かっている点，1 級基準点等）に設置した GPS 基準局と 1 台以上の GPS 観測局で，同一の時間帯に比較的長時間（30 分～数時間）の GPS 測位を行い，データを記録する．観測終了後，観測データをパソコンにダウンロードし，基線解析用ソフトウェアにて計算を行うことにより観測データの平均値や標準偏差を算出し，各観測局の座標を決定する．

　上記の操作を行うことにより，スタティック測量は，ミリ単位の高精度な解を求めることができる手法である．なお，原則として 1 回の測位中に GPS 観測局は移動しないものとする．そのため，変動の緩やかなものを測定するには適しているが，連続性のある変動の測定には不向きである．また観測中に精度評価が行うことができないため，誤差の判別が難しい．

3.2　計測箇所の環境条件の確認

　GPS 測量は，衛星からの電波を正常に受信できる環境下で行う必要がある．そのため，GPS アンテナから仰角 15°以上の上空視界を確保する．一般的にビルが乱立する市街地や，山間部での計測は困難であるため，使用を控えた方がよい．

3.3　GPS 機器の設置

　既知点に三脚を用いて GPS 基準局を設置（連続観測の場合は固定治具に設置）する．同様に，計測したい未知点に GPS 観測局を設置する．付属図 5-1.6.2 に，駅部に GPS 観測局を設置した様子を示す．

3.4　観　　測

　GPS 受信機のマニュアルに従い，設定と観測を行う．スタティック法は，観測中の精度評価を行うことができないため，観測中は観測機器に近づかないようにし，電波障害となり得る要因を減らす．また設置箇所が動かないように，GPS 機器の保護（進入禁止対策等）を行う．

3.5　基　線　解　析

　基線解析用ソフトウェアを用いて解析を実施する．現在のソフトウェアはバッチ処理化されているため，初心者でも扱いやすいものとなっている．

　解析結果は長時間の観測データから得た，一組の 3 次元座標値である．正常に観測できた場合，誤差数 mm（標準偏差）という高精度な解析結果を取得できる．GPS 測量では一般的にグローバルな座標系を採

付属図 5-1.6.2　駅部における GPS 変動調査の様子

用しているが，ローカル座標系（日本測地系など）での座標値を取得したい場合は，別途，座標変換計算を行う必要がある．

参考文献

1)　内山雅之：エポック・バイ・エポックによる精密な基線解析とアプリケーションについて－RTD の紹介，GPS シンポジウム，2004.

222

付属資料 5-2　河川橋りょうにおける局所洗掘深や河床高の調査方法

1.　は じ め に

　河川橋りょうの橋脚周りの局所洗掘や全体河床の低下に対する調査手法として，最も基本的なものは洗掘深計測であり，橋脚が位置する河川断面位置における河床高の計測を定期的に実施することで鉄道橋脚周りの根入れの変化を捉えることができる．以下に，洗掘深調査の考え方と活用方法について述べるとともに，鉄道事業者において採用されている主な洗掘深計測手法の概要，特徴および実施にあたっての留意点等を示す．また，現時点では実用化されていないものの，今後の技術開発によって新たな洗掘深計測手法となりえる技術について紹介する．河川橋りょうの全般検査や随時検査において，水面下にあり橋脚周辺地盤の状況や局所洗掘の発生を目視にて直接確認することが困難である場合には，必要に応じて洗掘深調査を実施することが望ましい．

2.　洗掘深調査の考え方と活用方法

　洗掘深の調査は橋脚周辺における洗掘発生の可能性を判断するために実施される．調査にあたっては，まず橋脚が位置する河川断面位置においてレットロープ等を用いた計測を基本として実施し，鉄道橋脚周りの根入れを捉えることが重要である．また，必要に応じて橋脚が位置する河川断面位置の上下流方の断面で計測を行うことや，音響測深などを活用した三次元的な計測結果を取得することで，橋軸方向のみならず上下流方にわたる河床形状をより詳細に捉えることができる．それぞれの調査手法については以降に述べる．

　個別検査における健全度判定にあたっては，変状原因の推定，性能項目の照査に加えて変状の予測が重要な指標となる．河川橋りょうの局所洗掘に対する変状の予測においては，前述した方法により洗掘深を調査し，この結果と既存資料の調査から得られる設計当初の根入れや河川断面との比較により，洗掘の進行性を判断することができる．また，ある一定期間ごとの洗掘深を含む河床断面の計測結果を蓄積することで，局所洗掘や全体河床の低下の発生やその進行性を時系列的にあるいは増水イベントと関連付けて把握することが可能となるため，より精度の高い健全度判定ができる．

3.　レットロープ測量

3.1　概　　　要

　レットロープ測量（下げ振りと呼ばれる場合もある）とは橋りょう上から重錘のついたロープを河床面まで垂下させ，河床面から橋りょうまでの距離を計測することで河床断面を把握する方法である．定期的に計測を行うことで，河床面〜橋りょうの高さの経時変化を把握することができ，局所洗掘や河床低下の

進行性を把握することができる.

3.2　特　　徴

　　メリット：必要な器具は目盛を有するレットロープと重錘のみであり（**付属図 5-2.1**），誰でも容易に
　　　　　　　測量可能である．作業に掛かる時間，コストが小さい.

　　デメリット：河川の流速によっては重錘が流されてしまうため，測量ができない場合がある．橋りょう
　　　　　　　　上での作業であるため他の計測方法に比べて危険である．著しく橋脚高さが高い橋りょう
　　　　　　　　や大規模な河川に架かる橋りょうだと労力が必要となる.

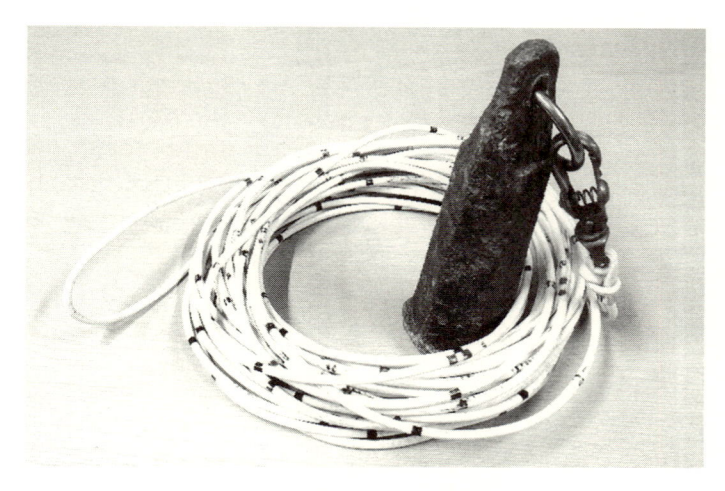

付属図 5-2.1　レットロープと重錘の例

3.3　計測原理・方法

　（1）計測手順

　　レットロープの先端に取り付けた重錘を計測点より重力によって鉛直に垂下し，着床位置から計測基準
点までの長さを計測することで，計測点から河床までの物理的な距離を直接計測する．計測手順は以下の
とおりである.

　　①　計測箇所から重錘のついたレットロープを垂下させる.

　　②　重錘が河床面に達したら，レットロープの目盛を読取る.

　　③　レットロープを手繰り寄せ，重錘を引き上げる.

　　④　上記①～③を必要な河川幅にわたり実施し，計測点を結ぶ河床断面図を作成する.

　（2）計測箇所

　　局所洗掘を把握するために橋脚の周辺を測定する（**付属図 5-2.2**）．また，局所洗掘は一般に橋脚の上流
側から発生するため上流方の計測を基本とする．河床断面図を作成する場合は，橋脚位置の起終点方で 2
箇所，支間長の中間点で 1 箇所は最低でも計測することが望ましい．橋脚位置の起終点方で 2 箇所計測す
る理由は，一般に桁上からは橋脚の直上流部が計測できないことが多いためであるが，検査足場等から上
流部が計測できる場合には，この箇所のみでも良い．また，支間長が 30 m を超えるような大規模な橋
りょうの場合には必要に応じて計測点を増やすのがよい．ただし，橋脚が湾曲した河川内に位置する場合
や，河川みお筋の流下方向と橋脚く体の方向が一致しない場合には必ずしも上流方の洗掘が進行するわけ

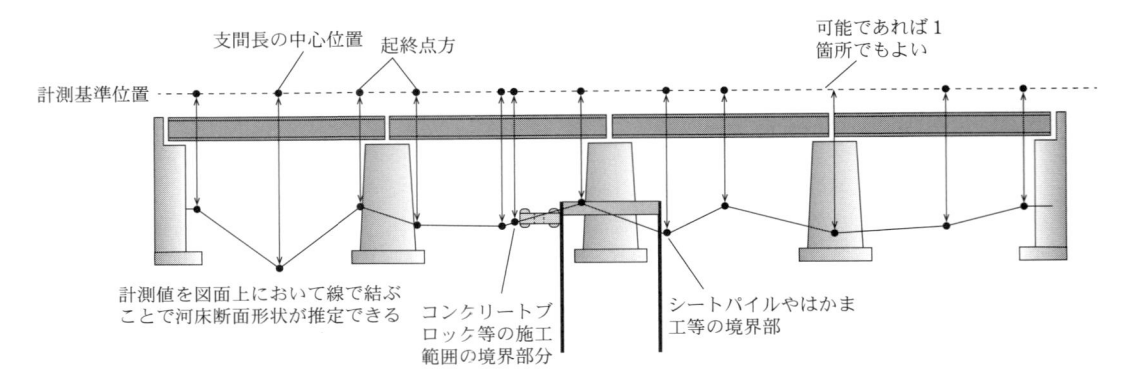

付属図 5-2.2　計測箇所イメージ図

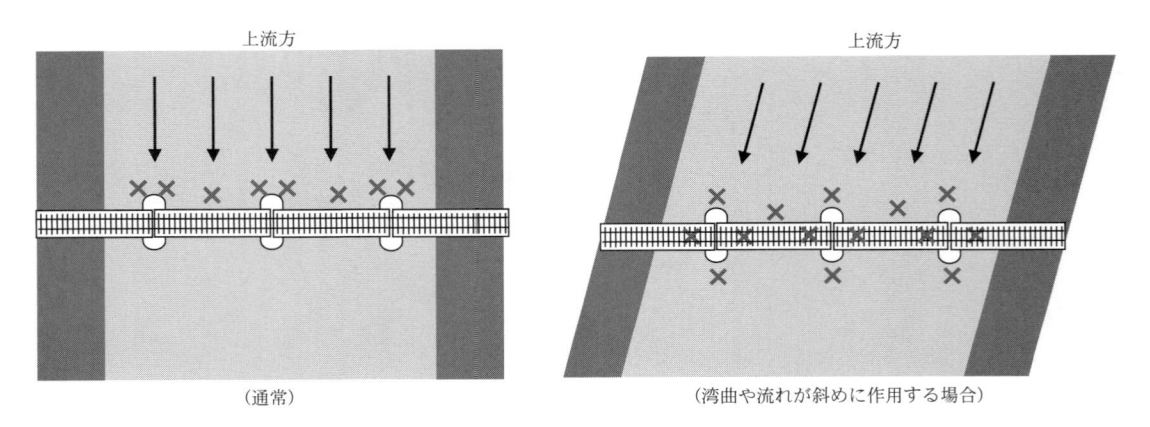

付属図 5-2.3　上流方以外の計測箇所の例

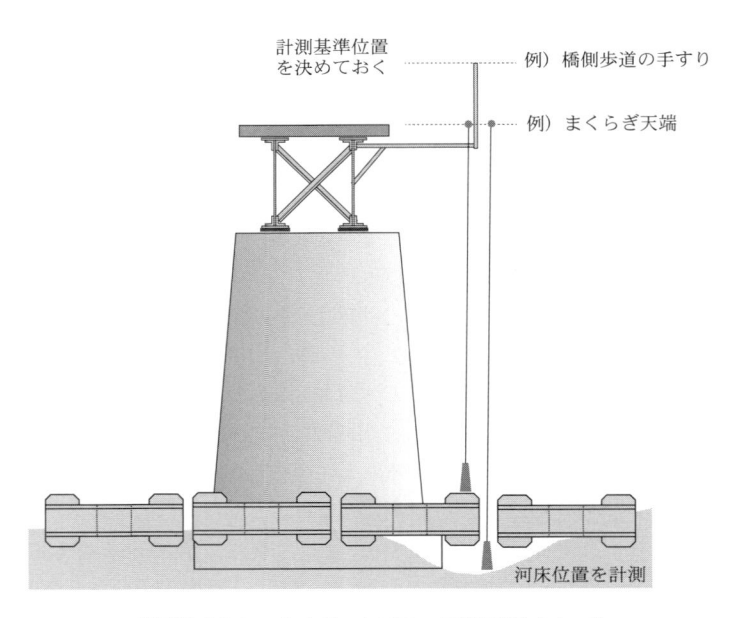

付属図 5-2.4　コンクリートブロック間の計測イメージ

ではないため，橋脚周囲に複数箇所（例えば，起終点方および上下流方の 4 箇所など）で根入れ調査を実施するなど，計測箇所の選定には注意が必要である（**付属図 5-2.3**）.

　根固め工が橋脚近傍に施工されている場合には，コンクリートブロック間の吸出しの有無を確認するためにブロック間の河床面位置とブロック天端位置を合わせて計測することが望ましい（**付属図 5-2.4**）. ただし，上記の計測は困難である場合がほとんどであるため，原則としてコンクリートブロック天端を計測することでよいが，コンクリートブロックの敷設位置・範囲と計測箇所との関係を把握しておくことが望ましい.

　同様に，シートパイル基礎やはかま工が施工されている場合や，コンクリートブロック等が施工されている場合には，境界部において計測点を設けることが望ましい（**付属図 5-2.2**）.

　（3）計測結果の活用

　計測結果は，前回計測結果と比較することで，局所洗掘や河床低下の進行性を把握し管理を行う．前回計測結果と比較して著しく変化し根入れが不足している場合は，詳細な調査および対策の検討を行う.

3.4　留　意　点

　高さの基準点は，計測箇所ごとに変わることのないよう統一しておくことが望ましい．例えば，レールレベルや橋脚天端，レール端部高さなどを基準とし，基準点から河床までの高さを計測する（**付属図 5-2.5**）. 次回計測時のために，計測箇所は記録することに加えて，現地の垂下点にマーキングしておくのも有効であるが，時間がたつと消失する恐れがあるため注意すること．各計測データを整理する際には，図面上の基準点から計測した河床位置をプロットすることで河床断面図が得られる.

　レットロープの読み取り時には，ロープの著しいたるみや斜めになっていないかを確認する．また，特に増水時に実施する場合には，河川の流速が早いため重錘が流されロープが斜めになることがあるため注意する（**付属図 5-2.6**）.

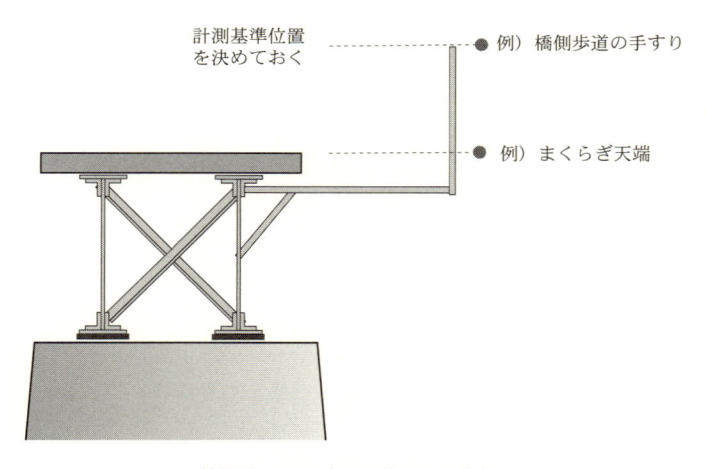

計測基準位置を決めておく　　　　●　例）橋側歩道の手すり

●　例）まくらぎ天端

付属図 5-2.5　高さの基準点の設定例

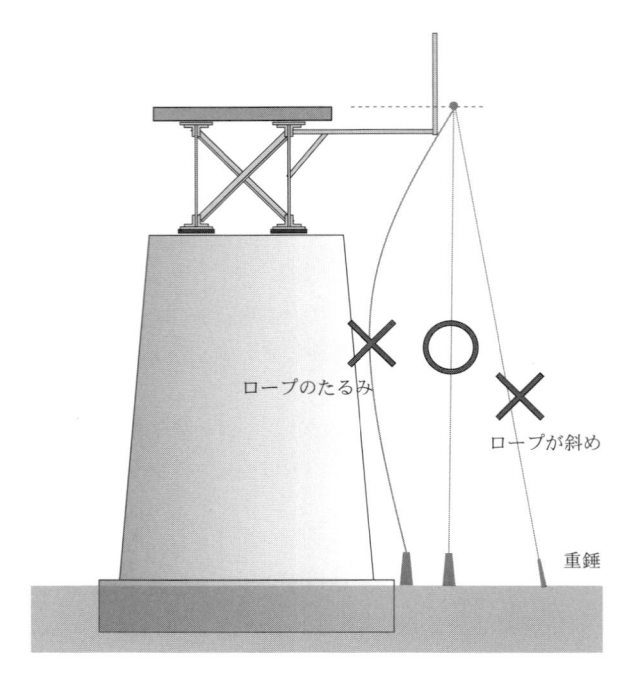

付属図 5-2.6 計測にあたっての留意点イメージ図

4. 直接水準測量

4.1 概　　要

　直接水準測量は，水深が浅く徒歩での渡河が可能な場合において，人力により河川の断面形状を測量するものである[1].

4.2 特　　徴

　メリット：河川測量としての実績が豊富である．

　デメリット：増水時には原則的に実施することが困難である．また，水深が深い場合や河川の流速が速い場合にも，実施が困難となる場合があるため注意が必要である．

　　　　　　　特定の横断位置ごとに標尺を立てて計測を行う必要があり，後述する音響測深やグリーンレーザ測量と比較すると実施にあたって人手と時間を要する．

4.3 計測原理・方法

　直接水準測量は，2地点に標尺を立て，その中間に水準儀を水平に置いて，2つの標尺の目盛を読み，その差から高低差を求める（**付属図5-2.7**）．なお，2点間の高低差をトータルステーション等により角度と距離から間接的に求める間接水準測量もある（**付属図5-2.8, 9**）．

　一方，高水敷などの地上部の地形形状は近年，地上レーザスキャナを用いて点群データとして取得する手法が活用されており，上記の人力による断面部分とレーザスキャナで取得した三次元の地形形状と合わせて河川断面データを作成している事例がある．

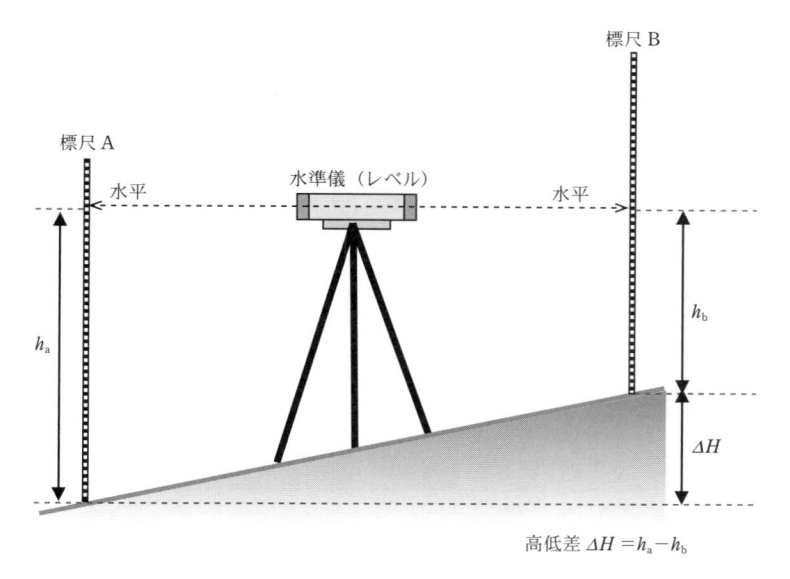

高低差 $\Delta H = h_a - h_b$

付属図 5-2.7　直接水準測量の原理概要図

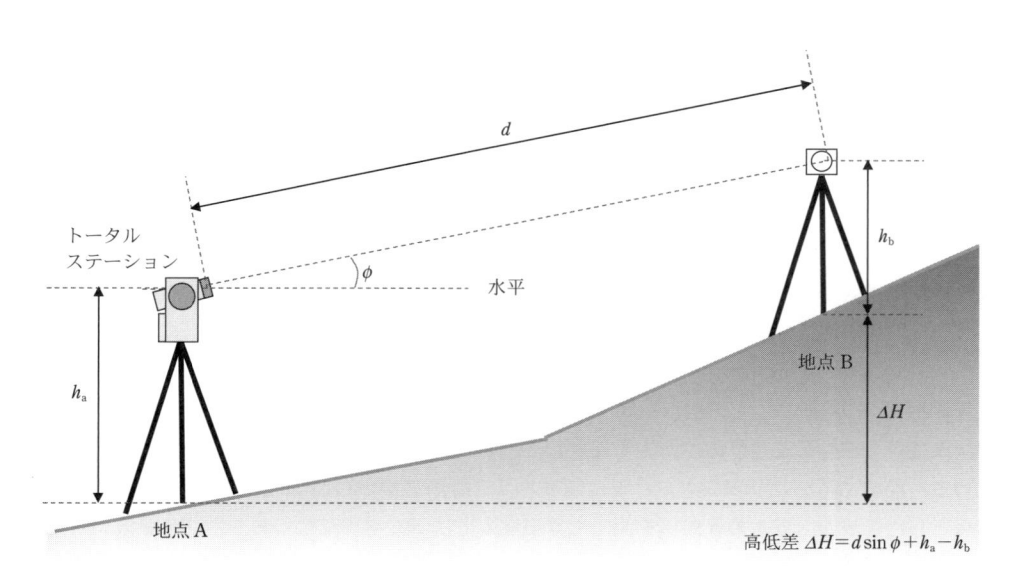

高低差 $\Delta H = d\sin\phi + h_a - h_b$

付属図 5-2.8　間接水準測量の原理概要図

228

付属図 5-2.9　間接水準測量の例

4.4　留　意　点

　水準儀の設置方法や標尺の立て方等，誤差の生じる要因が多数ある．また，断面位置によっては測量に労力を要することがあるため，測量断面の選定に注意する必要がある．

5.　音 響 測 深

5.1　概　　　要

　レットロープによる計測や直接水準測量と異なり，河床の水深の変化を，音響を利用した測深機を有するラジコンボート等により連続的に計測するものである[2]．

5.2　特　　　徴

　メリット：人による測量等よりも精度の良い河床断面データが取得できる．また，水面下でも線路近傍のみならず上下流方の河川断面や河川の流下方向の縦断図を取得することも可能である．

　デメリット：増水時には原則的に実施することが困難である．また，通常の水位であっても流速が速い河川では実施が困難な場合があり，事前検討が必要となる．

5.3　計測原理・方法

　音響測深機から発射した超音波が河床で反射したのち，測深機で受信するまでの時間に速度を乗じて水深を求める．船舶あるいはラジコンボートに設置した音響測深機から扇状の音波を河底に向けて発信し，河床で反射した音波から多数の水深値を面的に算出する方法が近年普及しており，これをスワス測深と総称している（**付属図 5-2.10, 11, 付属表 5-2.1**）[2]．一方で，送受信器直下のみを音波によって測深する方法を，シングルビーム測深という．

　シングルビーム測深が河床を送受信器直下の水深情報を線で計測しているのに対し，スワス測深では面的に河床の地形を計測するものである．このため，シングルビーム測深に比べ，短時間でより広範囲のデータを取得できる．

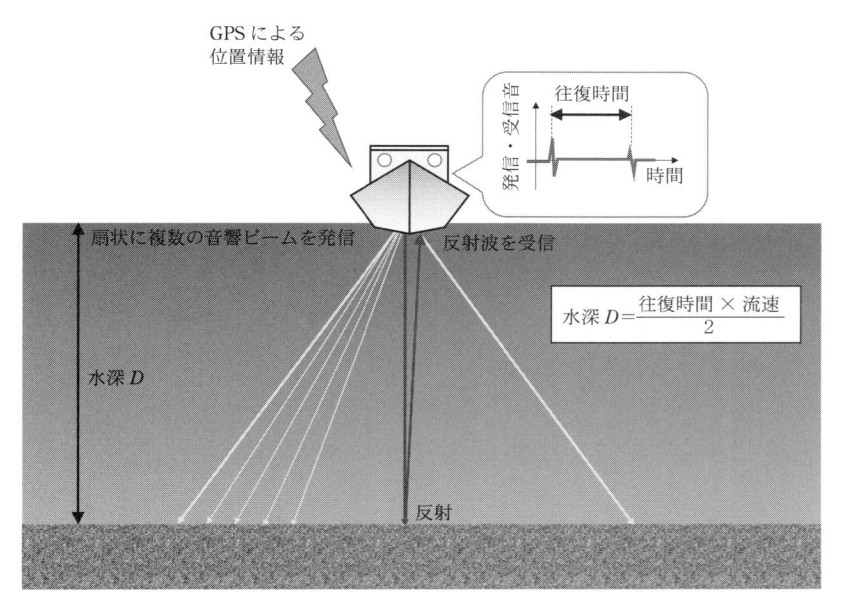

付属図 5-2.10　スワス測深の原理概要図

付属図 5-2.11　ラジコンボートによる音響測深の例

付属表 5-2.1　ラジコンボートの仕様例

大きさ	全長 1,200 mm，幅 350 mm，高さ 250 mm
重量	16 kg（バッテリー搭載時）
連続走行時間	210 分
船速	自立走行時 2.0 kt（時速 3.7 km/hr，秒速 1.0 m/s）
測深範囲	0.5〜80 m
測深分解能	0.01 m
データ通信可能範囲	800 m

5.4 留 意 点

　増水により濁りがある場合，その境界で音波が反射してしまい正しい計測結果が得られない場合がある．

6. グリーンレーザ測量[3), 4)]

6.1 概　　要

　航空機に搭載したグリーンレーザは Airborne Laser Bathymetry を略し ALB と呼ばれ，上空からレーザを用いて水面下を計測できる測深機である．航空機以外にも近年ではドローンに搭載して計測を実施することも可能となっている．

6.2 特　　徴

　メリット：短時間で広範囲の面的な計測が可能で砂州の堆積や局所洗掘，偏流，深掘れ位置，段彩図を作成することができる．任意の位置での横断図や縦断図を作成できる．

　デメリット：水の透明度によっては測定不可となるため，増水時あるいは増水後の適用に課題がある．また，コストが高く，航空機の航行においては航空法上の制約がある[2)]．最低安全高度の規定（航空法施行規則第 174 条）によれば，有視界飛行で人家の密集する地域を飛行する場合には当該航空機を中心として水平距離 600 m の範囲内の最も高い障害物の上端から 300 m の高度，人家の無い地域や広い水面では 150 m とそれぞれ規定されている．

6.3 計測原理・方法

　グリーンレーザの測定原理は航空機から，水中を透過するエネルギーの強いグリーンレーザと水面で反射する近赤外レーザを同時に照射し，その時間差から水深を算出して，陸上と水底の地形を同時に 3 次元

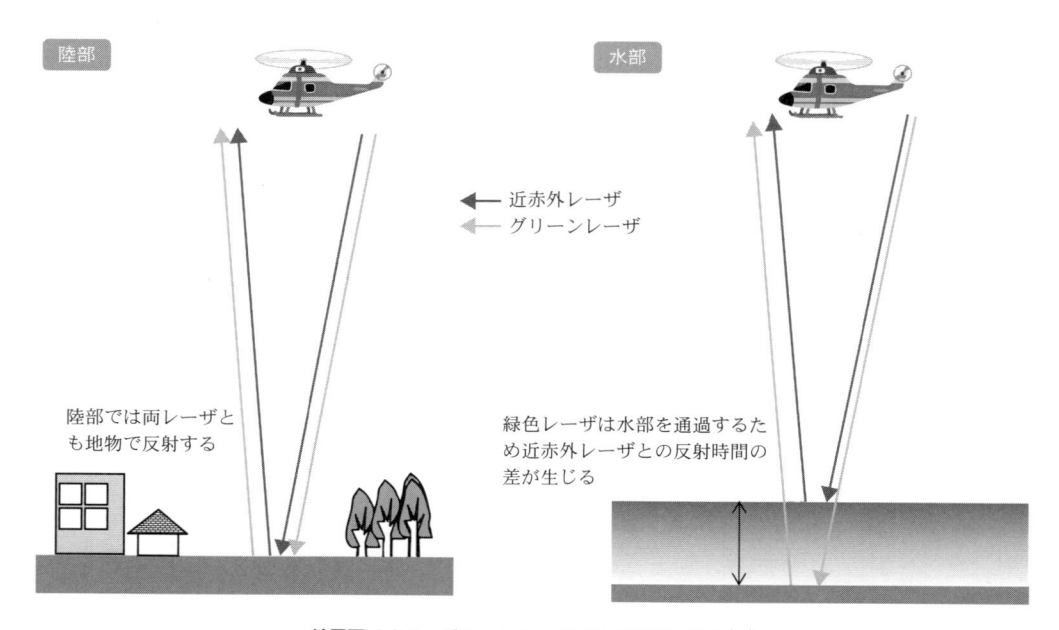

陸部

水部

　　　← 近赤外レーザ
　　　← グリーンレーザ

陸部では両レーザとも地物で反射する

緑色レーザは水部を通過するため近赤外レーザとの反射時間の差が生じる

付属図 5-2.12　グリーンレーザ測量の原理概略図[3), 4)]

計測する（**付属図 5-2.12**）．測定できる水深は，機器により異なるが，概ね河川で 2～3 m，海で 5～6 m の範囲となっている．

6.4　留意点

水質条件として，降雨・増水や工事によって河川水が極端に濁っておらず，一定の透明度が確保されていることが必要である．また，夜間は実施できない．

その他の制限として，計測時における高度は約 500 m～600 m と低高度となるため，低高度での航空機の飛行が可能な地域であることが挙げられる．

7.　各調査手法の比較

上記で示した各手法について，鉄道における洗掘深の調査手法としての特徴を**付属表 5-2.2** にまとめる．

付属表 5-2.2　各手法の特徴まとめ

	レットロープ	水準測量 （直接，間接）	音響測深	グリーンレーザ
計測範囲，取得断面	橋脚位置の断面のみ取得	任意位置の断面のみ取得	任意の範囲で三次元地形を取得	航空測量の範囲で三次元地形を取得
調査に要する人的労力[*1]	△	×	○	○
増水時の実施可否[*2]	△	×	×	×
迅速な実施の可否[*3]	○	△	△	×
コスト[*4]	○	△	△	×

＊1：計測自体に要する人的労力を単純に比較している．○が最も労力を要さない．
＊2：大雨等による増水時に実施可能かを評価している．○が実施可能を示す．
＊3：調査が必要と判断してから実施するまでの期間を評価している．○が最も期間が短い．
＊4：計測および断面図作成までの全体のコストを考慮している．○が最も低コスト．

8.　その他の計測技術

8.1　音響測深を無人航空機に搭載する手法

上記の音響測深機器を水空両用型の無人航空機に搭載し，調査対象位置までの移動，着水後の計測，さらに計測終了後の帰還までを遠隔操作あるいは自動制御で実施するものである．これにより，水面までのアクセスが困難な大規模な橋りょうや山あいの橋りょうなどの作業の効率化と安全性の向上が期待される．

一方で，ラジコンボートでは増水時の実施は困難であるが，空中を移動する無人航空機は河川流速の増加のみならず，風速の増加などの気象条件の影響も受ける．そのため，適用条件が限定される可能性がある．また，搭載される音響測深機器が無人航空機に積載可能な重量を超えないように軽量化する必要がある．

8.2　超音波ドップラー流速分布計を用いた河床計測[5]

音響測深よりも高い周波数の超音波のドップラー効果を利用した流速計を活用し，河床形状を面的にモ

ニタリングする方法である．本来は河川内の流速を計測し，断面情報とともに流量を精度よく捉えることを目的とした装置である．

増水時の河床計測への適用も期待されるが，計測に時間を要することや高周波数帯を利用するため濁度が高い場合には音響測深よりも計測範囲が限定される可能性がある．

8.3 流失検知型洗掘計[6]

無線通信機能を用いて，センサ部が流失した際に信号を発信して河床の洗掘を検知する装置が開発されている．これは，河床より下に複数のセンサを柱状に積み上げ，洗掘によりセンサが外れるとリードスイッチにより信号が発報される．これを陸上に設置した受信部で検知し，流失したセンサの ID と設置していた深さとの関係から，どの程度まで洗掘が進行したかを計測するものである．

ただし，河床を一度掘削してセンサを設置する必要があることから，鉄道事業者が単独で実施することは困難である．また，受信装置を陸上に設ける必要があることや，センサに内蔵されたバッテリー容量に限りがあるなどの課題がある．

8.4 レール降下式洗掘計

橋脚上流方に鞘状の管を設け，その中に棒状の標尺を設置し，洗掘時に河床低下とともに沈下する標尺の目盛を読むことで洗掘量を計測するものである．鉄道では，国鉄時代に一部古レールを用いて実用化されていたが，流下物による損傷の問題や，一度沈下した標尺を原位置に戻すことが困難であるなどの理由から普及しなかった経緯がある．

参考文献

1) 国土交通省，河川定期縦横断測量業務実施要領・同解説，2018.3.
2) 国土交通省港湾局：マルチビームを用いた深浅測量マニュアル（浚渫工編）（令和2年4月改定版），2020.3.
3) 中村秀至ら：河川における航空レーザ測深技術の適用可能範囲推定方法の開発，写真測量とリモートセンシング，Vol. 53, No. 5, pp. 213-216, 2014.3.
4) 小澤淳眞ら：ALB（航空レーザ測深）の河川測量への適用，測量先端技術，No. 106, pp. 106-109, 2014.10.
5) 二瓶泰雄，色川有，井出恭平，高村智之：超音波ドップラー流速分布計を用いた河川流量計測法に関する検討，土木学会論文集 B，Vol. 64, No. 2, pp. 99-114, 2008.
6) 国土交通省北陸地方整備局：急流河川における浸水想定区域検討の手引き，2003.9.

付属資料5-3　衝撃振動試験による橋脚・ラーメン高架橋の評価

1．概　要

1.1　特　徴

　衝撃振動試験法は，重錘を用いて橋脚やラーメン高架橋の頭部に衝撃を与え，その際の応答波形を収録，波形の重ね合わせおよびスペクトル解析を実施することにより，その構造物の固有振動数を把握し，状態の変化を評価する非破壊現地試験法である．本試験法が提案された当初は，基礎の支持力特性の把握を目的とする試験法として活用されたが，その後の研究により，鉄道高架橋のようなラーメン構造物への適用の拡大を図り，基礎のみならず柱部材の変状の程度の評価も可能となった．鉄道においては橋脚や高架橋の柱や基礎に適用できる現地試験法として既に定着しており，変状の発見・補強対策工の効果の確認に多数の実績がある．また，近年では道路橋などでも取り入れられている事例もある．

　橋りょう等の基礎は上部からの荷重を支える役割を担うが，基礎は通常地中に設置されるため，一般にはその変状を直接目視にて確かめることができない．そこで本試験法では，基礎の支持力性状や部材に変状が生じると対象構造物の固有振動数が低下することに着目し，この値を用いて定量的に変状の程度を判定することができる．

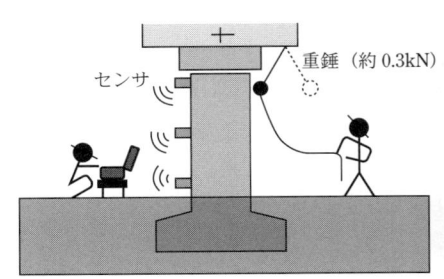

付属図 5-3.1　衝撃振動試験実施のイメージ

1.2　測定原理

　重錘により橋脚天端を打撃すると，構造物は固有の振動数・振動モードで振動し，その振幅は徐々に減衰する．固有振動数の最も小さなものを1次の固有振動数・振動モードと呼び，主に基礎の変状の程度を判定する指標として用いられる．

1.3　適用範囲

　一般的な鉄道橋りょう・高架橋に対して衝撃振動試験の適用が可能である．ただし，以下のような特徴を有する橋りょう・高架橋への適用には注意が必要である．

・背の高い橋脚

常時微動による振動が大きく，重錘の衝撃による自由減衰振動の励起が相対的に小さくなるため，位相スペクトルによる固有振動数の判定が困難となる場合がある．

・斜角の程度が大きい橋脚

打撃方向やセンサ設置位置・方向によって計測結果が変化する可能性があるため，注意が必要である．なお，斜角の程度に関する定量的な知見はこれまでにないが，設計の考え方を参考とし，橋軸と橋脚長辺の角度が75度を超える場合を斜角の程度が大きいものとみなしてよい．

・トラス桁や長大橋を支持する橋脚

重錘による衝撃や風等の外乱により桁の振動が大きく励起されることが多く，橋脚の固有振動数の判定が困難となる場合が多い．

・背が低く土被りの厚い橋脚や高架橋

減衰が大きく打撃による自由減衰振動が励起されにくいため，固有振動数の判定が困難となる場合が多い．

・駅部など，線路直交方向に多径間の高架橋

質量・剛性が大きくなり，自由減衰振動を励起されにくいため，一般には適用できない．

・橋台などの抗土圧構造物

背面土やウィング等による拘束のために振動応答の減衰が大きく，固有振動数を判定することが困難であるため，一般的には適用できない．

・外乱の影響が著しい場合

強風時や増水時においては，外乱の影響により，橋脚の自由減衰振動が正確に計測できない場合もある．

なお，背が低く土被りの厚い橋脚・高架橋や橋台などの抗土圧構造物の場合，固有振動数の判定が不可能となる傾向があるが，打撃後の応答波形のスペクトル形状の変化を経時的に調査することで，支持性状等の変化を定性的に把握することが可能である．また，抗土圧擁壁のように同一諸元が連続する構造物の場合には，スペクトル面積比等を用いて変状の程度を相対的に評価する手法も開発されている．ただし，抗土圧構造物は背面に存在する地盤材料も打撃により同時に振動し評価が難しくなることがこれまでの検討から明らかになっており[1]，橋台などの抗土圧構造物を対象に衝撃振動試験を実施する場合には，打撃力の設定ならびに計測結果の評価に十分な注意が必要である．

2．システムの構成・仕様の例

2.1　計測装置の種類

衝撃振動試験の計測システムとして，（公財）鉄道総合技術研究所より衝撃振動試験のサポートシステム「IMPACTUS」がリリースされている．システム・仕様の例としてIMPACTUSの概要を以下に示す．

2.2　システムの構成

計測システムは大きく分けて，計測部（センサ部），収録・解析部（PC）からなる．

（1）計測部（センサ部）

橋脚を対象とする衝撃振動試験においては，通常，計測の簡便性や地盤ばね定数の固有振動数への影響度から，1次の水平方向の固有振動数に着目している．通常の規模の構造物では，目的とする1次の水平

方向の固有振動数は，ほぼ 1〜30 Hz の範囲にあるため，このような周波数帯の振動を精度良く計測できるセンサを，IMPACTUS システムでは使用している.

（2）　収録・解析部（PC）

計測された振動波形データは，計測部から無線により PC へ伝送し，収録する. 収録した振動波形の重ね合わせやスペクトル解析等の作業を行うことで，固有振動数を把握することができる.

3.　試 験 手 順

3.1　計測の流れ

付属図 5-3.2 に，衝撃振動試験の一連の流れを示す. 列車密度等に左右されるものの 1 日に 1 パーティあたり 3〜4 基程度の計測が可能である.

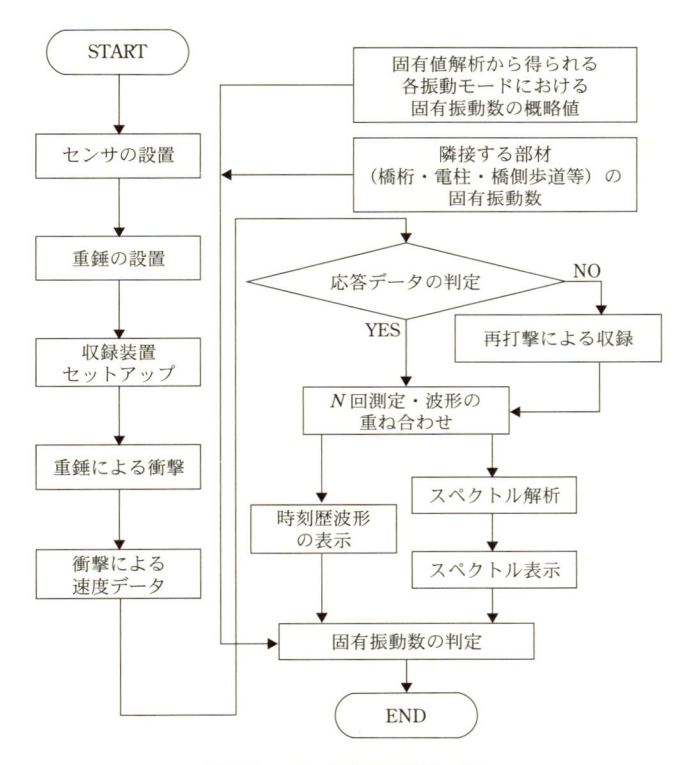

付属図 5-3.2　衝撃振動試験の流れ

3.2　計測条件の設定

（1）センサの種類

振動を測定するセンサには，測定項目別に加速度センサ・速度センサ・変位センサ，測定機構別にサーボ式・電磁式・電圧式など，いろいろな種類のものがある.

衝撃振動試験で計測の対象とする橋脚の 1 次の固有振動数は，通常規模のものであれば約 1〜30 Hz の範囲にある. そのため，そのような周波数帯域の振動を高感度かつ平坦性を持って測定可能なセンサを選択する.

236

（2）センサの数

　衝撃振動試験により構造物の固有振動数を求める場合は，構造物の天端部（ただし，2次モードの固有振動数を計測することを目的として構造物の中間部に設置することもある）に1台の振動センサを設置し，計測を行う．なお，固有振動数とあわせて振動モードも計測する場合は，構造物の天端部・中間部・下部というように3台以上のセンサを配置して計測する必要がある．

　また，ラーメン高架橋の柱部材の変状の程度を調査するために試験を実施する場合は，柱の中間部に1台の振動センサを設置する．

（3）センサのレンジ（計測範囲）

　速度センサを用いる場合，通常の規模の橋脚であれば重錘の打撃により約0.5～1.5 kine（1 kine＝1 cm/sec）程度の速度が発生する．橋脚に全周クラック等の損傷が発生した場合，速度はさらに大きくなる．一方で，微動計測の場合には構造物の芯答は打撃時と比較して微小となる．このため，計測条件に応じたセンサの計測範囲を設定する必要がある．

（4）センサの分解能

　衝撃振動試験では，現場で計測した振動データをスペクトル解析するので，周辺のノイズと構造物の応答との相関関係から所要の分解能が必要となる．

（5）　計測種別

　衝撃振動試験においては，基本的には速度を計測種別とする必要がある．その理由を以下に示す．

　打撃により励起された自由減衰振動の挙動を考えると，打撃の瞬間に速度が最大となる（**付属図 5-3.3**）．このため，打撃時を開始点とした応答速度波形のフーリエ解析を行えば，固有振動数においてフーリエ振幅スペクトルの卓越振動数と位相スペクトルの値が0°（センサの検出方向と打撃方向が逆の場合は±180°）となるとともに，振幅スペクトルがピークを示す．この情報が固有振動数を判定する際の重要な情報となるため，速度を計測種別としている．ただし，実務においては，経験的に打撃後の振幅が最大振幅の25％を超えた点からのデータを対象に周波数解析を行い，固有振動数の判定を行っている．

　なお，IMPACTUS では加速度センサを用いているため，収録した加速度波形から積分により速度波形を算出している．

（6）データ収録のサンプリング周波数

　通常規模の橋脚であれば，1次の固有振動数はおよそ30 Hz以下となるが，ラーメン高架橋の柱の計測など2次モードの固有振動数を計測する場合は，数十～100 Hz程度の固有振動数となる．したがって，サンプリング周波数は，500～1000 Hz程度に設定するのがよい．

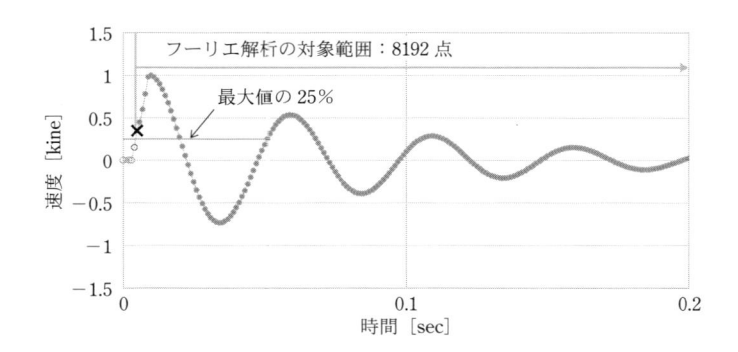

付属図 5-3.3　打撃により励起された自由減衰振動の例

（7）重錘の重量

重錘の重量については，0.3 kN 程度あればよい．ただし，比較的大規模な構造物やノイズの大きな構造物では，より大きな衝撃力を与えるために，より重量のある重錘を使用した方がよい場合がある．一方で，対象となる構造物によっては，かけやによる打撃でも十分な計測を行うことができるものもある．

（8）打撃を与える回数

衝撃振動試験では複数回，打撃による振動波形の収録を行い，それらの波形を重ね合わせることで，ノイズの影響を減ずることができる．打撃を与える回数については，通常 10 回程度とする．

3.3　試験の手順

（1）センサの設置

対象とする構造物の水平・線路直角方向にセンサを設置する．対象とする構造物により，センサの配置は異なる．固有振動数を判定することが目的であれば，橋脚を対象とする場合，橋脚天端部に 1 点のみセンサを設置すればよい（**付属図 5-3.4**）．ラーメン高架橋では，上床版あるいは柱上部に 1 点のみセンサを設置すればよい．固有値解析による評価を行う場合には，3 点以上のセンサの設置と，設置位置（高さ）の情報が必要である（**付属図 5-3.5, 6**）．固有値解析を行うことで，異常出水等により被災した場合にその変状要因が支持地盤の塑性化（あるいは流失）であるのか，あるいは基礎部材等の損傷であるのかを判断することができ，迅速な変状の程度の判定や措置の計画が

付属図 5-3.4　橋脚天端に設置したセンサ

可能となる．なお，斜角を有する橋脚の場合には，センサ設置位置や方向を試験ごとに統一する必要があるため，これらの情報を検査記録等に記載するのがよい．

（2）重錘の設置

橋脚に衝撃を与えて橋脚の固有振動数を調査する場合，重錘は天端に衝撃を与えることができるよう橋側歩道等から吊り下げて設置する．空頭上の制約等から橋脚の天端を打撃することが困難な場合は，なるべく橋脚の高い箇所を打撃するとよいが，高次モードの応答振動が励起される場合があることに留意しな

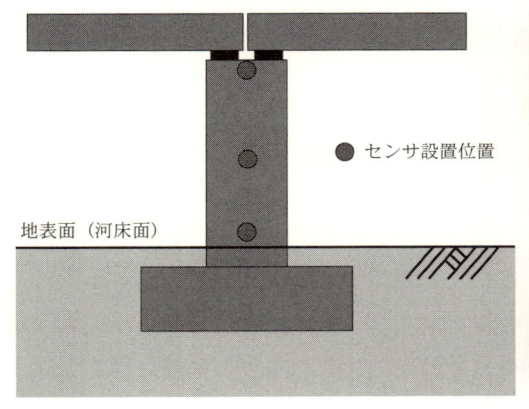

● センサ設置位置

地表面（河床面）

付属図 5-3.5　センサ設置の例（橋脚の場合）

238

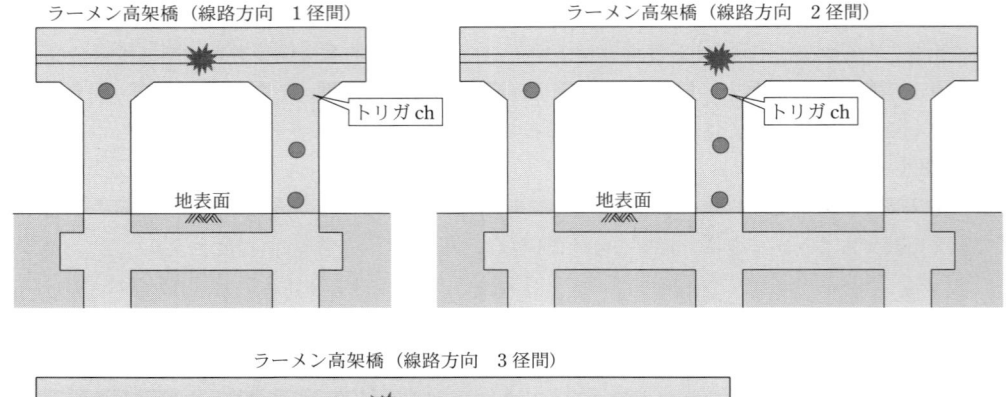

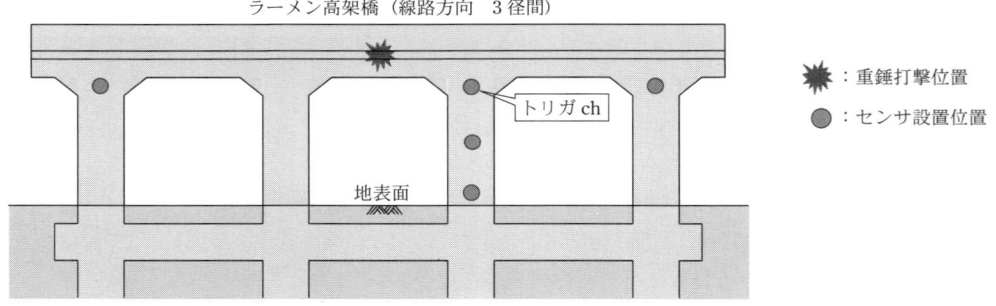

付属図 5-3.6 センサ設置の例（ラーメン高架橋の場合）

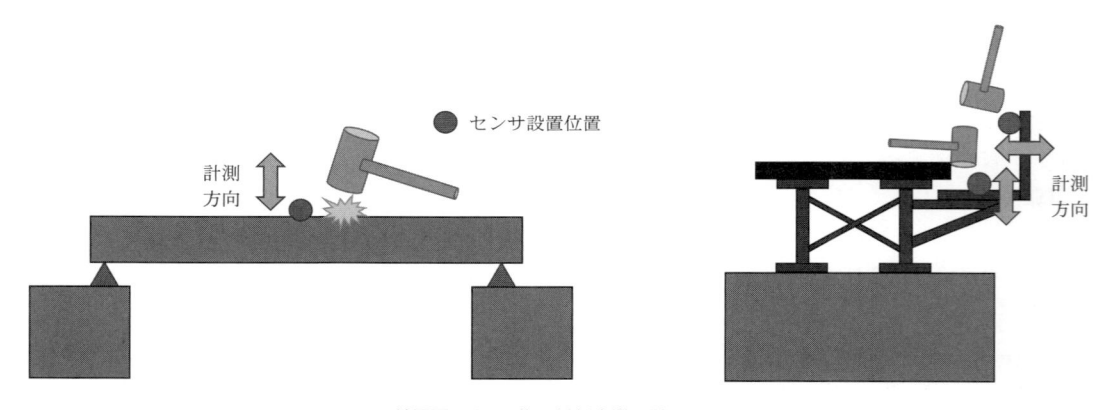

付属図 5-3.7 桁や橋側歩道の計測の例

ければならない．ラーメン高架橋について，基礎を含むラーメン構造全体系の固有振動数を調査する場合は，ブロック中間位置の上床版側部を打撃する（**付属図 5-3.6**）．ラーメン高架橋の柱部材の固有振動数を調査する場合は，柱の中間部を打撃するが，重錘ではなく，かけやによる打撃で十分な場合が多い．また，橋側歩道や電化柱等の質量が小さく非常に振動しやすい付帯構造物等については，かけや等による打撃力でも十分である（**付属図 5-3.7**）．なお，打撃位置とセンサの設置位置を近づけすぎると打撃時の表面波の影響によりセンサの計測範囲を超えた振動を検出してしまうおそれがあるので，打撃位置とセンサの設置位置はある程度離しておくのが望ましい（**付属図 5-3.8**）．

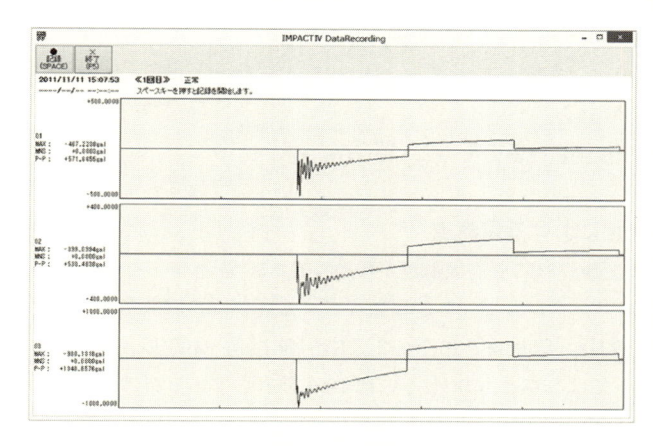

付属図 5-3.8　センサの計測範囲を超過した波形の例

（3）重錘による衝撃

　自由減衰振動を励起させるため，可能な限り大きな打撃力を与えることが望ましい．また，打撃力は可能な限り揃えることが望ましい．斜角の橋脚の場合，衝撃を与える方向は橋軸直角方向，橋脚の軸方向のどちらでも構わないが，打撃方向は検査毎で統一する必要があるため，打撃方向も検査記録簿に記載する必要がある．

（4）計測結果の重ね合わせ

　S/N 比（シグナル／ノイズ比）を向上させるために，複数回の振動計測を行い，得られた複数の波形の重ね合わせ（スタッキング）を実施する．なお，IMPACTUS システムでは，打撃により生じた最大速度応答に対して，打撃直後にその一定割合の速度応答が得られた時点を起点として，波形を収録している．一般的な橋脚や高架橋については，10 回程度打撃を行って周波数解析を行うのが望ましい．ただし，桁や橋側歩道のように減衰が小さく自由減衰振動が励起されやすい構造物については，回数を減らしてもよいが，検査毎に回数を統一するのがよい．なお，衝撃振動試験を用いた減衰定数の評価手法や，実橋脚での減衰の同定結果が既往の研究において検討されている[2]．

3.4　計測結果の解析

　衝撃振動試験では，複数回の収録した振動波形の重ね合わせを行い，得られた重ね合わせ波形のスペクトル解析を行うことによって固有振動数・振動モードを判定することができる．スペクトル解析は，高速フーリエ変換（FFT）手法を用いるのがよい．**付属図 5-3.9**に，ある橋脚の衝撃振動試験により得られた重ね合わせ波形とスペクトル解析の結果を示す．

3.5　固有振動数の判定

　付属図 5-3.9に示したようなスペクトル解析結果から，構造物の固有振動数を求めることができる．固有振動数として判定するためには，

　　・振幅スペクトルの中で，振幅が卓越していること

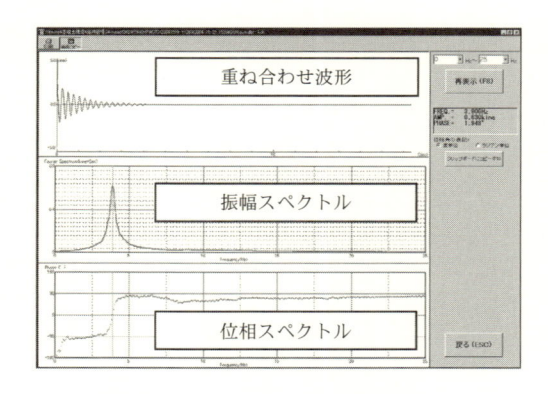

付属図 5-3.9　重ね合わせ波形と FFT 解析結果

と（スペクトル分布図の中で，振幅が極大値であること）

・位相スペクトルの中で，速度計測の場合は位相が 0° あるいは 180°，加速度計測・変位計測の場合は 90° あるいは 270° を示すこと

以上 2 つを同時に満たす振動数であるとされている.

3.6　固有振動数の判定における留意点

（1）橋脚・高架橋の振動波形に卓越振動数が複数存在する場合

付属図 5-3.10 に振幅スペクトルもピークが複数存在する高架橋の試験結果を示す．この振幅スペクトルでは，卓越振動数が 2.0 Hz（位相差－137°），2.3 Hz（位相差－109°），2.9 Hz（位相差－42°）の 3 点が確認できる．位相については 3 点とも 0° あるいは 180° を示しているわけではないが，前後のプロットと線を結ぶと 0° を横切るため，位相から判断してもいずれの卓越振動数も衝撃に由来したものであることが分かる．これらの卓越振動数は，一般的には桁や橋側歩道，電路柱，添架物等の固有振動数である．これらの中から橋脚・高架橋の固有振動数を選定するためには，それ以外の固有振動数を把握する必要がある．そのため，卓越振動数が複数ある場合には，桁や橋側歩道，電柱などそれぞれにセンサを設置し，それぞれを別途打撃することで各々の固有振動数を把握するのがよい．ただし，上述したように，トラス橋のような長大橋の場合には，風等の外乱により桁が大きく振動していることが多く，振動モードは非常に複雑となっている．そのため，衝撃振動試験結果から橋脚の固有振動数を判定する際には十分な注意が必要である．

なお，参考として，単線式の鋼橋を対象に整理した，衝撃振動試験で同定した桁の鉛直・水平方向の固有振動数と支間長の関係を**付属図 5-3.11** に示す．同図には，過去に計測された列車通過後の残留振動計測で同定した固有振動数も合わせて記載している．

式(1) は「鉄道構造物等設計標準・同解説（構造物編）　鋼・合成構造物」の**付属資料 3** に記載された，解析的に導出した列車非載荷時の桁の基本鉛直固有振動数（鉛直）の算定式であるが，衝撃振動試験による実測の鉛直固有振動数とおおむね一致している．また，水平固有振動数は式(1) に 1/2 を乗じたものとおおむね実測値が一致した．桁の固有振動数を推定する場合には**付属図 5-3.11** を参考としてよいが，桁

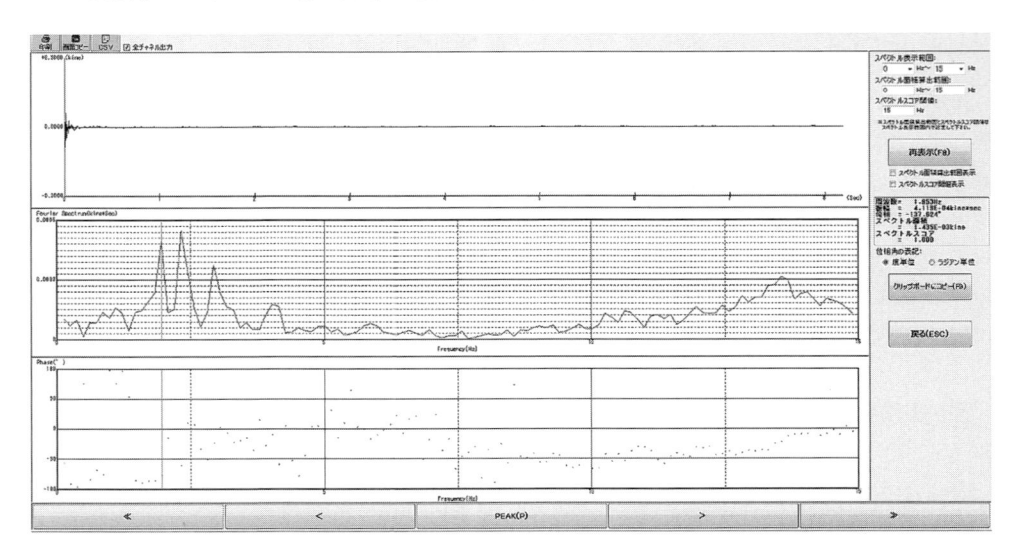

付属図 5-3.10　卓越振動数が複数存在するケース

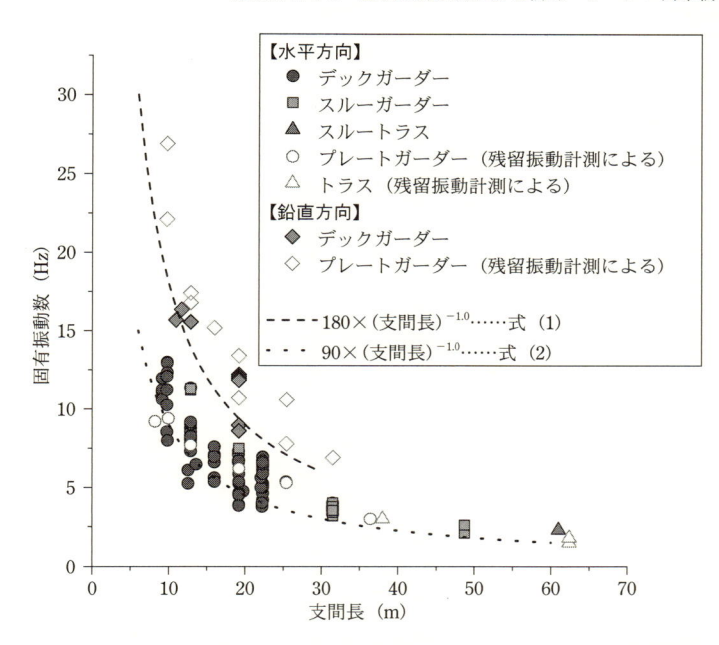

付属図 5-3.11　単線式の鋼橋を対象とした桁の鉛直・水平方向の固有振動数と支間長の関係[3]

の形状や部材構成の違い，橋側歩道の有無などによって実測値にはばらつきがあるため，現地で計測することが望ましい.

　なお，複数の卓越振動数がある場合，橋脚や高架橋の固有振動数を判定することが難しい場合も少なくない. このような場合には，スペクトル全体で判断を行い，いずれかの卓越振動数が変化した場合には注意するなどの対応を行うのがよい.

（2）明瞭な卓越振動数がない場合

　付属図 5-3.12 に振幅スペクトルにおいて明確なピークが現れない橋脚の試験結果を示す. 9.0 Hz，15.0 Hz 付近に振幅スペクトルの若干の卓越が見られるものの，位相差は 0° 付近を示さず，緩やかに振幅スペクトルが伸びていくのみで橋脚の固有振動数を判定しづらい.

　一般的には，背が低い場合や土被りの厚い場合のように，減衰が大きく揺れにくい橋脚でこのような傾向が多くみられる. この理由としては，打撃力が相対的に小さいことや，対象構造物の剛性や質量，減衰が大きく自由振動を励起できていない可能性が考えられる. 一般的に減衰の大きな構造物だと変状は生じていないと考えられるが，この場合には固有振動数による変状の程度の評価は不可能であるため，スペクトルの形状などの変化の有無や目視調査の結果から総合的に変状の程度を評価する必要がある.

　一方で，**付属図 5-3.13** は鋼製の手すりを打撃したときのスペクトル図であるが，減衰の小さな波形では非常に尖ったスペクトルとなる. そのため，非常に尖っている場合についても，橋脚の固有振動数である可能性は低いため注意が必要である. 一般的に減衰の大きな構造物としては，背が低い橋脚，土被りの大きい橋脚，壁式橋脚などが挙げられる. このような橋脚に対して衝撃振動試験から変状の程度の判定を実施する場合には，固有振動数だけでなく，振幅スペクトルの形状の変化を以前の結果と比較することで，変状の程度を評価するのがよい. 例えば，これまでに明瞭な卓越振動数が見られなかった橋脚に明確な卓越振動が現れた場合には，橋脚が振動しやすくなっており土被りの消失や部材の損傷の発生の可能性が高いため，注意が必要である.

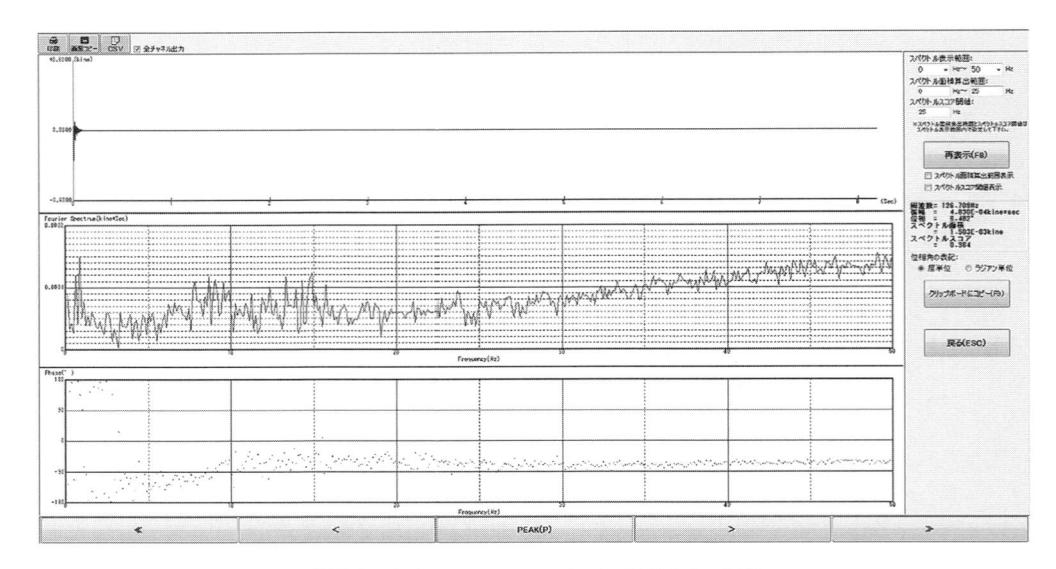

付属図 5-3.12　スペクトルのピークが見られない橋脚

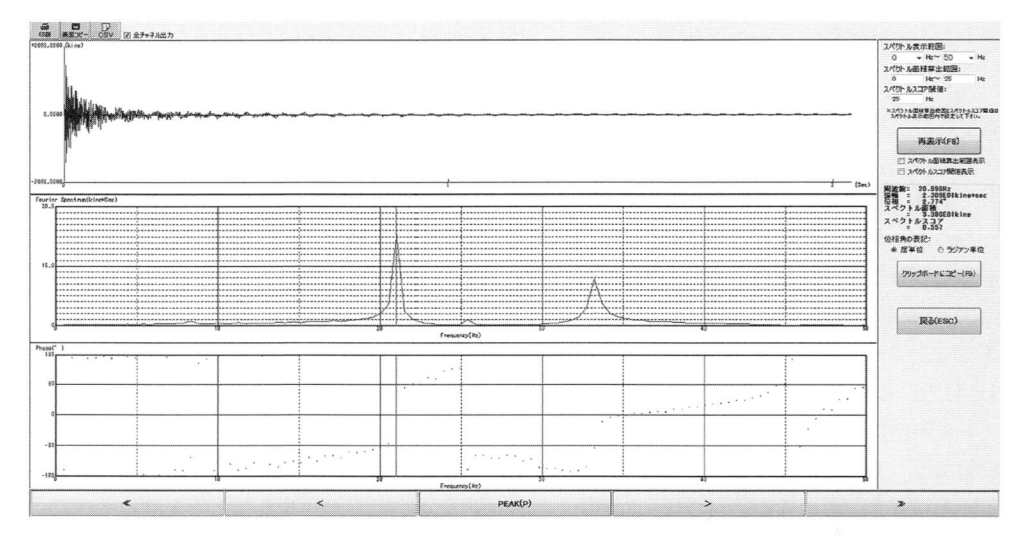

付属図 5-3.13　鋼製の手すりを打撃したときのスペクトル図

4．変状の程度の判定方法

4.1　固有振動数による判定

　基本的な変状の程度の判定法として，固有振動数による判定指標値 κ を利用した方法がある．

　判定指標値 κ は，

$$\kappa＝実測固有振動数／（初期値あるいは標準値）$$

で計算される指標値であり，衝撃振動試験の結果から得られる実測固有振動数を，構造物の完成時（あるいは完成後，構造物に変状が生じていない時期）にあらかじめ衝撃振動試験を実施して把握しておいた初期の固有振動数（初期値）で除したものとなっている．初期値を持たない構造物については，標準値で代

替することができる．また，隣接する橋脚が同程度の諸元を有し，かつ変状が生じていないとみなすことができる場合には，この計測値を初期値の代替とすることもできる．ただし，初期値を代替した場合の変状の程度の判定の精度は一段低下すると考えられるため，判定には注意を要する．また，例えば局所洗掘に注意すべき橋りょうにおいては，衝撃振動試験による固有振動数の初期値取りあるいは定期的な実施を行うことで，仮に異常出水が発生した場合でもその後の随時検査や個別検査において変状の程度を迅速かつ精度よく判定することが可能となる．

　付属表 5-3.1 に κ に基づく判定区分表を示す．ただし，このしきい値を用いて変状の程度を判定する際には以下の点に留意する必要がある．

・この判定方法は過去の試験結果や標準値との固有振動数の比較をもって試験時の基礎の支持性状を評価するものであるため，試験実施の時点における性能評価に限定されることに加えて基礎の安定性を直接評価していないことに注意が必要である．

・しきい値として示されている 0.70，0.85，1.00 のそれぞれの数値は，過去のデータベース等に基づき経験的に定められたものである（**付属図 5-3.14〜16**）．そのため，適用範囲等に注意する必要がある．特に，ラーメン高架橋においては被災直後の実測結果に基づいた検証はされておらず，また，固有振動数に対する柱の部材剛性の感度が大きく，基礎の変状の程度の評価への適用性には課題もある．そのため，ラーメン高架橋においては柱などの目視調査が特に重要であることに加えて，固有振動数を用いた変状の程度の評価を行う場合には振動モードや後述する固有値解析と合わせて評価することも重要である．

・建設直後の初期値が不明な場合，変状が生じていないと思われる状態での値を初期値とすることが一般的である．ただし，計測時の構造物の状態によって初期値は異なり，判定指標値も大きく変化する．そ

付属表 5-3.1　固有振動数による判定指標 κ の判定区分

判定指標 κ	判定区分		処置
$\kappa \leqq 0.70$	α	$(\alpha 1)$	異常時外力に対して危険な変状がある． 他の調査結果を参照し，補修，補強を考慮する．
$0.70 < \kappa \leqq 0.85$		$(\alpha 2)$	固有振動数の低下など進行性の把握を行う．
$0.85 < \kappa \leqq 1.00$	β		現状では問題は少ない．
$1.00 < \kappa$	γ		現状では変状は生じていないと考えられる．

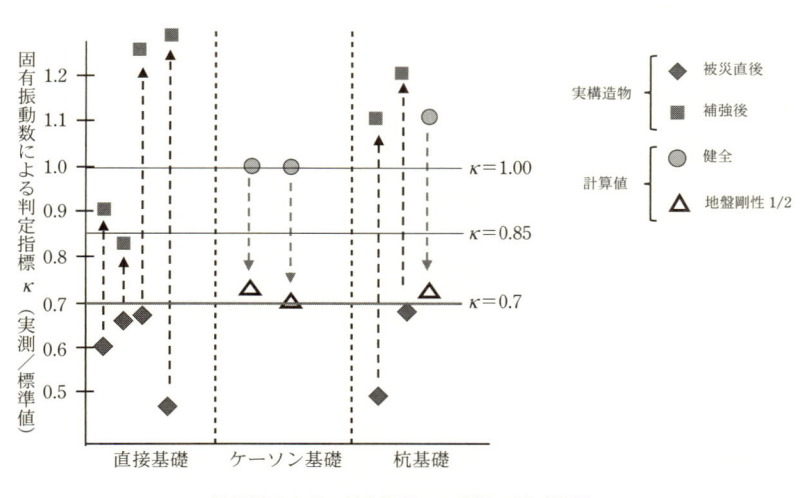

付属図 5-3.14　判定指標 κ の検証の例（橋脚）

244

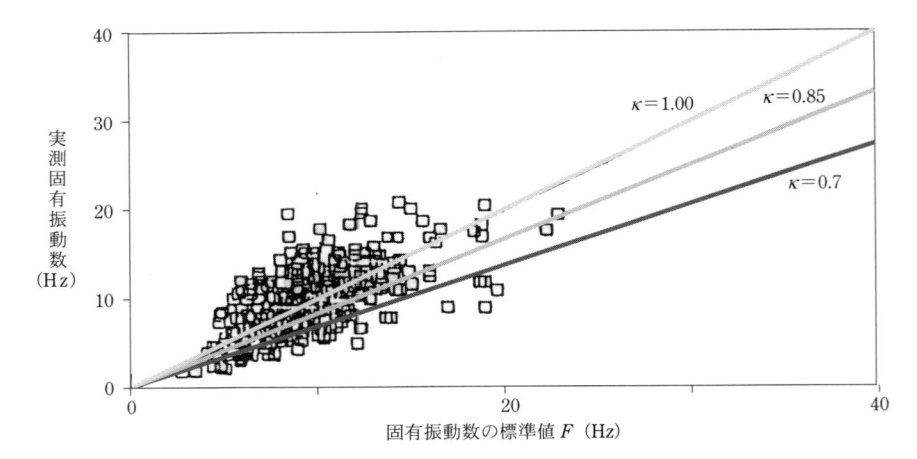

付属図 5-3.15　判定指標 κ の検証の例
（既設橋りょう橋脚（直接基礎）における固有振動数の実測値と標準値の比較）

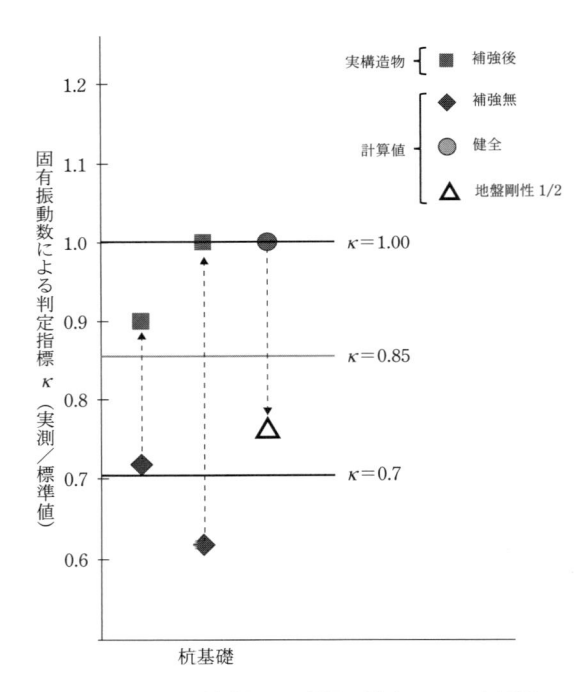

付属図 5-3.16　判定指標 κ の検証の例（ラーメン高架橋）

のため，変状が生じていないと思われる状態での値が標準値よりも小さい場合には，詳細な調査や固有値解析等により標準値との差が生じた要因を把握しておくことが重要である．

・判定指標値のみでは変状原因を推定することはできない．

　ただし，地中部にある基礎の変状の程度を間接的ではあるものの比較的簡易に評価できる試験としては衝撃振動試験が最も一般的であり，これまでの検討実績も多い．そこで，衝撃振動試験の結果に加えて，目視による調査結果や洗掘深調査等の結果を基に推定される変状原因や変状の予測も加味して，総合的に健全度判定を行うことが必要である．

4.2　標準値の算定

　前述のとおり，初期値の記録のない構造物について判定指標値 κ をパラメータとして変状の程度を判定する場合，標準値あるいは解析値を用いることができる．標準値は「橋脚が変状を生じていない場合に保有すべき固有振動数」と定義され，全国の多数の鉄道橋りょうの詳細な調査結果と衝撃振動試験の結果とを多変量解析によって関係式化し，対象橋脚の高さや上部工反力等の数値から，橋脚ごとの標準値を算定することができるようになっている．

　付属表 5-3.2〜4 に，標準値の算定式を示す．固有振動数の標準値の算定式は，本試験法の開発当時

付属表 5-3.2　標準値算定式（直接基礎，木杭基礎）

対象	適用範囲	算定式
直接基礎	直接基礎に支持される鉄道橋脚 （単線橋脚） ※円形断面橋脚を除く	$F=25.4\times\dfrac{1}{W_h^{0.11}\times H_d^{0.47}}$　（粘性土地盤） $F=49.0\times\dfrac{1}{W_h^{0.24}\times H_d^{0.47}}$　（普通の砂質地盤） $F=83.7\times\dfrac{1}{W_h^{0.20}\times H_d^{0.71}}$　（岩盤・砂礫地盤） W_h　：上部工反力（tf） （起点側と終点側の桁重の平均値とする） H_d　：橋脚高さ−土被り※（m）
	直接基礎に支持される鉄道橋脚 （複線橋脚）	$F=23.7\times\dfrac{B^{0.81}}{W_h^{0.24}\times H_d^{0.75}}$　（粘性土地盤） B　：橋脚の直角方向く体幅（m） W_h　：上部工反力（tf） H_d　：橋脚高さ−土被り※（m）
木杭基礎	木杭基礎に支持される鉄道橋脚	$F=-9.9\log H_d+0.005\cdot W_h+14.9$ H_d　：橋脚高さ−土被り※（m） W_h　：上部工反力（tf）

※現地の状況にかかわらず土被りはフーチング上面より 1.0 m とする

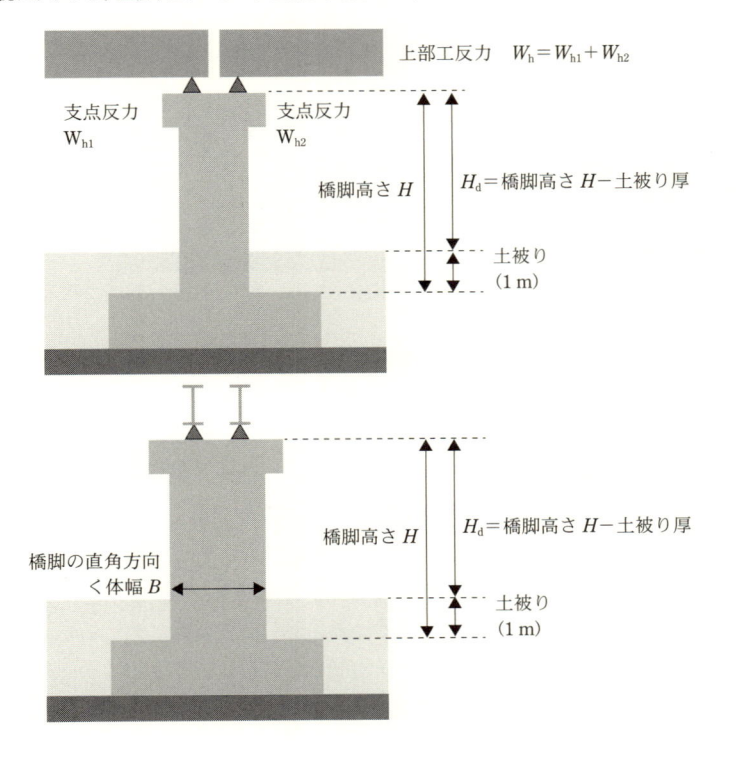

付属表 5-3.3 標準値算定式（杭基礎）

対象	適用範囲	算定式
杭基礎	杭基礎に支持される鉄道橋脚	$F=35.0\times\dfrac{(B^3/L)^{0.15}\times(D^3\times N^{1/4}\times n)^{0.1}}{(W_{\mathrm h}\times t^2)^{0.25}}$ B ：橋脚の直角方向く体幅（m） L ：橋脚の高さ（m） D ：杭径（m） N ：加重平均 N 値 $N=\sum\dfrac{N_{\mathrm i}}{L_{\mathrm i}}/\sum\dfrac{l_{\mathrm i}}{L_{\mathrm i}}$ $N_{\mathrm i}$ ：i 層目の地層の N 値 $L_{\mathrm i}$ ：i 層目の地層の深さ（m） $l_{\mathrm i}$ ：i 層目の地層の層厚（m） n ：杭本数（本） $W_{\mathrm h}$ ：上部工反力（tf） t ：杭の第 1 不動点＋橋脚高さ $\quad t=t_1+L$ $\quad t_1=35.3\times D^{15/16}\times N^{-1/4}\leqq l$ l ：杭長（m）

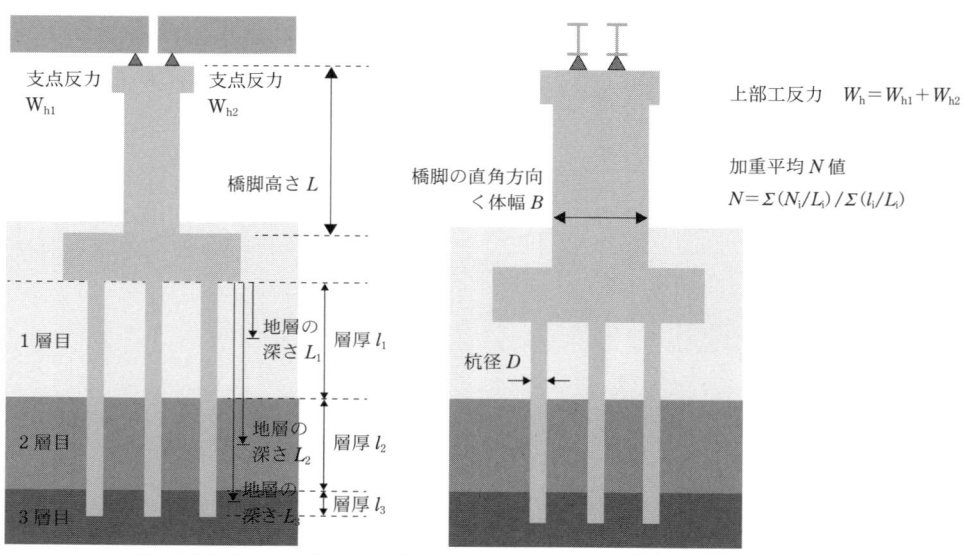

上部工反力　$W_{\mathrm h}=W_{\mathrm h1}+W_{\mathrm h2}$

加重平均 N 値
$N=\varSigma(N_{\mathrm i}/L_{\mathrm i})/\varSigma(l_{\mathrm i}/L_{\mathrm i})$

※地層の深さ $L_{\mathrm i}$ は，各地層の中間での深さとする．また，杭頭からの深さとし，上載土が存在していても考慮してはいけない

（1990 年頃），目立った変状は生じていないと推定された約 680 基の橋脚のデータに基づいて作成されたものである[4]．解析の対象とされたデータの多くは全国の在来線の橋脚のデータであるが，これらは設計基準のない建設年代の古い橋りょうについてのものが多い[5]．また，新幹線の橋脚のデータも解析で用いられているが，現在の設計基準とは異なる基準で建設されたものである．

　円形断面橋脚の標準値算定式を**付属表 5-3.5** に示す．また参考として，円形断面橋脚を対象にした近年におけるデータベースに基づいた実測値と標準値の関係を**付属図 5-3.17** に示す．

　ラーメン高架橋の標準値については，過去にいくつかの算定式が提案されているが，いずれも特定路線の高架橋を対象としたものである．また，ラーメン高架橋は建設年次が古いものから新しいものまでが多数供用されており，設計基準の変遷とともに構造諸元が変化して振動特性も変化している（特にレベル 2

付属表 5-3.4　標準値算定式（ケーソン基礎）

対象	適用範囲	算定式
ケーソン基礎	ケーソン基礎に支持される鉄道橋脚	$F=11.83\times\dfrac{N^{0.184}}{W_{\mathrm{h}}^{0.285}\times H_{\mathrm{k}}^{0.059}}$ N　：加重平均 N 値 W_{h}　：上部工反力（tf） H_{k}　：橋脚高さ－天端張出部の高さ（m）

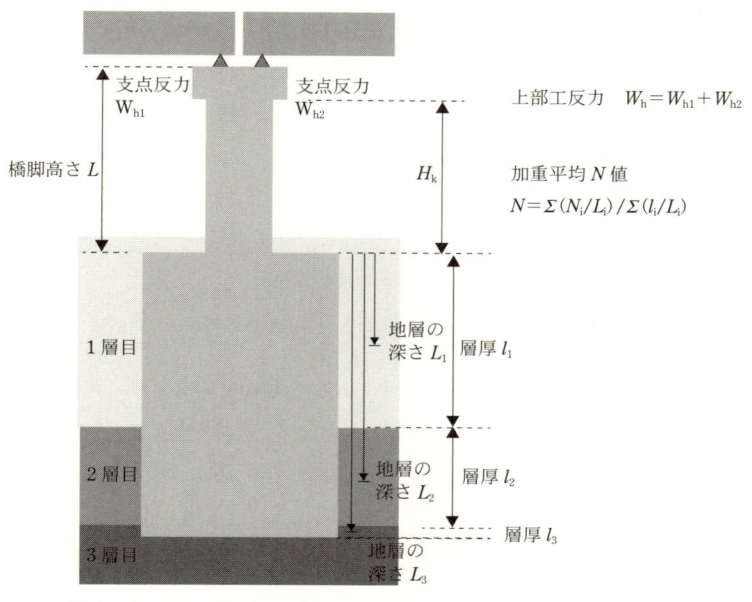

※地層の深さ L_i は，各地層の中間での深さとする．また，杭頭からの深さとし，上載土が存在していても考慮してはいけない

付属表 5-3.5　標準値算定式（円形断面橋脚　直接基礎）

対象	適用範囲	算定式[6]
円形断面橋脚	直接基礎に支持される鉄道円形断面橋脚	$F=26.196\times\dfrac{B^{2.0}}{H^{1.5}}$ B　：橋脚直径（m） H　：橋脚高さ（m）

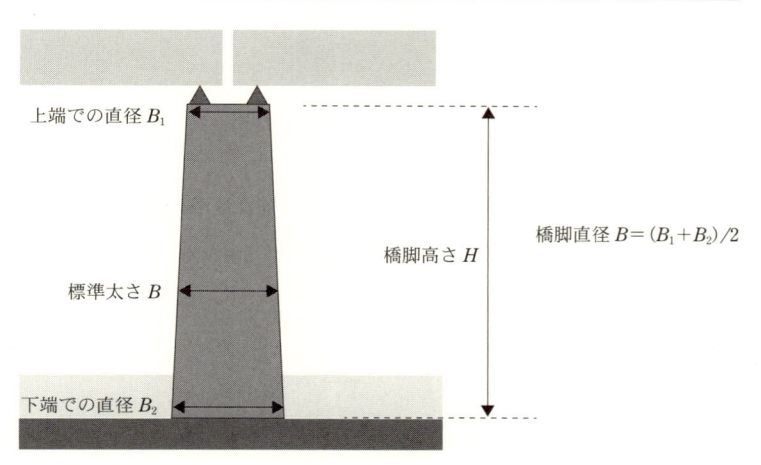

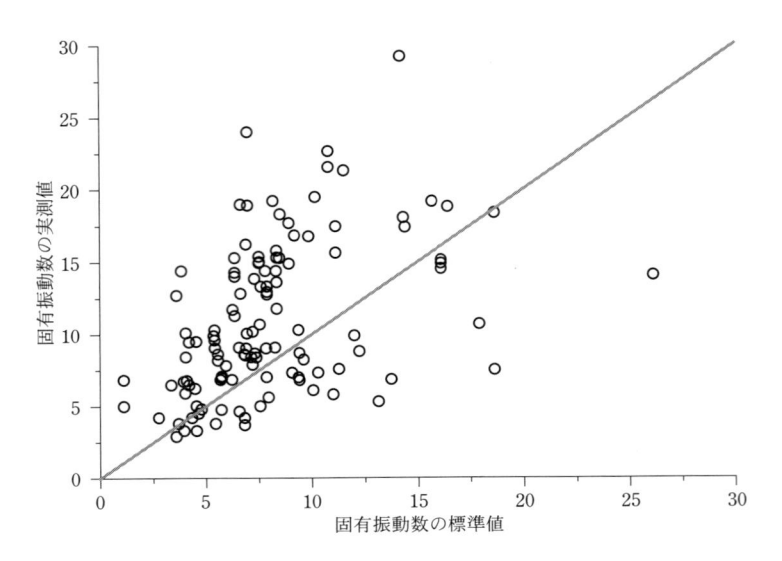

付属図 5-3.17　円形断面橋脚における固有振動数の実測値と標準値

付属表 5-3.6　標準値算定式（ラーメン高架橋　杭基礎）[3]

対象	適用範囲	算定式
ラーメン高架橋 （杭基礎）	杭基礎に支持される ラーメン高架橋 （二柱一層式， 地中梁あり， 鋼板補強無）	$F=72.1 \times H^{-1.5} \times D_1^{2.0} \times D_2^{0.1}$ H　：柱高さ（m） D_1　：柱幅（m） D_2　：杭径（m）

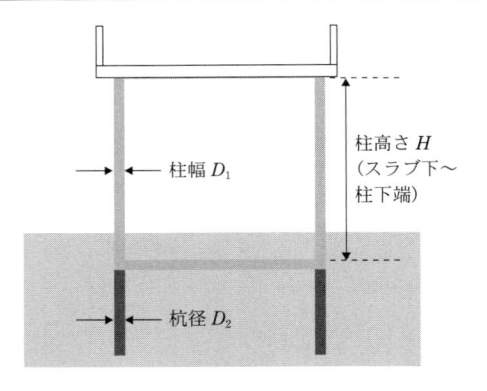

地震動が導入された耐震設計の前後）．そのため，過去に提案されている標準値算定式を対象路線以外の高架橋に対して適用することには課題がある．

　したがって，ラーメン高架橋においては，構造物ごとに初期値を取得するか，同程度の諸元を有し，かつ変状が生じていないとみなすことができる高架橋が連続する場合には代表箇所の計測値を初期値の代替とするのがよい．

　参考として，建設年が 1969 年～2016 年と比較的幅が広い，複数路線の杭基礎のラーメン高架橋の全体系水平 1 次の振動モードの固有振動数の実測値をもとに作成した標準値算定式を**付属表** 5-3.6 に示す．過去に提案されている標準値算定式と比べると，比較的新しい年代に建設された高架橋に対して適用性が改善されている．

4.3　固有値解析による判定

　衝撃振動試験の解析的な変状の程度の判定手法として，固有値解析を用いる手法がある．固有値解析は，耐震設計時など衝撃振動試験以外にも用いられる一般的な解析手法であり，構造物を多自由度振動モデル（ばね-質点系モデル）にモデル化し，そのモデルの固有振動数・振動モードを求めるものであり，解析結果と現地試験の結果を比較することにより，あるいは解析結果と現地試験結果が一致するようにモデルを構築することにより，変状の程度を判定することができる．

　「4.1　固有振動数による判定」で示した固有振動数による判定では，固有振動数が低下した要因が部材と地盤のどちらにあるのか判別することはできないが，固有値解析を用いることで要因を推測することができる．

　固有値解析の一例を**付属図 5-3.18** に示す．また，解析から同定された部材剛性および地盤ばね定数を初期値と比較した場合の判定区分を**付属表 5-3.7，8** に示す．

　固有値解析により部材剛性ならびに地盤ばね定数を，固有振動数および振動モードを基にゼロから同定することは非常に困難である．そこで，鉄道構造物等設計標準・同解説　基礎構造物（以下，設計標準）に記載されている推定式を用いて設計用値を算出し，これらの値を基本としてパラメータを同定するのがよい．ただし，一般的に設計用値と実測値には差があるため，設計用値に補正係数（以下，シミュレート

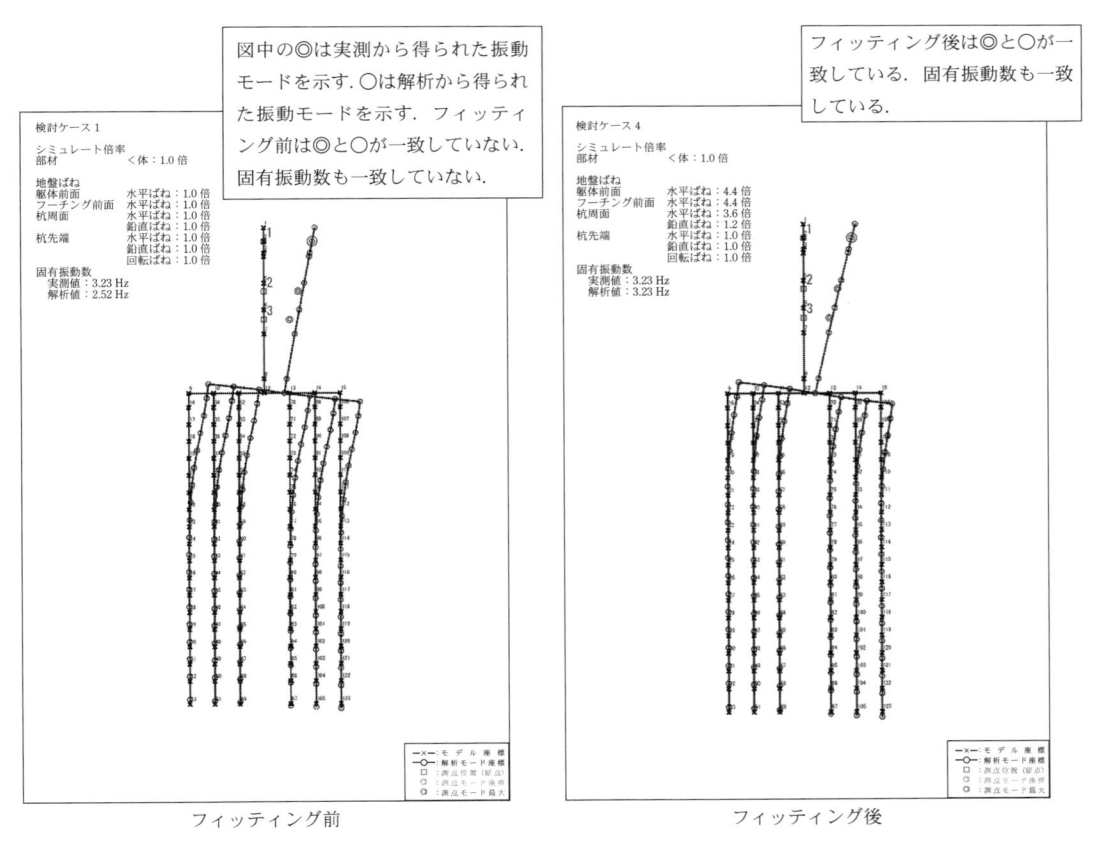

フィッティング前　　　　　　　　　　　　　　　　フィッティング後

付属図 5-3.18　固有値解析一例

付属表 5-3.7 部材剛性の判定区分

判定指標	判定区分	処置
$\kappa_a < 0.50$	α	構造物の機能にかかわる変状または欠陥があって，運転保安，旅客および公衆などの安全並びに正常運行確保を脅かし，何らかの措置を必要とするもの
$0.50 \leqq \kappa_a < 0.75$	β	変状または欠陥があって，現状では α ではないが，日常監視を十分にして，必要に応じて措置するもの
$0.75 \leqq \kappa_a < 1.00$	γ	軽微な変状または欠陥があって，日常検査の際，重点的に検査をすればよいもの
$1.00 \leqq \kappa_a$	σ	変状が生じていないもの

$$\kappa_a = \frac{今回の部材剛性の解析値}{部材剛性の初期値}$$

κ_a：部材剛性の変化率

付属表 5-3.8 地盤ばねの判定区分

判定指標	判定区分	処置
$\kappa_b < 0.50$	$\alpha1$	詳細な検査を行う
$0.50 \leqq \kappa_b < 0.75$	$\alpha2$	進行性の把握を行う
$0.75 \leqq \kappa_b$	β 以上	現状では問題は少ない

$$\kappa_b = \frac{今回の地盤ばね定数の解析値}{地盤ばね定数の初期値}$$

κ_b：地盤ばね定数の変化率

倍率と呼ぶ）を乗じる必要がある．

　設計標準で示されている地盤ばね定数の設計用値は，比較的大きな変位レベル（例えば，杭基礎の場合には 10 mm 変位時）を想定した値となっており，衝撃振動試験において発生する変位レベルとは大きく異なる．一般にひずみレベルが小さいほど地盤ばね定数は大きくなり，衝撃振動試験から得られる地盤ばね定数は，設計用値の 3〜10 倍程度であることが経験的に知られている．ただし，詳細なメカニズムの解明やモデル化には至っていないため，固有値解析を用いた判定を行う場合には，初期値（初期の固有振動数，振動モードを基に同定した地盤ばね定数）からの変化率で判定することを基本とする．一方で，部材剛性については設計値からの乖離は比較的小さく，経験的には 1.0〜1.1 倍程度であるので，設計用値と比較することも有効である．

　なお，部材剛性ならびに地盤ばねの評価区分に用いられている変化率 κ_a，κ_b は，シミュレート倍率の変化率として算出してもよい．

　判定指標値 κ と同様に，**付属表 5-3.7，8** に示した判定区分は経験的に設定されたものであるため，活用する際には注意が必要である．

4.4　各限界状態を考慮した解析的な判定

　橋脚やラーメン高架橋の設計では，作用する荷重（設計荷重）の組合せを考え，この組合せ荷重を安全に支えられる基礎の諸元が決定される．つまり，地震時に発生すると予想される荷重を安全に支え得る基礎の大きさ，通常の営業速度で列車が橋りょう上を通過する際に作用すると予想される荷重を安全に支え得る基礎の大きさ，あるいは列車荷重・地震力は考慮せず死荷重だけを安全に支え得る基礎の大きさ，というように具体的な想定作用力に対して基礎の諸元を決定している．

　そこで各限界状態で考慮する設計荷重を求め，この荷重を用いて安定計算を行い，各々の荷重を安全に

支えるために必要な基礎の諸元を求める．次に，求まった基礎の諸元により地盤ばねの大きさを計算し，多自由度振動モデルを作成する．そのモデルの固有値解析を行うことで各限界状態における限界固有振動数が決定される．

　こうして求まった限界固有振動数を，変状の程度を評価する上でのしきい値「必要固有振動数」と定義し，現地試験の結果と比較することで，安定に対する構造物の現有性能を評価することができる．

参考文献

1) 篠田昌弘，西岡英俊，真井哲生，佐名川太亮，猿渡隆史：橋台の背面盛土撤去前後での振動特性の比較，第 47 回地盤工学研究発表会，2012.
2) 生井貴宏，佐名川太亮，西岡英俊，上野慎也：衝撃振動試験を用いた橋脚基礎における減衰定数評価手法の検討，第 22 回鉄道工学シンポジウム論文集，2018.
3) 萩谷俊吾，佐名川太亮，中島進：衝撃振動試験による鉄道ラーメン高架橋ならびに鋼桁の固有振動数に関する分析，土木学会第 77 回年次学術講演会，2022.
4) 西村昭彦・羽矢洋：橋梁基礎の健全度判定法と判定例，地震工学研究発表会講演概要，21 巻，pp. 625-628, 1991.
5) 西村昭彦：既設橋梁基礎の健全度判定法の開発に関する研究，東海大学博士論文，第 4 章　既設橋梁橋脚の健全度判定基準の提案，1992.3.
6) 鳴井聡，山口勝宗，小西康人，峯岸邦行，羽矢洋：フーチングの無い円形断面橋脚の健全度評価，土木学会第 60 回年次学術講演会，2007.

付属資料 5-4　洗掘の影響を考慮した橋脚基礎の安定性評価

1.　はじめに

　鉄道橋りょうの基礎は旧式構造物が多く，過去の砂利採取や急激な環境変化に伴う河床低下によって根入れ長が不足したものや支持力が低下したものが多い．このため，洪水時の橋脚基礎周辺の局所洗掘や河床低下に伴って，重大な事故が発生することが懸念され，橋脚基礎の洗掘対策は鉄道橋りょうに関する保守技術の重要課題のひとつである．

　ここでは，橋脚基礎の安定性評価について解説する．

2.　橋脚基礎の安定性評価

　現状の河川橋りょうでは，危険と思われる橋脚の多くは，何らかの形で防護工が施工されている．適切

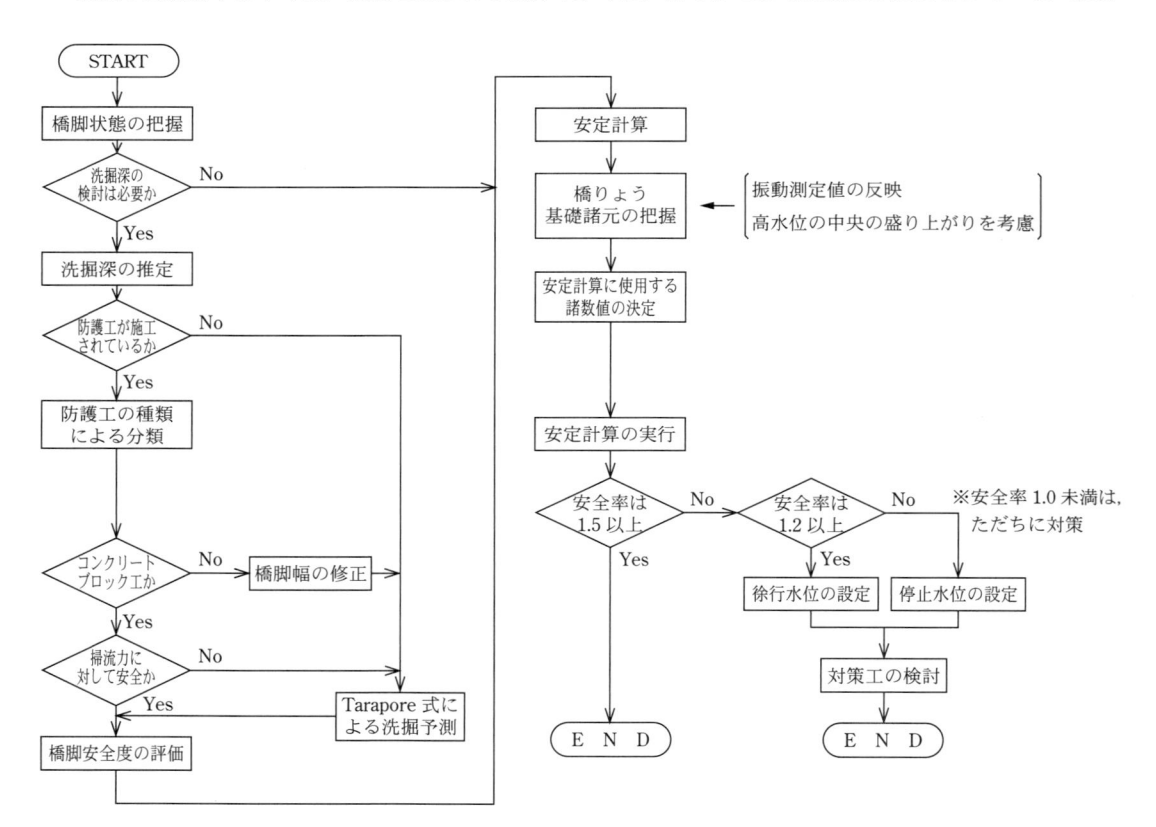

付属図 5-4.1　橋脚基礎安定性評価と運転規制水位設定および対策工の検討フロー

な防護工が設置されている場合には，洗掘は生じ得ないため橋脚は安全であるが，防護工の施工が必ずしも十分であるとは言い得ないのが現状と考えられる．したがって，危険と思われる橋脚については現状をよく把握し，**付属図 5-4.1**で示す作業手順でその安定性を検討する必要がある．以下に，橋脚の安定性を検討する上で重要となる洗掘深の推定方法について解説する．

2.1　洗掘深の推定

実際の河川では，洪水時に発生する河床変動と橋脚自体が"渦"を発生するために生じる局所洗掘とが競合するため，橋りょう基礎の洗掘量を予測する際には，単純な局所洗掘深を予測するだけでは不十分である．橋脚周辺の洗掘深は，次式に示すように，橋脚による局所洗掘深に洪水時の河床の全体的な変動分を加えて求められる．

$$Z = Z_0 + Z_S \tag{1}$$

ここで，　　　　Z：洗掘深（m）

　　　　　　　Z_0：河床の全体的な変動量（m）

　　　　　　　Z_S：局所洗掘深（m）

ただし，これは便宜的な加算を意識したもので，実際には相互に干渉するために厳密な加算が成り立つわけではない．河床の全体的な変動量の把握は困難であることが多いが，洗掘深の推定には重要な要因となる場合が多いため，可能な限り過去の災害記録や河川データから，河床の変動量について把握しておく必要がある．

2.2　河床変動量の推定[1]

河床変動は長期変動と短期変動に分けられる．長期変動とは長い年月にわたる継続的な流水により，徐々に平衡状態となろうとする様であり，短期変動は一洪水の流砂のバランス等によって生ずる変動である．したがって，長期変動は定期的に観測すれば過去の河床高の変化が分かり，ある程度将来も予測できる．また，最近は河床変動解析により，精度の高いシミュレーションが可能である．このように，事前に適切な調査を実施すると，長期変動はある程度推定でき，床止め工等の対策工を講ずる時間的余裕も生まれる．しかし，短期変動は一洪水によって変動する量であるので注意を要する．この短期変動量は現状では的確に推定する方法が確立されていない（一部洪水波形による水理量と流砂量計算を連立させ解析する方法が試みられているが，実際には3次元的な影響もあり，実用的な精度に達していない）．

また，河床変動はそのスケールと支配因子によっても次のように分類される．

（1）ポイントバー

湾曲部の内岸にできる移動しない砂州をいい，急湾曲河道と緩湾曲河道では，形成される位置が異なる．

①急湾曲河道（**付属図 5-4.2**）

河道が大きく蛇行している箇所では，河道の凸部に固定したポイントバーが形成される．ここでは凹部

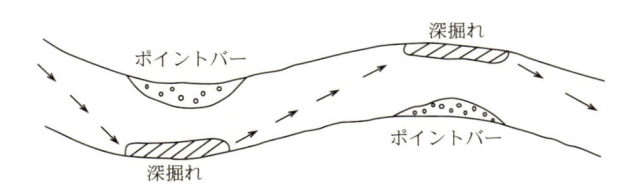

付属図 5-4.2　急湾曲河道に形成されるポイントバー

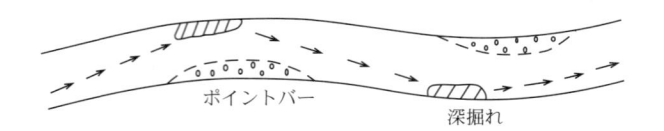

付属図 5-4.3　緩湾曲河道に形成されるポイントバー

に流水が集中し，深掘れが生じている．

　②緩湾曲河道（**付属図 5-4.3**）

　河道が穏やかに蛇行している箇所では，河岸の凸部から凹部にかけて砂州が発達し，ポイントバーとなっている所もある．この場合も流心線がほぼ一定し，水衝部が固定され深掘れの原因となっている．この水衝部の位置は，湾曲の変曲点付近に生じることが多い．

　（2）単列砂州

　みお筋が単独で存在する場合に発生する砂州である．複列砂州と共存する場合もあるが，この砂州が単独で存在する場合は，深掘れが大きく，橋脚の局所洗掘には十分な注意が必要である．また，ポイントバーと異なり出水時の河床波の移動に伴い平面形状が異なってくる特徴がある．

　（3）複列砂州

　みお筋が2つ以上存在する砂州である．単列砂州の下流側によく見られ，単列砂州に比べて，水深に対し川幅が大きい領域に生じる．河床が低下している場合は，複列から単列に向かう傾向がある．また，複列砂州も出水時の河床波の移動に伴い形状が変化する．

　以上のように洗掘深の予測においては河床変動成分の把握が不可欠であり，また非常に難しい問題でもある．**付属表** 5-4.1 に河床変動を考慮した局所洗掘深推定時の基準面の考え方を示す．ここでは，局所洗

付属表 5-4.1　局所洗掘深推定時の基準面の考え方

中規模河床形態		ケース	略　　図	定　　義
ポイントバーが発生する場合		1	みお筋固定	最深河床＝橋脚設置位置河床 　　　　　－局所洗掘深
単列砂州が発生する場合	みお筋が移動する場合	2	みお筋移動	最深河床＝橋脚設置位置河床 　　　　　－河床波高変動分 　　　　　－局所洗掘深
	みお筋が固定する場合	3		最深河床＝橋脚設置位置河床 　　　　　－局所洗掘深
複列砂州が発生する場合		4	みお筋移動	最深河床＝橋脚設置位置河床 　　　　　－河床波高変動分 　　　　　－局所洗掘深
中規模河床波が存在しない場合		5		最深河床＝橋脚設置位置河床 　　　　　－局所洗掘深
側方侵食が発生する場合〈特殊例〉		6	ピーク水位　①②③　河床変動量	最深河床＝側方侵食後の最深河床 　　　　　－局所洗掘深

掘深を予測するための基準河床面の位置を中規模河床波の形態に応じて設定することとした.

2.3　局所洗掘深の推定

（1）洗掘深の推定式

　基準面が設定されると，次にその位置を基準として計画高水位に対する洗掘深を推定する．橋脚周辺の局所洗掘に関する研究は，かなり古くから行われており，数多くの提案がなされている（**付属図 5-4.4 参**

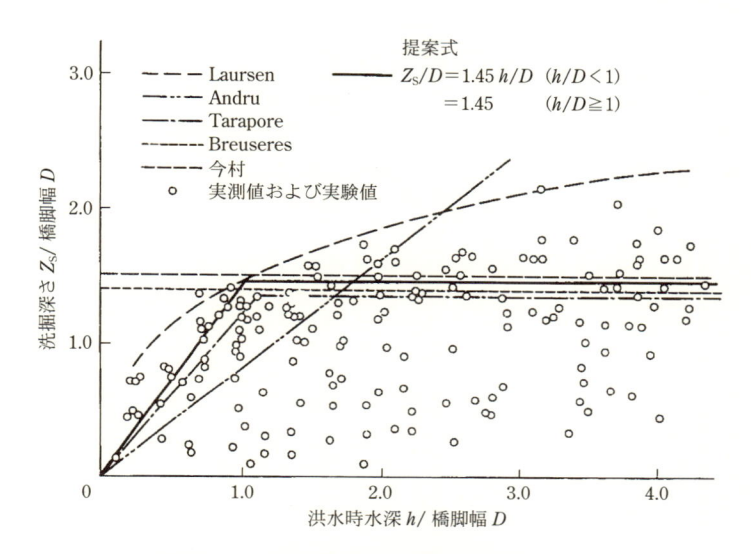

付属図 5-4.4　水深・橋脚幅比と洗掘深・橋脚幅比の関係

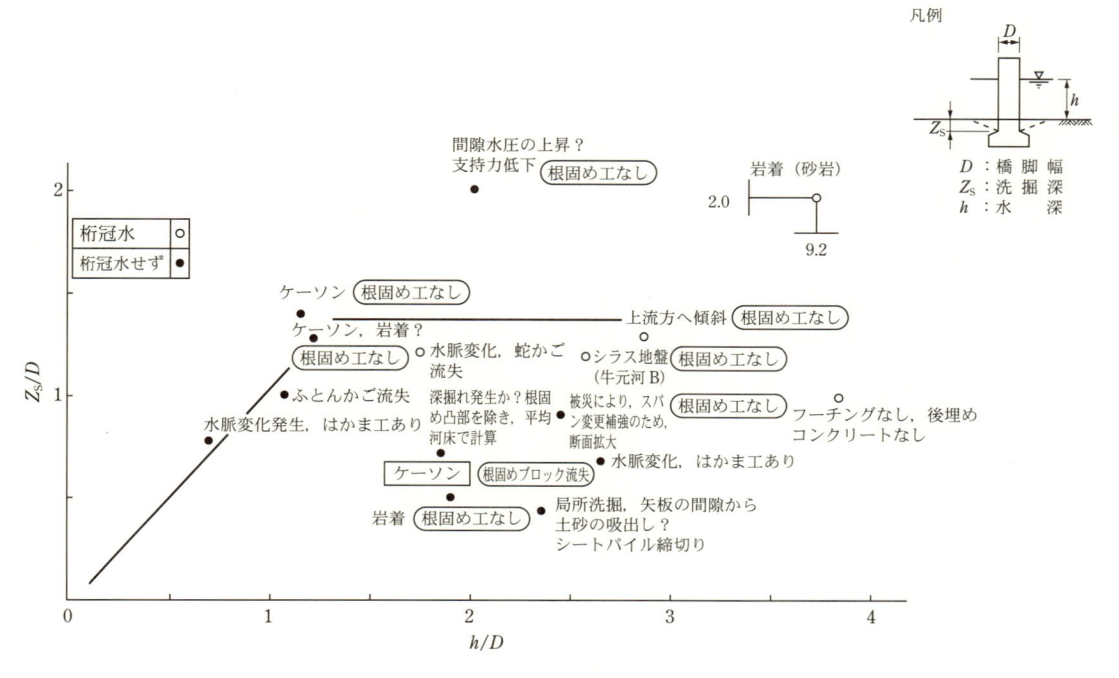

付属図 5-4.5　洗掘による被災橋りょう橋脚の根入れ比

照）．しかし，それぞれ種々の問題を持っている．例えば，Laursen（ロールセン）式を考慮した根固め工を施工すると過大な保守管理となる場合が多い．その理由として，実際の橋脚周辺河床は，何度も出水の影響を受け，砂礫河床などは"アーマリング（鎧化）"されて非常に丈夫になっており，模型実験のような条件ではないこと等が考えられる．

そこで旧国鉄では，橋りょうの実態調査の結果から，被災した橋脚の根入れ長と橋脚幅の関係から定めた Tarapore の経験式で，過去の被災事例を包絡している（**付属図 5-4.5**）ことを示し，Tarapore 型の次式で予測しても差し支えないものとした[2),3)]．

$$Z_S/D = 1.45(h_0/D) \qquad (h_0/D) < 1 \text{ のとき} \tag{2}$$

$$Z_S/D = 1.45 \qquad (h_0/D) \geq 1 \text{ のとき} \tag{3}$$

ここで，　　　h_0：平均水深（計画高水位における基準河床面からの水深：m）

　　　　　　　D：橋脚幅（後述（4）式により算定してよい：m）

　　　　　　　Z_S：局所洗掘深（m）

（2）橋脚形状と流向の影響

円形橋脚の場合は，流向が変わっても橋脚の投影面積は一定であり，洗掘規模が変化することはない．楕円形（小判型）橋脚の場合は，流れが斜めに当たる状態になると投影面積が増大して洗掘規模が増大する．

湾曲部や合流点付近などでは流量規模によって流向が変化することが多い．このような場所にある楕円形橋脚については，みお筋や流向の変化に留意する必要がある．

（3）橋脚形状が変化した時の影響について

河床低下により基礎が河床面より突出した時や補強により断面が変化したときなど，洗掘深の予測が困難になる場合がある．そこで，このような場合の予測計算の方法の一例として小川ほか[4)] の方法を紹介する．

①橋脚形状の設定

橋脚上流方からみた形状を**付属図 5-4.6**のように考える．なお，上下流で基準河床面の位置が著しく異なるような場合は安全側の検討となるように実情を考慮する．

②平均橋脚幅の決定

平均橋脚幅は基礎部分の影響を考慮し，重み付けを行い平均化する．具体的には，下記の式で計算する．なお，基礎天端が河床面とほぼ同じか，それよりも深い場合は $A_f = 0$ としてもよい．

$$D = \frac{A_p + K_b \cdot A_f}{h_o} \tag{4}$$

ただし，

D　：平均橋脚幅（水中橋脚幅）(m)

A_p：流れに直面した水中部の橋脚面積（河床面までを含む）(m^2)

A_f：水中の基礎部分で，A_p に含まれる部分を除いた面積 (m^2)

h_o：橋脚の影響を受けないときの水深 (m)

h_f　：基礎部分の水深 (m)

付属図 5-4.6　橋脚幅と水深の設定

K_b：h_f/h_o の比によって決まる係数，基礎部分の D に係わる影響度合を示す．流速分布が水深の自乗に比例すると仮定して $K_b=(h_f/h_o)^2$ とする．

③橋脚形状の補正

続いて，形状の効果を見積るために（5）式で平均形状係数（K_{Sm}）を計算する．

$$K_{Sm}=\frac{K_{Sp}\cdot h_p+K_{Sh}\cdot h_f}{h_o} \tag{5}$$

ただし，　　　　K_{Sm}：平均形状係数　　　　h_o：橋脚の影響を受けないときの水深

　　　　　　　　K_{Sp}：橋脚の形状係数　　　　h_p：橋脚部分の水深

　　　　　　　　K_{Sf}：基礎の形状係数　　　　h_f：基礎部分の水深

橋脚く体と基礎等の形状が異なる場合には，形状の効果を平均化して考えることにする．なお，補正計算に使う形状係数は円形断面の橋脚の形状係数を1としたものを使うことでよい．形状係数は**付属表5-4.2**に示す通りである．なお，基礎および橋脚の形状が円形の場合はこの形状補正は必要ない．

④グランドシル効果の補正

次に，河床面付近の拡大断面の洗掘防護効果を検討する．河床付近での断面の拡大は，それ自体による渦を引き起こし，洗掘深が大きくなる．しかし，幅が極端に大きい場合にはエプロンの役目をして，洗掘の原因となる渦の流れを遮閉し，河床を防護する（グランドシル効果）効果が生じる．どちらが卓越するかは試算しなければならない．

このグランドシル効果は減少率 λ で表されるが，一般的な傾向として減少率 λ は基礎の天端が河床面近くにある場

付属表 5-4.2　橋脚形状による補正値

橋脚先端の形状		K_s（円形基準）
a		1.11
b		1.00
c	2 ↑l	0.88
d	3 ↑l	0.83
e	2 ↑l	0.88

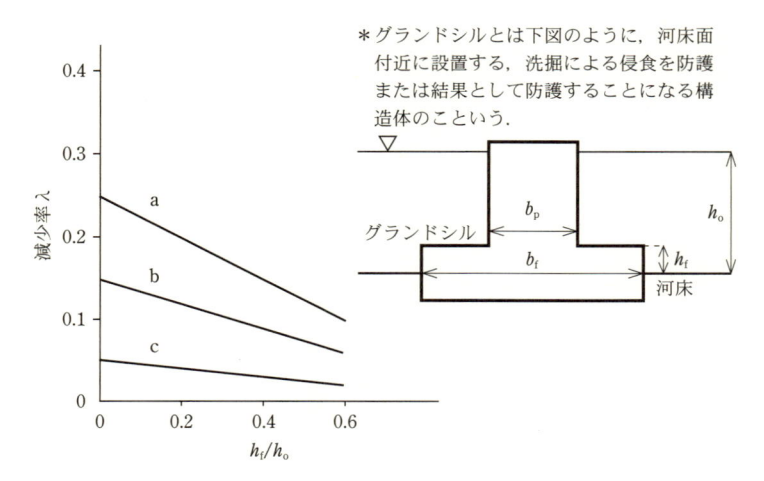

＊グランドシルとは下図のように，河床面付近に設置する，洗掘による侵食を防護または結果として防護することになる構造体のことをいう．

a：特にグランドシル効果を考慮して作られた
　　基礎の場合　　$b_f/b_p \geqq 2$

b：普通の場合　　$1.5 \leqq b_f/b_p < 2$

c：基礎が橋脚く体に比し，あまり大きくない場合　　$1.2 \leqq b_f/b_p < 1.5$

付属図 5-4.7　グランドシル効果の減少率 λ の算定方法

合のみ期待できるものである．**付属図 5-4.7** に，減少率 λ の算定方法を示す．なお，実際に計算に使用する場合は，(1−λ) を乗じて補正を行うことになる．

ただし，**付属図 5-4.7** から明らかなように，基礎幅／橋脚幅が 1.5 よりも小さい場合（ケース C に相当）は，ほとんど遮閉効果が現れない．したがって，計算を煩雑にすることは得策でないので，この補正は基礎幅／橋脚幅 ≧ 1.5 の場合にのみ行うものとする．

⑤補正計算の実行

最終的に③，④の補正係数を利用し，下記の（6）式で洗掘深 Z が求められる．

$$Z = Z_s \cdot K_{Sm} \cdot (1-\lambda) \tag{6}$$

このようにして得られる洗掘を考慮した河床高を用いて，安定計算を行うこととなる．その結果，安定性が低いと評価された場合は，対策工が必要となる．

参考文献

1)　村上　温：鉄道橋の洪水時被災機構と安全管理に関する研究，鉄道技術研究報告，No. 1307，1986.
2)　国土交通省鉄道局監修，鉄道総合技術研究所編：鉄道構造物等設計標準・同解説　基礎構造物：平成 24.1.
3)　鉄道総合技術研究所：建造物保守管理の標準・同解説　基礎構造物：昭和 62.9.
4)　小川芳昭，西村豊：北海道開発局土木試験所報告「円形ピヤのまわりの洗掘について」の補遺.

付属資料 5-5　河川橋りょうの洗掘対策工の変状事例・対応例

1.　はじめに

　河川橋りょうの基礎・抗土圧構造物は異常出水によって洗掘や侵食を原因とした変状を生じることが多い．このような変状の発生を防止するためには，列車荷重を直接は支持しない洗掘対策工が河床の洗掘や侵食を防止する機能を発揮することが重要である．このため，河川橋りょうの基礎・抗土圧構造物の維持管理では，基礎・抗土圧構造物と洗掘対策工とを一体的に考慮して総合的に健全度を判定し，また措置の方法や時期を検討する必要がある．

　本付属資料では，河川橋りょうの洗掘対策工に生じた実際の変状事例を対象として，全般検査ならびに個別検査の実施例と措置の検討例を示す．

2.　河川橋りょうの洗掘対策工に関する変状事例・対応例

　次頁以降に，河川橋りょうの洗掘対策工に生じた実際の変状事例を対象として，全般検査ならびに個別検査の実施例と措置の検討例を示す．

2.1　A橋りょうの例

1)　対象構造物の構造・河川諸元

構造諸元		河川関連諸元	
建設年代	不明	セグメント	M（推定）
橋長	58.23 m	河床材料	岩，礫
橋脚数	2 基	河床勾配	不明
基礎形式	直接基礎	地形	山間地

2)　局所洗掘に注意すべき橋りょうの着眼点の該当項目

対象	着眼点	内容
構造条件	根入れ長	最小根入れ比が 1.5 未満で進行性がある直接基礎橋脚
周辺環境	河床低下	橋りょう位置において河床低下が生じているもの

3)　洗掘・河床低下対策工事の実施履歴

時期	工法	内容
1965〜1975 年頃	根固め工	コンクリートブロック工
1965〜1975 年頃	河床低下防止工（落差工）	ふとんかご工

4) 全般検査（通常全般検査）の実施例

調査項目	付属資料4-1 付属表4-1.3に示す項目
調査方法	目視
調査結果	〈軌道・支承部の状態〉 ・変状なし 〈基礎・抗土圧構造物の状態〉 ・P2橋脚で，基礎は露出していないものの，局所洗掘が発生している 〈洗掘防護工の状態〉 ・根固め工が河床面よりすべて突出しその下方を常時水が流下 ・根固め工が吸出しにより河床に支持されず浮いた状態 ・P1，P2橋脚付近の根固め工に不陸が生じている ・根固め工下流側に接続している落差工が一部流失している
健全度判定	A	付属資料4-1 健全度の判定例を参考に，洗掘防護工の状態から健全度Aとした.

5) 個別検査の実施例

調査項目	1）資料調査（解説表5.2.1） a. 設計図書・施工記録（設計図，工事誌・施工記録） b. 経歴調査資料（建設年次，災害履歴，環境条件の変化，措置記録） c. 検査記録 d. 周辺環境資料（地図類，観測資料） e. その他（河川改修計画） 2）地上部の変状について（解説表5.2.2） f. 静的変位（橋脚・橋台の変位・傾斜，桁の設置状況，軌道変位） g. 部材損傷（ひび割れ，浮き・はく離・はく落，支承部の損傷，アンカーボルトの変状，材料の劣化状況） h. 支持力特性（固有振動数） 3）地中部の変状について（解説表5.2.3） i. 構造諸元（根入れ深さ） 4）変状の外的条件について（解説表5.2.4） j. 河川の影響（洗掘深，河床低下の有無，みお筋の変化，洪水時の最高水位）
調査方法	上記の調査項目に対して，表1に示す調査方法で調査を実施した. 表1　調査方法と調査項目 {{TABLE1}}
調査結果	1）資料 ・建設当初の根入れはP1橋脚，P2橋脚ともに不明. ・洗掘防護工は河川湾曲部外縁側のA1橋台〜P1・P2橋脚間が内縁側のP1・P2橋脚〜A2橋台間よりも先行して施工された. ・過去の被災履歴は，A1橋台〜P1・P2橋脚間の洗掘防護工を施工した時期と同じ頃に出水を原因とした何らかの被災を受けた記録がある. ・当該河川の河川改修の計画及び実施状況は不明. ・航空写真による判読により，みお筋は河川湾曲部外縁側のA1橋台〜P1・P2橋脚間で長年固定化されている.

表1　調査方法と調査項目

調査方法	調査項目
資料	a, b, c, d, e
目視	f, g, j
洗掘深調査	i, j
衝撃振動試験	h

調査結果	2）目視 ・静的変位，部材損傷について，異常は見られず，橋脚の傾斜やく体の重大な損傷は生じていない. ・河川の影響について，河川湾曲部内縁側の P1・P2 橋脚〜A2 橋台間に植生のある砂州があるが，P2 橋脚の周囲には局所洗掘痕があることから異常出水時には内縁側まで流路が拡大すると推察される. なお，洪水時の最高水位は周囲の堤防高よりも桁高が高いことから桁が冠水する恐れはないと推測できる. 3）洗掘深調査 ・P1 橋脚，P2 橋脚とも基礎上面は露出していないが，P2 橋脚の土被りはほとんどない. 4）衝撃振動試験 ・P2 橋脚の固有振動数は標準値より 2 割程度低い.
変状原因の推定	過去からの全体河床の低下ならびに異常出水による橋脚周りの洗掘や吸出しの進行
変状の予測	洗掘防護工の下を水が常時流下しており，橋脚周りの洗掘防護工で沈下が見られることから，吸出し等による基礎の根入れ低下が常時で進行している恐れがある. 異常出水時は，洗掘防護工の上を水が流下して一定程度の機能が発揮されると考えられるが，すでに橋脚周りに防護工の変状や局所洗掘痕が見られることから，基礎の大幅な根入れ低下を生じる恐れもある.
性能項目の照査 健全度判定	A2　衝撃振動試験の結果から固有振動数が低下しており，また洗掘深調査ならびに目視調査の結果から P2 橋脚では基礎の土被りがほとんどない. また，基礎の根入れ低下は常時で進行している可能性があり，さらに異常出水時には急進する可能性もある. したがって，次回検査時までに基礎の安定性が低下する可能性が高い.

6）措置

措置の種類	措置として，補修と監視を選定する. 各措置の目的を以下に示す. 1）補修 ・基礎の根入れ低下に対して基礎の性能回復を図る ・洗掘防護工の機能低下に対して防護工の機能回復を図る 2）監視 上記の補修が完了するまでの間，変状の進行性を監視する
時期と方法	1）補修 補修方法は，基礎の根入れ低下ならびに洗掘防護工の機能低下の両方の解消を図るために根固め工を再施工するのが望ましい. しかし，根固め工の再施工には多大な時間を要する. そのため優先的に，増水時の急激な性能低下を防ぐことを目的に，基礎の根入れの回復を図るため，袋型根固め工による埋め戻しを行う. 洗掘防護工の機能低下に対しては，監視措置を継続しながら，根固め工の再施工等を計画的に行う. 2）監視 常時で変状が進行する恐れがあることに加え，異常出水時には変状が急進する恐れがある. そのため，一定の周期ならびに異常出水後には，個別検査相当の調査を行って，変状の進行性を監視する.

262

7) 付図

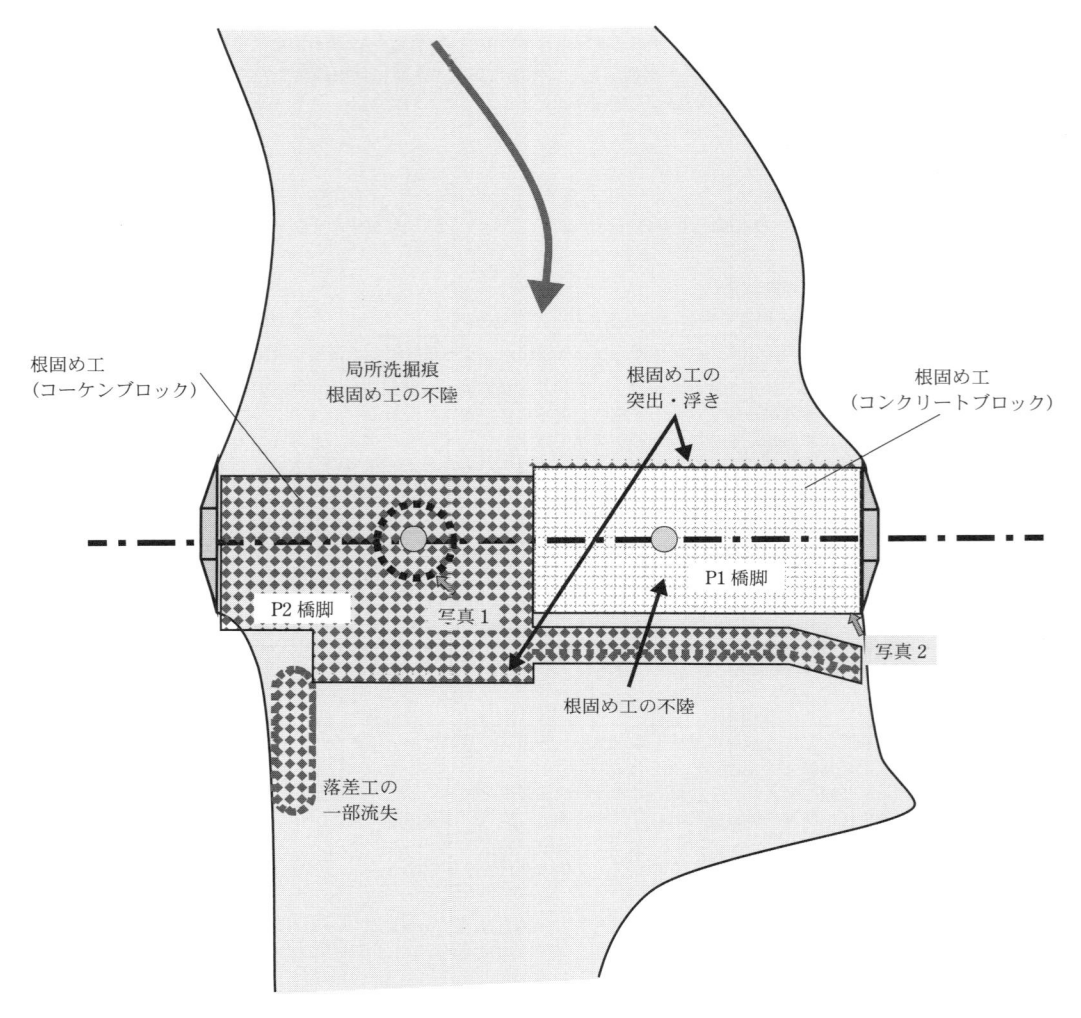

現地スケッチ図

写真1   写真2

2.2　B橋りょう

1)　対象構造物の構造・河川諸元

構造諸元		河川関連諸元	
建設年代	不明	セグメント	2-1（推定）
橋長	91.0 m	河床材料	礫
橋脚数	6基	河床勾配	不明
基礎形式	直接基礎	地形	谷底平野

2)　局所洗掘に注意すべき橋りょうの着眼点の該当項目

対象	着眼点	内容
立地条件	合流部	合流部に位置するもの

3)　洗掘・河床低下対策工事の実施履歴

時期	工法	内容
不明	根固め工	コンクリートブロック工（P3，P4，P5橋脚周り）

4)　全般検査（通常全般検査）の実施例

調査項目	付属資料4-1 付属表4-1.3に示す項目	
調査方法	目視	
調査結果	〈軌道・支承部の状態〉 ・変状なし 〈基礎・抗土圧構造物の状態〉 ・P4橋脚付近で平水時において水面のくぼみや瀬がみられる（進行性不明） 〈洗掘防護工の状態〉 ・P4橋脚付近の根固め工に不陸，沈下，傾斜等が発生している	
健全度判定	A	付属資料4-1　健全度の判定例を参考に，基礎構造物および洗掘防護工の状態から健全度Aとした．

5)　個別検査の実施例

調査項目	1）資料調査（**解説表5.2.1**） a．設計図書・施工記録（設計図，工事誌・施工記録） b．経歴調査資料（建設年次，災害履歴，環境条件の変化，措置記録） c．検査記録 d．周辺環境資料（地図類，観測資料） e．その他（河川改修計画） 2）地上部の変状について（**解説表5.2.2**） f．静的変位（橋脚・橋台の変位・傾斜，桁の設置状況，軌道変位） g．部材損傷（ひび割れ，浮き・はく離・はく落，支承部の損傷，アンカーボルトの変状，材料の劣化状況） h．支持力特性（固有振動数） 3）地中部の変状について（**解説表5.2.3**） i．構造諸元（根入れ深さ） 4）変状の外的条件について（**解説表5.2.4**） j．河川の影響（洗掘深，河床低下の有無，みお筋の変化，洪水時の最高水位）

調査方法	上記の調査項目に対して，**表1**に示す調査方法で調査を実施した．

表 1　調査方法と調査項目

調査方法	調査項目
資料	a, b, c, d, e
目視	f, g, j
洗掘深調査	i, j
衝撃振動試験	h

調査結果	1）資料 ・建設当初の根入れは不明． ・航空写真による判読により，みお筋は河川湾曲部外縁側の P2～P4 橋脚間で長年固定化されている． 2）目視 ・静的変位，部材損傷について，異常は見られず，現時点で橋脚の傾斜やく体の重大な損傷は生じていない． ・200 m 程度上流に河川の合流部があるため，増水時には河川流量が大幅に増加することが考えられる． ・P1～P3 橋脚は河川湾曲部の外縁に位置しており，河川増水時には外縁側の流速が大きくなることが想定される．みお筋内にある P3 橋脚は根固めブロック工が施工されているが，P2 橋脚はみお筋に隣接する陸地に位置しているため，増水時には側方侵食が発生する恐れがある． ・橋りょうから 150 m 程度下流方に落差工が確認される．現時点で異常はないが，落差工の変状や流失等が発生した場合には橋りょう周辺の河床が低下する可能性もある． 3）洗掘深調査 ・P4 橋脚の基礎の根入れ比は 1.0 程度である． ・河床横断測量の結果，8 年前の測量結果と比較して P2 橋脚から P5 橋脚にかけての河床が低下しており，低下量は最大で 50 cm 程度である． 4）衝撃振動試験 ・P4 橋脚の固有振動数は標準値より 2 割程度高い．
変状原因の推定	過去からの全体河床の低下ならびに異常出水による橋脚周りの洗掘
変状の予測	P4 橋脚付近の洗掘防護工の下を水が常時流下しており，吸出し等による基礎の根入れ低下が今後進行する恐れがある．ただし，洗掘深調査の結果から常時での変状の進行性は小さいと考えられる． 異常出水時は，洗掘防護工の変状が進行して流失した場合，基礎の大幅な根入れ低下を生じる恐れがある．なお，橋りょう上流側には河川の合流部があるため，増水時に河川流量が大幅に増加する可能性がある．
性能項目の照査 健全度判定	B　衝撃振動試験ならびに洗掘深調査の結果から，現状で基礎の安定性に問題はない．ただし，洗掘防護工の機能が低下しており長期的な変状の進行が疑われる．また，異常出水時には洗掘防護工の変状が急進する可能性がある． したがって，次回検査時までに基礎の安定性が低下する可能性がある．

6）　措置

措置の種類	措置として，補修と監視を選定する．各措置の目的を以下に示す． 1）補修 ・変状が進行して健全度 A となることを未然に防ぐための措置として，洗掘防護工の機能低下に対して防護工の機能回復を図る 2）監視 ・上記の補修が完了するまでの間，変状の進行性を監視する
時期と方法	1）補修 補修方法は，洗掘防護工の機能低下の解消を図るために根固め工を再施工するのが望ましい．措置の時期は，監視措置を継続しながら計画的に行う．

時期と方法	2）監視 異常出水時には変状が急進する恐れがあるため，異常出水後には，詳細な目視ならびに洗掘深等の調査を行って，変状の進行性を監視する．なお，変状の進行性が確認された場合には健全度の見直しを行うとともに，措置の内容を見直す．

7）付図

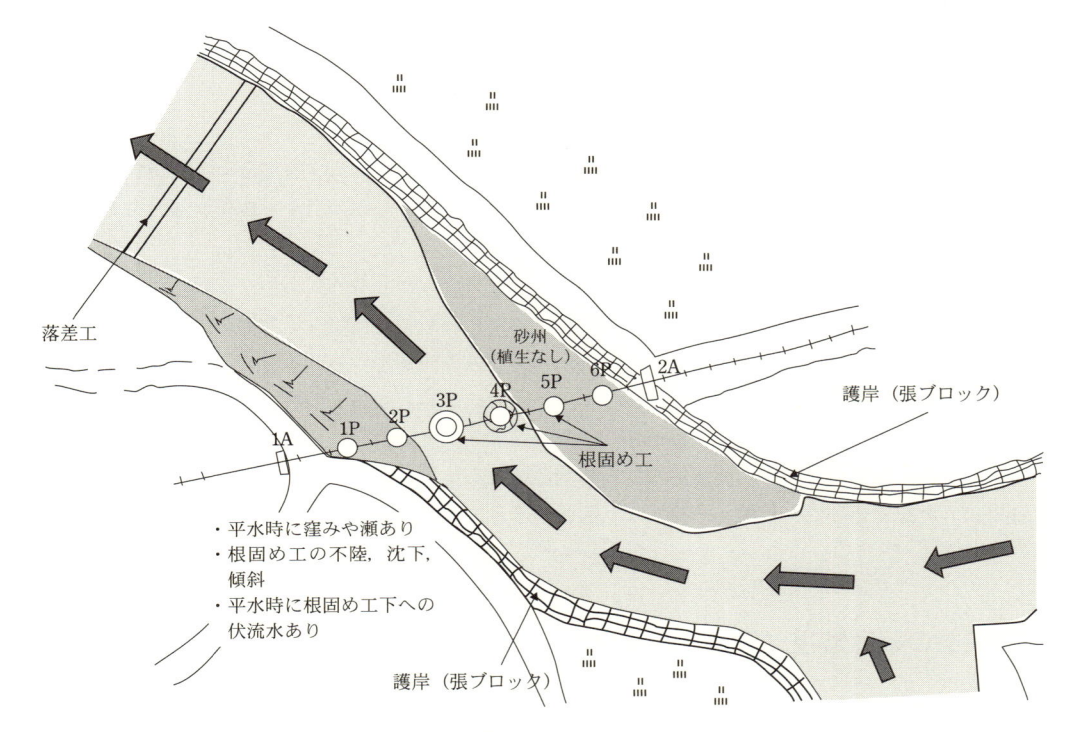

現地スケッチ図

P4橋脚の写真

付属資料 7-1　河川橋りょうの監視の方法

1.　はじめに

　措置には監視，補修・補強，使用制限，改築・取替があるが，変状を有する橋りょうや洗掘に対して注意すべき橋りょうに対して補修・補強等を実施することは，コスト等の観点から困難な場合もある．そのため，監視による措置を行うことも有効な手段の一つである．

　主な監視の手法としては，検査周期以上の頻度で目視を行うのが一般的である．また，河川橋りょうおよび橋脚の変状の危険性あるいは変状の有無を把握するため構造物自体にセンサ等を設置し，橋脚の傾斜などの変位量や軌道変位の有無を直接計測する構造物の状態監視が挙げられる．

　一方，根入れの減少の進行性が明らかである橋りょうや，対策工の施工前後において洗掘の有無を把握したい場合などには，上記のような直接的な状態監視に加え，外力の発生規模を把握するための水位観測やカメラによる流況監視といった間接的な河川の状態監視も監視による措置として有効と考えられる．

　ここでは，上記で述べた直接的・間接的な状態監視手法の概要と実施にあたっての留意点を以下に述べる．

2.　構造物の状態監視（傾斜計，微動計）

2.1　傾斜角センサを用いた手法[1]

　橋脚天端に設置した傾斜角センサで橋脚の傾斜角を計測し，ある基準値を超えているかを判定する．センサ種類は，水管式地盤傾斜計，サーボ式加速度計，差動トランス式，ひずみゲージ式が代表的である．

　上記で述べた傾斜角の基準値は，軌道変位（高低や通り）の管理値を参考として設定されることが多

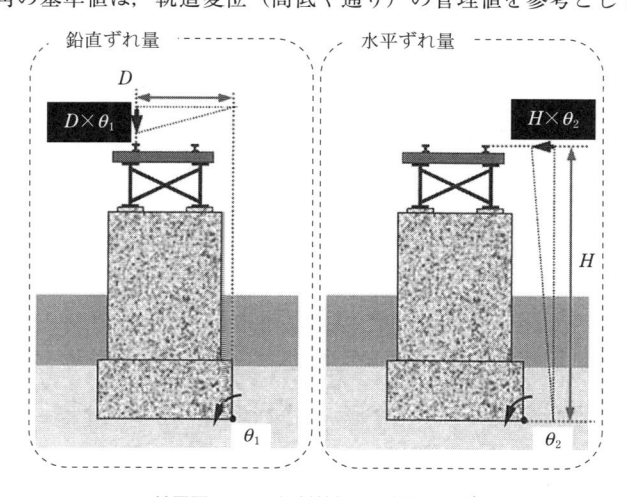

付属図 7-1.1　傾斜検知型の検知原理[1]

い．この場合，橋脚の諸元と計測で得られる橋脚の傾斜角から軌道の変位を求めることになる（**付属図7-1.1**）．ここに示した例は橋脚天端に傾斜計を設置したものであるが，桁に傾斜計を設置する場合や別の指標により基準値を設定している事例もある．

センサの設置の際には，日照等による温度変化の影響を受けにくい，また桁伸縮等の影響を直接受けない箇所を選定する必要がある．

計測される傾斜角により状態監視を行うのに加え，傾斜角の時系列から統計的に将来の傾斜角を予測し，予測値が規制値を超えた場合に規制を発令する方法も提案されている[2]．これにより，橋脚が危険な状態に至る前に警報を発令することができ，また時系列データから傾斜の進行性を判断し，現地調査等の対応の準備にも活用することができる．

2.2　加速度・速度センサを用いた状態監視手法

（1）衝撃振動試験による状態監視手法[3]

衝撃振動試験は橋脚や高架橋の柱や基礎に対する健全度診断法として広く実施されているが，センサや重錘の設置，打撃の実施など，作業員による現場での作業が必要であるため，一般的には状態監視には適さない．また，河川増水時などでは作業に危険を伴うため人員による試験の実施が困難となる．そこで，増水時の橋脚への打撃を自動で行うことができる装置が開発されている（**付属図7-1.2**）．自動打撃装置は，ハンマとそれを引き上げるためのモーター盤から構成され，打撃装置制御盤にて制御する仕組みとなっている．この手法では常時打撃して固有振動数を算出するものではなく，任意の時期に迅速かつ自動的に衝撃振動試験を実施することを目的としているものである．

打撃手法を除き，計測と固有振動数の判定の方法や適用範囲等については，**付属資料5-3**と同様である．

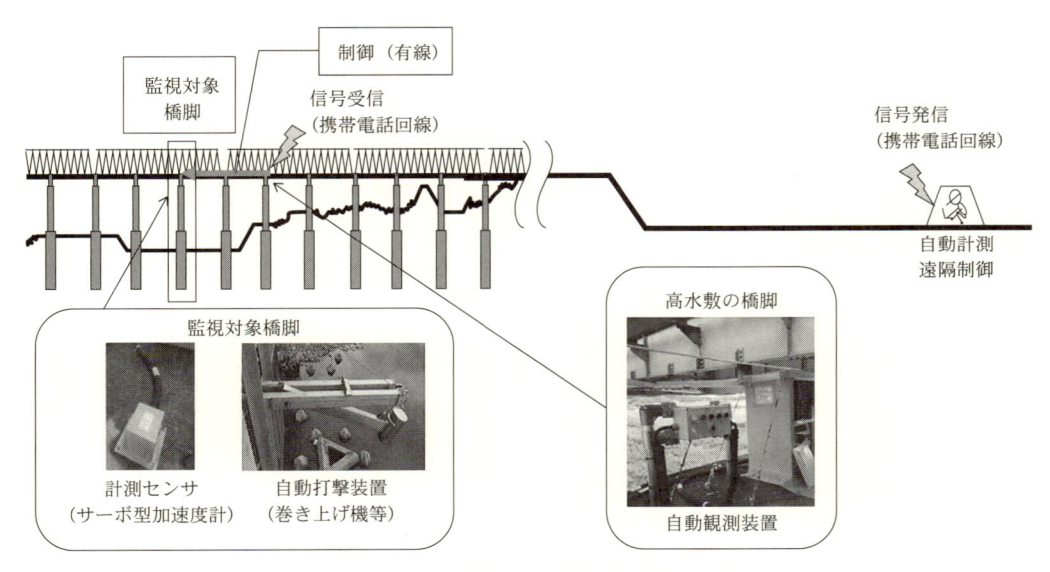

付属図 7-1.2　増水時自動打撃装置を用いた衝撃振動試験の概要[3]

（2）常時微動波形の卓越振動数を活用した状態監視手法[4], [5]

衝撃振動試験と同様に，橋脚基礎の健全性を評価する指標として，固有振動数の変化を常時微動（風・波浪などの自然現象や，道路交通・工場などの人工的な振動などを発生源として，構造物などが常に微小

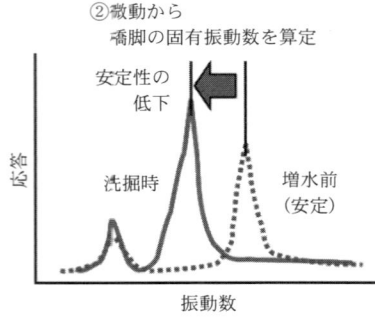
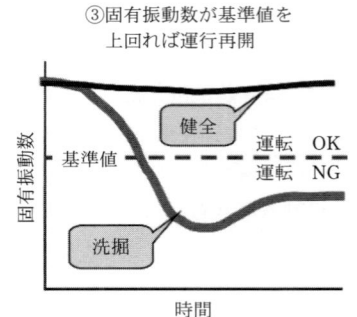

①増水時における橋脚振動を
振動センサで計測

②微動から
橋脚の固有振動数を算定

③固有振動数が基準値を
上回れば運行再開

※基準値を下回った場合には異常の有無を確認する

付属図 7-1.3　常時微動の卓越振動数を用いた健全度評価[4], [5]

に振動する現象）を計測することで実施する手法である.

　常時微動波形の卓越振動数が橋脚の固有振動数と一致することが確認できれば，この卓越振動数を指標として，橋脚基礎の健全度を評価することができる. さらには，健全度の判定には衝撃振動試験による健全度判定指標を準用することができる（**付属図7-1.3**）.

　本手法は状態監視に適した手法ではあるが，留意点として，衝撃振動試験など強制加振を伴う手法に比べ，常時微動では橋脚の応答波形が小さくなり，固有振動数を同定できる適用範囲は狭くなる. そのため，微動計測を実施するにあたっては，事前に予備計測を行い，同手法の適用の可否を判定する必要がある.

　（3）　常時微動波形から固有振動数を推定する状態監視手法[6], [7]

　（2）項で述べた常時微動を用いた手法を発展させたものとして，橋脚天端両端部の二か所に振動センサを設置し，計測された常時微動波形から地盤振動を推定して橋脚の固有振動数を自動的に算出する手法の開発が進められている. これまで，外部の擾乱により卓越振動数が不明瞭な場合でも固有振動数を同定でき適用性が拡大していることが示唆されている. しかし，現状では増水前後の実橋りょうでの適用と検証事例が少ない.

3.　河川の状態監視

3.1　水　位　計

　（1）　量　水　標

　橋脚等に基準とする高さからの相対的な高さを示す標尺（量水標）を設け，水面高さが示す標尺から水位の上昇量を目視で読み取る方法である. 基準とする高さは，河床の場合もある（**付属図7-1.4**）が，鉄道では桁下からの離隔を示しているものが多い.

　量水標は増水時に確認できる位置に設置するとともに，原則として増水時に移動しない構造物に設置する必要がある. 鉄道橋りょうの多くはみお筋中の橋脚の側面に設置されている例が多い（**付属図7-1.5**）. 増水時に流下物で損傷しにくい位置に設置するともに，各橋りょうへのアクセスを考慮して目視できる範囲に設置する必要がある.

　（2）　圧力式水位計

　水中に設置した受圧部の受ける水位の変化に伴う水圧の変化を機械的あるいは電気信号に変換することで，水位を測定する装置である. 受圧部の形式は多様であるが，一般に，圧力変化を弾性体で受けて発生

付属図 7-1.4　河川における量水標の例

付属図 7-1.5　鉄道における量水標の例

した変位やひずみを電気信号に変換する方式が多い．電気信号を記録するための制御部と稼働するための電源設備が必要である．

　センサは，水位の上昇が最も観測されやすいみお筋に位置する橋脚に設置するのが基本となる．また，センサ部を流下物等から保護するための保護管が必要となる．保護管の導水口は流れと直角に設け，流体圧が直接センサ部に作用しないようにするとともに，流下物等により導水口が閉塞しないよう留意する必要がある（**付属図 7-1.6**）．

　センサの設置高さとして，センサ部が平時の水位よりも高い位置に設置されている場合には取得できるデータ範囲が狭くなる．一方で，常時水面下にある場合にはメンテナンスが煩雑になる．そのため，設置高さの決定にあたっては平時や増水時の河川水位を考慮する必要がある．

付属図 7-1.6　圧力式水位計の例

また，河川増水によってみお筋が変化した場合など，適切な水位観測が難しくなった場合には，適宜新たなみお筋位置の橋脚等に水位計を移設することが必要となる．

（3）超音波型水位計

水面上に設けられた送受信部から超音波パルスを水面に送波し，水面から反射される超音波の伝播時間を水位に換算するもので，流水に対し非接触で水位観測できることが特徴である（**付属図** 7-1.7）．非接触型の計測手法としては比較的安価であるが，温度補正のための気温の計測が必要であるとともに，振動，粉塵，水蒸気，ガスなどの影響により計測精度が低下する．

送受信部は増水時に水没しない高さに，超音波が水面に対し直角になるように，また，風による振動がないよう堅牢に設置する必要がある．

以上のことから，採用にあたっては，（1），（2）項で述べた量水標や圧力式水位計よりも水位を把握する精度が低下することを前提とした上で検討する必要がある．

その他の設置高さやみお筋変化時の留意点については圧力式水位計と同様である．

付属図 7-1.7 超音波式水位計の例

3.2 監視カメラ

河川や豪雨時に水位が上昇することによって影響を受ける施設の被害状況を把握するため，監視カメラを用いた流況・水位観測が実施されている．監視カメラの最大の利点は，遠隔地において増水の状況を目視にて把握することが可能となる点にあり，構造物の状態も併せて監視することが可能となる．

一方で，監視カメラから得られるデータは画像情報であるため，画像の解像度を超える水位の変化や，微小な変状などを把握することは困難となる．また，監視時における危険性の評価は監視員の判断に依存する．そのため，前述したセンサ等を用いた定量的な監視方法と適宜組み合わせて実施するのが効果的である．

なお，近年，河川管理者や自治体などが河川水位の計測や定点カメラによる監視を行っており，その情報がインターネット等を通じてリアルタイムで確認できる河川も増えている．このような情報を併せて活用することも有効と考えられる．

参考文献

1) 加藤健二，鈴木博人，田中淳一：洗掘検知装置の概要と警報発令基準値の設定方法，JR東日本構造技術プロジェクト，2001.

2) 小林範俊，島村誠：橋脚洗掘モニタリング手法の開発，JR EAST Technical Review，No. 3，pp. 49-52，2003.

3) 松本繁治，今井賢一，舟橋秀磨：東海道新幹線富士川橋りょうの増水時自動計測システムの開発，鉄道サイバネ・シンポジウム，2014.

4) 佐溝昌彦，渡邉諭，淵脇晃，杉山友康，岡田勝也：河川増水時における鉄道橋脚の固有振動数の特定方法の提案，土木学会論文集，Vol. 66，No. 4，pp. 524-535，2010.

5) 渡邉諭，佐溝昌彦：常時微動計測による橋脚基礎のヘルスモニタリングシステム，鉄道総研報告，Vol. 25，No. 7，2011.

6) 欅健典，渡邉諭，宮下優也，太田直之：橋脚の両端部で計測した微動に着目した固有振動数同定手法，鉄道工学シンポジウム論文集，Vol. 20，pp. 61-68，2016.

7) 欅健典，湯浅友輝，内藤直人，渡邉諭：橋脚天端両端部の微動計測による橋脚基礎地盤の洗掘に対する健全性評価手法，地盤工学ジャーナル Vol. 13，No. 4，pp. 319-327，2018.

付属資料 7-2　洗掘対策工の選定

1.　はじめに

　根入れ長の短い橋りょうの抜本的な洗掘対策は橋りょうの改築であるが，コスト等の課題から実施される例は少ない．抜本的な対策が講じられるまでの延命化策の一つが洗掘対策工である．しかしながら，施工法の選定を誤れば，かえって危険性が増す場合もある．例えば，径間が短く河積阻害率の大きい橋りょうにはかま工等による対策を実施すると，洗掘が助長され，橋脚の不安定化を促進させる可能性がある．また，河床低下の進行により根入れ長が短くなった橋脚に根固め工を実施しても，その効果は非常に限定的なものになる．

　一方で，洗掘対策工の選定についてはこれまでに体系的に整理された資料はない．そこで本付属資料では，特に洗掘対策工の選定における基本的な考え方について示す．なお，本資料で述べる洗掘対策工以外の各補修・補強方法については，「7.3　補修・補強」をあわせて参照されたい．

2.　洗掘対策工の種類と特徴

　洗掘対策工には，洗掘される河床を直接被覆する直接工法と，付帯構造物により流れを制御する間接工法とがある．直接的に洗掘を防護する工法には，捨石工，コンクリートブロック工，沈床工，詰め杭，蛇かご，床張り，コンクリート根固め工（はかま工），シートパイル締切工，注入などがあり，間接的に洗掘の発生を抑制する工法として堰堤，水制工などがある．一般にこれらの工法は河床状態あるいは施工の難易，緊急性などの条件によって最も適した工法を選定しなければならない．

　鉄道の現場で比較的多く用いられている対策工は直接的に洗掘を防護する工法であり，基本的に，

　①　橋脚付近の河床に重量物を設置するいわゆる根固め工

　②　橋脚の周囲を囲み洗掘が進んでも転倒しないようにするはかま工やシートパイル締切工

の2つに区分される．なお，一部を除くこれらの対策工は橋台や護岸前面の河床の洗掘対策としても適用実績が多い．

　ただし，現況河床より高い位置に防護工を施工する場合には，河積阻害率が増加し，洗掘を助長させる可能性があるほか，場合によっては，橋脚周辺部で生じる流れを強制的に偏流させるため，洗掘範囲の拡大や渦の発生による橋りょう上流区間への水位上昇を生じさせる場合があり，配置等の設計においては留意が必要である．

　鉄道において適用されている一般的な洗掘対策工とその特徴を以下に示す．

2.1　根固め工[1]

　根固め工は，橋脚の周辺や護岸壁の前面に設置して局所洗掘を防止・軽減し，保護する工作物である．根固め工の備えるべき条件としては，

①　掃流力に耐えること

②　河床変動に対して順応性（屈撓性を有する構造）があること

③　施工が容易であること

④　耐久性が大きいこと

等である．

　根固め工は，橋脚と絶縁して設けるものであり，流水の作用，施工条件，河川の状況等を考慮して工種を選定しなければならないが，最近は材料の入手や施工性等からコンクリートブロックが使用される例が多い．当該河川の条件や敷設方法によっては流失のおそれがあるので，計画時や施工時には十分な注意が必要である．

（1）根固め工の種類

　鉄道において適用されている一般的な根固め工の種類には次のようなものがある．

◆　捨石工（**付属図 7-2.1**）

　洗掘孔に大きな岩石を配置することで洗掘の進行を抑制する工法．増水時に流失する可能性が高いため，定期的な調査と修繕（追加投入）が必要となる．粒径が大きい方が高い流失抵抗性を有するが，少な

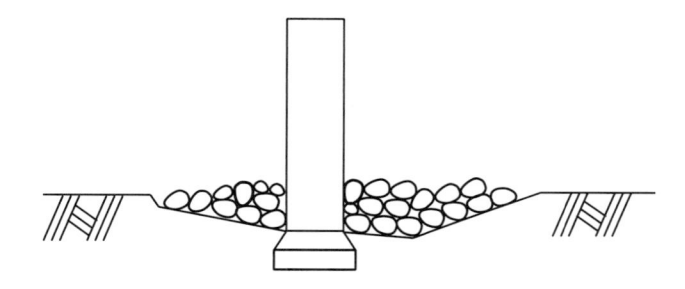

付属図 7-2.1　根固め工（捨石工）

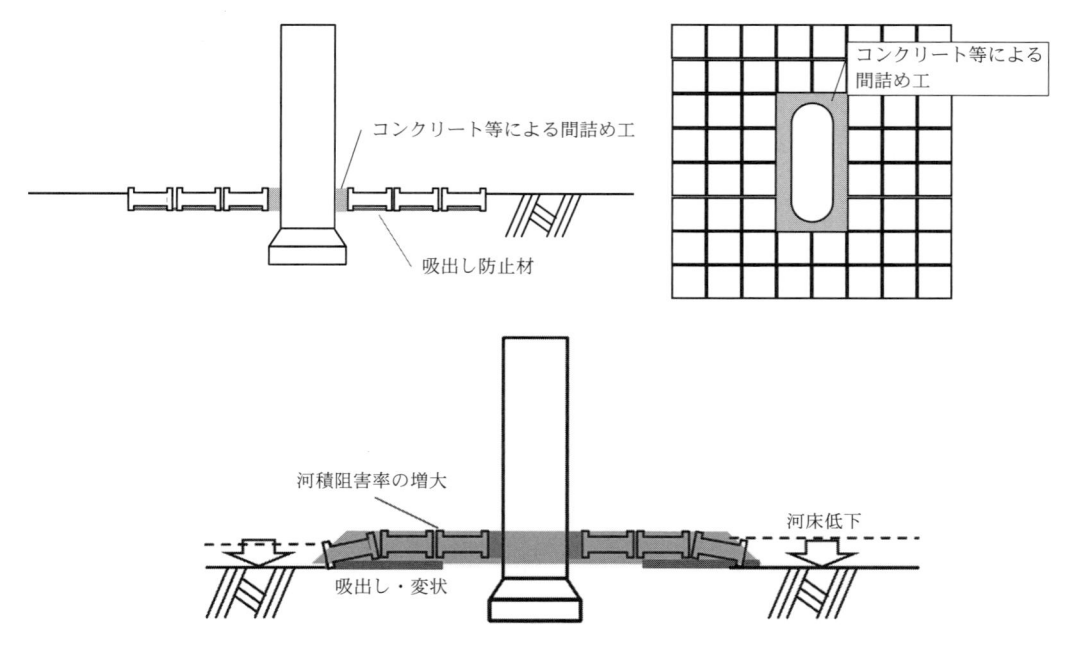

コンクリート等による間詰め工

コンクリート等による間詰め工

吸出し防止材

河積阻害率の増大

河床低下

吸出し・変状

付属図 7-2.2　コンクリートブロック工

くとも 20 cm 程度以上かつ河床材料の平均粒径より大きなものを選択して用いるのがよい.

◆ コンクリートブロック工（**付属図 7-2.2, 3**）

　鋼製の型枠を用い，大量かつ均質に製作された製品を現地に搬入あるいは現地で製作し，根固め工として使用するもので，全国の河川で広く用いられている．近年は平面型あるいはくさび型が多く使われている．河床から大きく突出しないように敷設することを基本とし，可能な限りブロック間の連結を行うのが望ましい．また，河床材料が砂地盤のような吸出しを受けやすい条件の場合には，吸出し防止マットの設置や橋脚との境界にコンクリートの打設やぐり石等による間詰めなどを行い，隙間からの吸出しを受けない構造とするのがよい．河床低下が進行している場合には，端部に後述する袋型根固め工を敷設することで，ブロック工底面からの吸出しを抑制することができる.

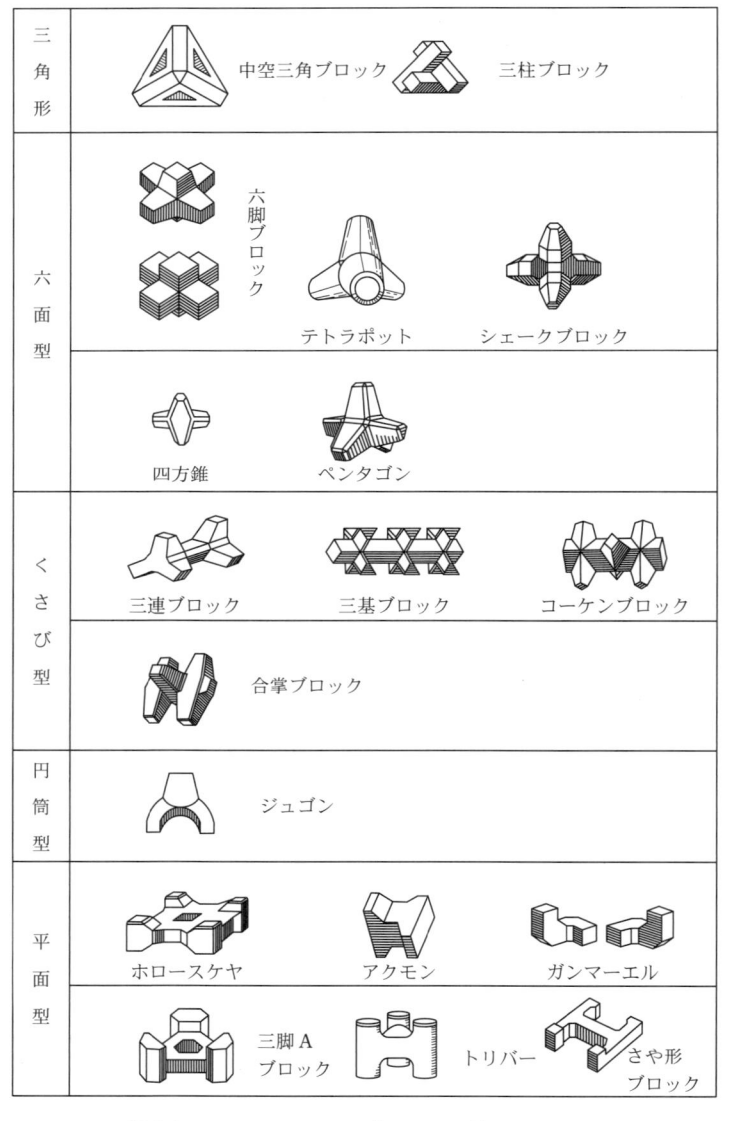

付属図 7-2.3　コンクリートブロックの型式区分と具体例

◆　袋型根固め工

　流失の可能性が大きいものの，河床の変動に追従するため洗掘抑制が持続すると考えられる．流下物による損傷が発生する可能性があるため，定期的な調査を行い適宜追加等の対応を実施するのがよい．

　また，鉄道において適用されることは多くないものの，次のような根固め工の種類もある．

◆　沈床工

　粗朶沈床，木工沈床，改良沈床等があり，粗朶沈床は緩流河川に，木工沈床は急流河川に用いられる．改良沈床は枠組材にコンクリート枠材を，沈石の代わりにコンクリートブロック等を用いるもので耐久性が高い．

◆　かご工

　蛇かご，ふとんかご，ダルマかご等があり，中詰石の入手が容易なときには用いられることがある．

◆　場所打ちコンクリートブロック工

　コンクリートブロックがプレキャストであるのに対し，これは現場打ちコンクリートを用いるため，瀬替えや水替えが必要で，水深が大きいところでは施工性に難点がある．各ブロック間は鉄筋によって結合され，河床になじむように工夫されるが，不等沈下やねじれによって結合鉄筋が切れた場合には流失しやすい．ブロックの種類として十字ブロック，Hブロック，ダブルYブロック等がある．

（2）敷設範囲

　敷設範囲は最大洗掘深とそれに見合う水中安息角による推定洗掘範囲とすればよいが，河道特性による河床波の発達や，流れが蛇行する場合には大きくするなど設計に際しては河川の状況を十分反映させる必要がある．水中安息角を θ，最大洗掘深を Z_s とすれば，推定洗掘範囲は

$$L = Z_\mathrm{s}/\tan\theta \qquad (1)$$

となる（**付属図 7-2.4**）．

　久宝[2]によれば，河床材料の水中安息角 θ は平均粒径 d_m との相関が高いが，$\theta = 25° \sim 35°$ の範囲であるので，$Z_\mathrm{s} = 1.45D$ から，洗掘範囲は $\theta = 30°$ に対して，$L = 2.51D$ で表すことができる．

（3）上端の高さ

　根固め工の上端の高さは，原則として現況河床高または計画河床高以下とするが，水深が大で河床以下の根固め工を施工することが困難な場合等においては，河川の状況・河積・流向等を考慮の上，必要に応じ現況河床高または計画河床高以上とする．

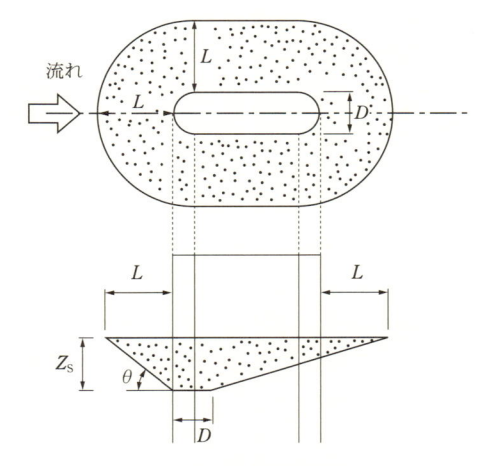

付属図 7-2.4　推定洗掘範囲の模式図

（4）ブロックの重量

　ブロックの重量は，移動限界流速の検討等を行い，洪水時の流速によって流失しないよう決定しなければならない．

　ブロックの移動限界流速は，ブロックの種類と重量および河床の状況等により異なる．なお，ブロック敷設地点の流速としては一般に断面平均流速を用いるが，河道の湾曲部や砂州による偏流がある場合，および河道断面の急変部等では，最大平均流速の1.3～2.0倍程度の流速になる場所も生じるので，適切な流速値を判断して用いる必要がある．

（5）コンクリートブロック工の安定性に関する判別分析

参考として，旧国鉄（鉄道技術研究所）が定めた判別方法を以下に示す．

$$Z_0 = -7.38\,u^* + 313/r + 0.33\,W - 0.566\,h - 0.0419\,B/h + 0.526\,\beta + 3.407 \qquad (2)$$

$Z_0 > 0 \cdots$安全

$Z_0 < 0 \cdots$流失

ここで，　u^*：摩擦速度（$u^* = \sqrt{ghi}$）

　　　　g　：重力加速度（m/s²）

　　　　h　：水深（m）

　　　　i　：動水勾配

　　　　r　：河道曲率半径（m）

　　　　W：ブロック重量（tf，$1\,\mathrm{tf} \fallingdotseq 10\,\mathrm{kN}$）

　　　　B：川幅（m）

　　　　β：コンクリート施工範囲の影響を表すパラメータ（$\beta = (c_\mathrm{u} + H + c_\mathrm{d})/H$）

　　　　c_u：河道軸方向の上流側施工範囲（m）

　　　　c_d：河道軸方向の下流側施工範囲（m）

　　　　H：河道軸方向の橋脚幅（m）

　上記の安定性判別式は，洪水に遭遇した鉄道橋の橋脚に設置したコンクリートブロック等の流失事例と安定事例を統計的に解析・検討して定めたものである．また，式中のパラメータについてもコンクリートブロック等の安全性に影響を及ぼすであろう河道特性（川幅水深比（B/h），水深（h），摩擦速度（u^*），河川の湾曲度（r：河道曲率半径）の4変量）に加え，ブロック重量（W），ブロックの施工範囲の影響（β）を考慮しており，水理学的な裏付けはなされていないものの河川工学的には理にかなった評価式であるといえる．

　付属表 7-2.1に，旧国鉄式による安定性判別手法の適用範囲を示す．一方で，安定性判別式は鉄道橋の橋脚の根固めブロックの安定性という観点ではなく経験的な評価式といえるものである．したがって，（4）節で述べた移動限界流速から得られるブロック重量との比較検討や，対象となる河川で施工されているブロック工の重量を参考としながら，施工性・経済性の観点から決定することが望ましい．

付属表 7-2.1　判別解析の適用範囲

ブロック重量（tf）	$0.5 \leq W \leq 20$ $W > 4370\,h^3 I^3$
河道曲率半径（m）	$r \geq 150$
摩擦速度（m/sec）	$u^* \leq 0.7$
水深（m）	$2 \leq h \leq 10$
川幅水深比	$B/h \leq 100$

（6）吸出し防止

　橋脚周囲のブロックとブロックの間隙や空間では，河床材料が間欠的に吸出しを受けるため，ブロックの沈下変状が起こる．吸出しの最も影響が出る箇所は橋脚側面であり，この部分で土砂の吸出しを受けないよう方策が必要である．具体的には，隙間を設けないブロックの設置方法を考えるか，吸出し防止マットの設置，橋脚と縁切りした状態でベンチコンクリートを施工するなどが考えられる．そうすることで，ブロックの耐久性をさらに向上させることができる．

2.2　はかま工・シートパイル締切工

　橋脚と接合することで，鋼矢板の変形を防ぐことができるほか，橋脚く体と接合することで橋脚の支持力向上にもつながるため，近年採用事例が増加しつつある．特に，土被りが非常に小さい時に有効である．

ただし，岩盤や硬質地盤へ打設する際には補助工法が必要となるため，注意が必要である．また，桁下空頭等を勘案し，施工計画を策定する必要がある．

橋脚幅が増加し洗掘を促進する傾向にあるため，根固め工等を併用するのが望ましい．

◆　はかま工

元来，はかま工は基礎の底面積を増加させ垂直支持力の増加を目的としていた．所定の根入れと強度を確保すれば最も確実な工法と考えられるが，根入れを決定する際には橋脚が太くなったのと同じ現象を生じ，洗掘を促進する傾向にあるので，留意する必要がある．

また洗掘を受けた状態では，基礎形式が変更された

付属図 7-2.5　はかま工の実施例

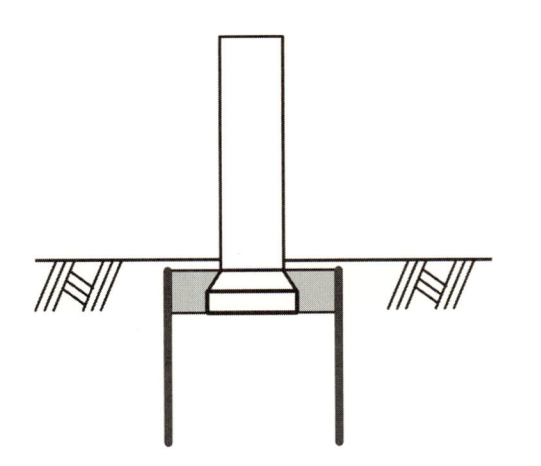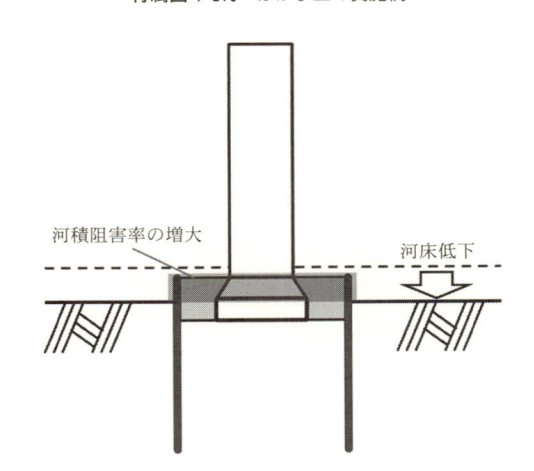

付属図 7-2.6　シートパイル締切工

こととなるので，安定計算のチェックが必要となる．**付属図 7-2.5** にはかま工の実施例を示す．

◆　**シートパイル締切工（付属図 7-2.6）**

橋脚の周りをシートパイルで囲むことにより，洗掘の進行に対して転倒を防止する工法も多く見られる．ただしシートパイル締切工は，橋脚基礎の投影面積が見かけ上大きくなり，河積阻害率が大きくなるため，洗掘が促進されることとなる．このため，根固め工と組み合わせて施工する場合が多い．**付属図 7-2.7** に根固め工を併用したシートパイル締切工の実施例を示す．

付属図 7-2.7　シートパイル締切工の実施例

2.3 床止め工

　床止め工は，急流河川や局所的に勾配が急な場合に，流水の作用による河床の変動を防ぎ河道の安定をはかるため河川を横断して設けられる構造物である．堰を設けることで土砂の堆積を促すことができる．橋りょうの洗掘防止のためには，橋りょう下流側に堰を設ける必要がある．落差の大きなものを「落差工」，小さいものを「帯工」という．設計にあたっては「国土交通省　水管理・国土保全局河川砂防技術基準設計編」で別に定められているので区別して設計する必要がある．床止め工は永久構造物として，本来河川の全体計画に則り設置されるものであるので，河川管理者と十分，協議する必要がある．

3. 洗掘対策工のメリット・デメリット

　各洗掘対策工のメリット，デメリットを**付属表7-2.2**に整理する．

付属表7-2.2　各洗掘対策工のメリット・デメリット

	メリット	デメリット
捨石工	・河床材料を使用することが可能であり，材料調達が容易である ・橋脚周辺の状況に依らず，適用が可能である	・増水時に流失する可能性が高いため，定期的な調査と修繕が必要となる
コンクリートブロック工	・一般的な工法であり，河川管理者も採用している工法である ・ブロック間を連結することで，流失の可能性も大きく抑制することができる	・河床低下が激しい条件では側方や底面から侵食され，ブロック工に変状が発生する可能性が高い
はかま工	・耐洗掘性や耐久性が高い ・地山や岩盤層に追従して施工することができる	・河床低下が生じるとはかま工下端から内部の地盤材料が吸い出されやすくなり，性能が著しく悪化する ・河積阻害率が大きくなり洗掘が助長される可能性がある
シートパイル締切工	・耐洗掘性や耐久性が高い ・シートパイル補強工法とすることで，基礎の安定性も大きく向上	・鋼矢板の打設のために大型の重機が必要 ・岩盤等の硬質地盤や玉石混りの河床材料の場合，施工が困難 ・河床低下が進行すると河積阻害率が大きくなり洗掘が助長される可能性がある ・鋼矢板下端や接手部から吸出しが生じると基礎の安定性に著しく悪影響を及ぼすため，設計に注意が必要である
袋型根固め工	・河床材料を使用することができ，袋の拘束効果により捨石工よりも流失に対する抵抗性が高い ・柔構造であるため適用範囲が広い	・流下物により袋が損傷する場合がある ・コンクリートブロック工よりも増水時に流失する可能性が高いため，定期的な調査と必要に応じた修繕が必要となる

4．洗掘対策工の選定に関する基本的な考え方

地盤や河床条件等に対する洗掘対策工の選定の考え方を**付属表 7-2.3** に示す．

付属表 7-2.3　地盤や河床条件等に対する洗掘対策工の選定の考え方

	セグメント[※1]（河床材料の目安）				河床低下の進行の有無[※2]		橋脚の位置[※3]		施工性[※4]（重機規模）	耐久性[※5]
	M（露岩）	1（礫）	2（砂礫，砂）	3（砂，粘土）	なし	あり	低水敷	みお筋外の低水敷		
捨石工	×	△	○	○	○	○	○	△	○（小）	×（低）
コンクリートブロック工	×	○	◎	△	○	△	○	△	△（小〜大）	○（中）
はかま工	○	△	△	×	○	△	○	△	△（小〜中）	◎（高）
シートパイル締切工	×	△	○	◎	○	○	○	△	×（大）	◎（高）
袋型根固め工	×	△	○	○	○	○	○	△	○（小）	△（低）

※1：セグメント M は上流域の山間地に該当するが，一般的に増水時の流速が非常に速く，洗掘防護工への流体圧が大きくなるため，流失抵抗性の高いものを "○" としたが，施工が著しく困難なシートパイル締切工については "×" とした
　　セグメント 1 からセグメント 2 は中流域における扇状地や谷底平野などが該当し，鉄道において最も対策が施行されている区分となる．セグメント 1 では，流失抵抗性が高いはかま工やシートパイル締切工，ブロック工等の適用が考えられるが，はかま工の場合には河床材料の流失に伴って浮きが生じやすく，シートパイル締切工では打設が困難となることから，"△" とし，河床の変化に対する追随性が高いブロック工を "○" とした．セグメント 2 では基本的にはすべての対策工が有効と考えられるが，河床の変化に対する追従性が高いブロック工を "◎" とした
　　セグメント 3 は下流域のデルタ地形に該当するが，異常出水時の河床断面の変化が著しいため，これによる変状が生じやすいはかま工やブロック工は×あるいは△とした．ただし，河床変動に対応できるものや消波効果の高いブロックを選定することも考えられる
※2：河床低下が発生した場合に河床低下への追従性が高いもの，あるいは河床低下に伴って変形が生じないものを "○" とした
※3：みお筋外の低水敷で側方侵食が発生した場合の洗掘対策工の効果が高いものを "○" とした
※4：河川橋脚周辺での施工では桁下空頭制限が一般的に発生するため，これに対応可能な工法を "○" とした
※5：洗掘対策工として流失抵抗性が高いものを "○" とした

5. 洗掘対策工の施工事例の分析

　洗掘の発生，あるいは洗掘対策工の変状に伴い実施した洗掘対策工の施工事例（47事例）を収集し，整理を行った．事例数が限られており統計的な考察には至らないものの，整理結果を本章に，特徴的な事例を「6. 洗掘対策工の選定事例」に参考資料として示す.

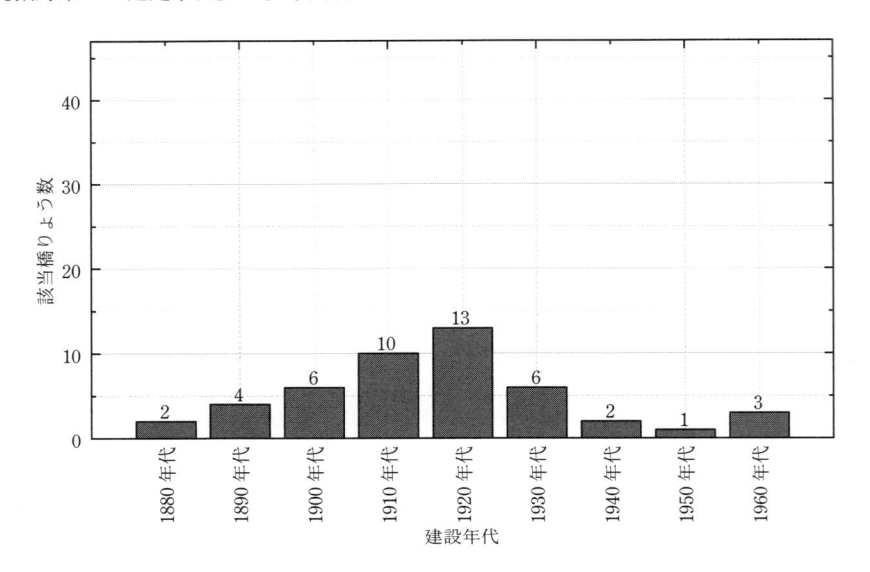

付属図 7-2.8　対象事例の橋りょうの建設年代

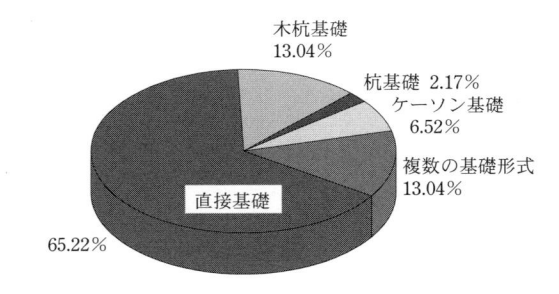

付属図 7-2.9　対象事例の橋りょうにおいて採用されている基礎形式

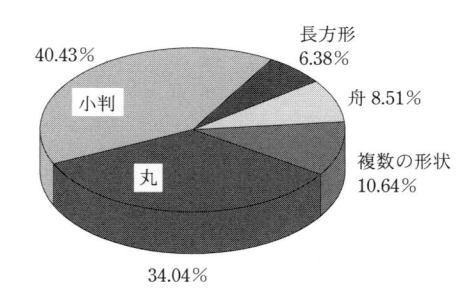

付属図 7-2.10　対象事例の橋りょうにおける橋脚形状

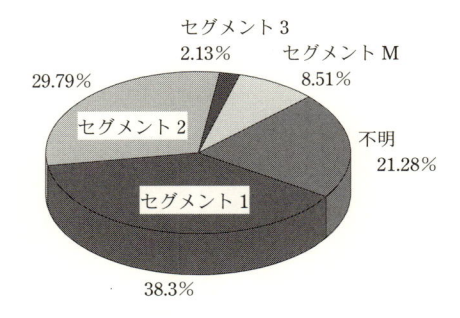

付属図 7-2.11　対象事例の橋りょう位置のセグメント区分

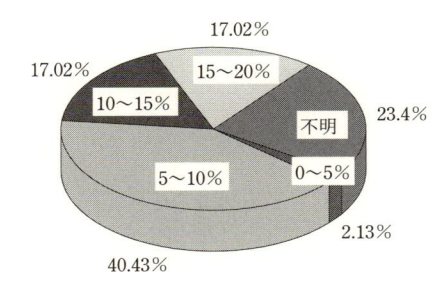

付属図 7-2.12　対象事例の橋りょうの河積阻害率

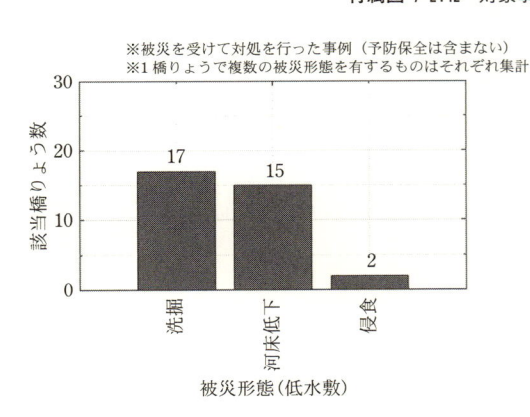

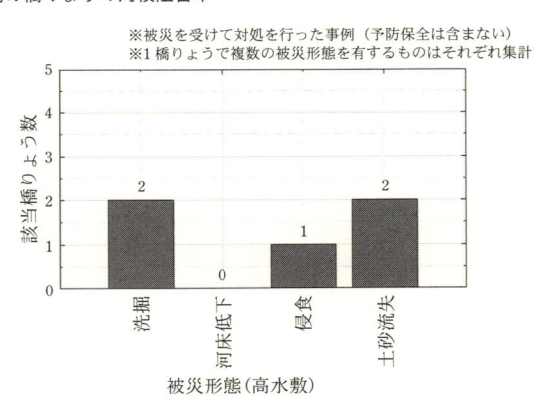

付属図 7-2.13　低水敷・高水敷ごとの被災形態

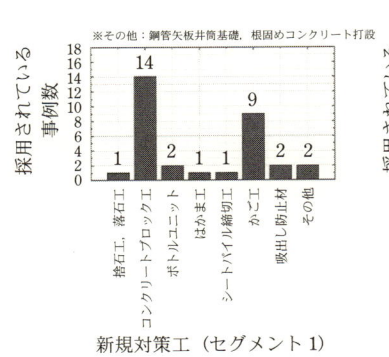

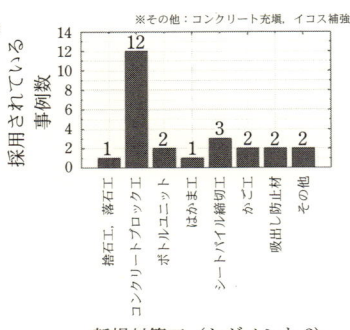

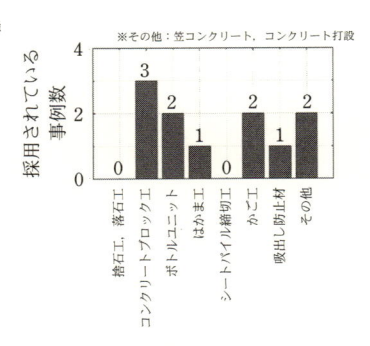

付属図 7-2.14　セグメント区分ごとの新規対策工

6．洗掘対策工の選定事例

（1）落差工変状への対処

〇橋りょう諸元

構造物諸元		河川関連諸元			
建設年代	1900 年代	セグメント	1	河川狭窄の有無	〇
被災経年	117 年	河積阻害率	不明	みお筋の変化の有無	×
橋長	130 m	河床材料	砂，礫	河床勾配	1.1％
橋脚数	9 基	H.W 最大水深	1.4 m	地形	谷底平野
基礎形式	直接基礎	H.W 水面幅	113 m		
橋脚形状	小判型	分合流の有無	×		
スキューの有無	×	河川湾曲の有無	不明		

〇被災・対策概要

被災内容	河川増水による長期的な根固め工やふとんかごの流失，破損，落差部の洗掘
既設対策工	橋脚周り：根固めブロック 橋脚下流：枠組み方式かご工
新規対策工	橋脚周り：既設利用→根固めブロック 落差部：対策工修繕→かご工 落差工下流：河床整正→根固めブロック，袋型根固め工（フィルターユニット）
対策工図面	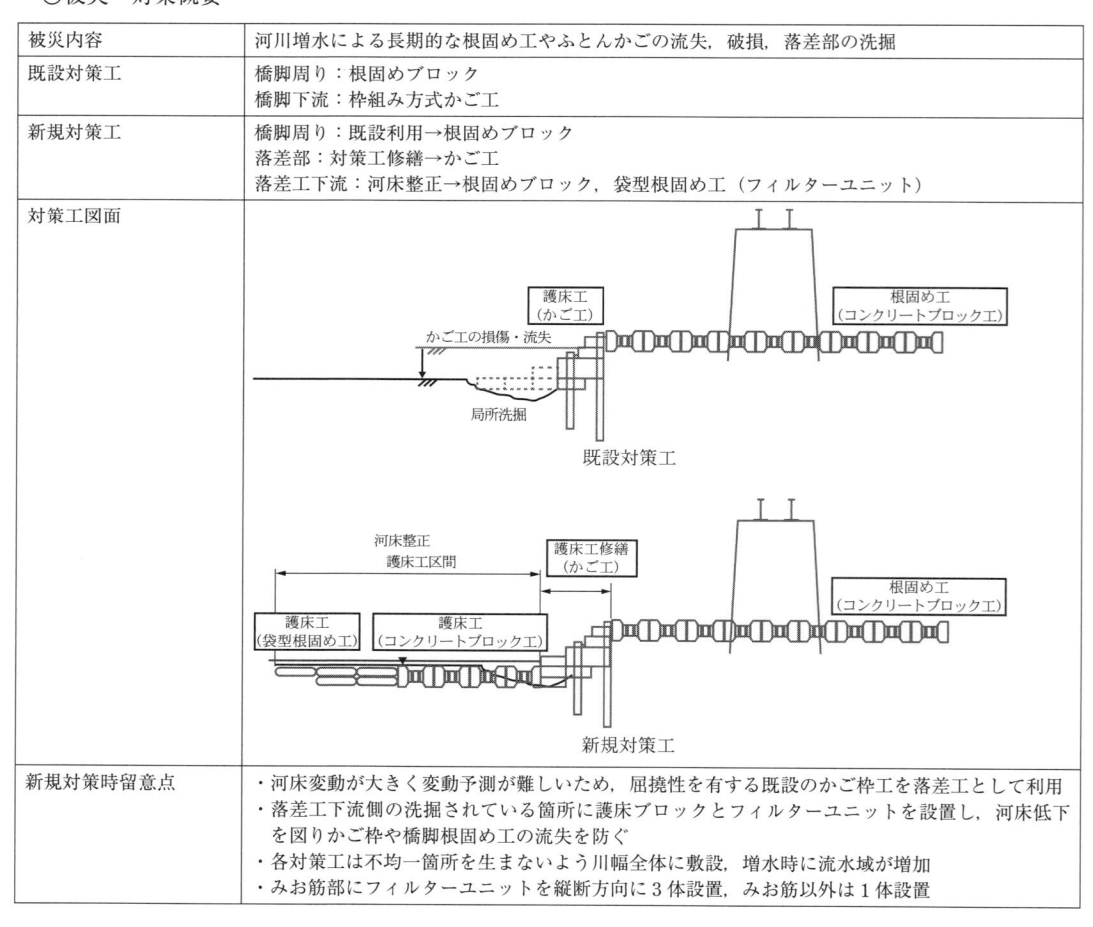
新規対策時留意点	・河床変動が大きく変動予測が難しいため，屈撓性を有する既設のかご枠工を落差工として利用 ・落差工下流側の洗掘されている箇所に護床ブロックとフィルターユニットを設置し，河床低下を図りかご枠や橋脚根固め工の流失を防ぐ ・各対策工は不均一箇所を生まないよう川幅全体に敷設，増水時に流水域が増加 ・みお筋部にフィルターユニットを縦断方向に 3 体設置，みお筋以外は 1 体設置

（2）みお筋位置・流量の変化による局所洗掘への対処

○橋りょう諸元

構造物諸元		河川関連諸元			
建設年代	1880 年代	セグメント	2	河川狭窄の有無	不明
被災経年	132 年	河積阻害率	不明	みお筋の変化の有無	○
橋長	300 m	河床材料	礫	河床勾配	0.985%
橋脚数	13 基	H.W 最大水深	14.3 m	地形	谷底平野
基礎形式	直接基礎	H.W 水面幅	293 m		
橋脚形状	小判型，舟型	分合流の有無	×		
スキューの有無	×	河川湾曲の有無	不明		

○被災・対策概要

被災内容	みお筋・流量の変化による局所洗掘，根固めブロックの沈下・流失
既設対策工	橋脚周り：根固めブロック
新規対策工	橋脚周り：既設利用＋河川幅全面に根固めブロック 　　　　　縦断方向根固めブロックの端部にふとんかご工設置
対策工図面	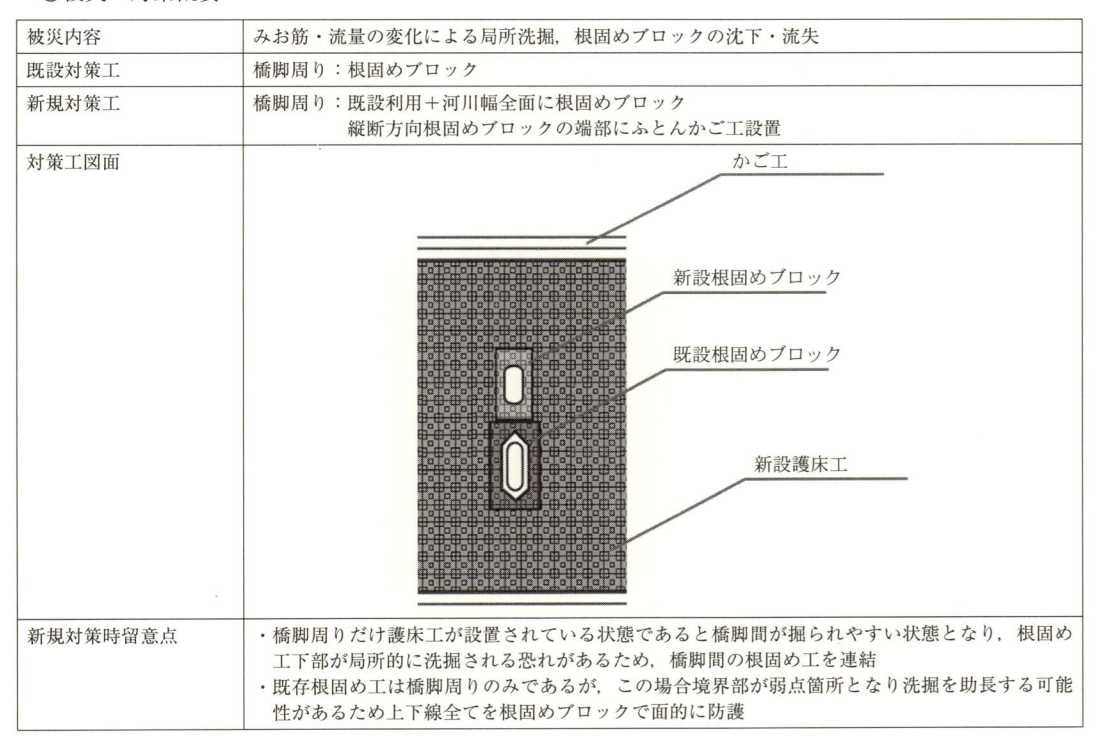 かご工 新設根固めブロック 既設根固めブロック 新設護床工
新規対策時留意点	・橋脚周りだけ護床工が設置されている状態であると橋脚間が掘られやすい状態となり，根固め工下部が局所的に洗掘される恐れがあるため，橋脚間の根固め工を連結 ・既存根固め工は橋脚周りのみであるが，この場合境界部が弱点箇所となり洗掘を助長する可能性があるため上下線全てを根固めブロックで面的に防護

（3）河川湾曲部における土砂流失への対処

○橋りょう諸元

構造物諸元		河川関連諸元			
建設年代	1910 年代	セグメント	M	河川狭窄の有無	不明
被災経年	97 年	河積阻害率	5.9	みお筋の変化の有無	○
橋長	52 m	河床材料	不明	河床勾配	不明
橋脚数	2 基	H.W 最大水深	11.3 m	地形	山間部
基礎形式	直接基礎	H.W 水面幅	130 m		
橋脚形状	長方形	分合流の有無	○		
スキューの有無	○	河川湾曲の有無	○		

○被災・対策概要

被災内容	豪雨による河川湾曲部における土砂流失による根入れ減少
既設対策工	なし
新規対策工	橋脚周り：袋型根固め工＋吸出し防止材＋笠コンクリートブロック 縦断方向根固めブロックの端部にふとんかご工設置
対策工図面	 新規対策図面（左が河川内岸側，右が河川外岸側）
新規対策時留意点	・袋詰め玉石は多段積みにし，積み重ねる場合は袋体同士をロープで連結する．

参考文献

1) 岡田勝也，村石　尚：統計的に見た橋脚の洪水時洗掘防止工の安定度判定手法，鉄道総研報告，Vol. 4，No. 5，1990.5.
2) 久宝　保：土砂の水中傾斜角について，土木技術，Vol. 6，No. 5，pp. 2-4，1951.

付属資料 7-3　洗掘被災橋りょうの再供用による復旧事例

1．はじめに

　主に戦前から戦後復興期頃までに建設された河川橋りょう（以下，旧式河川橋りょう）は，現在と比較して施工技術が発達していなかったこと，また河川管理上の観点での構造諸元（桁高，支間，河積阻害率等）への配慮が不十分であったことから，河川の出水（増水）時の橋脚周辺地盤の洗掘や河床侵食によって橋脚の流失や沈下・傾斜といった被害を生じるリスクが，現在の技術基準によって建設されたものよりも相対的に高い．また，地球規模の気候変動に伴う一雨の総降雨量の増加や局地的な豪雨頻度の増加に伴って増水の発生頻度も増加していることにより，近年では洗掘被害が増加傾向にある．

　洗掘被害が発生した場合，これまでの復旧事例では，仮設橋脚（仮ベント）を設ける方法が最も一般的である．この仮ベントによる応急復旧法は，仮設桁が早期に調整・手配可能な場合には橋脚が流失するような大きな被害でも適用可能であるが，河川区域内での仮ベント設置の占有許可を得ることが前提であり，河川管理者は再度の増水に対する氾濫や決壊等による被害の発生を避けることを優先するため，この協議が難航して運行再開が遅れる場合がある．

　その他の方法として，最小限の補修は行うものの，列車走行試験等によって応急復旧に必要な性能を有することを確認した上で，橋脚の残留変位は修復せずに橋脚・桁を再供用して，列車運行を再開させる方法もある．これまでの事例では橋脚が残存していれば洗掘によって比較的大きな沈下・傾斜（これまでの事例では最大で約 300 mm の沈下，約 95/1000 rad の傾斜）を生じていても再供用を行っている．この方法では早期に運行再開が可能であるものの，橋りょうの再供用の可否判断に関する技術的な難易度が高い．

　このような状況を踏まえ，本資料では，洗掘で被災した旧式河川橋りょうを対象に，橋脚・桁の再供用による応急復旧の考え方や方法に関して概要を示すとともに，被災から応急復旧，本復旧までの過程を網羅した事例を示す．再供用による応急復旧法の詳細に関しては「洗掘被災橋りょうの再供用による応急復旧マニュアル（2021，（公財）鉄道総合技術研究所　鉄道技術推進センター）」を参考にされたい．なお，再供用による応急復旧法を比較的新しい構造物へ適用した事例はないものの，本資料ならびに同マニュアルに記載した内容の部分的な適用は可能と考える．

2．河川橋りょう橋脚の復旧事例

　被災橋りょうの復旧事例を以下に示す．なお，事例としては
　① 再供用による応急復旧を行った事例（2.1 節）
　② 仮設ベント等を施工し橋りょうの一部を再供用して応急復旧した事例（2.2 節）
　③ 応急復旧を行わず本復旧を行ったもの（2.3 節）
に区分して示す．

2.1 橋脚の再供用による応急復旧を行った事例

（1）A橋りょう[1),2)]

事例概要	高水敷に位置する洗掘防護工が未施工のケーソン基礎橋脚の傾斜
橋りょう諸元	・最大支間長 19.15 m，鋼上路単純鈑桁 22 連，全長 436.27 m，経年 90 年，単線構造 ・被災橋脚く体は無筋コンクリート構造，橋脚形状は円型（直径 2.9 m），く体高さ 2.75 m ・被災橋脚基礎はケーソン基礎，長さ 5.886 m，支持層は砂質土
河川諸元および周辺条件	・被災橋りょうは河川の中流（扇状地）に位置 ・河川断面は複断面 ・約 12 km 上流方の谷地形部には多目的ダムがある ・橋りょう付近では河床表層に玉石混じりの砂礫が堆積
被災状況	・台風に伴う増水により側方侵食が発生し，1 橋脚が傾斜 ・被災橋脚は防護工が未施工であった
調査項目および調査方法	［桁・支承］ 桁の移動（測量），桁の変形（入念な目視），支承位置，支承部の損傷（入念な目視） ［橋　　脚］ 傾斜量，沈下量，固有振動数（衝撃振動試験） ［周　　辺］ 支持地盤状況（ボーリング）
復旧計画の条件	［桁・支承］ 桁，支承に損傷はなし ［橋　　脚］ 橋脚の傾斜（上流方に通り変位 140 mm），約 30 mm の沈下，固有振動数は 7.87 Hz に低下 ［周　　辺］ 基礎周囲の地盤が出水に伴う細粒分の流失により緩んだ可能性がある ［そ の 他］ 地方ローカル線，早期運転再開が望まれる
復旧方針	○仮復旧の全体方針 　早期運転再開させるため仮復旧による段階的な運転再開とする ［桁・支承］ 桁：再利用 ［橋　　脚］ 埋戻し ［周　　辺］ ― ［そ の 他］ 傾斜，沈下量の計測，河川水位の監視 ○本復旧：シートパイル基礎による橋脚支持性能の向上，護床工による洗掘対策を実施した上で徐行解除
応急復旧	①仮締切の後，河床材料を用いた洗掘部の埋戻し ②静的プレロード載荷による沈下促進 ③衝撃振動試験 ④試験列車による走行試験 ⑤徐行による運転再開
本復旧	①鋼矢板の打設 ②橋脚基礎周りの地盤に緩みが想定される箇所に薬液注入 ③頂板コンクリートの打設（鋼矢板と接続） ④根固めブロック（護岸工）の敷設 ⑤徐行解除

（2）B橋りょう[3]

事例概要	高水敷に位置する根入れの浅い直接基礎橋脚の傾斜
橋りょう諸元	・支間長 22.25 m，鋼上路単純鈑桁 5 連，全長 114.00 m，経年 102 年，単線構造 ・被災橋脚く体はれんが製，橋脚形状は小判型（長径 7.6 m，短径 4.2 m），く体高さ 8.699 m ・被災橋脚基礎は直接基礎，被災前の根入れは 1.1 m，支持層は砂礫
河川諸元および 周辺条件	・被災橋りょうは河川の下流に位置 ・河川断面は複断面である ・円礫と砂・粘土が互層に堆積している可能性が考えられる ・当該橋りょうは複列砂州の形成によりみお筋が変化する特性がある ・現地調査時点で，流路は被災橋脚と隣接橋脚間に位置
被災状況	・異常豪雨に伴う増水により側方侵食が発生し，1 橋脚の根入れが減少 増水により流失
調査項目および 調査方法	［桁・支承］　桁の移動（測量），桁の変形（入念な目視），支承位置（スケールなどによる測量），支承部 　　　　　　の損傷（入念な目視） ［橋　　脚］　傾斜の進行（傾斜計），根入れ深さ，固有振動数（衝撃振動試験），基礎底面の岩着状況（掘 　　　　　　削後入念な目視，計測） ［周　　辺］　支持地盤状況（ボーリング），静水位の状況，河床の堆積土砂（掘削および入念な目視）
復旧計画の条件	［桁・支承］　軌道変位（管理基準値以内），支承（変状無し） ［橋　　脚］　く体（変状無し），基礎（最小根入れ長 0.4 m） ［その他］　工事用進入路の確保可能，渇水期のみ施工可能，漁協による許可必要
復旧方針	○仮復旧の全体方針 ［桁・支承］　沓座：再利用，支承：不明，桁：再利用 ［橋　　脚］　埋め戻しにより基礎の根入れを回復させて橋脚を安定化 ［周　　辺］　フィルターユニット ○本復旧：鋼矢板・スラブコンクリート打設による橋脚支持性能の向上の上，徐行解除
応急復旧	①大型土のうおよびフィルターユニットによる低下した河床の埋戻し ②運転規制水位の見直し，傾斜計による運転規制と監視体制の設定，固定警備体制 ③試運転列車による安全確認 ④35 km/h 徐行による，運転再開
本復旧	①鋼矢板の打設 ②頂板コンクリートの打設（橋脚と頂板コンクリートをアンカー 　鉄筋により一体化） ③徐行制限を 35 km/h → 60 km/h に緩和 ④橋脚の傾斜，軌道変位がないことを確認し，60 km/h 　徐行運転を解除，通常運転を再開 コンクリート 鋼矢板 粘土層 泥岩層

（3）C橋りょう[4),5)]

事例概要	低水敷に位置する直接基礎橋脚の傾斜	
橋りょう諸元	・支間長 9.8 m，上路単純鈑桁 4 連，全長 40.2 m，経年 84 年，単線構造 ・被災橋脚く体は無筋コンクリート構造，橋脚形状は小判型（長径 4.0 m，短径 2.2 m），く体高さ 5.5 m ・被災橋脚基礎は直接基礎，被災前の根入れは 2.0 m	
河川諸元および 周辺条件	・被災橋りょうは河川の中流（平野）に位置 ・河川断面は複断面であり，上流方の湾曲内部に砂州 ・河川は橋りょう付近で大きく湾曲している	
被災状況	・台風に伴う増水により局所洗掘が発生し，1 橋脚が傾斜 	
調査項目および 調査方法	［桁・支承］	桁の移動（入念な目視），桁の変形（入念な目視），支承位置，支承部の損傷（入念な目視）
	［橋　脚］	傾斜，根入れ深さ，固有振動数（衝撃振動試験）
	［周　辺］	
復旧計画の条件	［桁・支承］	桁および支承に変状は確認されなかった
	［橋　脚］	傾斜角については，上流方に 15/1000 rad，被災前と比較し根入れが 0.7 m 程度低下 く体自体に変状は確認されなかった
	［周　辺］	不明
	［そ の 他］	橋りょう近辺の多くの箇所で土砂流入や築堤崩壊等が発生しており，保守作業車を可能な限り早期に走行させる必要があった．
復旧方針	○仮復旧の全体方針 早期運転再開させるため，徐行により保守用車の運転再開を優先する．なお，固有振動数による橋脚の評価では，限界状態別固有振動数による判定を行う ［桁・支承］　沓座：修繕 　　　　　　　支承：不明 　　　　　　　桁：再利用 ［橋　脚］　— ○本復旧：鋼矢板打設→頂板コンクリート打設による支持力増加の上，徐行解除	
応急復旧	①衝撃振動試験による列車走行の可否判断 ②保守用車による走行試験により，橋脚の沈下・傾斜を計測 ③徐行による運転再開	
本復旧	①鋼矢板締切による根固め工 ②橋脚く体と鋼矢板の一体化 ③頂板コンクリートの打設 ④衝撃振動試験による固有振動数の計測 ⑤段階的な徐行の解除 	

（4）D橋りょう

事例概要	流路に隣接する高水敷に設置されたケーソン基礎橋脚の傾斜
橋りょう諸元	・支間長 19.2 m，鋼上路鈑桁 25 連，全長 496.2 m，経年 89 年，単線構造 ・被災橋脚く体は RC 造，橋脚形状は小判型，く体高さ 3 m ・基礎形式は RC ケーソン基礎，ケーソン長は 7 m，支持層は玉石層
河川諸元および 周辺条件	・被災箇所の流域は中流域 ・周辺は扇状地で田畑が広がる ・河川断面は複断面で橋りょう近傍の川幅の 2～3 倍の周期で交互砂州 ・上流方にはダムがあり，常時の流量減，河床材料の供給減，みお筋の固定化
被災状況	・台風に伴う増水により側方侵食ならびに局所洗掘が発生し，1 橋脚が傾斜 ・当該橋脚は古いみお筋と現在のみお筋の中間に位置しており，根固め工が未施工 ・増水時に流路に隣接し，かつ無防護の護岸と河床が弱点箇所となった 無防護部分が選択的に侵食・洗掘
調査項目および 調査方法	［軌　　道］ 通り変位（軌道検測） ［桁・支承］ 桁の移動（支点移動の入念な目視），支承の変状（入念な目視） ［橋　　脚］ 橋脚の安定性の低下有無（衝撃振動試験による固有振動数推定） 　　　　　　橋脚の傾斜の進行（測量） ［周　　辺］ 洗掘深，基礎底面周辺の排水，地下水位の状況（ポンプアップ，入念な目視） 　　　　　　河床の再堆積土砂，根固めブロックの変状（入念な目視，実測）
復旧計画の条件	・台風通過後も上流方のダムからの放流継続で，局所洗掘および傾斜が進行した ・衝撃振動試験の結果，固有振動数は隣接橋脚と比較して大幅に低下した ・河川側との協議の結果，瀬替えによるみお筋の変更が可能であった ・線区内で当該箇所が単独災害のため，運転再開のクリティカルパスであった
復旧方針	○仮復旧の全体方針 可能な限り早期運転再開させるため仮復旧による段階的な運転再開とする ［桁・支承］ 桁は再供用可能と判断し，沓座は打ち換え ［橋　　脚］ 橋脚埋め戻しにより，傾斜の進行による倒壊を防止・支持力を回復 　　　　　　プレロード試験で列車走行可否を判断，早期に仮復旧での徐行運転再開 ○本復旧 シートパイル補強および薬液注入，根固め工設置による洗掘対策を実施
応急復旧	 ①みお筋の切り替え　　②流失箇所の埋戻し　　　　　③根固め工の施工 ・瀬替え（ポンプアップ）・捨石工による底板の埋戻し　・袋型根固め工 　　　　　　　　　　　・クラッシャーランによる埋戻し ④静的プレロード載荷試験により，列車走行に必要な安定性を有していることを確認
本復旧	 ①鋼矢板の打設　　②薬液注入による地盤改良　　③根固め工の施工 　　　　　　　　・ケーソン基礎底面の改良　　・コンクリートブロック 　　　　　　　　・鋼矢板と橋脚く体間の改良

（5）E橋りょう

事例概要	高水敷に位置する洗掘防護工が未施工の直接基礎橋脚の傾斜および沈下
橋りょう諸元	・支間長 9.7～10.3 m，上路単純鈑桁 7 連，全長 71.2 m，経年 81 年，単線構造 ・被災橋脚く体は無筋コンクリート構造，橋脚形状は小判型（長径 3.5 m，短径 1.3 m），く体高さ 4.4 m ・被災橋脚基礎は直接基礎，被災前の根入れは 1.8 m，支持層は 10～50 cm 程度の玉石混じり砂礫
河川諸元および 周辺条件	・被災橋りょうは河川の中流（扇状地）に位置 ・河川断面は複断面であり，被災橋脚付近に固定化した砂州が形成 ・河床材料は 100～500 mm 程度の礫・玉石が主体
被災状況	・大雨に伴う増水により，支持地盤の吸出しが発生し，1 橋脚が傾斜および沈下 ・被災橋脚は洗掘防護工が未施工二，河床が低い他の橋脚は根固め工が施工済 ・被災橋脚の支持地盤は玉石が三体と想定され，基礎底面に生じた間隙水の流れにより細粒分が吸い出され，体積減少が生じたことで沈下を生じたと想定される 沈下前　　沈下後
調査項目および 調査方法	［桁・支承］　桁の移動（スケール），桁の変形（入念な目視），支承位置（測量），支承部の損傷（入念な目視） ［橋　　脚］　傾斜（傾斜計），根入れ深さ（ポール），固有振動数（衝撃振動試験） ［周　　辺］　周辺地盤状況（ボーリング，入念な目視）
復旧計画の条件	［桁・支承］　桁が起点方 55 mm 移動，ソールプレートと支承間に 8 mm の隙 　　　　　　　杭座コンクリートが破損 ［橋　　脚］　上流方に 49/1000 rad，終点方に 21/1000 rad の傾斜，300 mm の沈下，根入れ深さは 250 mm まで減少 　　　　　　　固有振動数が前回調査時と比較して，9 割程度に低下（18.0 Hz → 16.1 Hz） ［周　　辺］　橋脚は玉石層で支持，玉石層の下に砂層 ［そ の 他］　通勤・通学に多く利用され，観光列車の運転区間でもあった 　　　　　　　桁下空頭に制限があり，かつ隣接橋脚と比較して著しく河川断面を阻害しない基礎構造が求められた
復旧方針	○仮復旧の全体方針 早期運転再開させるため仮復旧による段階的な運転再開とする ［桁・支承］　杭座：打ち替え 　　　　　　　支承：本支承打ち替え 　　　　　　　桁：据え直し ［橋　　脚］　再利用 ［周　　辺］　仮設根固め工（ボトルユニット） ○本復旧 シートパイル補強→衝撃振動試験→列車通過時の沈下計測→護床工による洗掘対策の上，徐行解除
応急復旧	①く体天端上で桁のジャッキアップ ②プレロード工（水タンク） ③杭座コンクリートの増し打ちと支承打ち替え ④仮設根固め工（ボトルユニット） ⑤走行試験および衝撃振動試験 ⑥被災橋脚の変位・傾斜を常時モニタリング，支承部を監視した上で 　徐行による運転再開 増し打ちコンクリート
本復旧	①シートパイル（鋼管杭）補強 ②衝撃振動試験 ③列車通過時の変位計測 ④護床工 ⑤徐行解除 増設フーチング　　鋼管杭 護床工

（6）F橋りょう[6),7),8)]

事例概要	低水敷に位置する洗掘防護工が未施工のケーソン基礎橋脚の傾斜
橋りょう諸元	・支間長 8.2〜19.2 m，鋼上路単純鈑桁 19 連，全長 356 m，経年 45 年，複線構造（単線桁の並列） ・被災橋脚く体は鉄筋コンクリート構造，橋脚形状は小判型，く体高さ約 9.0 m ・被災橋脚基礎はケーソン基礎，長さ 5.8 m，被災前の根入れは約 4.0 m，支持層は砂
河川諸元および周辺条件	・被災橋りょうは河川の下流に位置 ・河川断面は複断面であり，橋脚位置もしくは下流方に砂州がある ・当該橋りょうの上流約 30 km にダムがある ・河床材料は砂質土 ・被災橋脚は河岸に位置していたが，約 10 年間でみお筋が移動し直接水流を受けていた
被災状況	・雪解け水に伴う増水により局所洗掘が発生し，1 橋脚が傾斜 ・当該橋脚はみお筋に位置しており長期的な河床低下が生じていた，また護岸工や洗掘対策工は未施工 ・ケーソン最下部に底版コンクリートがない構造であり，フーチング下面と埋め戻し砂との間に空隙が発生していたことでフーチング下面に支持力が生じていなかったと考えられる 洗掘により根入れが減少
調査項目および調査方法	［桁・支承］　桁の移動（測量） 　　　　　　支承位置（スケールなどによる測量），支承部の損傷（入念な目視） ［橋　　脚］　傾斜 or 傾斜の進行，根入れ深さ，固有振動数（衝撃振動試験） ［周　　辺］　支持地盤状況（ボーリング）
復旧計画の条件	［桁・支承］　桁（通り変位 28 mm），支承の浮き ［橋　　脚］　く体（上流方に傾斜，固有振動数は標準的な値よりも 2 Hz 低い 4.0 Hz），基礎（根入れ長は 1.0 m に低下） ［周　　辺］　地盤（ケーソン底面より 600 mm 下まで埋め戻し砂があり）河川（みお筋の変化あり） ［その他］　作業ヤードの確保可能
復旧方針	○仮復旧の全体方針 ゴールデンウィーク前ということもあり迅速な応急対策が求められた ［桁・支承］　沓座：打ち替えなし 　　　　　　支承：再供用 　　　　　　桁：再供用 ［橋　　脚］　埋め戻し，ケーソン刃口への薬液注入 ［周　　辺］　シートパイルおよび大型土のうによる締切り ○本復旧 ケーソン内部および外周部への薬液注入による橋脚支持性能の向上の上，徐行解除
応急復旧	①工事用通路構築，シートパイル・大型土のうによる締切り ②洗掘により低下した橋脚周辺に岩ズリを投入 ③その上部に大型土のう・砕石による盛土を構築し橋脚の根入れを回復 ④洗掘によりゆるめられたケーソン刃口および外周部地盤への薬液注入を実施 ⑤橋脚の傾斜により下り線デックガーダが 3 点支持となっていたためジャッキアップし厚さ約 10 mm のプレートを挿入・溶接することで沓座を修繕 ⑥傾斜検知式洗掘計および自動通報装置を設置，河川増水に対する水位規制を現行の桁下 1.1 m から 3.0 m に見直し 大型土のう 岩ずり 薬液注入 ⑦衝撃振動試験により固有振動数が 8.9 Hz（標準値以上）に向上していることを確認 ⑧試運転列車による橋脚沈下試験を実施 ⑨25 km/h 徐行による，運転再開
本復旧	①ケーソン内埋戻し砂への薬液注入 ②ケーソン外周への薬液注入 ③工事用通路および橋脚周辺の盛土撤去（河道の通水断面を阻害していたため対策完了後に計画河床高まで撤去） 薬液注入 ④衝撃振動試験により，橋脚の固有振動数が 10.9 Hz に向上，橋脚沈下試験を実施し支持力に問題ないことを確認し，規制速度を 60 km/h に緩和 ⑤その後渇水期に，洗掘および河床低下防止を目的として護床工を施工，および洗掘検知装置の設置 ⑥徐行解除

（7）G橋りょう[9]

事例概要	低水敷に位置する支持層が強風化岩盤上の直接基礎橋脚の傾斜
橋りょう諸元	・支間長 16 m，鋼上路単純鈑桁 4 連，全長 61 m，経年 36 年，単線構造 ・被災橋脚く体は鉄筋コンクリート構造，橋脚形状は円型（直径 3.5 m），く体高さ 12.5 m ・被災橋脚基礎は直接基礎，フーチング高さ 0.5 m，被災前の根入れは 1.0 m，支持層は一部強風化岩
河川諸元および 周辺条件	・被災橋りょうは河川の中流（沢）に位置 ・河川断面は単断面であり，付近に砂州は見られない ・河川の流路延長は 3.3 km，川幅は 5〜10 m 程度 ・被災橋りょうは本流との合流部の直上に位置 ・橋りょう付近での河床勾配は 10 ％程度（平均河床勾配は 12 ％程度） ・河床材料はやや玉石混じり砂礫
被災状況	・大雨に伴う増水により局所洗掘が発生し，1 橋脚が傾斜 ・建設時と比較して 0.7 m 程度の河床低下が被災前に発生 ・建設当初健全な岩盤としていた支持地盤の一部が破砕帯であり，流水に対する抵抗が弱く，増水に伴う洗掘を受けたと考えられる 当初は健全な岩着と判断　実際は破砕帯であり風化が進行した　強風化部が増水によって流失，傾斜
調査項目および 調査方法	［桁・支承］　桁の移動（入念な目視，スケール），支承の浮き（隙間ゲージ） ［橋　　脚］　根入れ深さ，固有振動数（衝撃振動試験） ［周　　辺］　支持地盤状況（ボーリング調査）
復旧計画の条件	［桁・支承］　桁の移動（上流方に 30 mm） ［橋　　脚］　橋脚の傾斜 ［周　　辺］　基礎底面の露出幅 1.0 m ［そ の 他］　1 日でも早い復旧が必要
復旧方針	○仮復旧の全体方針 早期運転再開させるため仮復旧による段階的な運転再開とする ［桁・支承］　沓座：打ち替えなし，支承：交換無し，桁：据え直し ［橋　　脚］　埋戻し ［周　　辺］　— ○本復旧 橋脚基礎を基盤岩に打込んだ杭に受けかえる
応急復旧	①U 型フリュームによる河川切り廻し ②橋脚基礎底部の洗掘箇所を捨て石により埋め戻し ③橋脚基礎底部の基礎岩からの浮き上がり箇所を流動性の高い早強モルタルで充填 ④橋脚基礎周囲を大径の玉石により埋め戻し ⑤モルタルと橋脚下面の空隙，橋脚周辺部の玉石部にセメントミルクの注入充填 ⑥河床コンクリートの打設 ⑦振動試験，沈下試験，圧縮試験により復旧効果の確認
本復旧	①玉石の掘削，橋脚への影響を小さくするため，ケーシング回転式掘削機による削孔，H 鋼杭による杭を構築 ②新旧コンクリートの一体化のため，PC 鋼棒で緊張締結 ③橋脚の傾斜により，桁が 30 mm 程度移動し，桁掛かりの不足，沓座と桁端補鋼材とのずれが生じていたため，これに対する処置 フーチング H 形鋼杭

（8）H橋りょう[10), 11)]

事例概要	高水敷に位置する風化した岩盤上の直接基礎橋脚の洗掘
橋りょう諸元	・鋼上路単純鈑桁 3 連，全長 48.5 m，単線構造 ・被災橋脚く体はコンクリートブロック構造，橋脚形状は円形，く体高さ約 15.0 m ・被災橋脚基礎は直接基礎，岩着，支持層は軟岩
河川諸元および 周辺条件	・被災橋りょうは河川の上流に位置 ・河川断面は単断面
被災状況	・台風に伴う増水により側方侵食が発生し，2 橋脚が洗掘され，うち 　1 橋脚は基礎底部まで露出 ・被災橋りょうは河川法線に平行に位置しており，平水位では橋台・ 　橋脚ともに，流域外の岩盤上に位置 ・上流から流れてきた土砂の堆積により，被災橋りょう側へみお筋が 　移動したと推測される ・洗掘箇所では水流が渦巻き状態となり，表層の脆くなった基礎部岩 　盤を削り取っていったと考えられる
調査項目および 調査方法	［桁・支承］　桁の変状（入念な目視），支承部の損傷（入念な目視） ［橋　　脚］　根入れ深さ（目視），基礎底面の岩着状況（掘削後入念な目視，計測） ［周　　辺］　支持地盤状況（ボーリング）
復旧計画の条件	［桁・支承］　— ［橋　　脚］　基礎（岩盤基礎の流失） ［周　　辺］　— ［その他］　急峻かつ狭隘な地形であり，周辺道路・線路からの高低差が大きく，河川も流速が速い
復旧方針	○仮復旧の全体方針 斜めに走っている岩盤上の橋脚の安定を保つための当面の応急措置 ［桁・支承］　沓座：打ち替えなし 　　　　　　　支承：— 　　　　　　　桁：— ［橋　　脚］　基礎底部のコンクリートによる埋戻し ［周　　辺］　— ○本復旧：土留壁による洗掘対策
応急復旧	①線路から手降ろしによる資材の搬入 ②作業足場の設置 ③コルゲートパイプ（φ＝5.0 m）による型枠の設置 ④橋脚根元を取り巻くように早強コンクリートを打設 ⑤コンクリート強度の発現を確認し，運転再開
本復旧	①作業通路の仮設（渇水期） ②渇水期に橋脚間全面にわたり，橋脚前面に土留壁を構築

（9）I 橋りょう[12)]

事例概要	高水敷に位置する根入れの浅い直接基礎橋脚の傾斜
橋りょうの諸元	・支間長 22.3 m，鋼上路鈑桁 7 連，全長 159.7 m，単線構造 ・被災橋脚く体は鉄筋コンクリート構造，橋脚形状は円型（直径 3 m），く体高さ 11.0 m ・被災橋脚基礎は直接基礎 ・支持層は砂利混じり玉石
河川の諸元	・被災橋りょうは河川の中流（山間部）に位置 ・河川断面は単断面であり，A1〜P1，P5〜A2 にかけて砂州が形成 ・橋りょう付近で河川が緩やかに弯曲している（被災橋脚は内縁側に位置） ・河床材料は巨礫 ・上流側 50 m ほどに道路橋が隣接している
被災状況	・大雨に伴う増水により橋脚の基礎周囲の洗掘および吸出しが発生し，1 橋脚が下流側へ傾斜 ・橋脚く体に巨岩が衝撃したことが橋脚の傾斜に与えた影響は不明であるものの，橋脚の傾斜の発生状況から主たる要因ではないと推測 被災橋脚近傍の流況および巨岩の接触イメージ
調査項目および 調査方法	［桁・支承］　桁の移動（スケール），桁の変形（入念な目視）， 　　　　　　　支承位置（測量），支部部の損傷（入念な目視） ［橋　　　脚］　傾斜・損傷の有無，根入れ深さ，固有振動数（衝撃振動試験） ［周　　　辺］　周辺地盤状況（入念な目視）
復旧方針	〇仮復旧の全体方針 早期運転再開させるために，応急的な補修を実施して，載荷試験による列車走行の可否を判定し，徐行による運転再開をする ［桁・支承］　支点浮き部の鋼板挿入 ［橋　　　脚］　洗掘部の埋戻し，く体と巨岩の縁切り ［周　　　辺］　河川の瀬替えによる被災橋脚周辺のドライアップ 〇本復旧：基礎補強（フーチング拡幅）の上，徐行解除
応急復旧	①橋台前面のり面を整地 ②河川の瀬替え ③巨岩は小割して橋脚と縁切り．小割した岩は埋め戻し材として利用 ④基礎底面の露出部はコンクリート打設による根固め工を施工 ⑤基礎の周囲は袋型根固め工をマウンド上に敷設 ⑥支点の浮き部は鋼板挿入による措置を実施 ⑦衝撃振動試験 ⑧載荷試験は保守用車による予備載荷試験と最大重量の入線列車による列車走行試験の二段階で試験を実施 ⑨各載荷試験の載荷ケースは，初めに静的載荷試験を実施，その後車両の入線速度を最徐行から段階的に向上しながら載荷・除荷を複数回実施，最後に制動試験を実施 ⑩徐行による運転再開 根固めコンクリート　　　袋型根固め工
本復旧	橋脚基礎下部の注入工およびはかま工を施工

（10）　J橋りょう

事例概要	低水敷に位置する洗掘防護工が未施工の直接基礎橋脚の傾斜
橋りょう諸元	・支間長 12.9 m，鋼上路単純鈑桁 3 連，全長 39.32 m，経年 91 年，単線構造 ・被災橋脚く体は無筋コンクリート構造（RC 巻立て補強有），橋脚形状は小判型（長径 4.26 m，短径 2.28 m），く体高さ 6.82 m ・被災橋脚基礎は直接基礎，被災前の根入れは 3.7 m，支持層は砂
河川諸元および周辺条件	・被災橋りょうは河川の下流（河口付近）に位置 ・河川断面は単断面で，橋りょう付近で河川が湾曲している（被災橋脚は内縁側に位置） ・河川の流路延長は 44.9 km，流域面積 149.0 m²，橋りょう付近での河床勾配は約 1/900
被災状況	・大雨に伴う増水により局所洗掘が発生し，1 橋脚が傾斜 ・被災橋脚は防護工が未施工であった ・河口付近に位置しているため，潮汐の影響により河床変動が常時生じており，表層には砂地盤材料が緩く堆積していたものと考えられる
調査項目および調査方法	［桁・支承］　桁の移動（入念な目視），支承位置（入念な目視），支承部の損傷（入念な目視） ［橋　　脚］　傾斜量，沈下量，根入れ深さ，固有振動数（衝撃振動試験） ［周　　辺］　周辺地盤状況（入念な目視）
復旧計画の条件	［桁・支承］　起点方・終点方の桁が起点方へ最大 100 mm，下流側へ最大 50 mm 移動，支承の浮き，沓サイドブロック破損，沓座破損 ［橋　　脚］　上流側に 95/1000 rad 傾斜（上流方に通り変位 500 mm），約 300 mm の沈下，根入れが被災前より約 2.0 m 低下（再堆積込），固有振動数は 5.1 Hz に低下（被災前 6.5 Hz） ［周　　辺］　隣接橋脚についても河床低下が生じているため，早期の対策が望まれる ［そ の 他］　地方ローカル線，早期運転再開が望まれる
復旧方針	○仮復旧の全体方針 早期運転再開させるため仮復旧による段階的な運転再開とする ［桁・支承］　桁：再利用，沓座：一部補修 ［橋　　脚］　埋戻し，桁座嵩上げ ［周　　辺］　― ［そ の 他］　傾斜，沈下量の計測 ○本復旧：シートパイル基礎による橋脚支持性能の向上
応急復旧	①仮受けブラケットを設置し，油圧ジャッキで桁をジャッキアップ ②仮支承の構築（サンドル材挿入） ③水タンクによる静的載荷試験（プレロード工） ④被災橋脚周辺の埋戻しを行い，衝撃振動試験による固有振動数の計測 ⑤保守用車による静的載荷試験（使用車両，停車位置を変えて載荷荷重を漸増） ⑥本支承の構築（サンドル材撤去，桁座嵩上げ） ⑦軌道モータカーを使用した走行・制動試験 ⑧徐行による運転再開
本復旧	①鋼矢板締切工 ②コンクリートの打設（鋼矢板と橋脚く体を一体化） ③衝撃振動試験による固有振動数の計測 ④徐行解除

2.2 橋りょうの一部の再供用による応急復旧を行った事例

（1）K橋りょう[13]

事例概要	低水敷に位置する堆積物により流況が変化した箇所の直接基礎橋脚の流失
橋りょう諸元	・支間長 6.7 m，槽状桁 6 連，全長 42.0 m，経年 73 年，単線構造 ・被災橋脚く体は無筋コンクリート構造，橋脚形状は小判型（長径 3.4 m，短径 1.8 m），く体高さ 8.0 m ・被災橋脚基礎は直接基礎，被災前の根入れは 2.5 m，支持層は砂礫
河川諸元および 周辺条件	・被災橋りょうは河川の下流（河口付近）に位置 ・河川断面は単断面であり，上流に砂州あり ・直上で河川が合流 ・橋りょう付近での河床勾配は 1/2000 程度
被災状況	・台風に伴う増水により局所洗掘が発生し，1 橋脚が傾斜，1 橋脚が流失 ・橋台付近において護岸破損および橋台裏路盤流失 ・湾曲部の外岸側から土砂が堆積し，流心が内岸側を攻撃する方向に変化するとともに河川幅の減少により流速が増加したと考えられる
調査項目および 調査方法	［桁・支承］　桁の移動（測量），桁の変形（入念な目視 or 回収後工場において点検），支承位置（スケールなどによる測量），支承部の損傷（入念な目視） ［橋　　脚］　傾斜の進行，根入れ深さ，固有振動数（衝撃振動試験），基礎底面の岩着状況（掘削後入念な目視，計測） ［周　　辺］　支持地盤状況（ボーリング），静水位の状況 　　　　　　　河床の堆積土砂（掘削および入念な目視）
復旧計画の条件	［桁・支承］　橋脚流失によって桁が宙吊りの状態 ［橋　　脚］　橋脚の流失，沈下および橋台の沈下，橋台裏路盤流失 ［周　　辺］　橋りょう周辺に流木が堆積 ［そ の 他］　河川管理者は河積阻害率の向上を要望
復旧方針	○仮復旧の全体方針 早期運転再開させるため仮復旧による段階的な運転再開とする ［桁・支承］　支承：仮支点→支承交換，桁：元より長スパンの工事桁を設置し，本設利用 ［橋　　脚］　H 鋼による仮橋脚の設置 ［周　　辺］　大型土のうによる締切 ○本復旧：橋脚新設→路盤復旧の後河床ブロック設置による洗掘対策の上，徐行解除
応急復旧	①流木，既設構造物の撤去 ②H 鋼による仮橋脚の設置 ③桁の仮設 ④SMTT による載荷試験 ⑤列車による走行試験・速度向上試験 ⑥徐行による運転再開 ※試験時は BMC システム，トータルステーション，傾斜計で計測管理
本復旧	①RC 製の橋脚・橋台を新設 ②流失路盤の復旧 ③河床ブロックの設置 ④徐行解除 ※徐行解除後に営業列車で支点沈下，橋脚沈下，橋脚傾斜の測定および衝撃振動試験を実施

（2）L橋りょう[14), 15), 16)]

事例概要	低水敷に位置する河川の狭窄に起因したケーソン基礎橋脚の流失
橋りょう諸元	・支間長 47.0×1，62.4×7，77.9×1 m，トラス桁 9 連，全長 571.2 m，経年 79 年，単線構造 ・被災橋脚く体は石・れんが構造，橋脚形状は小判型（長径 10.7 m，短径 5.5 m），く体高さ 20.0 m ・被災橋脚基礎はケーソン基礎，長さ 10.2 m，被災前の根入れは 5.5 m ・支持層は玉石混じりの砂礫
河川諸元および 周辺条件	・被災橋りょうは河川の下流（河口付近）に位置 ・河川断面は複断面であり，河床の一部に溶岩の露岩がみられる ・被災当時，被災橋りょう近辺にみお筋が固定化されていた
被災状況	・台風に伴う増水により局所洗掘が発生し，1 橋脚が流失，トラス桁 2 連が流失 ・被災橋脚に設置されていた根固めブロックは大幅に流失し，下流方に散乱 ・河床に露出している溶岩が堤防のようになって本流水域を狭め，被災橋脚付近に流水が集中，かつ若干斜方向に流下したこともあり，急激に洗掘が進行
調査項目および 調査方法	［桁・支承］　流失状況 ［橋　脚］　流失状況 ［周　辺］　河床高，周囲地盤状況（ボーリング，標準貫入試験）
復旧計画の条件	［桁・支承］　起点方・終点方の桁がそれぞれ下流河床に横転 ［橋　脚］　橋脚は石積の断面変化部分で折れ，下部は終点方に転倒，上部は相当下流まで流失し散乱，被災時の最大洗掘深さは被災前と比較し 5.5〜6.6 m 程度と推定 ［周　辺］　根固めブロックは大幅に流失，下流方に散乱，周辺地盤は玉石，転石を含む地盤であるが N 値は 50 以上 　　　　　洪水直後の別の低気圧の通過により減水がはかばかしくない ［その他］　河川管理者の要望で低水時期を形成している河床護岸を削り取らないように注意する必要がある 　　　　　被災橋りょうを有する線区は最重要線区であり，早急の復旧が求められた
復旧方針	○仮復旧の全体方針 流失した橋脚の復旧を優先し，洗掘を受けた橋脚の補強は本復旧で行う ［桁・支承］　沓座：新設 　　　　　　支承：新設 　　　　　　桁：新設 ［橋　脚］　新設 ［周　辺］　— ○本復旧：隣接橋脚をイコス工法による橋脚の根固めの上，徐行解除
応急復旧	①仮桟橋・締切工 ②ベノト杭施工 ③基礎・く体コンクリート打設 ④トラス桁製作・仮設 ⑤橋脚根固め工（ブロック工） ⑥運転再開
本復旧	①隣接橋脚をイコス工法による根固め ②徐行解除

（3） M橋りょう[17]

事例概要	低水敷に位置する流下方向が斜角となった直接基礎橋脚の傾斜
橋りょう諸元	・支間長 19.2 m，鋼上路単純鈑桁 7 連，全長 137.2 m，経年 104 年，単線構造 ・被災橋脚く体は練石積構造，橋脚形状は小判型（長径 4.7 m，短径 2.3 m），く体高さ 6.8 m ・被災橋脚基礎は直接基礎，被災前の根入れは 0.9 m，支持層は砂
河川諸元および 周辺条件	・被災橋りょうは河川の下流に位置 ・河川断面は複断面であり，上流河川湾曲部内岸側に砂州を形成 ・約 100 m 上流方に河川湾曲部 ・500 m 程度上流に落差工あり
被災状況	・大雨に伴う増水により局所洗掘が発生し，1 橋脚が傾斜 ・流心が橋りょうに対して 45° 程度の角度をもって交差する形となっていた ・流心が傾斜した結果，橋脚の下流側で洗掘が発生し下流方に傾いたと考えられる
調査項目および 調査方法	［桁・支承］ 桁の移動（測量），桁の変形（入念な目視），支承位置（スケールなどによる測量），支承部の損傷（入念な目視） ［橋　　脚］ 傾斜（通り変位），く体の変状（入念な目視），根入れ深さ，固有振動数（衝撃振動試験） ［周　　辺］ 河床の堆積土砂（入念な目視）
復旧計画の条件	［桁・支承］ 桁移動量 18 mm，下フランジ・ソールプレートの変形（リベットの弛緩），桁座石の抜出し ［橋　　脚］ 50/1000 rad 傾斜（通り変位より計算），目地切れ等の変状無し，根入れ深さ 1.1 m（再堆積込） ［周　　辺］ ― ［そ の 他］ 被災約 1 ヶ月後の繁忙期までの運行再開が求められた．河川管理者は被災前と同等の河積阻害率を要望
復旧方針	○仮復旧の全体方針 早期運転再開させるため仮復旧による段階的な運転再開とする ［桁・支承］ 支承：仮支承＋支承交換，桁：補修＋据え直し ［橋　　脚］ 鋼製ベントを用いた仮橋脚 ［周　　辺］ ― ○本復旧：橋脚新設の上徐行解除→護床工施工による洗掘対策工事
応急復旧	①土のう，大型土のうによる締切 ②仮橋脚の施工（H 形鋼，山留材など汎用材料のみで構築） ③桁を仮橋脚で仮受け ④保守用車による走行試験を行い主桁に生じる応力や支点部の変位等を測定 ⑤徐行による運転再開（被災から約 1 カ月後）
本復旧	①仮土留め工および場所打ち杭の施工 ※仮土留め工は遮水性が必要かつ狭隘空間での施工となることを考慮し工法選定 ②橋脚新設 ③仮橋脚から新設橋脚へ桁の受け替え ④徐行解除（被災から約 6 カ月後） ⑤コンクリートブロックによる護床工を施工

（4）N橋りょう[18), 19), 20)]

事例概要	高水敷に設置された根入れの浅い直接基礎橋脚の流失
橋りょう諸元	・鋼上路および下路単純鈑桁 10 連，全長 144 m，経年 72 年，単線構造 ・被災橋脚く体は無筋コンクリート構造，橋脚形状は小判型，く体高さ 8.26 m ・被災橋脚基礎は直接基礎
河川諸元および 周辺条件	・被災橋りょうは河川の下流（河口付近）に位置 ・河川断面は複断面であり，被災橋脚付近には主だった砂州はなし ・被災橋りょう位置は河川幅が拡幅する箇所
被災状況	・台風に伴う増水により局所洗掘が発生し，1 橋脚が倒壊・流失 ・被災橋脚で支持していた桁は残存 ・被災橋脚は高水敷に位置し，他橋脚よりも基礎底面が浅い ・護岸がなく河川の拡幅する箇所であり，増水時に複雑な流況が発生 護岸工 他の橋脚より根入れが浅い 減水時に倒壊 河川断面の変化により流れが複雑化
調査項目および 調査方法	［桁・支承］　桁の変形（回収後，工場において点検） ［橋　　脚］　橋脚の流失状況 ［周　　辺］　不明
復旧計画の条件	［桁・支承］　残存した桁は変形が少なく補修の上，再供用が可能 ［橋　　脚］　不明 ［周　　辺］　N 値 10 未満のシルト層が深さ方向約 20 m に渡り分布 　　　　　　　左岸側に近接，流路幅や河川の水量から瀬替えのスペースはなく，仮締切と作業構台が必要 ［その他］
復旧方針	○仮復旧の全体方針 早期運転再開させるため応急復旧による段階的な運転再開とする ［桁・支承］　桁：工場での点検・補修後に架設，支承：鉄板による仮支承の設置 ［橋　　脚］　H 形鋼による摩擦杭，H 形鋼を用いた仮橋脚の構築 ［周　　辺］　— ○本復旧：鋼管杭構築→橋脚く体構築→鋳物の支承に交換の上，徐行解除
応急復旧	①大型土のうによる締切り ②残存桁のパイプベントによる仮受け，回収，工場に持ち込み後点検・補修 ③H 形鋼杭による仮橋脚基礎の構築 ④H 形鋼を用いた仮橋脚の構築 ⑤鉄板による仮支承の設置 ⑥補修した桁のクレーン架設 ⑦試験列車 ⑧30 km/h の徐行による運転再開（変状の監視） H 鋼仮橋脚
本復旧	①鋼矢板の打設 ②鋼管杭基礎の構築 ③H 形鋼仮橋脚を巻き込んで，鉄筋コンクリート橋脚の新設（構造的には分離） ③鋳物の支承に交換 ④桁の据え直し ⑤徐行解除

2.3 本復旧のみを行った事例

（1）Ｏ橋りょう[21), 22), 23)]

事例概要	低水敷に位置する下流方の落差工の変状に起因した木杭基礎橋脚の倒壊
橋りょう諸元	・支間長 6.63～9.75 m，鋼上路単純鈑桁 15 連，全長 125 m，経年 83 年，単線構造 ・被災橋脚く体は無筋コンクリート構造，橋脚形状は小判型，く体高さ 4.75 m ・被災橋脚基礎は木杭基礎，長さ 2.7～2.75 m，被災前の根入れは 1.0～1.9 m，支持層は砂礫（基礎は矢板で囲まれ中詰めに土砂）
河川諸元および周辺条件	・被災橋りょうは河川の中流（扇状地）に位置 ・河川断面は複断面であり，上流方に単列砂州 ・橋脚位置で河川が合流 ・下流方の落差工が変状
被災状況	・大雨に伴う増水により局所洗掘が発生し，1 橋脚が倒壊，また 2 橋脚の基礎下部が露出しており杭のみで支持された状態となった ・倒壊した橋脚基礎は矢板により囲まれていたが，矢板継ぎ目部分に隙間が空いており，中詰め土砂が沈失したと推定される
調査項目および調査方法	［桁・支承］ 桁の移動，桁の変形（入念な目視），支承の浮き（入念な目視），支点移動（入念な目視），支承部の損傷（入念な目視），沓座の破損（入念な目視） ［橋　脚］ 傾斜，沈下，根入れ深さ，固有振動数（衝撃振動試験） ［周　辺］ 支持地盤状況（ボーリング），河床コンクリートの劣化および空隙（コアボーリング）
復旧計画の条件	［桁・支承］ 桁（橋脚の倒壊に伴い，軌道の垂下（長さ 18.3 m にわたり垂下，最大 500 mm）） ［橋　脚］ く体（倒壊），基礎（杭基礎の露出） ［周　辺］ 河床コンクリート下部の路盤材が流失し，沈下・崩壊 ［その他］ 落差工の復旧・延伸
復旧方針	○本復旧の全体方針 ・現況復旧を基本とし，運転再開時期および経済性を勘案 ・復旧では二次災害の防止を行った上で，復旧を行う ［桁・支承］ 桁：撤去後，補修して再設置 ［橋　脚］ 洗掘を受けた橋脚基礎下部への流動化コンクリートの充填 　　　　　倒壊した橋脚の改築 ［周　辺］ ―
応急復旧	なし
本復旧	①1 t 土のうおよび岩ズリによる仮締切り ②桁の仮受け工 ③洗掘を受けた橋脚基礎下部への流動コンクリートの充填，および H 形鋼の挿入による転倒防止 ④クレーンによる軌道・鋼桁の撤去 ⑤倒壊した橋脚の撤去 ⑥H 鋼杭による洗掘を受けた橋脚の補強 ⑦倒壊した橋脚箇所に H 鋼杭，RC 構造の橋脚を新設 ⑧撤去後，損傷部の部分取替・補修を行った桁の架設，軌道の敷設 ⑨河床コンクリートの復旧，鋼矢板による落差工の新設，ふとんかごの追加 ⑩機関車による試運転，これに伴う桁のたわみ，橋脚の沈下および傾斜の測定等による安全性の確認後，通常運転再開

（2）P橋りょう

事例概要	計画高水位より高い河川区域外と河川断面に位置する直接基礎橋脚の洗掘
橋りょう諸元	・支間長 19.2 m，鋼上路単純鈑桁＋構桁 6 連，全長 133.7 m，経年 71 年，単線構造 ・被災橋脚く体はコンクリート構造，橋脚形状は小判型（A橋脚：長辺 7.0 m，短径 4.7 m，B橋脚：長辺 5.6 m，短径 3.0 m），く体高さは A橋脚 23.3 m，B橋脚 15.3 m ・被災橋脚基礎は直接基礎，被災前の根入れは A橋脚で 1.2 m，B橋脚で 6.7 m，支持層は岩盤
河川諸元および周辺条件	・被災橋りょうは河川の中流部（谷底平野）に位置 ・河川断面は単断面 ・被災橋脚は，河川の湾曲の下流側終端部の外側に位置し，上流方に複数のダムあり
被災状況	・台風に伴う増水により側方侵食が発生し，2 橋脚の根入れが低下 ・A橋脚周辺は岩盤，B橋脚は計画高水位より高く隣接道路の盛土に根入れしているため，洗掘対策工は未施工であった ・異常な増水により洗掘対策工が未施工の橋脚が選択的に洗掘
調査項目および調査方法	［桁・支承］　不明 ［橋　　台］　不明 ［周　　辺］　不明
復旧計画の条件	［軌　　道］　変状なし ［桁・支承］　変状なし ［橋　　脚］　橋脚の傾斜・沈下なし 　　　　　　　固有振動数はわずかに低下しているものの標準値以上 　　　　　　　橋脚く体の割れ・折損なし 　　　　　　　A橋脚は最終検査時の根入れ 1.2〜7.8 m →洗掘を受け根入れが 0.4 m まで低下 　　　　　　　B橋脚は最終検査時の根入れ 6.7〜7.7 m →洗掘を受け根入れが 5.7 m まで低下 ［周　　辺］　A橋脚は計画高水位付近の流路端の岩盤に，B橋脚は隣接道路の斜面盛土に位置，根固め工等の洗掘対策工は未施工，計画高水位以上に河川水位が上昇 ［そ の 他］　線区内で複数被災箇所があり，運転再開のクリティカルパスではない 　　　　　　　地方交通線，非電化区間，山間線区で特急列車が運行し観光客の利用が主体
復旧の方針	○本復旧：線区内で甚大な被災箇所が複数に渡るため，長期間の運行停止の間に本復旧 ［橋　　脚］　根固めコンクリート新設
応急復旧	なし
本復旧	①ライナープレート設置（B橋脚のみ） ②地山掘削による支持層の露出（B橋脚のみ） 　根固め工を岩着させるため必要な地山の掘削を実施 ③根固めコンクリート新設 ④運行再開

（3）Q橋りょう

事例概要	河川護岸に位置する護岸工が未施工の直接基礎橋脚基礎の洗掘
橋りょう諸元	・支間長 19.2 m，鋼上路単純鈑桁＋構桁 7 連，全長 151.1 m，経年 71 年，単線構造 ・被災橋脚く体はコンクリート構造，橋脚形状は小判型（長辺 6.9 m，短径 4.8 m），く体高さは 24.2 m ・被災橋脚基礎は直接基礎，被災前の根入れは 6.0 m，支持層は岩盤
河川諸元および 周辺条件	・被災橋りょうは河川の中流部（谷底平野）に位置 ・河川断面は単断面 ・上流方に複数のダムあり
被災状況	・台風に伴う増水により側方侵食が発生し，根入れが低下し根巻きコンクリート下部が浮いた状態 ・流路中央の橋脚は根固めが実施されているが，被災橋脚は河川護岸に根入れしているため洗掘対策工は未施工 ・異常な高水位により洗掘対策工が未施工の橋脚が選択的に洗掘
調査項目および 調査方法	［桁・支承］　不明 ［橋　　台］　不明 ［周　　辺］　不明
調査結果	［軌　　道］　変状なし ［桁・支承］　変状なし ［橋　　脚］　橋脚の傾斜・沈下なし 　　　　　　　衝撃振動試験の結果橋脚の固有振動数は 8.1 Hz → 7.0 Hz に低下 　　　　　　　標準値以上の固有振動数を確認 　　　　　　　橋脚く体の割れ・折損なし 　　　　　　　最終検査時の根入れ 6.0 m →洗掘を受け根入れが 4.9 m まで低下 ［周　　辺］　橋脚は河川護岸の斜面に位置し，根固め工等の洗掘対策工は未施工，計画高水位以上に河川水位が上昇 ［その他］　線区内で複数被災箇所があり，運転再開のクリティカルパスではない 　　　　　　地方交通線，非電化区間，山間線区で特急列車が運行し観光客の利用が主体
復旧の方針	○本復旧：線区内で甚大な被災箇所が複数に渡るため，長期間の運行停止の間に本復旧 ［橋　　脚］　根固めコンクリート新設
応急復旧	なし
本復旧	①門型クレーン設置 　橋脚直上の橋りょう上に資材の取り込み用の門型クレーンを設置 ②根固めコンクリート新設 　既設の補強コンクリートに巻き立て，岩着することで流水に対するく体の防護を目的とした根固めコンクリートを打設 ③運行再開

3.　再供用による被災橋りょう橋脚の応急復旧方法

　本方法は，早期運行再開を可能とする応急復旧法の開発を目的として，変位した橋脚を再供用することで応急復旧を行う対策法として開発された．洗掘により橋脚に変位が発生した場合，基礎構造物は土中にあるため直接目視による検査を行うことができず，再供用可否の判断が特に困難である．このため，この応急復旧方法では洗掘により橋脚に沈下・傾斜が生じた場合でも，載荷試験等により性能を確認した上で再供用の可否を判断し，徐行による運行再開を行う．

　この方法を適用することができれば復旧期間を大幅に短縮することができるが，再供用可否の判断をするためには基礎や橋脚く体，桁など多くの分野の専門技術者の判断を集約する必要がある．そこで，関連する知見が過去の研究開発によりフローとして取りまとめられ（**付属図 7-3.1**），現地にて迅速に判断を行うことが可能となった．以下に概要を示す．

　再供用による応急復旧に当たっては，構造形式等のチェック（**付属図 7-3.1 の前提条件の確認**）を行う．なお，隣接する複数の橋脚で同様の被災をしている場合については橋脚・鋼桁の変位や作用荷重の分布が複雑となるため別途検討が必要となる．

　被災直後の【現地調査・計画】では，洗掘深調査，衝撃振動試験および固有値解析等を実施して，基礎底面地盤の洗掘の有無を把握するとともに，局所洗掘が発生して基礎底面に空隙が生じている場合は地盤材料等の投入により基礎底面の安定化を図ることとしている．なお，過去の被災・復旧事例において衝撃振動試験による判定指標値 κ が被災橋脚の再供用の可否の見通しを立てる上での重要因子の一つとなっており，過去事例において被災橋脚の再供用による復旧を行ったしきい値は 0.70 程度以上である．なお，このしきい値は被災直後から列車の運行再開までの間に実施された衝撃振動試験の結果（**付属図 7-3.2,付属図 7-3.3 参照**）に基づくものであり，補修や補強の措置を講じた後に実施された衝撃振動試験の結果

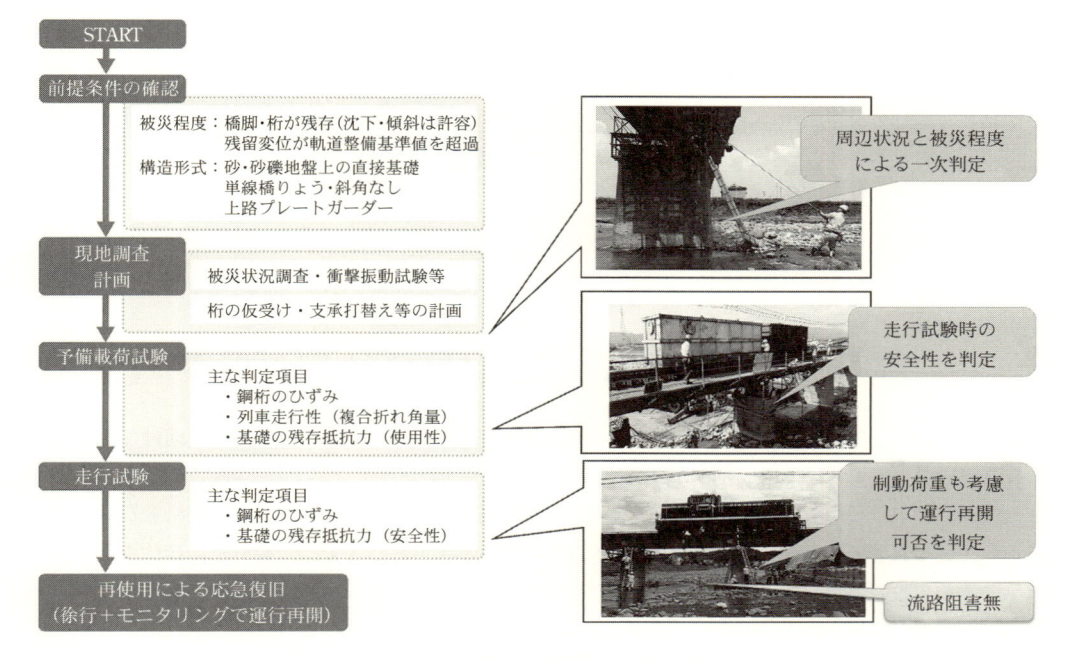

付属図 7-3.1　被災橋りょう橋脚の再供用による応急復旧フローの例

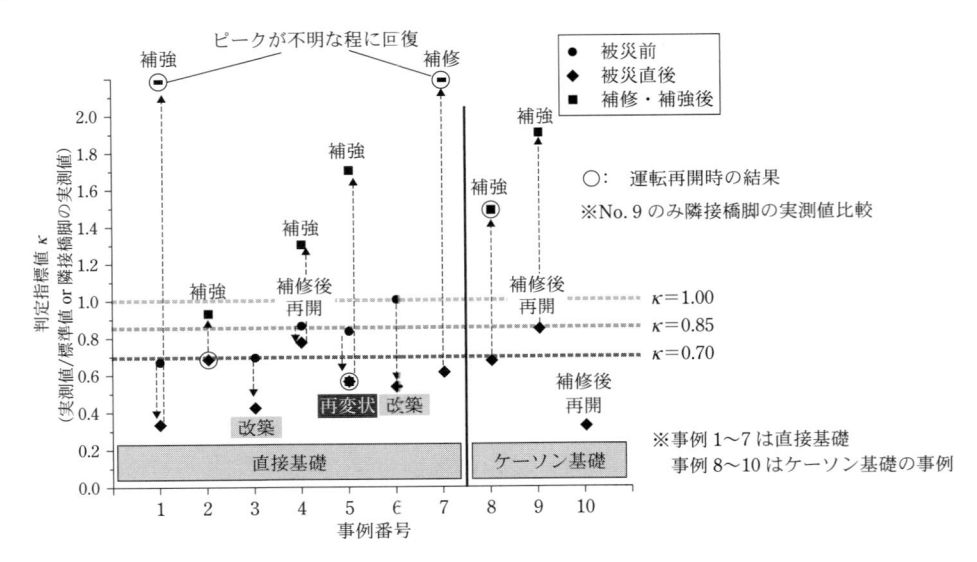

付属図 7-3.2 洗掘で被災した橋りょう橋脚における衝撃振動試験の判定指標 κ の実績
（判定指標値 κ を標準値あるいは隣接橋脚の実測値より算定した場合）

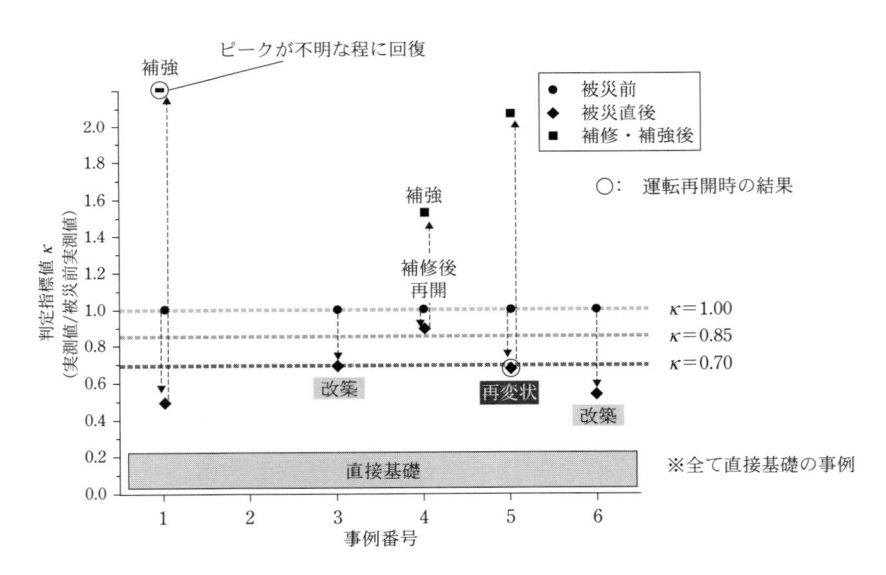

付属図 7-3.3 洗掘で被災した橋りょう橋脚における衝撃振動試験の判定指標 κ の実績
（判定指標値 κ を被災前の実測値より算定した場合）

が含まれている[24]．また，桁および支承部の詳細な目視調査を行い，以降の載荷試験に向けて仮設支承や桁の仮受けの必要性を検討し，必要により実施する．

　その後，【走行試験】の実施可否を判定するため，【予備載荷試験】による静的な荷重の載荷試験等により，基礎・鋼桁に著しい変位やひずみが発生しないことを確認するとともに，載荷時の変位量から列車走行試験の実施の可否判断を列車走行性の観点で実施する．

　【走行試験】については試験列車による繰返し荷重載荷時においても基礎・鋼桁に著しい変位やひずみが発生しないことを確認するとともに，基礎の残存支持力を推定して安全性（基礎の安定）の確認を行

う．なお，「鉄道構造物等設計標準・同解説　基礎構造物」に基づく安定計算上において制動荷重に対する安全性（基礎の安定）が確認できない場合であっても，制動荷重の特性値などにも十分な安全余裕が含まれていると考えられ，徐行および監視を前提とした応急復旧の条件であれば，実際には制動荷重に耐えうる可能性が高いと考えられる．よって，その場合は実際に制動試験を実施し，基礎・鋼桁に著しいひずみが生じず，目視等で橋りょう全体に変状が生じていなければ，直接的に制動荷重に対する安全性が確認できたものとして，再供用可能と判断することも可能である（例：2012 年久大本線隈上川橋りょう[25]）．

　安定性の確認の後，モニタリングの実施を条件として【再供用】による運転再開を行う．なお，運行再開後に列車速度を引き上げたい場合には，走行試験の段階でその速度での安全性も確認しておく必要がある．

参考文献

1)　伊藤久雄，井上栄一，宮崎真弥，伊藤彰則：只見線大川橋りょうで発生した橋脚洗掘の原因と対策，SED，No. 47，pp. 71-77，2016.5.
2)　伊藤彰則，宮崎真弥，今泉貴之，伊東久雄：大雨による只見線大川橋りょうで発生した橋脚洗掘の復旧対策，日本鉄道施設協会誌，pp. 92-95，2016.10.
3)　井上達也，伊藤雅，片桐浩志：角川橋りょう橋脚洗掘対策とその背因考察，日本鉄道施設協会誌，pp. 592-595，2018.9.
4)　羽矢洋，篠田昌弘，佐溝昌彦：鉄道橋梁における洗掘被害とその対策および洗掘予測法，基礎工 Vol. 36 No. 9，pp. 105-109，2008.9.
5)　羽矢洋，稲葉智明：衝撃振動試験における新しい評価基準値，鉄道総研報告 Vol. 16 No. 9，2002.9.
6)　土橋隆史，相川信之：東北本線 胆沢川（いさわがわ）橋りょう洗掘災害について，土木学会第 56 回年次学術講演会概要集，pp. 434-435，2001.10.
7)　三上勝旦，小野寺吉生，栗沢正仁：東北本線，胆沢川橋りょう橋脚変状災害の復旧，日本鉄道施設協会誌，pp. 42-43，2001.4.
8)　四宮卓夫，田中淳一，小野寺吉生，中山台三，栗澤正仁：東北本線胆沢川橋りょう橋脚変状復旧について，SED，No. 15，pp. 80-85，2000.11.
9)　田口均，安東豊弘：田沢湖線六枚沢橋りょう洗掘災害，日本鉄道施設協会誌，pp. 30-32，1996.6.
10)　宮本茂，山廼辺清二：水郡線橋脚洗掘災害の応急工事概要と発生要因分析，土木学会第 56 回年次学術講演会概要集，pp. 428-429，2001.10.
11)　木田静，山廼辺清二：滝沢川橋りょう橋脚の洗掘災害と復旧—水郡線下小川～西金間—，日本鉄道施設協会誌，pp. 27-29，2000.6.
12)　井上太郎，白川孝博，佐名川太亮，渡邉諭：洗掘により傾斜した橋脚の再供用による応急復旧，第 63 回地盤工学シンポジウム，2022.12.
13)　舟橋秀麿：台風 12 号により被災した紀勢本線井戸川橋りょうの復旧工事，JREA，Vol. 55，No. 6，pp. 52-55.
14)　村上温：東海道線富士川橋梁の被災と復旧工事　今後の橋梁保守の考え方と国鉄，土木学会誌 68(12)，pp. 63-69，1983.11.
15)　村上温，佐久間富士夫：東海道本線富士川橋りょうの災害と復旧工事，基礎工 Vol. 11 No. 10，pp. 111-120，1983.9.
16)　牧添親男，土井利明：57 年度の主な災害復旧工事 富士川橋りょう災害，鉄道土木 Vol. 25 No. 6，pp. 35-39，1983.6.
17)　松田修平：洗掘により橋脚が傾斜した橋梁の仮設橋脚による応急復旧計画と評価，日本鉄道施設協会　総合技術講演会，2019.10.
18)　鹿沼裕介，小久保将寿，小幡安英：紀勢本線赤羽川橋りょう橋脚流失の被災状況と応急復旧について，土木学会第 60 回年次学術講演会，pp. 325-326，2005.9.
19)　奥田純三，大内慎一，渡邊隆，島崎繁一：紀勢本線赤羽川橋梁災害復旧に係る設計・施工，土木学会第 60 回年次学術講演会，pp. 577-578，2005.9.
20)　小久保将寿，船山和人：紀勢本線　紀伊長島～三野瀬間赤羽川橋りょう　第 1 橋脚流失災害と復旧，日本鉄道施設協会誌，Vol. 43，No. 6，pp. 21-23，2005.6.
21)　戸田和彦，石井千万太郎：平成 9 年長木川河道災害について（JR 花輪線長木川橋梁橋脚倒壊），土木学会東北支部技術研究発表会講演概要，pp. 246-247，1999.3.
22)　佐藤春雄，玉野恭嗣，中林好範，大槻茂雄：長木川橋梁の災害と復旧について，SED，No. 10，pp. 18-23，1998.5.
23)　佐藤春雄，玉野恭嗣，中林好範：長木川橋梁の災害と復旧，SED，No. 10，p. グラビア 10，1998.5.

24) 萩谷俊吾，中島進，佐名川太亮，渡邉論：鉄道河川橋りょうの洪水被害に関する被災・復旧事例の分析，第 63 回地盤工学シンポジウム，2022.12.

25) 西岡英俊，篠田昌弘，角雄一郎，山手宏幸：洗掘により沈下した直接基礎橋脚に対する鉛直載荷試験および列車走行試験，第 48 回地盤工学研究発表会，2013.7.

付属資料 7-4　地震により被災した事例：根室線利別川橋りょう

1. 概　　要

　平成 15 年 9 月 26 日に発生した「平成 15 年（2003 年）十勝沖地震」により，北海道太平洋沿岸部では最大震度 6 弱を記録し，全道 10 線区において運転規制・運転中止が発令され，当日だけで全道で特急列車 43 本を含め 401 本の列車が運休した．この地震による鉄道施設の被害状況は，根室線・釧網線・日高線において，橋りょう損傷・路盤陥没・軌道変状・駅舎損傷等，多数の被害を受け，被害箇所は 283 箇所に及んだ．その内訳は，軌道（185 箇所），路盤（12 箇所），橋台背面の築堤沈下（1 箇所），橋りょう損傷（2 箇所），駅舎損傷（5 箇所），電気関係その他（78 箇所）であった．

　以下では，被災した構造物の中でも被害の大きかった橋りょうの 1 つである根室線利別・池田間の利別川橋りょうについて，地震発生後から復旧工事までの概要を紹介する．この利別川橋りょうでは，橋脚傾斜，支承部損傷，桁スラブ・横桁の損傷，橋脚柱頭部，く体基部の損傷などの被害を受けた．

2. 地 震 概 要

　平成 15 年 9 月 26 日 4 時 50 分頃，北緯 41 度 46 分，東経 144 度 04 分を震源（深さ約 42 km）とするマグニチュード 8.0 の地震が発生し，十勝地方等において最大震度 6 弱を記録したほか，北海道，東北および関東地方にかけての広い範囲で震度 1〜5 強を観測した．震度 5 強以上を観測した地区を**付属表 7-4.1** に示す．

　地震の発震機構は，北北西に低角で傾き下がる断層面上で陸側が跳ね上がった形の逆断層型で，沈み込んだ太平洋プレートの上面で発生した典型的なプレート境界型地震と考えられている．また，同日 6 時 08 分頃にも北緯 41 度 42 分，東経 143 度 42 分を震源（深さ約 21 km）とするマグニチュード 7.1 の地震が発生

付属表 7-4.1　震度 5 強以上を観測した地区

震度 6 弱	北海道幕別町，釧路町，新冠町，浦河町，静内町，鹿追町，豊頃町，忠類町，厚岸町
震度 5 強	北海道釧路市，別海町，更別町，厚真町，本別町，広尾町，足寄町，音別町，帯広市，弟子屈町

（国土交通省：災害情報より）

付属図 7-4.1　利別川橋りょう位置図

し、北海道浦河町で震度6弱、北海道新冠町で震度5強を観測した。

なお、この付近では昭和27年 (M8.2) および昭和43年 (M7.9) にも同規模の地震が発生している。

3. 橋りょう概要

(1) 構造物概要

利別川橋りょうは昭和43年に建設された橋長416mの橋りょうで、付属図7-4.3に示すように橋台2基、橋脚12基の単線PC4主I桁橋 (31.3m×13連) である。PC4主I桁一般図を付属図7-4.4に、橋脚一般図 (P8) を付属図7-4.5に示す。

橋脚は、P1~P5とP10~P12は高さ6.0m、P6~P9は高さ9.8mの円形RC橋脚であり、基礎は直径

付属図 7-4.2　地質調査結果 (P8近傍)

標高(m)	層厚(m)	深度(m)	柱状図	土質区分	色調	相対密度	記事	孔内水位(m)	深度(m)	標準貫入試験 N値
10.92	1.00	1.00		シルト混じり砂	褐灰		表土 シルト少量混入	2/20 2/38	1.15	4
9.62	1.30	2.30		砂礫	褐灰	緩い	礫径2~25mmの亜円礫で核貫 中~細粒で粒子不均一一		1.45 2.15	7
9.32	0.30	2.60		粗粒砂	暗灰	硬い	礫径2~10mmを混入		2.45 3.15	10
9.02	0.40	3.00		粗粒砂	暗灰		礫径2~10mmの円礫を約30%含		3.45 4.15	22
6.72	2.30	5.20		礫質細砂	灰	中位	砂は粗粒が主体 510mm~10cm層厚のシルトを含む		4.45 5.15	17
6.02	0.20	5.40		細砂	暗灰	中位	粗粒をやや多く混入		5.45 6.15	8
5.62	0.20	5.90		シルト混じり砂	灰		層2~30mmの円礫		6.45 7.15	7
3.42	2.20	8.50		礫混じり砂	暗灰	中位	比較的粒子均一一 シルト・砂で7:3の割合 砂質シルトをブロック状に混入		7.45 8.15	14
2.92	0.50	9.00		砂	暗灰	中位	中粒砂主体		8.45 9.15	30
1.92	1.00	10.00		礫混じり砂	暗灰	中位	砂は細砂~中粒 礫径2~10mmを混入		9.45 10.15	25
0.72	1.20	11.20		砂	灰	中位	砂は中~粗粒		10.45 11.15	25
-0.98	1.70	12.90		礫混じり砂	暗灰		礫径2~20mmの円礫を混入 砂は中~粗粒		11.45 12.15	33
-3.58	2.60	15.50		砂礫	暗灰	中位 密な	礫径2~20mmの円礫が主、全体 的に細粒分が多い 砂は細砂~中~粗砂と不均一		12.45 13.15	13
									13.45 14.15	45
-4.48	0.90	16.40		砂	暗灰	中位	やや粘性あり 砂は細砂主体で小礫含む		14.45 15.15	40
-5.48	1.00	17.40		シルト混じり砂	暗灰	中位	礫径2~20mm程度で小礫含む 砂は細砂が主体		15.45 16.15	27
-6.88	1.40	18.80		礫混じり砂	暗灰	密な	礫径3~20mmの円礫を含む 砂は中~粗粒		16.45 17.15	27
-8.08	1.20	20.00		砂	暗灰	密な	礫10~15mmの粗砂を含む		17.45 18.15	28
-9.18	1.10	21.10		砂礫	暗灰	密な	小礫混じり砂		18.45 19.15	45
-10.28	1.10	22.20		砂	暗灰	密な	礫径2~25mmの円礫を混入 砂は中粒		19.45 20.15	24
-11.88	1.60	23.80		礫混じり砂	暗灰	密な	礫径2~45mmの円礫で核貫 砂は中~粗砂で礫を多く混入する		20.45 21.15	34
-13.18	1.30	25.10		砂	灰		固結状		21.45 22.15	41
-13.68	0.50	25.60		礫混じり砂	灰		礫灰質砂で軽石多量混入		22.45 23.15	28
-14.78	1.10	26.70		重粘土	黒褐		火山灰		23.45 24.15	50
-16.38	1.60	28.30		礫灰質砂	暗灰 密な		全体的に軽石砂の粗砂であるる		24.45 25.15	50
-16.58	0.20	28.50		重粘土	灰		火山灰		25.45 26.15	50
-18.28	1.70	30.20		礫灰質シルト混じり砂	灰・暗灰		細砂状 粒径7~10mmまでに火山灰30,20mmの軽石を含む 全体に淡灰で重灰を挟み入、互層をなす		26.45 27.15 27.45 28.15 28.45 29.15 29.45 30.15	50

10cmごとの打撃回数			打撃回数累計(cm)
0~10	10~20	20~30	
1	1	2	4/30
2	2	3	7/30
3	3	4	10/30
7	8	7	22/30
2	6	9	17/30
2	3	3	8/30
2	2	3	7/30
6	5	3	14/30
7	11	12	30/30
8	9	8	25/30
7	9	9	25/30
10	12	11	33/30
2	2	9	13/30
13	15	17	45/30
15	12	13	40/30
11	10	6	27/30
5	5	17	27/30
10	6	12	28/30
14	15	16	45/30
6	6	12	24/30
5	11	18	34/30
18	13	10	41/30
8	10	10	28/30
21	21		50/22
12	28		50/18
17 33			50/19
11	20		50/28
13	18		50/25
13	28		50/28
11	22		50/32

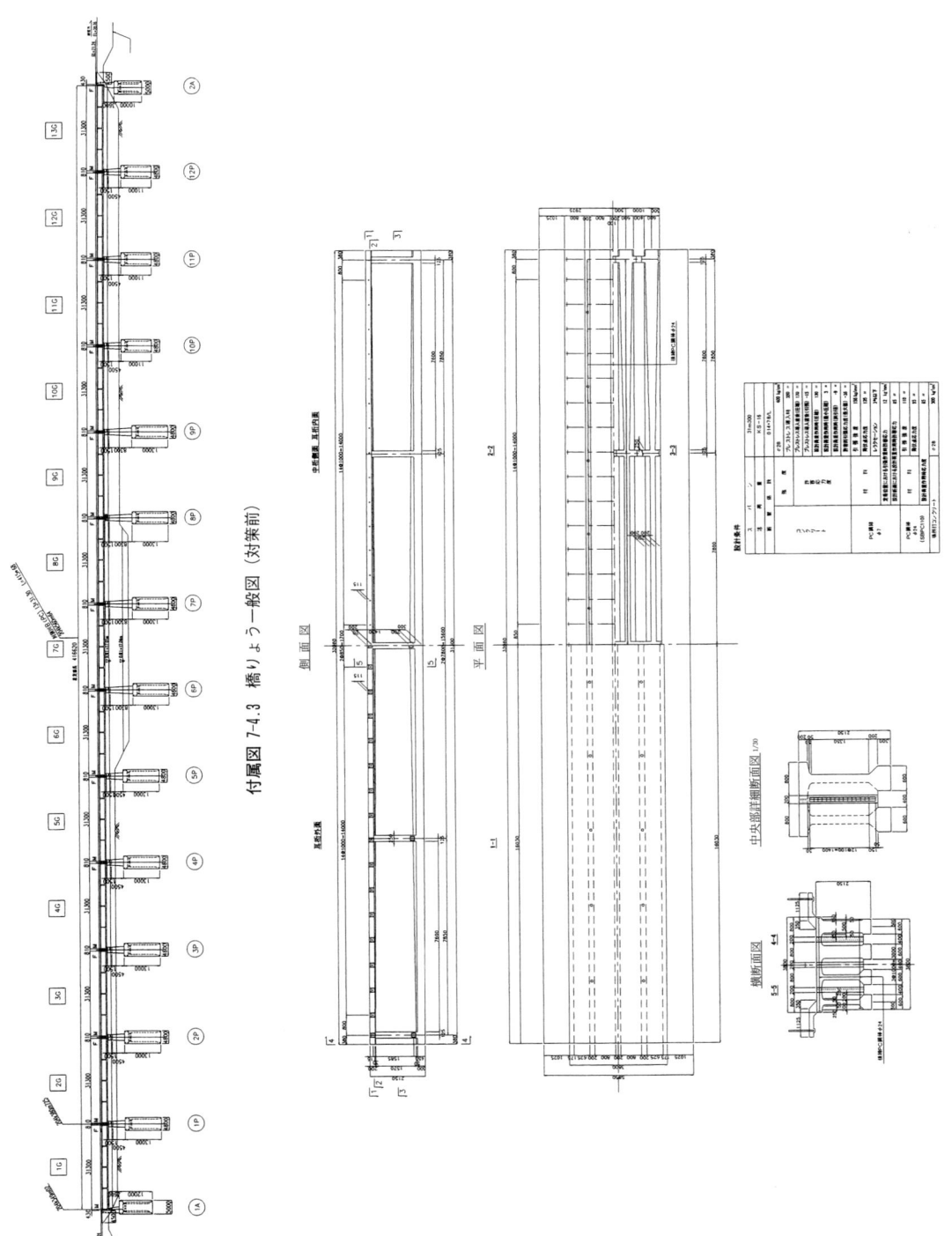

付属図 7-4.3　橋りょう一般図（対策前）

付属図 7-4.4　PC4 主I桁一般図（対策前）

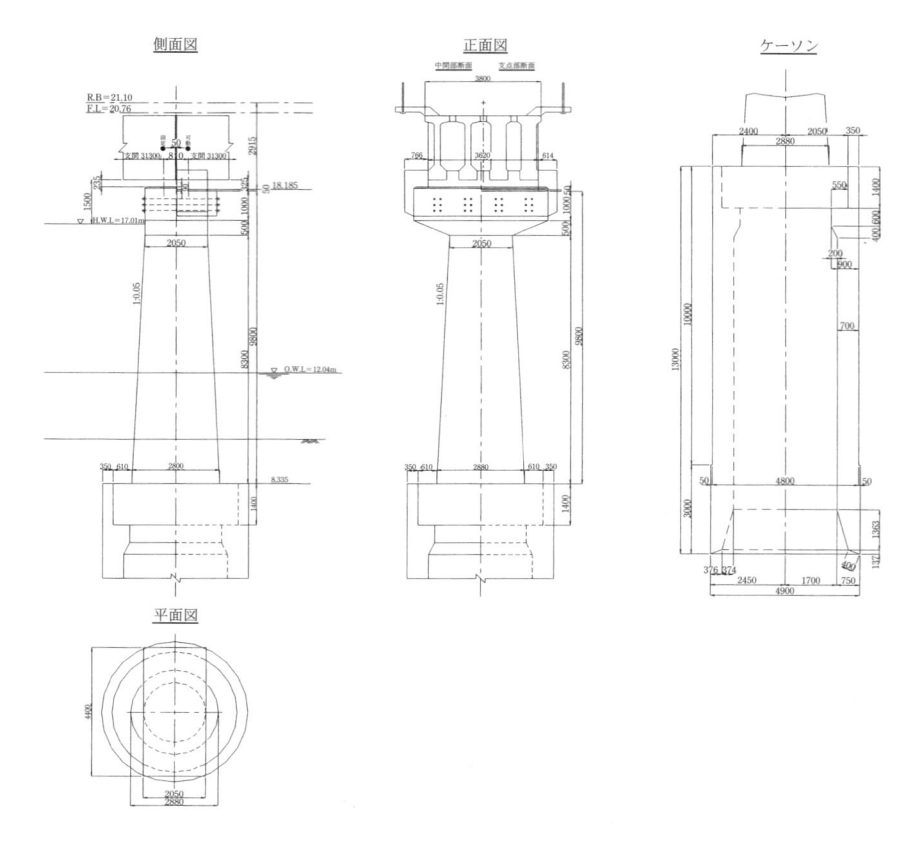

側面図　　　　　　正面図　　　　　ケーソン

平面図

付属図 7-4.5　P8 一般図（対策前）

4.8 m，長さ 11.0～16.0 m のオープンケーソン基礎である．沓構造は，可動側はロッカー支承，固定側は鋼製線支承構造の橋りょうである．また当該橋りょうは，震央から概ね 160 km の距離に位置する．

（2）地質概要

P8 近傍の地質調査結果を**付属図 7-4.2** に示す．深さ 9 m までシルト分を含む砂層が卓越し，N 値は 20 未満のものが多い．深さ 9 m～24 m では，礫混り砂層および砂礫層となり N 値 25～45 の範囲となる．24 m 以深は N 値 50 以上の硬質な凝灰質シルト，亜灰が堆積する．

4．橋りょうの被害

（1）被害調査項目

地震後に実施された構造物に対する主な調査項目は以下の通りであった．

a)　資料調査（一般図・地質調査結果・施工記録）

b)　橋りょう全体の入念な目視調査

c)　橋脚の衝撃振動試験

d)　橋脚の残留変位（傾斜）測定

付属図 7-4.6　軌道の変状

e)　掘削による橋脚基部およびケーソン上部の入念な目視調査

f)　ボアホールカメラによるケーソンく体の損傷調査

（2）被害調査結果

調査結果を以下に示す.

a)　資料調査（一般図・地質調査結果・施工記録）

一般図・地質調査結果については**付属図 7-4.2〜5** に示した. 施工記録の記述を以下に抜粋・解説する.

①「2 ロットまでの砂混り層では非常に不安定のため井筒内の水位を地下水位より 1 m 程度高く保たせ
　　たが偏倚は免れなかった.」　⇒　施工時にボイリングが発生し，傾斜したおそれがある.

②「P8 で最大 94 cm の傾斜が発生した. この原因は無載荷の状態で更に粘土層が傾斜していたため掘

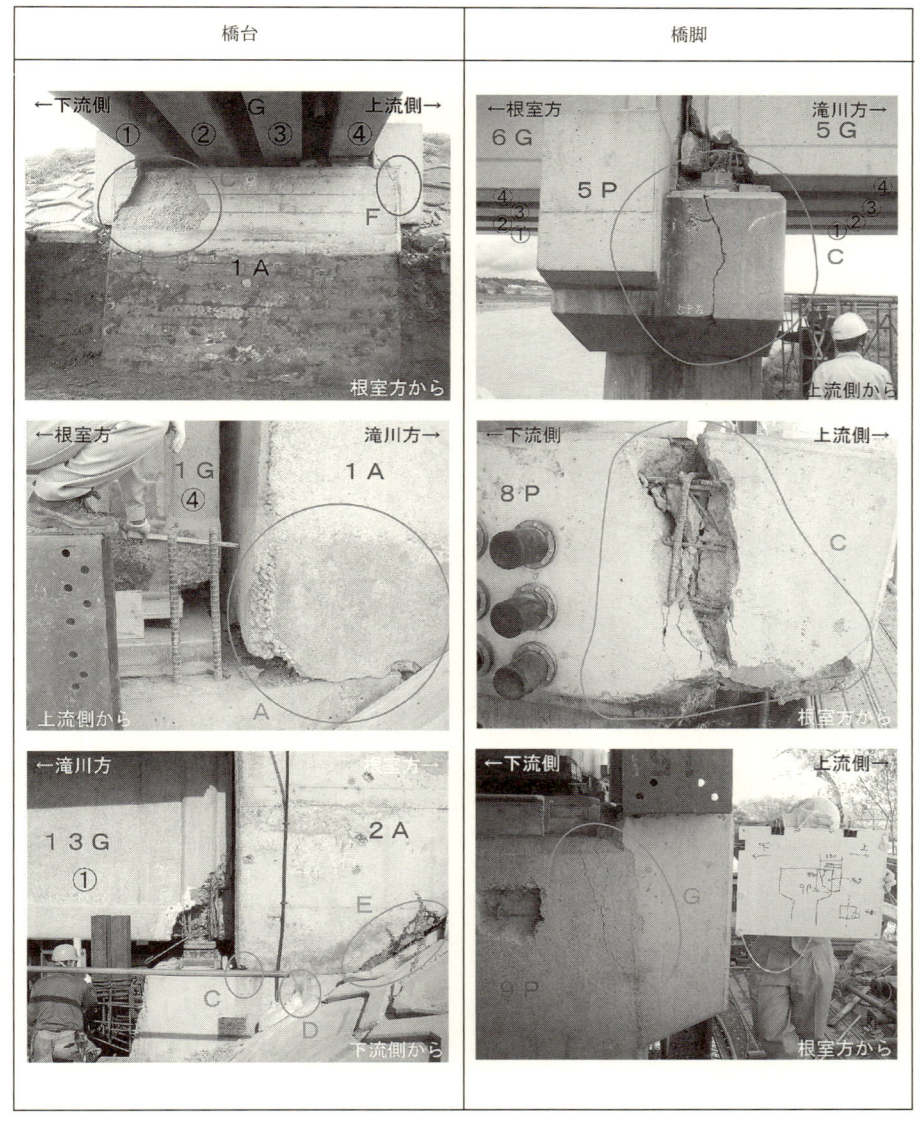

付属図 7-4.7　変状写真①

越しとなったためである.」 ⇒ 地層の傾斜のため, ケーソンが傾斜したおそれがある.

③「1.8 m の増水となり, P6・P8 の築島が決壊し, 井筒自体倒壊の危険にさらされたが, 応急処置が早かったので事無きを得た.」 ⇒ 橋脚基部のジャンカの原因となったおそれ, および掘削時に締切工内に水が流入したため, 地盤のゆるみが発生したおそれがある.

④「P6〜P8 の各井筒長 13 m の設計であったが, 地耐力試験の結果 16 m に変更した.」 ⇒ 支持地盤の強度不足のおそれがある.

以上より, 周辺地盤は設計値よりも大幅にゆるんでいた可能性がある.

b) 橋りょう全体の入念な目視調査結果

目視調査結果より, 発生した主な変状状況を部位ごとに示す.

付属図 7-4.8 変状写真②

軌道：大きな通り変位

橋台：胸壁のひび割れ・はく落，桁座コンクリートはく落，移動制限装置付け根のひび割れ

橋脚：残留変位，桁座およびく体コンクリートはく落・ひび割れ，移動制限装置付け根のひび割れ

桁　：桁端・床版端部コンクリートはく落，横桁のひび割れ・はく落，支承付近コンクリート圧壊

支承：ロッカー支承の転倒，支承の脱落

主な変状状況を**付属図 7-4.6～8** に示す.

c)　橋脚の衝撃振動試験結果

衝撃振動試験により測定した地震前・後の固有振動数を**付属表 7-4.2** に示す．いずれも地震後の振動数は低下しているが，各橋脚とも大幅な低下は認められなかった.

付属表 7-4.2　固有振動数（Hz）

	P1	P2	P3	P4	P5	P6
被災前	2.6	2.4	2.0	不明	2.1	1.8
被災後	2.1	2.1	1.7	2.7	1.6	1.6

	P7	P8	P9	P10	P11	P12
被災前	不明	1.6	3.3	4.0	3.4	3.2
被災後	2.0	1.5	2.8	3.0	3.4	3.4

付属表 7-4.3　残留変位

	P1	P2	P3	P4	P5	P6
橋軸方向	12/1000 ←起点	18/1000 ←起点	28/1000 終点→	13/1000 ←起点	2/1000 ←起点	6/1000 終点→
橋軸直角方向	0/1000	13/1000 ↑上流	5/1000 ↑上流	2/1000 ↓下流	2/1000 ↓下流	6/1000 ↓下流

	P7	P8	P9	P10	P11	P12
橋軸方向	4/1000 終点→	20/1000 ←起点	10/1000 終点→	2/1000 終点→	11/1000 ←起点	7/1000 終点→
橋軸直角方向	3/1000 ↑上流	15/1000 ↑上流	26/1000 ↓下流	12/1000 ↑上流	16/1000 ↓下流	13/1000 ↓下流

※矢印と添字は傾斜方向を示す

付属図 7-4.9　P3 く体基部の損傷

付属図 7-4.10　P5 く体基部の鉄筋の状況

314

d) 橋脚の残留変位（傾斜）測定結果

P8～P11 にかけて，橋軸直角方向の変位が大きくなっており，かつ隣接する橋脚同士が反対方向に変位している結果となった．なお P2・P3 についても，P8・P9 と同程度の残留変位を確認しているが，橋脚高さが低いため（P2・P3 は 6 m，P8・P9 は 9.8 m），橋脚天端における水平変位量としては小さい．

e) 掘削による橋脚基部およびケーソン上部の入念な目視調査

P3・P5・P8・P9 について掘削による入念な目視調査を実施した．これは残留変位の特に大きな橋脚を対象としている．なお，比較として残留変位の小さな P4 についても掘削調査を行い，当橋脚に変状のないことを確認した．P3・P5 については，橋脚く体基部にかぶりコンクリートのひび割れ・はく落および

付属図 7-4.11　P9 の掘削状況

付属図 7-4.12　P9 のケーソン頂版

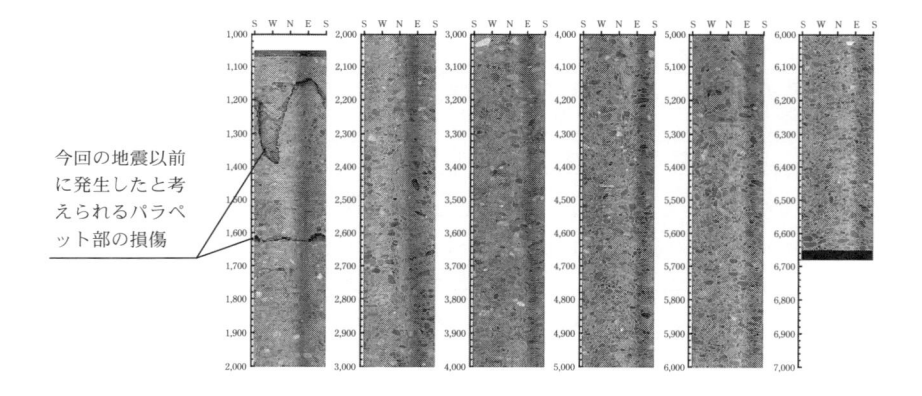

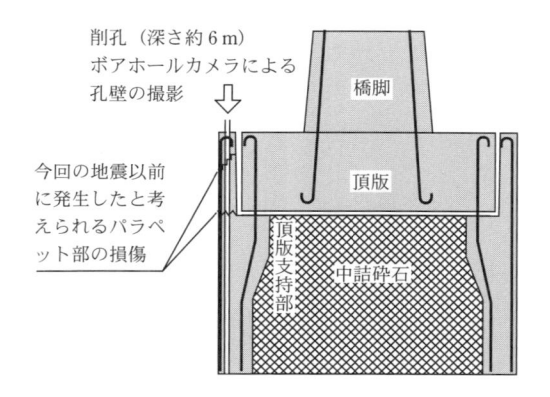
付属図 7-4.13　孔壁展開画像および撮影箇所（P8）

鉄筋の変形を確認した（**付属図7-4.9，10**）．P8・P9については，ケーソンパラペット部に今回の地震以前に発生したと想定される損傷を確認したが，今回の地震により生じたと考えられる損傷は発見されなかった（**付属図7-4.11，12**）．

　f）　ボアホールカメラによるケーソンく体の損傷調査結果

P8・P9について，頂版下面から深さ6m程度まで各橋脚2箇所削孔し，く体内面を孔壁展開画像として撮影した．掘削調査と同様でパラペット部の損傷はあったが，今回の地震により生じたと考えられる損傷は確認されなかった．**付属図7-4.13**にP8の孔壁展開画像および撮影箇所を示す．

5．解析的な検討

　変状状況の推定のために解析的な検討を行った．解析的な検討として，漸増載荷解析法（プッシュオーバー）および固有値解析の2種類を行った．

　P9におけるプッシュオーバー解析結果を**付属図7-4.14**に示す．補強前の解析結果によると，水平震度$K_h \fallingdotseq 0.3$，橋脚天端における水平変位が約60mmで降伏することがわかる．P9の残留変位が下流側に26/1000であり，橋脚高さ9.8m・ケーソン長さ16.0mを考慮すると，ケーソン底部を回転中心として傾斜した場合，橋脚天端水平変位は26/1000×

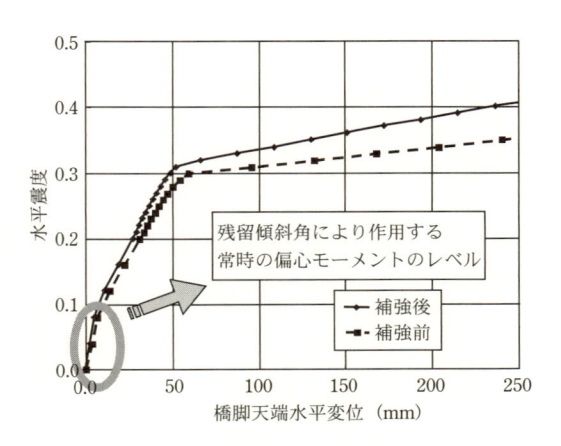

付属図7-4.14　P9のプッシュオーバー

（9.8＋16.0）＝670mmとなるため，橋脚あるいはケーソンに損傷が発生したか，地盤の流動により傾斜が発生したと推測される．

　P9における固有値解析のモデルと解析結果を**付属図7-4.15**に示す．モデル化の際，橋脚基部の部材剛性を0.2倍とすることで衝撃振動試験の結果を再現することができた．よって，地盤の流動を無視した場合，有害な部材の損傷が橋脚基部付近に発生していると推察された．

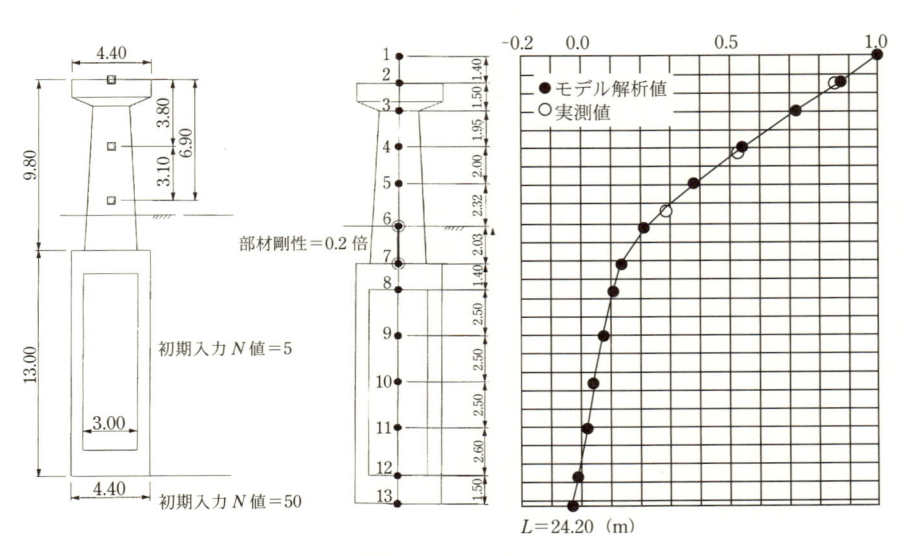

付属図7-4.15　固有値解析のモデルと解析結果（P9）

　なお，**付属図7-4.14**では後述する補強を施工した後の解析結果も併せて示している．残留変位（傾斜）による常時の偏心モーメントは些少で，橋脚の傾斜を許容したまま復旧を行ったとしても問題のないことを確認した．

6． 変状原因の推定

（1）橋脚の残留変位（傾斜）・損傷

　P3・P5については，橋脚基部の降伏により，鉄筋の座屈およびコンクリートのはく落が発生したと考えられる．P8・P9については，掘削およびボアホールカメラ等の調査結果からは橋脚く体基部およびケーソンく体の損傷は認められなかったこと，および資料調査から主として地盤の変位により橋脚全体が傾斜したものと考えられた．

　なお，過大な慣性力を桁より受けたために移動制限装置が損傷した．

（2）桁の損傷

　地震による過大な水平力および橋脚の変位によって，桁が移動し，隣接する桁等との衝突により桁端が損傷した．また，隣接する橋脚同士が反対方向に傾斜したことから桁にねじれの力が作用し，横桁が損傷したと考えられた．

（3）支承部の損傷

　地震による過大な水平力によって，桁の移動量が可動支承の可動域を大きく逸脱し，支承部の変状が発生したと考えられた．

7． 復 旧 概 要

　利別川橋りょうの地震による損傷は多岐にわたるが，ここでは橋脚の傾斜と支承部の損傷について述べる．

（1）復旧計画の策定について

　残留変位が大きかったP8・P9については，掘削等による調査の結果，損傷は確認されなかったため，地盤改良およびケーソン天端部の補強を実施することで，要求される耐力を確保し基礎の安定を図ることとした．P3・P5については，橋脚基部の断面修復および鋼板巻き補強を施工して，埋め戻した．また，いずれの橋脚も残留変位（傾斜）の修正は行わず，新設する支承部の台座高さ等を調整することにより，桁の高さ・水平を保った．

　支承部の復旧については，桁座拡幅を行い，耐震性に優れるゴム沓に交換した．また，移動制限装置（RC製サイドストッパー）を撤去し，鋼角ストッパーを採用した．

　なお，A2近傍に新たに地震計を設置し，以降の管理を当地震計の測定値によることとした．

（2）復旧工について

①橋脚の傾斜対策

　P8・P9については基礎の補強を実施した．**付属表7-4.4**にP8の施工概要を示す．P9についてもほぼ同様の対策工を施工し，基礎の安定性を確保した．

②支承部の損傷対策

　損傷の激しい沓は，ゴム沓に交換した．施工は桁下面と橋脚天端との遊間が狭いため，**付属図7-4.16**に示すように鋼製ベント組立後，桁1本ごとにジャッキを設置しジャッキアップして遊間を確保した．

付属表 7-4.4　P8補強工，施工概要

①鋼矢板締切工	鋼矢板（Ⅳ型，$L=10.5$ m，86枚）を桁下部は圧入機，その他はバイブロで打設．腹起こし，火打ちは350Hを使用．締切内はケーソン天端まで掘削．	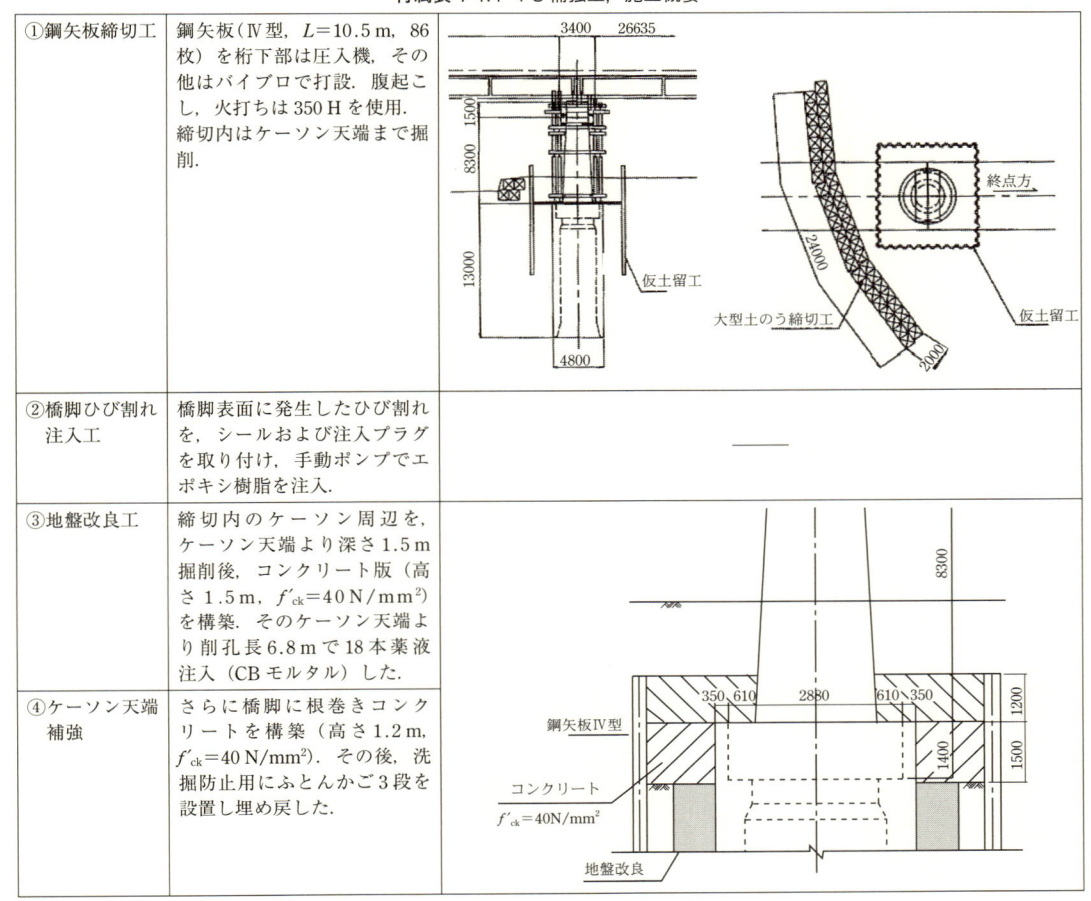
②橋脚ひび割れ注入工	橋脚表面に発生したひび割れを，シールおよび注入プラグを取り付け，手動ポンプでエポキシ樹脂を注入．	
③地盤改良工	締切内のケーソン周辺を，ケーソン天端より深さ1.5m掘削後，コンクリート版（高さ1.5m，$f'_{ck}=40$ N/mm²）を構築．そのケーソン天端より削孔長6.8mで18本薬液注入（CBモルタル）した．	
④ケーソン天端補強	さらに橋脚に根巻きコンクリートを構築（高さ1.2m，$f'_{ck}=40$ N/mm²）．その後，洗掘防止用にふとんかご3段を設置し埋め戻した．	

ゴム沓交換後は所定の高さにジャッキダウンし，桁の水平をとった．

付属図7-4.17 に支承部復旧概要図を示す．既設可動側ロッカー支承は，下沓は無収縮モルタルで埋め殺し，新設ゴム沓の台座とした．上沓は撤去が困難だったため鋼板で覆い樹脂モルタルを注入する構造とした．固定側線支承は，ロッカー支承構造と異なり桁座と桁下面の間隔が小さいことや，桁端の損傷部で荷重を支持することを避けるため，桁座を拡幅して支承位置を変更し，ゴム沓を設置した．

また，移動制限装置として，既存のRC製サイドストッパーを撤去し，新たに鋼角ストッパーを桁間に埋め込んだ．**付属図7-4.18** に復旧前後の状況として，損傷したRC製サイドストッパーと復旧後の鋼角ストッパーの概要を示す．

（3）復旧工の効果確認

応急工事（沓の交換等）を完了した後，列車の運行を再開するために試運転車両による列車通過時の橋脚の沈下量測定を実施した．橋脚の沈下量は，非常にわずかであり，運行の再開に対する安全性を確認した．

また，復旧工事（橋脚の補強・鋼角ストッパー設置等）完了後の衝撃振動試験の結果を**付属表7-4.5**に示す．対策工の効果による固有振動数の上昇を確認することはできなかった．これは，桁座拡幅により橋脚の重量が増加したこと，および橋脚の断面形状が円形であり，橋脚く体の曲げ変形によって固有振動数

318

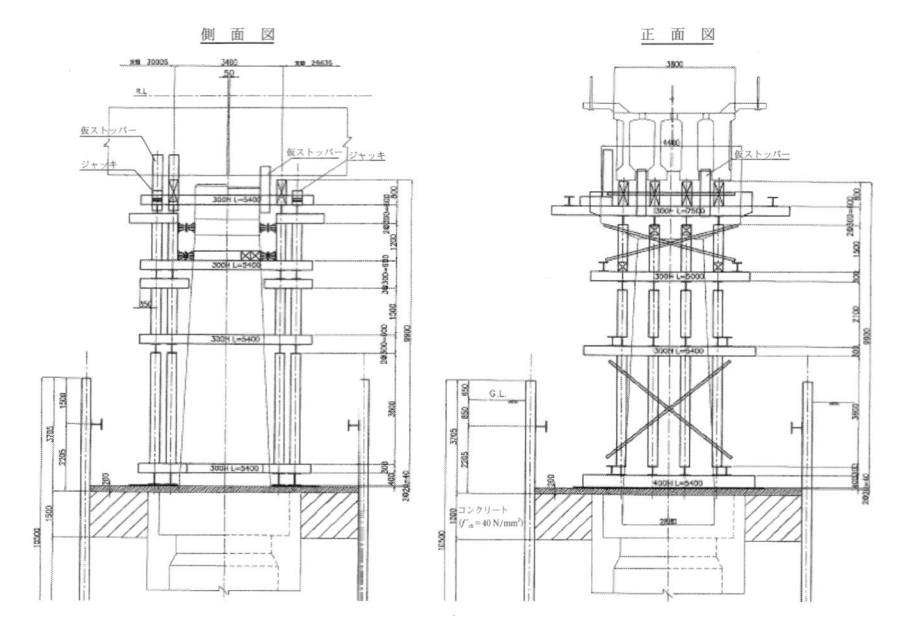

付属図 7-4.16 仮設一般図

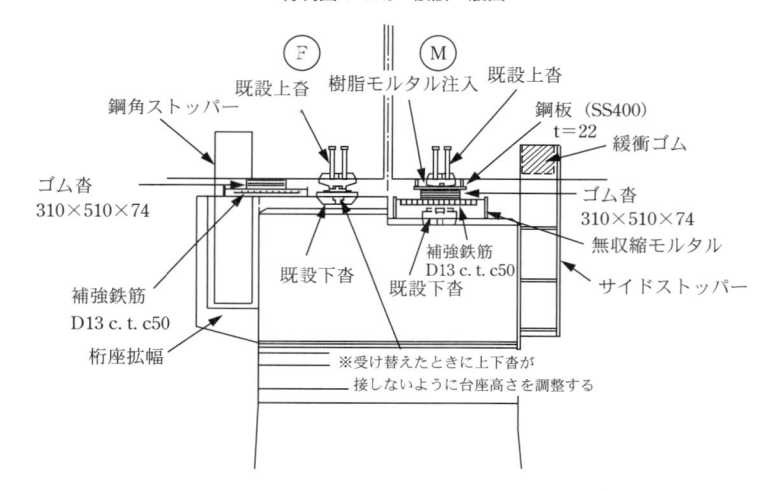

付属図 7-4.17 支承部復旧概要図

復旧前 復旧後

付属図 7-4.18 復旧前後の状況（P5）

付属表 7-4.5　衝撃振動試験結果　　　　　　　　　　（単位：Hz）

	P1	P2	P3	P4	P5	P6	P7	P8	P9	P10	P11	P12
被災前	2.6	2.4	2.0		2.1	1.8		1.6	3.3	4.0	3.4	3.2
被災後	2.1	2.1	1.7	2.7	1.6	1.6	2.0	1.5	2.8	3.0	3.4	3.4
工事完了後	2.1	3.2	1.8	2.7	1.5	1.5	2.7	1.6	2.8	3.3	3.3	2.3

が支配されることによると考えられる．

8.　復旧工施工後の維持管理

　列車運行の再開後も，余震が発生するおそれがあることから，A2 近傍に地震計を設置し，地震発生時の管理を行うこととした．また，列車の進行速度は再開当初 25 km/h であったものを，復旧工事の完了・ガードレールの再設置により 95 km/h に向上させた．その後，当橋りょうの安全性・使用性に問題のないことを確認して，列車徐行の措置を解除し，通常の 110 km/h とした．

　復旧工事完了後の検査体制を**付属図 7-4.19** に示す．

```
1.　検査種別　　　　　・初回検査
　　　　　　　　　　　・全般検査および個別検査　　通常時の検査と同様
　　　　　　　　　　　・随時検査　　　　　　利別地震計にて 40 gal 以上の地震動が検知された場合

2.　検査内容　　　　　・橋脚（12 基）の傾斜（傾斜計使用：線路方向および線路直角方向）
　　　　　　　　　　　・衝撃振動試験
　　　　　　　　　　　・動的変位
　　　　　　　　　　　・レベル
　　　　　　　　　　　・通り

3.　地震発生時の取り扱い
　①　利別地震計で 80 gal 以上の地震動が検知された場合
　　　・運転停止
　　　・（工務所・管理室社員）現場巡回を行い，目視により異常の有無を確認する．
　　　・（工務所長）異常のない場合，列車徐行 25 km/h による運転再開を輸送指令に報告．
　　　・（工務所・構造物検査センター社員）随時検査を実施し，異常の有無を確認．
　　　・（工務所長）異常のない場合，列車徐行解除を輸送指令に報告．
　②　利別地震計で 40 gal 以上 80 gal 未満の地震動が検知された場合
　　　・25 km/h の列車徐行
　　　・（工務所・管理室社員）現場巡回を行い，目視により異常の有無を確認する．
　　　・（工務所長）異常のない場合，列車徐行解除を輸送指令に報告．
　　　・（工務所・構造物検査センター社員）随時検査を実施．
　③　利別地震計で 40 gal 未満の地震動が検知された場合
　　　・（工務所・管理室社員）後日，現場巡回を行う．

4.　現場巡回の目視による検査内容
　・PC 桁，沓，橋脚，橋台の損傷の有無
　・軌道の変状の有無
　・橋脚（12 基）の傾斜（傾斜計使用：線路方向および線路直角方向）
　・レベル
　・通り
```

付属図 7-4.19　復旧工事完了後の検査体制

参考文献

・吉田　徹ほか：「平成 15 年十勝沖地震により被災した利別川橋梁の復旧対策」，土木学会第 59 回年学術講演会，平成 16 年 9 月．

・小西　康人：「鉄道被害」土木学会 2003 年十勝沖地震被害調査報告会，調査報告書．

・国土交通省：災害情報「平成 15 年（2003 年）十勝沖地震について（第 18 報：最終報)」，平成 15 年 10 月 3 日．

・北海道旅客鉄道株式会社：「利別川 B ほか 1 箇所応急復旧設計」平成 16 年 1 月．

・札幌工事局七十年史．

付属資料 7-5　台風により被災した事例：日高線厚別川橋りょう

1.　概　　　要

　平成 15 年（2003 年）8 月 9 日〜10 日にかけて，北海道日高地方を中心に発生した台風による記録的な豪雨は，この地域の沙流川・厚別川に観測史上最大の出水を発生させ，胆振・日高・十勝・釧路管内において約 3000 世帯，7000 名以上の住民に避難勧告が発令される大災害となった．

　JR 日高本線においても，鵡川〜様似間で橋脚・橋桁流失や橋脚洗掘をはじめとする計 120 箇所の被害を受け，全線運転再開までに 57 日間を要した．北海道の鉄道被害は，日高本線のほか台風の進路にあたる根室本線，釧網線にも被害が発生したが，当時の豪雨は日高山脈付近に集中したことから，その流域の下流に位置する日高本線の被害が特に大きかった．このうち，ここでは厚別川橋りょうの洗掘による被害について述べる．

2.　台風 10 号の概要

　台風 10 号は，平成 15 年（2003 年）8 月 3 日にフィリピンの東海上で発生した．発生後は発達しながら南西諸島に向かい，7 日 10 時頃，沖縄本島を通過した．その後，8 日 21 時半頃に中心気圧 950 hPa，最大風速 40 m/s の強い勢力で高知県室戸市沖に上陸し，そのまま四国を縦断しながら 9 日 6 時頃に中心気圧 970 hPa，最大風速 30 m/s で兵庫県西宮市付近に再上陸した．その後は勢力を徐々に弱めながら**付属図 7-5.1** に示す進路で北陸，東北地方へと進み，北海道へは**付属図 7-5.2** に示すように襟裳岬付近から日高，十勝，釧路，根室地方を通過して，10 日 6 時には根室沖で温帯低気圧となった．

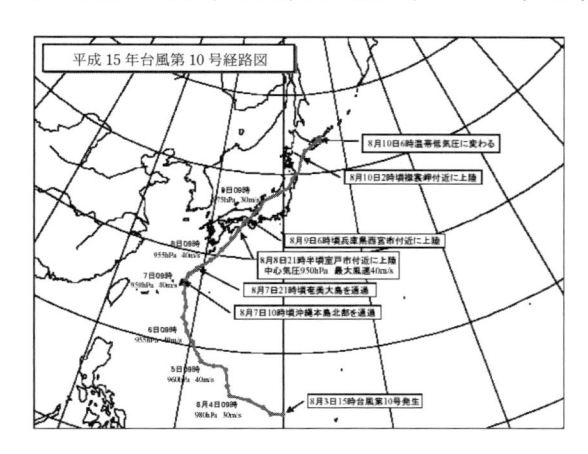

付属図 7-5.1　台風 10 号の進路（日本列島）
（気象庁資料より）

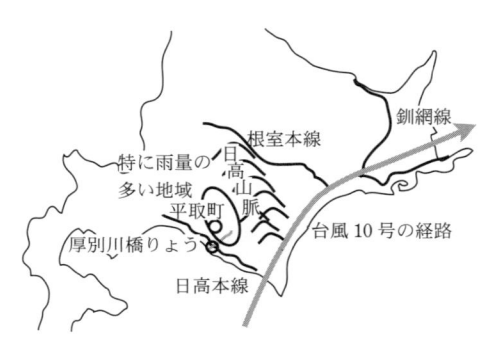

付属図 7-5.2　台風 10 号の進路（北海道地方）
（土木学会第 59 回年次学術講演会より）

322

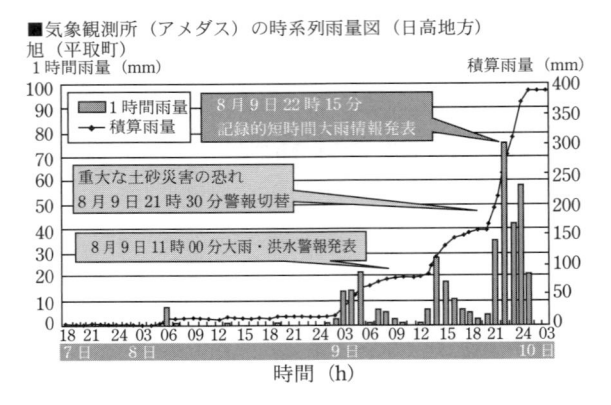

■気象観測所（アメダス）の時系列雨量図（日高地方）
旭（平取町）

付属図 7-5.3　旭（平取町）気象観測所，時系列雨量図
（国土交通省　北海道開発局　資料より）

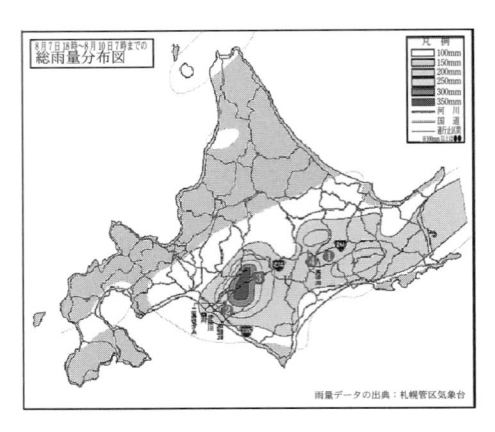

付属図 7-5.4　総雨量分布図
（国土交通省　北海道開発局　資料より）

　雨量は，九州・四国・近畿・東海の太平洋側の一部で総雨量 400 mm を超え，中でも四国では総雨量 700 mm に近い値を観測する地域も出た．

　ここで取り上げる北海道日高地方は，年間降水量 1200 mm 程度の地域であるが，台風 10 号とオホーツク海の低気圧から延びる前線の影響により，**付属図 7-5.3** に示すように，実質的に 8 月 9 日だけで年間降水量の 1/3 に達し，総雨量 389 mm，最大 1 時間雨量 75 mm（平取町アメダス観測点）というこの地域では記録的な豪雨を観測した．

3．厚別川橋りょうの概要

（1）構造物概要

　今回洗掘の被害を受けた厚別川橋りょう（日高本線厚賀・大狩部間 66 km846 m23）は，厚別川河口に

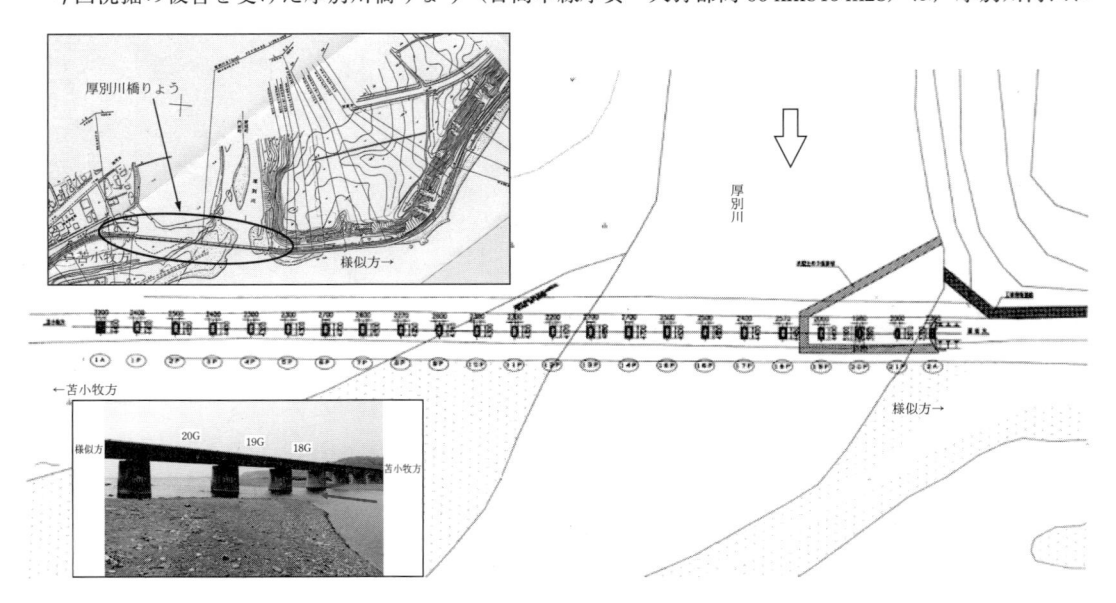

付属図 7-5.5　厚別川橋りょう　平面図

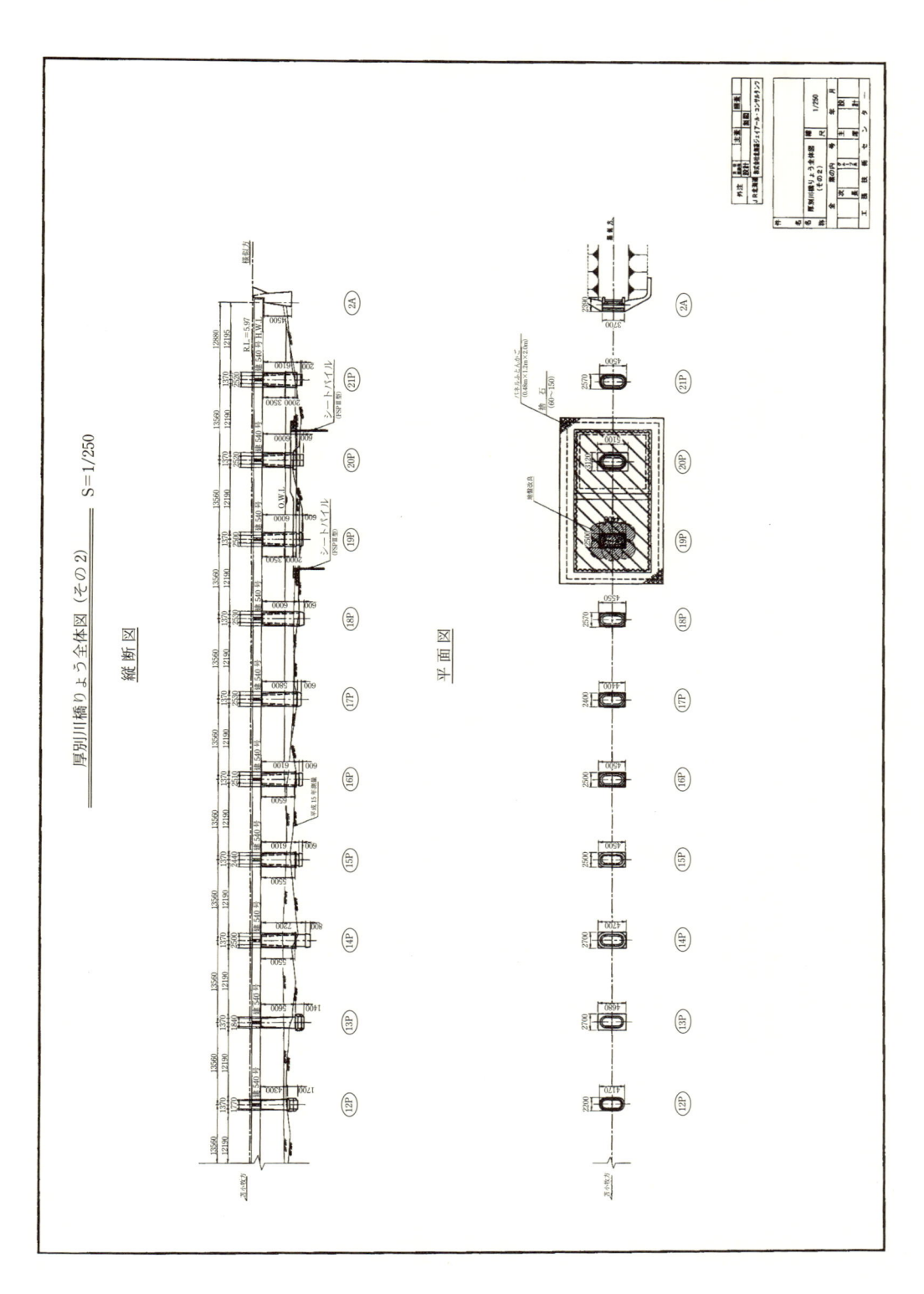

付属図 7-5.6　厚別川橋りょう (P12〜A2) 全体図

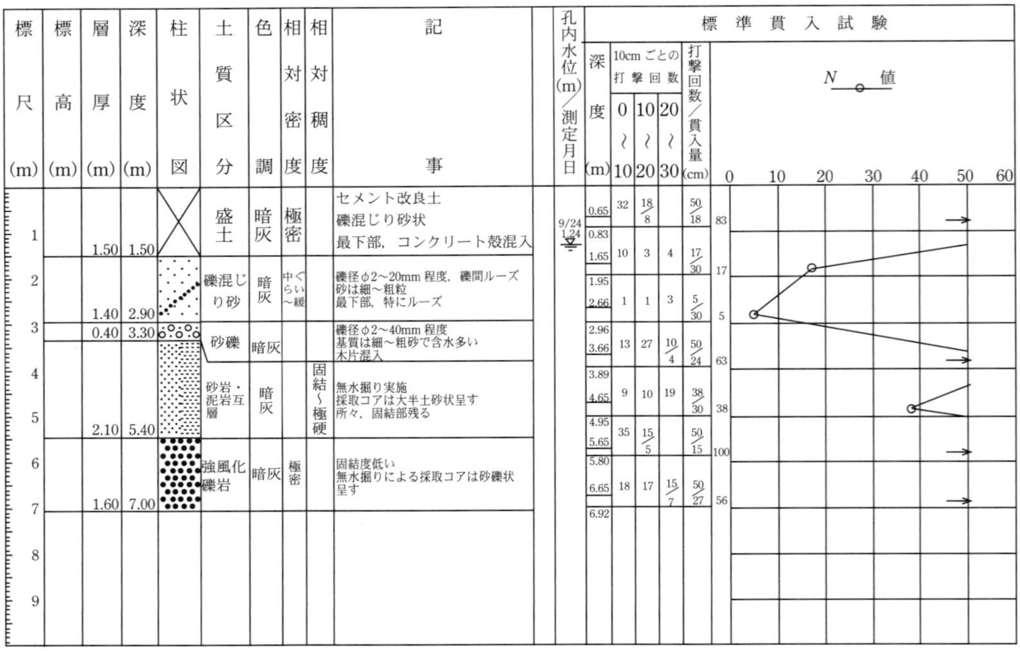

324

付属図 7-5.7 の地質柱状図

標尺 (m)	標高 (m)	層厚 (m)	深度 (m)	柱状図	土質区分	色調	相対密度	相対稠度	記事
1		1.50	1.50		盛土	暗灰	極密		セメント改良土 / 礫混じり砂状 / 最下部, コンクリート殻混入
2		1.40	2.90		礫混じり砂	暗灰	中くらい~緩		礫径φ2~20mm程度, 礫間ルーズ / 砂は細~粗粒 / 最下部, 特にルーズ
3		0.40	3.30		砂礫	暗灰			礫径φ2~40mm程度 / 基質は粗砂で含水多い / 木片混入
4~5		2.10	5.40		砂岩・泥岩互層	暗灰		固結~極硬	無水掘り実施 / 採取コアは大半土砂状呈す / 所々, 固結部残る
6~7		1.60	7.00		強風化礫岩	暗灰	極密		固結度低い / 無水掘りによる採取コアは砂礫状呈す

標準貫入試験

孔内水位(m)/測定月日: 9/24 1.24

深度 (m)	0~10	10~20	20~30	打撃回数/貫入量 (cm)	N値
0.65 / 0.83	32	18	8	50/18	83
1.65	10	3	4	17/30	17
1.95 / 2.66	1	1	3	5/30	5
2.96 / 3.66	13	27	10/4	50/24	63
3.89 / 4.65	9	10	19	38/30	38
4.95 / 5.65	35	15/5		50/15	100
5.80 / 6.65	18	17	15/7	50/27	56
6.92					

付属図 7-5.7　P19 付近地質調査結果（No. 1）

標尺 (m)	標高 (m)	層厚 (m)	深度 (m)	柱状図	土質区分	色調	相対密度	相対稠度	記事
1		1.50	1.50		コンクリート	灰			棒状コア
2		0.30	1.80		砂礫	暗灰	中くらい		礫径φ2~20mm程度 / 基質は粗砂で含水多い
2		0.40	2.20		強風化礫岩	暗灰			固結度低い / 無水掘りによる採取コアは砂礫状呈す
3		1.00	3.20		強風化礫岩・砂質泥岩互層	暗灰	極密		いずれも固結度低く、無水掘りによる採取コアは土砂状呈す
3		0.30	3.50		砂岩	暗灰			送水実施, 棒状コア主体 / 硬質
4~5		1.50	5.00		強風化礫岩	暗灰	極密		無水堀り実施 / 採取試料は砂礫状 / 固結度低いが極密

標準貫入試験

孔内水位(m)/測定月日: 9/25 1.55

深度 (m)	0~10	10~20	20~30	打撃回数/貫入量 (cm)	N値
1.65	5	7	15	27/30	27
1.95 / 2.66	40	10/2		50/12	125
2.77 / 3.60	36	14/3		50/13	115
3.73 / 4.50	50/3			50/3	500
4.53					

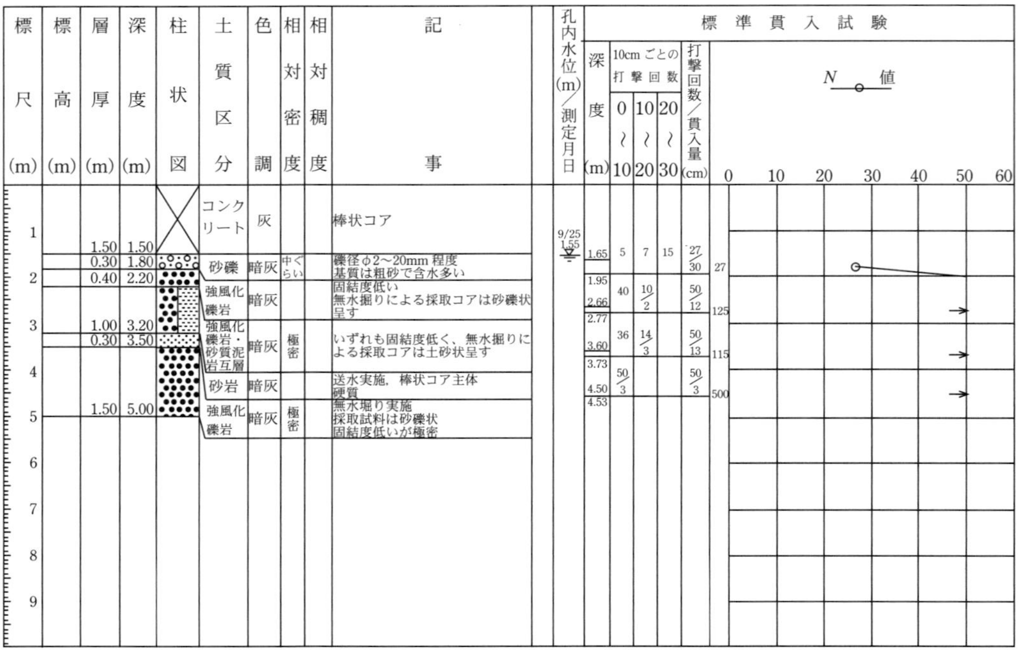

付属図 7-5.8　P20 付近地質調査結果（No. 1）

位置しており，大正 15 年（1926 年）に当時の日高拓殖鉄道によって，静内まで開業した区間の一部である．日高本線の前身は，明治 43 年（1910 年）に製紙会社が原木輸送のため建設した軌間 762 mm の鉄道で，現在の軌間 1067 mm は，昭和 6 年（1931 年）に改軌された．

　構造は，支間長 12.9 m の鋼上路鈑桁（図面番号：達 540 号）22 連で構成された全長 297 m の長大橋りょうで，平面線形は直線，縦断線形はレベルである．**付属図 7-5.5** に平面図を，**付属図 7-5.6** に P12〜A2 の全体図を示す．橋台は重力式橋台，橋脚は無筋コンクリート製橋脚で，いずれも基礎形式は岩盤を支持層とする直接基礎である．橋脚く体の寸法は，支持層となる岩盤の不陸があるため，高さは 4.3〜9.0 m，幅は 3.9〜4.5 m，断面高さは 2.0〜2.5 m となっている．また P14〜P21 においては巻き立て補強がなされている．フーチングについては，基本的には矩形断面であるが，施工時に露出した岩の状態に対応して変断面を有するものもある．

　（2）地質概要

　被害後，P19 および P20 の根固め補強工の施工に先立ち，支持層深さの確認のため P19 で 6 箇所（No.1〜4，No.2′，No.4′），P20 で 2 箇所（No.5，No.6）のボーリング調査が行われた．それぞれの代表的な調査結果を**付属図 7-5.7**（P19），**付属図 7-5.8**（P20）に示す．

　P19 の柱状図において地表直下で N 値が 50 以上を示しているのは，復旧の埋戻し材として用いたセメント改良土のため高くなっているもので，その下の地質は，厚さ 1.5〜2.5 m 程度のルーズな礫混じり砂が堆積しており，さらに下の砂礫から N 値 50 以上の支持層となる地質が現れる．P20 周辺の地盤は，地表直下に N 値 50 以上の砂礫が現れる結果となり，このことからも支持地盤の不陸が著しいことが伺える．

4．橋りょうの被害状況

　（1）被害調査項目

　被災直後の現地確認により P19 付近で軌道変位が発見された．このことから洪水による洗掘，基礎および橋脚の変位（沈下・移動・傾斜），橋脚の耐力低下等が懸念されたため，これらの被災状況を把握する目的で以下の調査を実施した．

　・現況目視調査（橋りょう全般）
　・測量（軌道変位，主桁の横移動，橋脚傾斜）
　・橋脚の根入れ調査および衝撃振動試験
　・基礎部の掘削調査（P19・P20）

　（2）被害調査結果

　・現況目視調査結果（橋りょう全般）

　この付近は台風 10 号による雨量が最も多かった地域であり，橋まくらぎ上に河川氾濫により流されてきたと考えられる草木や泥が付着していたことから，被災時は桁上まで水位が上昇していたと推察される．被災直後の調査で，P19（66 K954 M）付近の軌道に通り変位が確認された（**付属図 7-5.9**）．

　・測量（軌道変位，橋脚傾斜等）
　①軌道変位測定

　　目視調査により通り変位が最も大きいと確認さ

付属図 7-5.9　P19 上に発生した軌道変位

付属表 7-5.1　軌道変位測定結果

（単位：mm）

キロ程	通り	高低	水準
66 K936 M	−5	−5	1
66 K938 M	−4		2
66 K941 M	−4	−10	1
66 K946 M	0	−5	5
66 K951 M	15	−3	5
66 K956 M	5	−5	1
66 K961 M	−3	−5	1
66 K966 M	−7	−10	−2

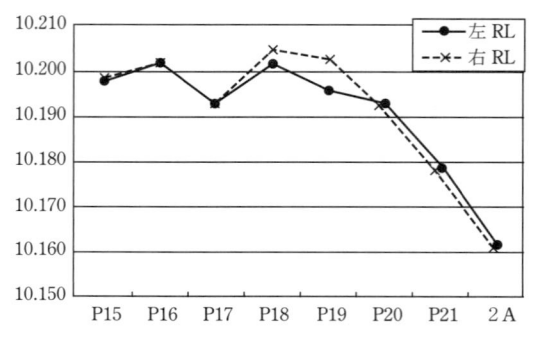

付属図 7-5.10　レールレベル測量結果

れた 66 K951 M を中心に，前後 15 m の範囲において通り変位・高低変位・水準変位を測定した．軌道変位の測定結果を**付属表 7-5.1** に示す．66 K951 M で線路左方向（上流方向）に通り変位が 15 mm，66 K941 M で高低変位が−10 mm あることが判明した．

②レールレベル測量

　不動点と考えられる A2 に基準点を設け，P15〜A2 までの左右レールの高さ（16 測点）を測量した．測量結果を**付属図 7-5.10** に示す．P18（66 K940 M）地点で，左レール（上流方）が右レール（下流方）より 3 mm 低く，P19（66 K954 M）地点においても左レールが右レールより 7 mm 低いことが判明した．

③主桁の横移動

　軌道の通り変位は，主桁ごとの横移動に起因していると推察されたことから，主桁のセンター測量を行った．測定方法は 12 G 始点方（基準点-1）と 22 G 終点方（基準点-2）の桁中心に基準点を設け，それを結んだライン（基準線）から 16 G〜22 G の桁端部センターのオフセットをトランシットにより測量した．測量の結果，P19 上にある 19 G 終点方で主桁が上流方に 55 mm 基準線より離れていることが判明した．

　付属図 7-5.11 に測定結果を示す．

④橋脚傾斜測定

　発生した軌道変位や桁の横移動は，P19 付近で最大値をとっていることから，これらの変状原因は橋脚の傾斜によるものと考えられた．そこで P17〜P21 の橋脚天端部両端の水準測量を行い，橋脚の傾斜を測定した．**付属表 7-5.2** に測定結果を示す．表の数値は，橋脚天端の中心（E 点）から見た，それぞれの点の高低差を表す．測量の結果，P19 天端部の高低差は橋軸方向に 22 mm，橋軸直角方向にも

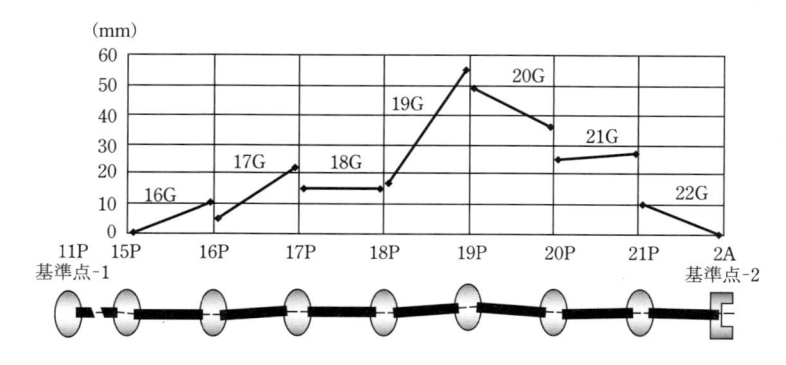

付属図 7-5.11　主桁の横移動測定結果

付属表 7-5.2　橋脚傾斜測定結果
数値は橋脚中心 E 点からの高低差を示す．（単位：mm）

橋脚	橋軸直角方向		橋軸方向		平面図
	A 点 （左側）	D 点 （右側）	B 点 （起点側）	C 点 （終点側）	
P17	17	12	10	17	
P18	12	18	9	14	
P19	−8	14	5	27	
P20	11	28	13	11	
P21	13	20	11	9	

22 mm あった．橋脚天端の仕上がり誤差もあるが，橋脚天端が始点方および上流方にそれぞれ傾斜したと考えられる．

・橋脚の根入れ調査および衝撃振動試験結果

①根入れ調査

　P1〜P21 の全橋脚で根入れ調査を実施した．**付属表 7-5.3** および**付属図 7-5.12** に調査結果を示す．被災前と比べ P19 で最大 3.65 m もの河床低下があったほか，P10〜P21 の橋脚の根入比が 1.5 以下となっていることが判明した．いずれも，出水前の根入比と比較し大幅に減少している．特に P19，P20 については根入比がそれぞれ−0.21，0.09 と著しく低下しており，河川の増水により洗掘が著しく進んだものと考えられた．このため，衝撃振動試験により詳細な検査が必要と判断した．

付属表 7-5.3　根入れ調査結果

橋脚	被災前		被災後		橋脚	被災前		被災後	
	根入比	根入れ長 （m）	根入比	根入れ長 （m）		根入比	根入れ長 （m）	根入比	根入れ長 （m）
P 1	2.02	3.48	2.20	3.73	P11	1.14	1.92	0.73	1.27
P 2	1.88	3.28	1.99	3.43	P12	1.81	1.67	0.87	1.57
P 3	2.00	3.43	2.14	3.63	P13	1.88	3.27	1.05	1.97
P 4	2.02	3.33	2.02	3.33	P14	1.34	2.57	1.05	2.07
P 5	2.18	3.58	2.07	3.43	P15	1.22	2.22	1.01	1.87
P 6	3.26	5.33	2.86	4.83	P16	1.35	2.42	0.55	1.07
P 7	3.26	5.33	2.49	4.33	P17	1.21	2.17	0.29	0.57
P 8	3.61	6.02	1.99	3.77	P18	1.83	3.17	0.29	0.57
P 9	3.33	5.62	1.76	3.77	P19	1.89	3.22	−0.21	−0.43
P10	1.11	1.87	0.79	1.37	P20	1.63	2.77	0.09	0.17
					P21	1.78	3.02	0.45	0.87

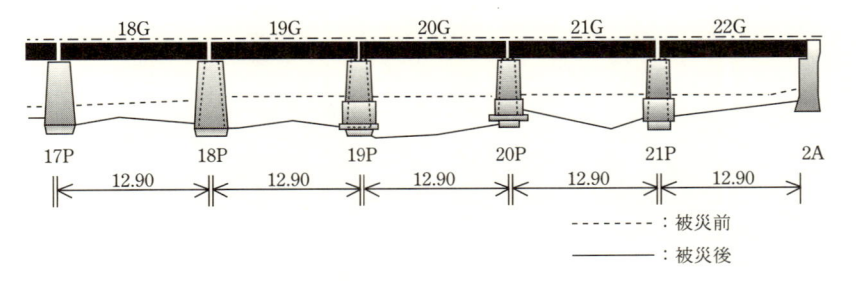

付属図 7-5.12　被災箇所の河床変化

②衝撃振動試験

　根入れ調査の結果，河床低下や洗掘などにより，橋脚基礎部の支持力の低下が予想される P10～P21 について衝撃振動試験を実施した．衝撃振動試験の結果，健全度指標 κ は，P19 で 0.33，P20 で 0.65 となり，共に A1 となった．また P18 および P21 でも健全度指標が 0.85 以下となり，A2 となった．

付属表 7-5.4　衝撃振動試験結果

橋脚	標準値 F （Hz）	固有振動数 （実測値） （Hz）	健全度指標 κ	判定基準	ランク	健全度指標 κ
P10	20.52	41.9	2.04	B	A1	～0.70
P11	20.52	39.8	1.94	B	A2	0.71～0.85
P12	20.52	27.4	1.34	B	B	0.86～
P13	16.21	19.0	1.17	B		
P14	13.11	15.4	1.17	B		
P15	15.06	18.4	1.22	B		
P16	15.06	19.7	1.31	B		
P17	15.72	15.7	1.00	B		
P18	15.27	12.8	0.84	A2		
P19	15.27	5.1	0.33	A1		
P20	16.46	10.7	0.65	A1		
P21	15.06	12.7	0.84	A2		

起点方（苫小牧方）	終点方（静内方）
上流方（山側）	下流方（海側）

付属図 7-5.13　P19 基部状況

| 起点方（苫小牧方） | 終点方（静内方） |
| 上流方（山側） | 下流方（海側） |

付属図 7-5.14　P20 基部状況

　・基礎部の掘削調査結果（P19・P20）

　根入れ調査および衝撃振動試験結果により不健全と判定された P19・P20 に対し，根固め工を行うため土のうにて橋脚周辺の仮締切を行い，両橋脚の基礎底部の状況を調査した．その結果，両橋脚とも底部岩盤の風化により局所洗掘が進行していることが判明した．基礎底面の岩着状況は，P19 で底面積の 1/3 程度，P20 で底面の中心部のみという状況であった．また，河床にはヘドロ状の不良土が堆積していた．橋脚ごとの観察状況は以下のとおりである．

　　P19：基礎部周辺の根巻きコンクリートの欠損が認められ，洗掘も基礎底部の岩まで至り，基礎と岩盤との間には 30 cm 程度の間隙が生じていた．また橋脚底面の約 1/3 程度しか岩着していないことが判明した．

　　P20：P19 と同様に洗掘が進行し，橋脚底面の中心付近のみが岩着している状態であることが判明した．

　付属図 7-5.13，14 に P19 および P20 の掘削直後の橋脚基部状況を示す．

5．変状原因の推定

　河川の増水による洗掘が主原因となって，橋脚の傾斜・主桁の横移動・軌道の通り変位等の各種変状が

発生したと推定される．これらの調査結果より，復旧に必要な軌道モータカー等の走行についても安全を担保することができないと判断された．

6. 対策工の選定

前述の被害調査結果から，P19 と P20 については，橋脚の安定を確保するための対策工が必要であると判断された．既存図面より P19・P20 は直接岩盤上に据えられていることから，当初の対策工として
・シートパイル打設
・笠コンクリート打設
を予定していた．

しかし前述の通り，仮締切後（大型土のう）の橋脚基部の掘削調査から，P19・P20 とも局所洗掘が著しく進んだ危険な状況であることが判明したため，再検討の結果，対策工選定にあたっては**付属表 7-5.5**に示す留意点をもとに**付属表 7-5.6** に示す対策工に変更した．

対策工は支持地盤近傍に存在するヘドロを取り除き，良好な支持地盤に支持させるとともに，洗掘防止のための根固め工（シートパイル＋笠コンクリート）を施工するものである．特に P19 については，セメント改良砂への置換だけでは良好な支持地盤として満足しないと判断し，併せて高圧攪拌混合による改良体の築造を行うこととした．一方，P20 については，ヘドロを取り除いた後にコンクリートを打設し支持地盤とする経済的にも優れる方法を採用できると判断した．

付属表 7-5.5　対策工選定の留意点

	現況	対策工選定の留意点
1	岩盤の風化および局所洗掘が進行しており，橋脚基礎の岩着は面積で 1/3 程度（P19）または橋脚中心付近のみ（P20）である．	蛇籠の配置程度では，安定性の確保は困難．
2	河床にはヘドロ状の不良土が堆積している．	軟弱層改良せず，根固め工を施工することは不適切．
3	支持岩盤の不陸が甚だしい．また P19 は橋脚の傾斜が大きいが，P20 の橋脚傾斜は小さい．	支持地盤の改良が必要．

付属表 7-5.6　対策工の選定

	P19	P20
対策工	・ヘドロ排泥 ・セメント改良土による埋め戻し ・高圧攪拌混合による地盤改良 ・シートパイルによる締切 ・笠コンクリート工 ・パネルふとんかごの設置	・ヘドロ排泥 ・コンクリート打設 ・シートパイルによる締切 ・笠コンクリート工 ・パネルふとんかごの設置

7. 対策工の施工

P19・P20 周辺の仮締切を行うと，河床はヘドロ状の不良土が堆積していたため，これを撤去した．その後，P19 は地盤改良施工のために一度セメント改良土で埋め戻し，P20 は生コンクリートを打設することにより埋め戻した．

その後，当該箇所において良好な支持地盤の深さを確認するためボーリング調査を行い，橋脚直下の地

A-A断面図

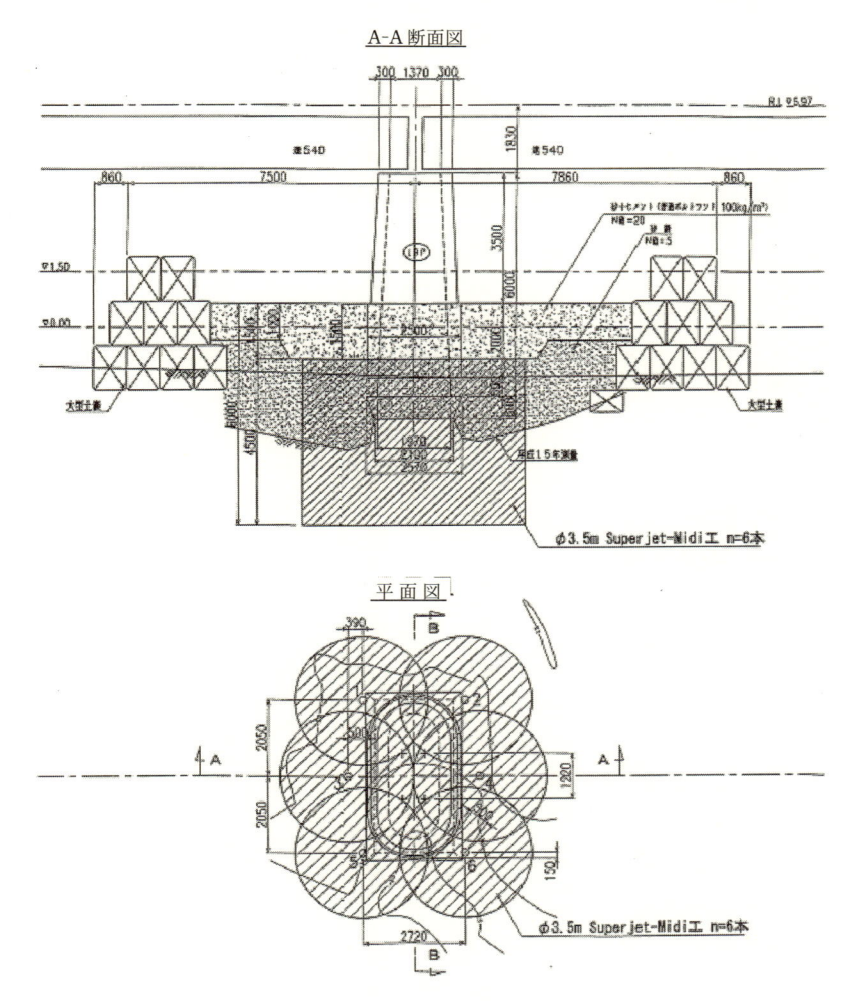

付属図 7-5.15　P19 地盤改良工図

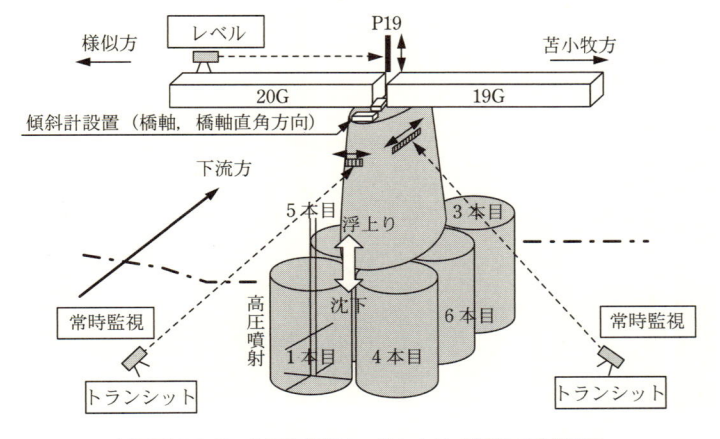

付属図 7-5.16　高圧噴射混合工法における橋脚の計測概要

質構成を確認した結果，埋戻し後の河床より深さ2〜3mの位置に強固な岩盤が存在した（前掲，**付属図 7-5.8**）．

この結果に基づき，P19では**付属図7-5.15**に示す改良径 $\phi 3.5\,\mathrm{m}$ の高圧噴射攪拌工法による地盤改良を6本施工した．施工中は橋脚の変位や傾斜が予想されたため，レベル・トランシット・傾斜計を用いた計測管理を行った．計測管理の概要を**付属図 7-5.16**に示す．地盤改良施工中，橋軸直角方向上流方に1mm

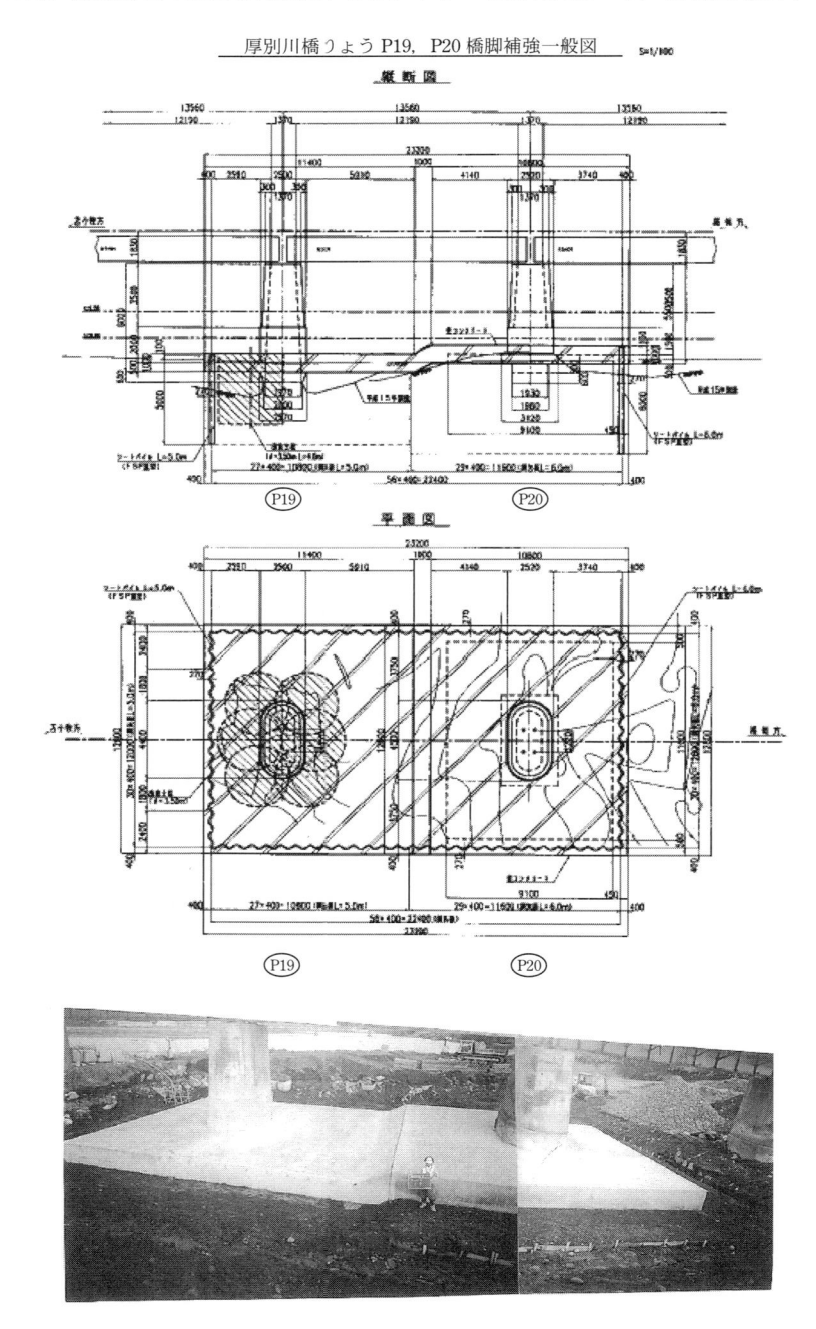

付属図 7-5.17　P19・P20 補強工完成

橋脚が持ち上がったことが確認されたが，終了時には元の状態となり，く体および軌道への影響を考慮して定めた管理値±3 mm 以内におさまる結果となった．

地盤改良が完了した時点で，衝撃振動試験による橋脚の健全度判定を行い，健全であることを確認し，列車の運転を再開した．よって，以降は営業線近接工事となった．

続いて鋼矢板Ⅲ型をアースオーガ併用セメントミルク注入バイブロ工法により打ち込み，根固めコンクリートを打設，ふとんかご設置により橋脚の洗掘防止を図った後，あらかじめ P20 より撤去した根固めブロックを隣接する P18 に設置し，仮締切を撤去して復旧工事は完了した．**付属図 7-5.17** に橋脚補強工（P19，P20）の完成状況を示す．

その他として，現地では事務所を厚別川橋りょう起点側に設置したが，作業箇所は終点側のため大狩部より側道を通って必要な機械，材料を搬入した．なお，橋りょう終点より 67 K600 M 付近までの約 600 m は側道がないため，軌道上に渡り板を敷き工事車両の通路とした．しかしながら工事終了時には，多数の工事車両の通過によりレールに損傷がみられたので，運転再開前にレール交換を実施した．

8. 対策工の効果

（1）衝撃振動試験

対策工の効果確認のため衝撃振動試験を実施した．判定は従来から活用されている標準値 F との比較による判定と併せて，列車走行や地震時の安定を考慮した必要固有振動数との比較を行った．**付属表 7-5.7** に試験結果を示す．

付属表 7-5.7 衝撃振動試験結果

橋脚	標準値 F との比較				必要固有振動数			
	標準値 F (Hz)	実測固有振動数 (Hz)	健全度指標 κ	判定	地震時 L1 (Hz)	地震時 0.2 G (Hz)	通常走行安全限界 (Hz)	徐行限界 (Hz)
P18	15.27	14.3	0.94	B	30.66	27.04	7.44	4.24
P19	15.27	−	−	S	16.95	14.10	7.32	4.48
P20	16.46	19.2	1.17	S	15.42	12.91	7.08	4.59
P21	15.06	13.5	0.90	B	15.44	12.83	6.68	4.18

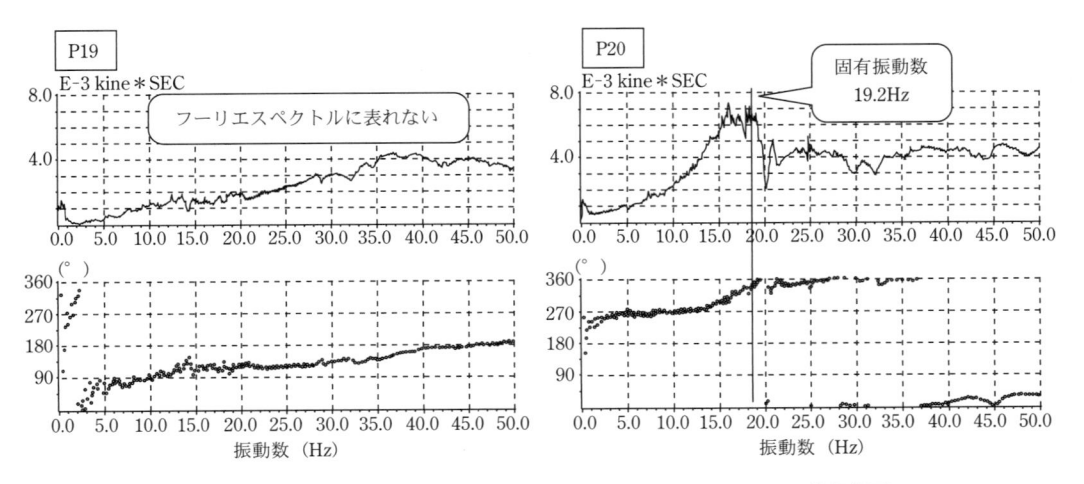

付属図 7-5.18 対策後の実測固有振動数（上：フーリエスペクトル，下：位相差図）

①実測固有振動数（**付属図**7-5.18 参照）

　地盤改良・根固め鉄筋コンクリート打設等の対策工を行った P19 では，橋脚の健全度が大幅に増加したため，衝撃振動試験による 1 次の固有振動数は，被災直後が 5.1 Hz であったものが，補修後においてはフーリエスペクトル上で固有振動数が特定困難なレベルまでに回復した．これは良好な岩盤上の直接基礎橋脚で，基礎の固結度が高く，打撃による応答振動が急速に減少するような波形をフーリエ解析した場合にみられる現象であり，著しい支持力改善を示すものである．

　P20 では根固め鉄筋コンクリート打設を行った結果，被災直後の 10.7 Hz から 19.2 Hz と大幅に増加し，対策工の効果が認められた．健全度判定は，P19・P20 とも S となり，健全であることが確認できた．

②必要固有振動数

　必要固有振動数を求めると，P19・P20 の通常走行限界値はそれぞれ 7.32 Hz・7.08 Hz であり，ともに平常運転が可能なことを確認した．（**付属表**7-5.7 参照）

（2）対策後の測量結果

地盤改良後に再度，水準測量，傾斜量測定を行った結果，橋脚の沈下や傾斜，浮き上がりがないことを確認した．

（3）試験車両による動的変位測定（**付属表**7-5.8 参照）

運転再開に先立ち，10 月 1〜2 日に試験車両による動的変位の測定を行った．測定は P19〜P21 までの橋脚を対象に橋軸方向，橋軸直角方向の動的水平変位を測定した．**付属図**7-5.19 に，P20 の測定結果を示す．

　試験車両（**付属図**7-5.20 参照）は，モータカーでミニホキ 2 両を牽引し，速度 12.0 km/h，18.0 km/h で計 2 回実施した．この結果，最大変位量は P21 の橋軸方向で 0.10 mm（片振幅）であり，基準値内であることを確認した．

付属表 7-5.8　動的変位測定結果および制限値

試運転	走行速度	橋脚	変位（mm）(橋軸方向)	変位（mm）(橋軸直角方向)	変位方向	制限値（片振幅）
1 回目	12.0 km/h	P19	0.02	0.01	上下動	0.35 mm
		P20	0.03	0.01	左右動	0.35 mm
		P21	0.06	0.04		
2 回目	18.0 km/h	P19	0.04	0.03		
		P20	0.05	0.03		
		P21	0.10	0.09		

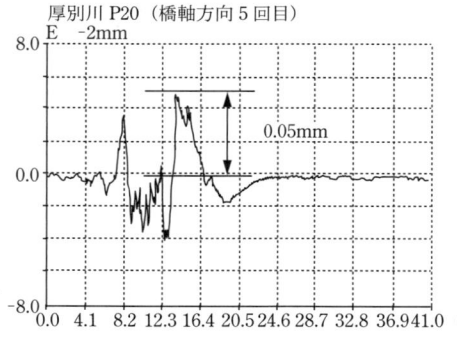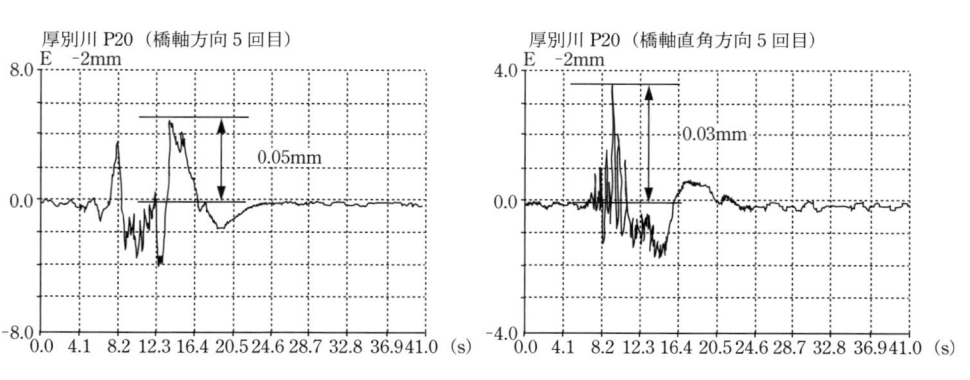

厚別川 P20（橋軸方向 5 回目）

厚別川 P20（橋軸直角方向 5 回目）

付属図 7-5.19　動的変位測定波形

付属図 7-5.20　動的変位測定試験車両
（モータカー＋ミニホキ 2 両）

付属表 7-5.9　傾斜計監視結果　　　　　　　　　　（単位 :mm）

橋脚	橋軸方向					橋軸直角方向				
	施工前	施工中	変化量	施工後	変化量	施工前	施工中	変化量	施工後	変化量
P16		1,009.8					1,028.7			
P17		979.3					1,016.8			
P18		1,054.1					1,041.2			
P19	1,067.7	1,070.6	1.91	1,068.4	0.46	921.0	923.6	1.72	924.0	1.98
P20		1,002.1		1,002.3	0.13		994.2		994.4	0.12
P21	1,038.5	1,041.9	−2.14			1,006.3	1,007.1	0.50		

（4）対策工後の措置（傾斜計台座の設置）（**付属表 7-5.9** 参照）

　今後の地震発生時の橋脚の変位を確認するため，P16～P21 の橋脚天端に橋軸方向・橋軸直角方向 2 箇所に傾斜計台座を設置した．対策工の施工中および施工後に計測を行ったが，大きな変化は見られなかった．

参考文献

・長谷川　雅志，小西　康人ほか：「JR 日高本線厚別川橋りょうにおける台風被害と対策（その 1：被害調査)」，「JR 日高本線厚別川橋りょうにおける台風被害と対策（その 2：対策工)」，土木学会第 59 回年次学術講演会，平成 16 年 9 月．
・国土交通省　北海道開発局：災害情報「平成 15 年台風 10 号の被害とその対応」．
・気象庁予報部「平成 15 年台風 10 号に関する気象資料」，平成 15 年 8 月．

付属資料 7-6　地震により被災した事例：飯山線魚野川橋りょう

1．概　　要

　平成 16 年 10 月 23 日に発生した「平成 16 年（2004 年）新潟県中越地震」は，最大震度 7 の揺れを記録した直下型大地震であったため，住民生活やライフラインおよび交通機関に甚大な被害をもたらした．また復旧の作業中には，震度 5〜6 クラスのたび重なる大きな余震が続き，更なる被害の拡大や復旧作業の遅延を生じさせていた．交通機関の被害では，長距離高速輸送を担う上越新幹線，関越自動車道，北陸自動車道が運行停止や通行止めとなり，特に上越新幹線は，魚沼トンネルにおける覆工のはく落や路盤変状および橋りょう損傷の補強工事などによって全線開通に約 2 か月を要した．

　在来線の鉄道や一般国道および県道も，橋りょう，トンネル，土構造物（盛土，切土，擁壁）などに大きな被害をもたらした．在来鉄道では，上越新幹線と並行する上越線（長岡〜小出間）や，信越本線（柏崎〜長岡間），飯山線（越後川口〜十日町間）が不通となり，全線復旧には平成 16 年の年末まで期間を要した．ここでは，地震により橋脚く体に横ずれを生じさせるなど，橋りょう全体および土構造物に変状が発生した飯山線魚野川橋りょうについて，その概要を述べる．

2．地震の概要

　平成 16 年 10 月 23 日 17 時 56 分頃，新潟県中越地方の深さ 13 km で M6.8 の地震が発生し，震度 7 が新潟県の川口町，震度 6 強が小千谷市，山古志村，小国，震度 6 弱が長岡市，十日町市，栃尾市，越路町，三島町，堀之内町，広神村，守門村，入広瀬村，川西町，中里村，刈羽村の各地で観測された（**付属図 7-6.1**）．

　また**付属表 7-6.1** に示すように，本震発生直後から数分置きに震度 5〜6 の余震が何度も発生するなど，活発な余震活動があった．これらの震源は，北北東−南南西方向に長さ約 30 km の範囲で分布している．

　この地震により，死者 67 名，負傷者 4,795 名，住家全壊 3,175 棟，住家半壊 13,804 棟，住家一部破損 103,767 棟などの被害が発生した（平成 18 年 9 月 22 日現在，新潟県中越大震災災害対策本部による）．

　気象庁は 10 月 23 日 17 時 56 分頃に発生した地震を「平成 16 年（2004 年）新潟県中越地震」（英語名：The Mid Niigata prefecture Earthquake in 2004）と命名した．

　本震の発震機構は北西−南東方向に圧力軸を持つ逆断層型で，推定される断層の方向と余震分布の方向は，ほぼ一致している．

　GPS 観測の結果によると，この地震に伴い，震源の南東側の新潟大和観測点（新潟県南魚沼郡大和町）では北西方向に約 10 cm，北西側の柏崎 1 観測点（同県柏崎市）では南東方向に約 6 cm 移動するなど新潟県を中心に地盤変動が観測された．

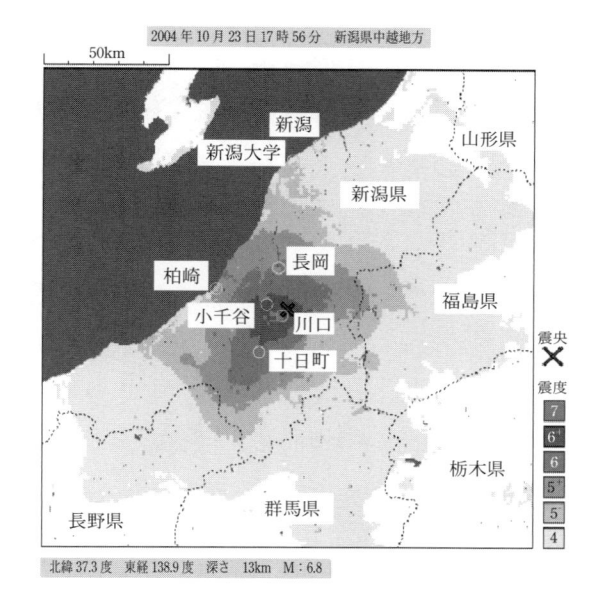

2004 年 10 月 23 日 17 時 56 分 新潟県中越地方

付属図 7-6.1 10 月 23 日 17 時 56 分頃に発生した地震（M6.8, 本震：最大震度 7）の推計震度分布（新潟大学調査団資料より（気象庁資料に地名を加筆））

付属表 7-6.1 震度 5 以上を観測した地震の表（10 月 23 日 17 時 56 分〜11 月 8 日 24 時，暫定値）

（気象庁 資料より）

震源時		北緯	東経	マグニチュード	深さ（km）	最大震度
（年月日）	（時分）					
2004/10/23	17 時 56 分	37 度 17.4 分	138 度 52.2 分	6.8	13	7
2004/10/23	17 時 59 分	37 度 18.6 分	138 度 51.5 分	5.3	16	5 強
2004/10/23	18 時 03 分	37 度 21.1 分	138 度 59.2 分	6.3	9	5 強
2004/10/23	18 時 07 分	37 度 20.7 分	138 度 52.1 分	5.7	15	5 強
2004/10/23	18 時 11 分	37 度 15.0 分	138 度 50.0 分	6.0	12	6 強
2004/10/23	18 時 34 分	37 度 18.2 分	138 度 56.0 分	6.5	14	6 強
2004/10/23	18 時 36 分	37 度 15.2 分	138 度 56.7 分	5.1	7	5 弱
2004/10/23	18 時 57 分	37 度 12.2 分	138 度 52.0 分	5.3	8	5 弱
2004/10/23	19 時 36 分	37 度 12.8 分	138 度 49.7 分	5.3	11	5 弱
2004/10/23	19 時 45 分	37 度 17.6 分	138 度 52.8 分	5.7	12	6 弱
2004/10/23	19 時 48 分	37 度 17.7 分	138 度 50.4 分	4.4	14	5 弱
2004/10/24	14 時 21 分	37 度 14.5 分	138 度 49.8 分	5.0	11	5 強
2004/10/25	0 時 28 分	37 度 12.0 分	138 度 52.4 分	5.3	10	5 弱
2004/10/25	6 時 04 分	37 度 19.6 分	138 度 57.0 分	5.8	15	5 強
2004/10/27	10 時 40 分	37 度 17.3 分	139 度 02.2 分	6.1	12	6 弱
2004/11/04	8 時 57 分	37 度 25.6 分	138 度 55.1 分	5.2	18	5 強
2004/11/08	11 時 15 分	37 度 23.5 分	139 度 02.1 分	5.9	ごく浅い	5 強

3. 魚野川橋りょうの概要

魚野川橋りょうは，大正 14 年に造られた飯山線（内ケ巻・越後川口間）に架橋される 20 連の単線上路

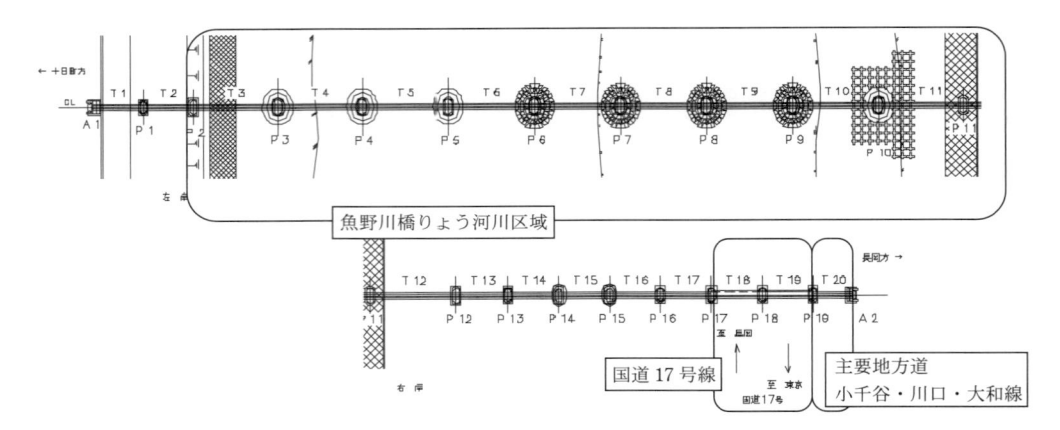

付属図 7-6.2　魚野川橋りょう平面図

付属図 7-6.3　魚野川橋りょう

プレートガーダー橋である．橋脚は小判形断面を有し，計 19 本のうち P3〜P11 の 9 本は，中埋めコンクリートにく体表面を間知石で積んだ構造となっており，それ以外の橋脚は無筋コンクリート造となっている．また，橋脚周辺には洗掘防止に根固めブロックが設置されている．橋台は矩形断面の無筋コンクリート造で，左右ウィングは丸石を積んでモルタルで固めた石積み擁壁となっている．**付属図 7-6.2** に魚野川橋りょうの平面図を，**付属図 7-6.3** に河川部および道路部の橋脚の状況を示す．

4．橋りょうの被害状況

（1）被害調査項目

地震後の現地確認により，橋脚く体の横ずれ，桁座コンクリートの移動，間知石の脱落等の変状が確認された．これらの変状原因は，本震およびたび重なる大きな余震であることが明白なため，復旧計画の策定にあたり，以下の調査を実施した．

・詳細な目視調査

・衝撃振動試験（目視検査で必要と判断された箇所について）

（2）目視調査結果

目視調査で判明した構造物ごとの調査結果を**付属表 7-6.2** に示す．主な変状としては，く体コンクリートひび割れやはく落，間知石のき裂や脱落，桁座コンクリート損傷，固定沓の移動や桁の浮き上がり，く体下部の打継目の横ずれであった．

付属表 7-6.2　目視検査結果

構造物	支承部および橋台裏の変状	く体の変状
A1	・橋台背面土の沈下	・ウィング傾斜・損傷
P1	・桁座コンクリート損傷	——
P2	——	
P3		・く体目地切れ，脱落
P4	・桁座コンクリート目地き裂 ・4 G けた損傷，右固定下沓損傷	・く体目地切れ
P5	・桁座コンクリート目地き裂 ・く体間知石目地切れ，脱落	・く体目地切れ，脱落
P6	・5 桁座コンクリート打継開口 ・6 G 左固定沓部，桁の浮き上がり ・6 G および右固定沓移動 ・く体目地切れ	・く体目地切れ，脱落
P7	——	・く体目地切れ，脱落
P8	・8 G および左固定沓移動	・く体目地切れ，脱落
P9	・9 G 右固定沓部桁座損傷 ・9 G 左固定沓部，桁の浮き上がり ・9 G 左落橋防止工アンカーボルト浮き	・く体目地切れ，脱落
P10	・10 G および左固定沓移動 ・桁座コンクリート打継クラック	・く体目地切れ，脱落
P11	・軌道の変位 ・沓と桁の過大変位・桁の浮き上がり ・桁座コンクリートの移動	・護岸の損傷・橋脚との開口（残留変位） ・く体の損傷（クラック）
P12	・12 G 右固定沓部，桁の浮き上がり ・13 G 右可動沓アンカーボルト抜け・曲がり	・く体コンクリートはく落
P13	——	・桁座コンクリートの損傷（移動）
P14	——	・く体の損傷（横ずれ）
P15	——	・く体の損傷（横ずれ）
P16	・桁座の損傷（クラック）	・く体の損傷（頭部），（打継部）
P17		・く体の損傷
P18		・防護コンクリートの損傷
P19	・桁の移動	・く体の損傷
A2	・橋台背面土の沈下	・く体の損傷

　A1 では，背面盛土の沈下による軌道変位や，沈下に伴うウィングの傾斜およびき裂が発生した．一方，A2 では，く体下部の打継目で横ずれが生じ，一部コンクリートがはく落したほか，背面盛土の沈下による軌道変位が発生した．

　橋脚は，河川内に位置する間知石積みの構造の P3〜P11 において，目地切れや間知石の脱落が発生したほか，P1，P6，P9，P10，P11 において桁座コンクリートのき裂や移動といった変状が発見された．また，間知石がない他のコンクリート橋脚では，P14，P15 においてく体下部の打継目の横ずれが発生し，P13 においては桁座コンクリートの移動が発生した．なお，橋台および橋脚打継目の横ずれ部については，地震後に鋼板とボルトで仮止めを行った．**付属図 7-6.4〜8** に変状写真を示す．

A1　全景	A2　全景
A1　橋台背面土沈下	A2　橋台背面土沈下
A1　ウィングき裂	A2　く体のずれおよび損傷

付属図 7-6.4　変状写真（橋台）

付属図 7-6.5　変状写真（橋脚）その1

342

P10　く体間知石脱落	P11　護岸の損傷・橋脚との開口
P14　く体の横ずれ	P15　く体の横ずれ
P16　く体の損傷	P17　く体の損傷

付属図 7-6.6　変状写真（橋脚）その 2

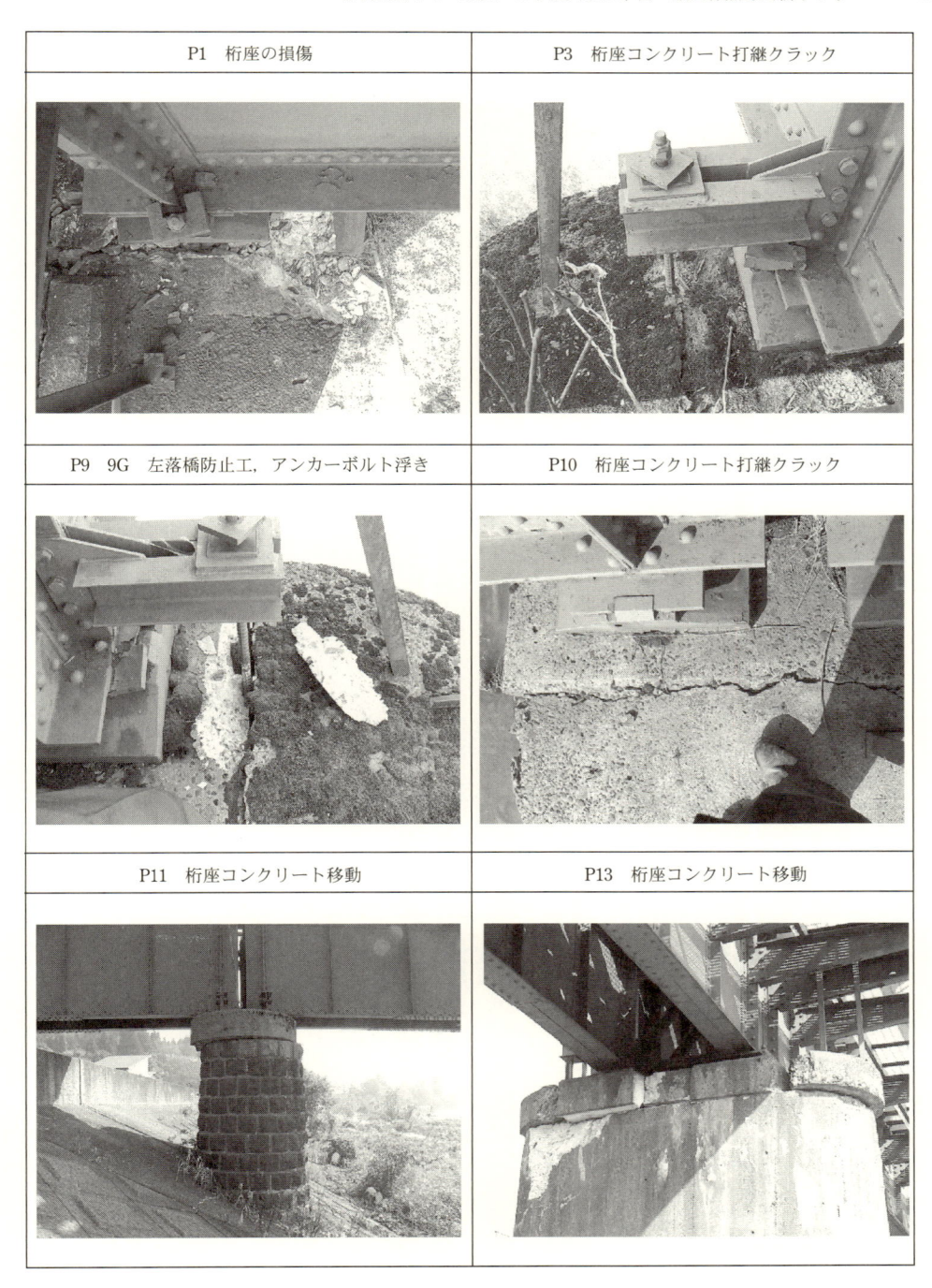

付属図 7-6.7　変状写真（桁座）

344

P4　4G 固定・下沓のツメ損傷	P6　6G 左固定沓，桁の浮き上がり
P8　8G および左固定沓の移動 （起点方へ 25mm）	P9　9G 左固定沓，桁の浮き上がり
P11　沓と桁の過大変位，桁の浮き上がり	P19　桁の移動

付属図 7-6.8　変状写真（沓）

5．応急対策工の選定

　損傷した橋脚のうち，打継目部でく体に水平方向のずれを生じた橋脚については，応急工事として既設く体の外周に鉄筋を組立て，RC 巻きで復旧することとした．また，河川部の石積み橋脚について，目地切れや橋脚下部の間知石が一部脱落するなどの変状が発生したが，く体全体が崩壊するなどの大きな損傷は認められなかったことから，アンカーボルト，補強材を用いて欠損部の断面修復およびアラミド繊維シート巻きにより復旧することとした．なお，橋脚天端の桁座修復については，ひび割れ部にはエポキシ注入を，また，断面欠損，大規模損壊部については，メッシュ筋を配置し，断面修復等を行うこととした．

　なお，橋台については，橋台前面に H 鋼を配置し，グラウンドアンカー（2 段）を施工し復旧させることとした．

　付属図 7-6.9，10 に橋脚および橋台の補修方法を，**付属図** 7-6.11，12 に補修後の状況写真を示す．

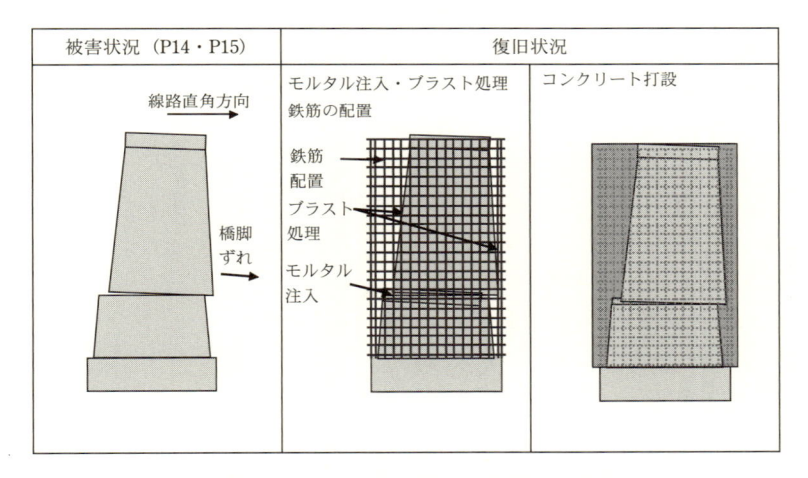

付属図 7-6.9　く体にずれが生じた橋脚の補修方法

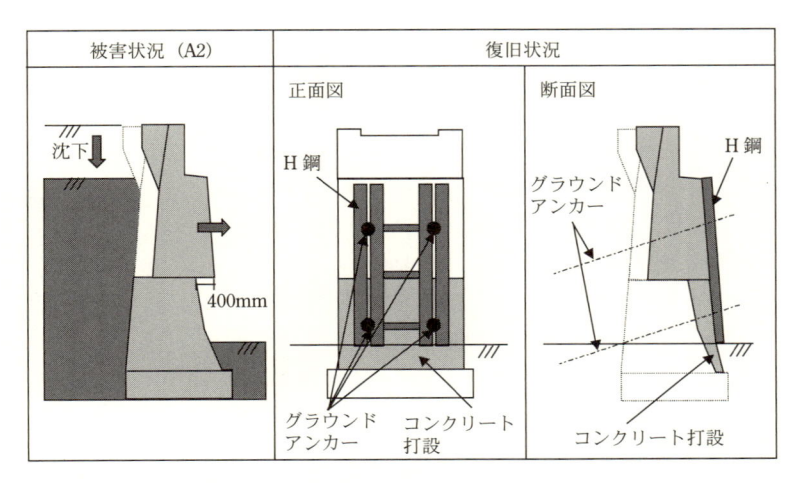

付属図 7-6.10　く体にずれが生じた橋台の補修方法

付属図 7-6.11　橋脚補修後の状況

付属図 7-6.12　橋台補修後の状況

6.　恒 久 対 策

　恒久対策は，原形復旧を基本とし，既に RC 巻き補強を行った P14，P15 およびく体の損傷が確認されなかった P2，P12 を除く，15 橋脚，および A2 橋台を対象とした．また，恒久対策は設計施工上，および協議上の観点から① A2 橋台部　②陸上部　③河川部の 3 ブロックに分けて実施した．

　橋脚の RC 巻き補強の設計は，鉄道構造物等設計標準（耐震設計）等を参考に，橋脚く体の鉄筋配置を決定した．

　①　A2 橋台部

　本復旧工事では，橋台前面に施工した鋼材をそのまま利用し，塗装等で仕上げを行った．また，左翼壁は，のり勾配にあわせ上部を切断し，前面にコンクリートを打設した．

　②　陸上部（無筋コンクリート橋脚）

　軸方向鉄筋は，地震時に橋脚く体に作用する応力が小さくなる位置より下方に，十分な定着長を確保し定着することとした．軸方向鉄筋の定着部は，軸方向鉄筋の応力が大きいと軸方向鉄筋の付着が低下し，割裂ひび割れを起こすなど，補強効果が低下することが考えられるため，軸方向鉄筋下部から定着部の範囲について，帯鉄筋を配筋した（**付属図 7-6.13**）．また，橋脚まわりの平均掘削深は 2.5 m であるため，施工にあたり，ライナープレートを仮土留として使用した．

　③　河川部（組積橋脚）

　河川部の橋脚は組積構造であるが，基礎部は過去に洗掘対策として鉄筋コンクリートによる根巻き補強を行っている．そこで，く体の組積部のみ RC 巻き補強を行い，軸方向鉄筋は，地震時に橋脚く体に作用する応力が小さくなる位置より下に，十分な定着長を確保し，定着することとした．根巻き鉄筋コンクリート内に軸方向鉄筋を 30ϕ 以上定着させるため，根巻き鉄筋コンクリート上部から底面へ 1 橋脚あたり 30 本のコア（最深約 3.9 m）を削孔し鉄筋を挿入した（**付属図 7-6.14**）．また，足場は，低水路上にある P3 を除きすべて吊足場による施工とした．

　巻厚は陸上部と同様 200 mm とし，コンクリート打設は，河川両岸にポンプ車を配置し，橋側歩道に配管して打設を行った（**付属図 7-**

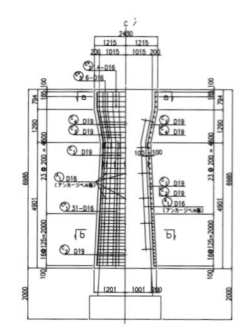

付属図 7-6.13　陸上部橋脚補強配筋

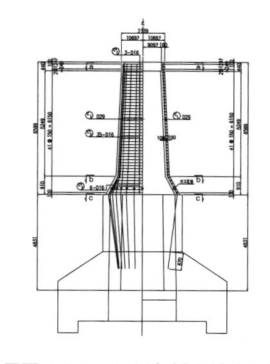

付属図 7-6.14　河川部橋脚補強配筋

付属図 7-6.15　陸上部橋脚補強

付属図 7-6.16　復旧工事完了状況

6.15)．なお，施工については渇水期である 11 月〜3 月の間で実施した．

参考文献

・土木学会：災害速報−平成 16 年新潟県中越地震　土木学会第二次調査団（社会基盤システム総合調査）「調査結果と緊急提言」（速報），平成 16.11.12.
・気象庁：平成 16 年（2004 年）新潟県中越地震に関する各種資料等，平成 16 年（2004 年）新潟県中越地震について　−速報−．
・地盤工学会：災害速報−新潟中越地震　調査団第 3 報（10.27），新潟大学　大川秀雄，保坂吉則．
・文部科学省地震調査研究推進本部：2004 年 10 月 23 日新潟県中越地震の評価．
・第 92 回工学地震学・地震工学談話会（CUEE 新潟県中越地震調査速報会）資料，2004 年新潟県中越地震の地震動について，翠川三郎ほか；2004 年新潟県中越地震による土木構造物等の被害，盛川仁，福島康宏．
・九州工業大学災害調査団：平成 16 年新潟県中越地震−第二次被害調査速報版−，平成 16.11.8.
・2004 年新潟県中越地震新潟大学調査団資料．

付属資料 7-7　近接施工に対する事例：地下鉄東西線荒川中川橋りょう

1．概　　要

　東京地下鉄株式会社（東京メトロ，近接施工当時は帝都高速度交通営団，以下，営団）東西線荒川中川橋りょう（全長 1236.05 m，以下，営団荒−中橋りょう）では，近接して東京都の都市計画道路「放射第16 号線荒川横断橋りょう（清砂大橋：全長 1270 m）」（以下，都道清砂大橋）が建設されるため，営団荒−中橋りょう橋脚基礎の変位に対する影響が懸念された．そこで東京都は，営団と平成 4 年 3 月に基本協議を行い，これを受けて営団は，学識経験者および関係者による「東西線荒川中川橋りょう調査研究委員会」（委員長：松本嘉司　元東京大学名誉教授）を設置し，近接施工の影響検討，計測管理方法の策定や許容値および管理値の設定，さらに計測結果に対する評価，検証を行った．

　この都道清砂大橋近接工事は，3 期にわたる大規模工事であったが，ここでは，都道清砂大橋下部工の中で最も規模が大きく，さらに最も営団側の構造物に近接した条件で進められた斜張橋橋脚の P1 およびP2 橋脚基礎のうち，第 1 期工事対象となった P1 施工時の状況について述べる．

2．営団荒−中橋りょうおよび清砂大橋の概要

　橋りょうが位置する地層は，軟弱な沖積砂層および粘性土層が起点側（南砂町方）で 65〜70 m，中央から終点側（葛西方）にかけ 35〜40 m と厚く，その下に砂質の砂層または砂礫層が堆積している．

　営団荒−中橋りょう橋脚の基礎は，支持層が深い起点側では場所打ち RC 杭が，支持層が比較的浅い終点側は鋼管杭が施工されている．また，河川中央部の橋脚については桁のスパンが長く，荷重も大きいことからケーソン基礎となっている．

　一方，都道清砂大橋の基礎としては，鋼管矢板井筒基礎が採用された．中でも斜張橋部の橋脚基礎（P1 および P2）は，長径 30.2 m，短径 21.5 m の大規模な井筒基礎となっている．**付属図 7-7.1** に営団および東京都の各々の橋りょうの平面位置関係を示す．

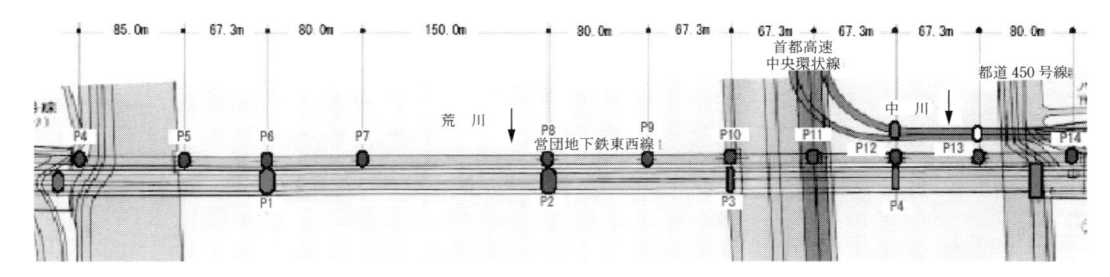

付属図 7-7.1　営団荒−中橋りょうおよび都道清砂大橋の平面位置関係

都道清砂大橋の P1 と営団荒－中橋りょうの P6 の位置関係は，**付属図 7-7.2** に示すように離隔距離が 5.75 m と非常に接近した状態にあり，さらに営団側の橋脚基礎底面から 5.5 m 深い位置に都道の基礎先端が設定された．そのため，都道建設に伴い，営団荒－中橋りょう橋脚に沈下あるいは水平変位の発生が懸念された．

3.　近接工事に伴う変状予測と計測体制

営団荒－中橋りょう基礎への影響の予測としては，工事初期の段階の鋼管矢板打込み時において，営団荒－中橋りょうの基礎が引き込まれる形で沈下を生じ，次に，都道清砂大橋基礎の打込み完了後，鋼管矢板井筒を仮締切工として井筒内掘削を行う工程において仮締切工が弾性変形し，営団荒－中橋りょう橋脚が下流側（都道清砂大橋側）に引き寄せられる形で水平方向に変位するというものであった．そこで，営団荒－中橋りょう橋脚の変位計測管理体制を敷くこととした．

営団荒－中橋りょうの挙動計測は，各々の橋脚の鉛直・水平変位計測についてはレーザー式変位計および傾斜計を，また，基礎部については地中変位計（傾斜・層別沈下）を設置することにより実施した．さらに周辺環境（潮位，外気温，風向風速等）も継続的に計測し，すべての計測項目について，リアルタイムで状況の把握が可能な 24 時間自動計測システムとして構築した．

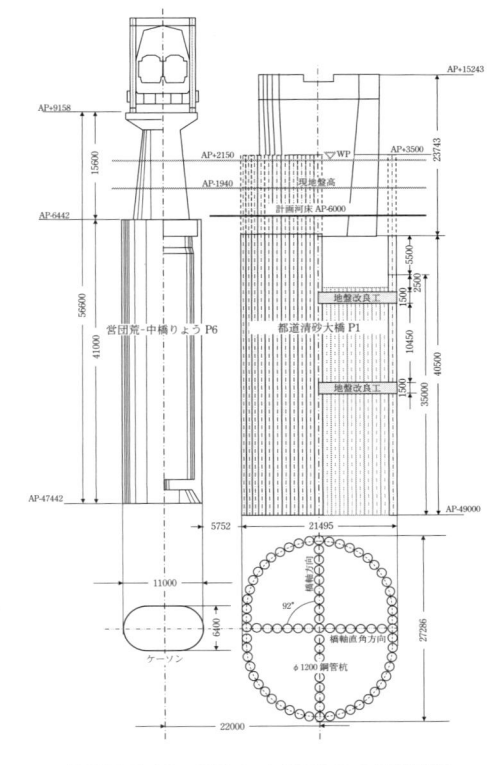

付属図 7-7.2　都道 P1 と営団 P6 の位置関係

4.　橋脚天端における許容変位量および管理値の設定

（1）列車の走行安全性から定まる許容変位

鉄道の設計標準[1] に定める走行安全性から定まる目違い・折れ角量の考え方に基づき支点沈下量，支点不同沈下量，水平移動量を算定した．その結果を**付属表 7-7.1** に示す．なお，検討にあたっては，列車速度を営業速度である 110 km/h とし，算定を行った．

付属表 7-7.1　列車走行性から定まる許容変位量

変位項目	許容変位量	決定要因
支点水平移動量	150 mm	許容折れ角より算定
桁支点沈下量	60 mm	同上
桁支点不同沈下量	20 mm	ローリングによる乗り心地

（2）桁の機能を維持する上で必要な許容変位量

（1）で算定した沈下量，不同沈下量，水平変位量に対し，鋼桁部材に発生する応力状態を解析により算出し，各部材に発生する応力が保守限応力[2] 以内に収まることを確認した．

（3）基礎の安定性から定まる許容変位量

都道清砂大橋側は，鋼管矢板により井筒が形成された後，井筒本体を仮締切工として井筒内部の掘削を行う．これにより発生する井筒の弾性変形と，それに伴う営団 P6 への影響解析を行った．検討の結果，（1）で算定した水平・鉛直変位量を超える値となったが，この状況においても営団荒－中橋りょうケーソン基礎の部材としての安全性は担保し得ること，鉄道の設計標準[3]に定めるケーソン基礎の許容変位量を上回るものではないことを確認した．

一方，鉛直変位に関しては，許容値を定量的に設定する根拠がないのが実状である．そこで，既往の資料を参考として安全側に設定することとした．

近接工事における許容値，管理値の実態を調査し，まとめた資料として「地中送電線土木工事における構造物近接設計・施工指針」（昭和 60 年 11 月：日本トンネル技術協会）がある．これは 1972 年から 1982 年までの 10 年間に報告された文献を調査し取りまとめたもので，現在においても近接工事の管理値として，この中に示されている値を用いる例が多い．具体的な鉛直変位量の管理値としては

a）鉄道（国鉄）の場合

・橋台・橋脚における管理値：±20 mm

・架道橋：沈下量 10 mm

・高架橋：沈下量 3 mm，不同沈下量 2.3 mm

b）道路橋橋脚の場合

・橋脚の沈下量 13 mm

と表記されている．そこで，今回の鉛直変位量の管理値を ±20 mm と定めることとした．

（4）沓まわりに関する検討

続いて，沓部材，沓座コンクリートに関する検討を行った．

沓部材（鋳鉄）に関しては（1）で算定される水平変位量・不同沈下量に対し，応力的に余裕があることが確認できた．一方，沓座コンクリートの検討において，（1）の水平変位により最大約 2000 kN（200 tf）のトラス反力（水平荷重）が生じ，これにより沓座面のコンクリートの許容支圧応力度（8 N/mm² （80 kgf/cm²））を超える結果となった．そこで，逆解析的に安全性を担保可能な変位量を算定したところ，許容水平変位量 30 mm という結果を得ることとなり，これに基づき井筒内の地盤改良の方法および切梁間隔等の見直しを図った．

以上の検討により，許容変位量および管理値を**付属表 7-7.2** のとおり設定した．

なお，これらの値は，通常の近接工事で用いられる値を大幅に上回るものであるが，今回のように委員会を設置し，学識経験者等による精緻な検討を実施したことによる特例措置であることをここに明記しておく．

付属表 7-7.2　荒－中橋りょう P6 の許容変位量および設定管理値一覧

変位項目	許容変位量	一次管理値	二次管理値
水平変位	30 mm		
鉛直変位（浮上）	10 mm		
鉛直変位（沈下）	20 mm	許容値×0.8	許容値×0.6
傾斜	2.8×10^{-3} rad		

5．計測中のトラブル

　計測器の設置計画の段階において，橋脚の鉛直・水平変位計測では計測径間が最大で 150 m，線路縦断勾配変化 12 ‰という計測条件を考慮し，レーザー測量システムを選択した．また，外気温度分布によるレーザー光線の屈折防止のため，日照のない上流側橋脚上に計測線を設定するとともに列車通過時の橋脚の振動を感知し，その間は測量システムを遮断することで計測精度の向上を図ることとした．

　ところが，計測を開始してみると上・下流側の温度変化の影響に加え，干潮時における水面付近からの水蒸気の上昇に伴う大気のゆらぎを原因とするレーザー光線の屈折が発生し，これにより予測し得なかった過大な測定誤差が発生することとなった．管理値を越える状況になった場合，自動的に多くの関係者に通報されるようシステム設定がなされていたことで，ただの誤報という扱いではすまない深刻さがあった．

　このトラブルに対する対策として，日照および潮位の状態に応じて自動通報を一時的に遮断するとともに，トランシット測量を併用し，自動計測値の補完を行うこととした．

6．変位計測結果

　都道清砂大橋 P1 工事は，平成 9 年 1 月から施工を開始し，平成 10 年 6 月に完了した．

　営団荒－中橋りょうの計測管理は，本計測の準備段階として，平成 8 年 8 月から 12 月にかけて事前計測を行い，そのデータを基に初期値を設定した後，平成 8 年 12 月から本計測を開始した．以下に都道清砂大橋 P1 施工時における営団荒－中橋りょう P6 の計測結果について述べることとする．

（1）鉛直変位量計測結果

　先にも述べたように，都道清砂大橋 P1 基礎の基礎先端位置が，営団荒－中橋りょう P6 基礎の根入れ位置より 5.5 m 以深に設定されており，そのため鋼管矢板の打設による影響を大きく受け，営団荒－中橋りょう橋脚基礎が沈下・傾斜することを強く危惧した．そのため，施工時における変位挙動には十分注意を払うこととなったが，結局，計測期間中の橋脚天端位置における鉛直変位は，一次管理値に対し，十分余裕を持って収まる結果となった．

　付属図 7-7.3 に営団荒－中橋りょう P6 の鉛直変位の推移状況を示す．これからわかるように，鉛直変位は非常に緩やかに推移し，後述する水平変位挙動の鋭敏さとは対照的であることがわかる．

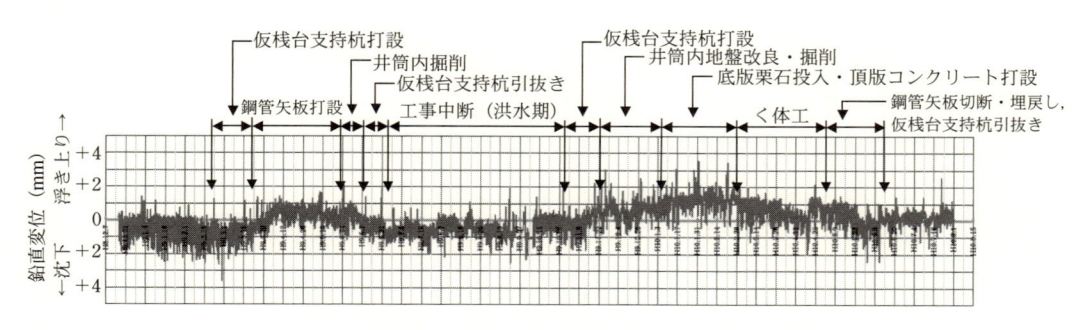

付属図 7-7.3　営団荒－中橋りょう P6 橋脚の鉛直変位経時変化グラフ

比較的顕著な動きを呈した工程は以下のとおりである．

①第 1 渇水期工事において，仮桟台用支持杭の打設工程から鋼管矢板打設の初期段階で 1.5 mm 程度の

352

浮き上がりが発生した.

②鋼管矢板井筒内を掘削する工程で1mm程度の沈下現象が生じた.

③第2渇水期において，仮桟台用支持杭打設工程から井筒内掘削までの間に1.5mm程度の浮き上がりが発生した.

④井筒内頂版コンクリート打設の工程に移り，回復傾向を見せ，橋脚く体の立ち上げ，鋼管切断（仮締切部），基礎周面の埋戻しまでに，工事開始前の状況にまで回復することとなった.

（2）水平変位量計測結果

営団荒－中橋りょうP6は，第1渇水期と第2渇水期それぞれで，鉛直変位と比較して大きな変位が発生した．その時々の都道清砂大橋P1工事の主な工種は，以下のとおりである.

・第1渇水期工事：仮桟台支持杭打設，鋼管矢板打設，仮桟台支持杭引抜き

・第2渇水期工事：仮桟台支持杭打設，鋼管矢板打設，スライム処理，水中掘削

変位計測値を**付属表**7-7.3に示す.

この表から分かるように，仮桟台杭および鋼管矢板の打設により押し出される形で27mmの変位が，また，桟台杭の引抜きにより引き寄せられる形で10mm，さらに井筒内の地盤改良によって28mm押し出されたものが，最後の井筒内掘削工程によって16mm引き戻される結果となった.

事前の予測解析では，井筒を仮締切工として井筒内掘削を行った際，発生する営団荒－中橋りょうP6の水平変位量（橋脚天端位置）の最大値が，22.5mm（引き寄せられる側に変位）という結果であった．しかし，実際は，井筒内掘削以前に仮桟台杭打設，鋼管矢板打設工の段階で，当初予測とは反対側に押し出される側へ変位し，結果的に残留変位は予測値を下回る値で落ち着くこととなった.

なお，橋脚の鉛直変位が，発生から復帰まで比較的ゆっくりとした推移であるのに対し，橋脚の水平変位は，地盤の変位に追随した急速な反応であった.

また，地盤内の変位計測の結果，営団荒－中橋りょうP6と都道清砂大橋P1基礎の間に設置した地中変位計による地盤の最大変位量は，AP－6m地点で36mmであった.

付属図7-7.4に施工状況の写真を示す.

(a) 着工前営団荒－中橋りょう全景

(b) 鋼管矢板打設状況

付属表 7-7.3　営団荒－中橋りょうP6橋脚の累積水平変位量

工事内容	水平変位量 （累計）	備考
仮桟台杭打設	＋10.0mm	H鋼400×400：155本
鋼管矢板打設	＋27.0mm	φ1200×56本
仮桟台杭引抜き（井筒内）	＋16.8mm	
工事休止期間	＋0.3mm	増水期
井筒内地盤改良	＋28.2mm	井筒内掘削時の変形抑制
井筒内水中掘削	＋12.1mm	井筒内地盤改良後掘削
橋脚く体工完了	0.0mm	
その後の経過	－3.0mm	

水平変位量　＋：上流方，－：下流方

(c) 第1段目切梁設置状況

付属図 7-7.4　都道清砂大橋P1施工状況

7．ま　と　め

　鋼管矢板の打設工程の中で，水平変位量が一次管理値を超えることとなった．この時点で，検討協議会を召集し，対策案について検討を行ったが，事前に行った検討により井筒内掘削の工程において発生する変位の傾向および予測値が把握できていたこと，また，予測どおり推移した場合，最終的な残留変位量は列車運行に支障のない値として落ち着くことが予想されたことから，その後の工事の進捗に対しては沓座等の監視および計測体制の強化を図った上で工事を継続することとし，結果的に，列車の運行上，問題とならない残留変位に管理することができた．

　なお，他の橋脚工事についても順調に工事が進捗し，予定どおり平成 16 年 3 月 28 日，都道清砂大橋は供用開始の運びとなった．

参考文献

1)　鉄道総研：鉄道構造物等設計標準・同解説（コンクリート構造物編），平成 4 年 11 月．
2)　鉄道総研：建造物保守管理の標準（鋼構造物），1990．
3)　日本国有鉄道：建造物設計標準解説（基礎・土構構造物編）．

付属資料 8-1　構造物の検査結果を記録するシステム

1.　はじめに

　検査の結果は，構造物の維持管理を将来的にわたり適切に行うために，検査，措置等の記録を作成し，これを保存するものとする．また，記録内容に最新の構造物の現状が反映されるように配慮し，記録は一定の書式により正確かつ客観的に記録する必要がある．

　構造物の検査の記録を効率的かつ合理的に行うためには，設計，施工，検査の結果，措置の結果等を電子データとして記録・保管し，検査の都度，データを更新するとともに構造物の履歴に関する内容を常に容易に参照できるシステムを利用することが有効である．ここでは，こうした維持管理の記録を電子データ化し，調査結果を蓄積，管理するシステムの例[1]〜[3] を紹介する．

2.　維持管理記録のデータベース化

2.1　システムの構成

　鉄道構造物の検査を記録するにあたり，現地調査時に野帳等に記録した膨大な調査結果を，事務所で検査記録簿に整理する作業は，多くの手間と時間を必要とする．また，検査に必要な資料を現地にすべて携帯することは，容易ではない．

　そのため，検査対象構造物に関係する設計図書，補修等の措置の記録や写真等をデータベースに保管し，そのデータを現地で容易に参照できるシステムは，きわめて有効となる．さらに，構造物の調査結果に基づき健全度の判定を現地で直接，端末に入力する機能，および健全度の判定を支援する機能（判定補助機能）が付加されれば，事後整理の作業が大幅に軽減される．そのためには，**付属図 8-1.1** に示すように，データベースサーバや事務所のクライアント，および現地で専用の検査端末をネットワーク化して使用することにより，上述した機能を持たせたシステムを構築することが鍵となる．

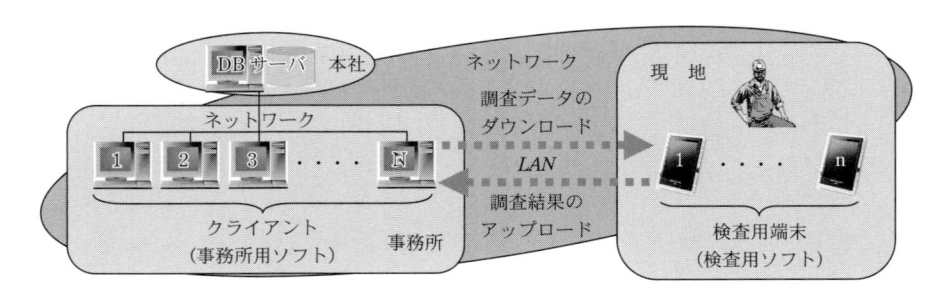

付属図 8-1.1　システムのネットワーク構成

2.2　検索機能

　膨大な量におよぶ維持管理の記録を電子データ化する上で，検索機能は重要である．特に実際に検査を実施する構造物を検索する際には，キーワードや路線名，路線図からの検索が便利である．**付属図 8-1.2** は，簡単な路線図から，データベースに取り入れた構造物の諸元，設計図書，補修記録や写真等の各種台帳を検索するイメージ図である．

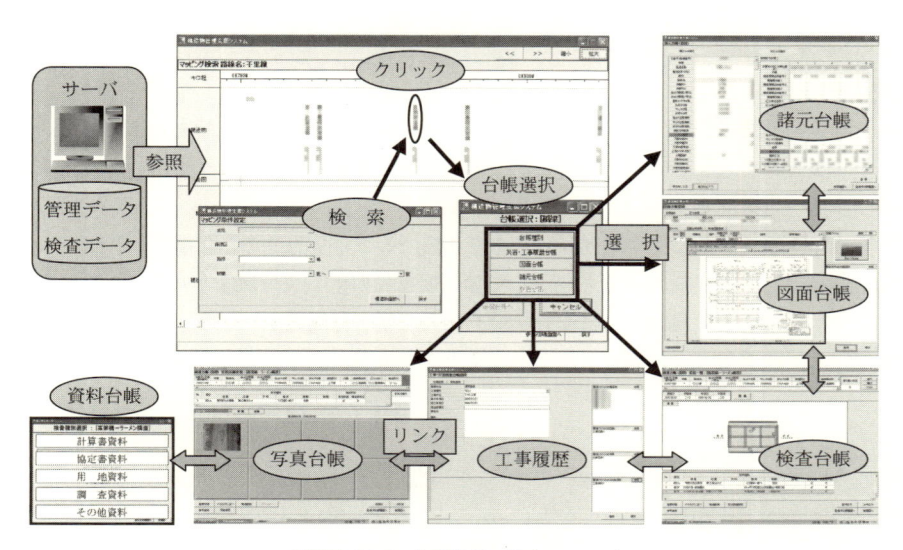

付属図 8-1.2　各種資料の検索イメージ

　各台帳内のデータや構造物の諸元等を関連付け，充実した検索機能を可能にするためには，各構造物および構造物の諸元となる基本情報や写真等に ID 番号を持たせることが必要となる．

2.3　健全度の判定を支援する機能

　全般検査においては，主に目視による調査結果に基づいて構造物の健全度を判定し，必要な性能レベルを満足しているか否かを確認する．実際に全般検査を実施する上では，多種におよぶ構造種別について健全度の判定に必要となるしきい値をあらかじめ検査員（検査責任者および検査実施者）が記憶し，あるい

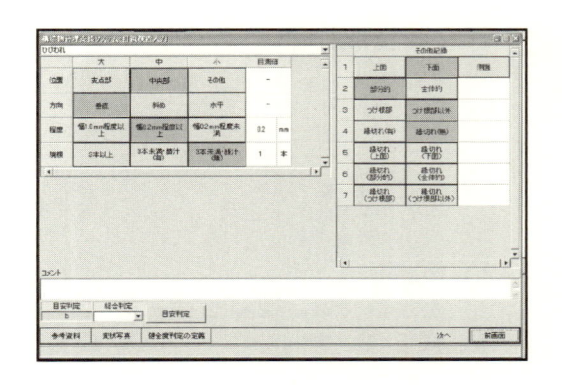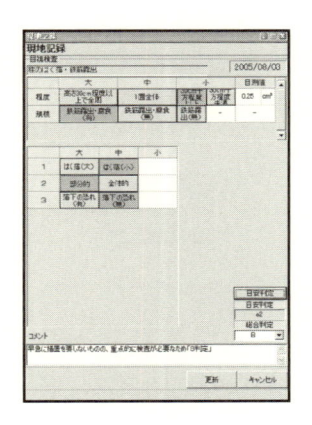

付属図 8-1.3　健全度の判定を支援する機能

は，しきい値を記した参考資料を現地に携帯し，これを参照しながら健全度の判定を行わなければならず，これらの準備作業は決して容易なことではない．

　そこで，こうした現地調査において健全度の判定を行う場合に，膨大な参考資料を準備することなく，構造物の種別ごとに，変状の種類に応じた健全度の目安判定を検査用端末の画面に表示させ，変状の位置，規模，分布の程度といった項目から，検査実施者がしきい値の範囲を選ぶことで健全度の目安判定が出力される機能（判定補助機能）を搭載している（**付属図 8-1.3**）．

2.4　検査の実施

　ここでは，判定補助機能を備えたシステムを用いて現地調査を実施する手順を以下に示す．

① サーバから調査を実施するすべての構造物の情報を検査用端末にダウンロードし，検査を実施する構造物を選択する（**付属図 8-1.4**）．

② 変状の写真やクラック等に関する調査記録を変状箇所ごとに登録する（**付属図 8-1.5**）．

③ 変状箇所を確認し，判定補助機能を参照して健全度を入力する（**付属図 8-1.3**）．また，変状が進行している場合には，画面上の展開図等に進行状況を記入する（**付属図 8-1.6**）．

④ 調査が終了し，検査用端末に記録された調査結果をサーバにアップロードする（**付属図 8-1.7**）．

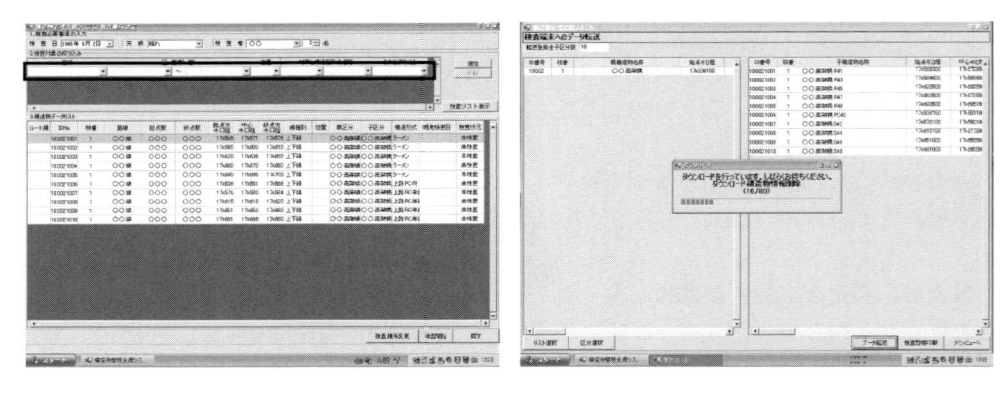

付属図 8-1.4　調査区間の選択とサーバからのダウンロード

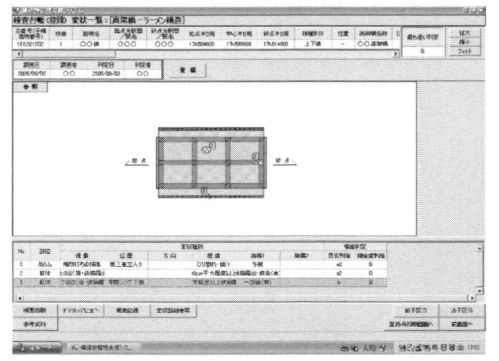
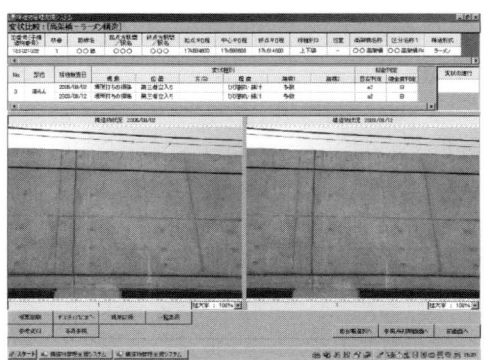

付属図 8-1.5　調査記録

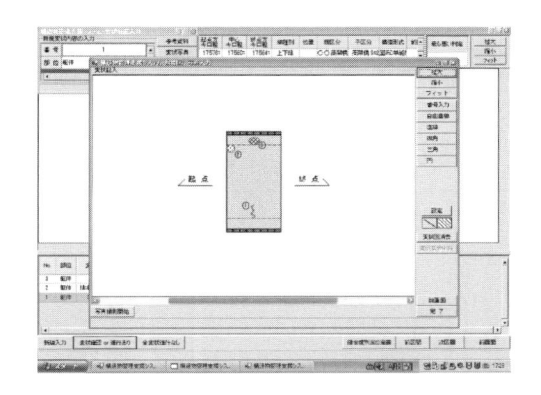

付属図 8-1.6　変状の進行状況の記入

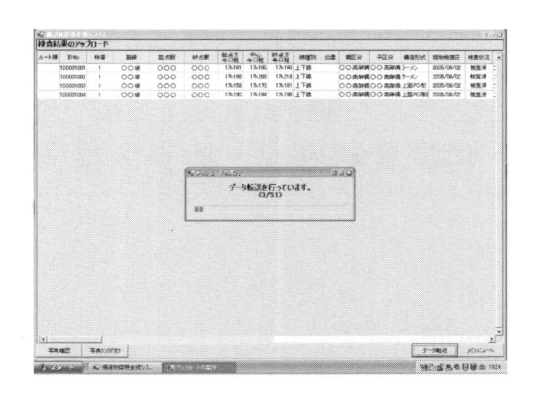

付属図 8-1.7　サーバへのアップロード

3.　ま　と　め

　本資料では，鉄道構造物の検査の記録を電子データとして記録・保管し，データベースで管理するシステムの例を紹介し，データベース化に伴って必要となるシステムの構成や機能等について述べた．

　検査における健全度の判定は，システムによる自動判定ではなく，あくまで検査員が行うものである．しかし，判定を補助する機能をシステムに導入することは，検査員が適切ではない健全度の判定を導くことを防ぐためには有効であると考えられる．

参考文献

1)　三谷公夫，草野剛一，坂入敦，篠田知堅，林健二，菊地誠：構造物管理支援システムの構築（1），土木学会第 61 回年次学術講演概要集，2006.

2)　進藤良則，菅原孝男，浅葉喜一，間下孝夫，中塚孝，大塚祐一郎：構造物管理支援システムの構築（2），土木学会第 61 回年次学術講演概要集，2006.

3)　小出泰弘，尾山達己，小西真治，丸田大輔，藤巻恵，佐藤巧二：構造物管理支援システムの構築（3），土木学会第 61 回年次学術講演概要集，2006.

付属資料 8-2　検査・措置の記録様式の例

1.　は じ め に

　構造物の維持管理のあるべき姿を考慮すると，**付属資料 8-1** に示すような電子システムによる管理が理想的といえる．しかし，従来行われてきている検査記録簿による管理が，安全の確保に十分ではないということはなく，必要な情報を記録する目的に見合った検査記録簿であれば，問題なく適切に構造物の維持管理を行うことが可能である．

　ここでは，将来の維持管理に必要な記録を残すための検査および措置の記録簿の様式の例を紹介する．

2.　記録簿の様式の例

　付属図 8-2.1 および**付属図 8-2.2** に検査および措置の記録様式の例を示す．これらの付属図および「8.2 記録の項目」を参考に，基礎構造物・抗土圧構造物の特性および実状を考慮して，必要と考えられる記録項目を選択するとよい．

3.　記録簿に記録するにあたっての注意点

3.1　検査単位と記録簿

　鉄道構造物の検査計画を策定するにあたり，重要となるのは検査単位の設定である．

　長大橋りょうを 1 つの検査単位と設定すると，調査に多くの期間を必要とし，構造物の維持管理上，好ましくないことがある．また，特別全般検査を実施して検査周期の延伸を考慮する場合も，**解説表 4.4.1** によると，河川橋りょうでは，ほぼ高水敷に位置する橋脚に限定されることから，なるべく検査単位を細分化し，橋台・橋脚ごとに検査単位を設定するのが理想的ではあるが，台帳整理の煩雑さを考慮して，適宜設定するのがよい．

3.2　記録簿に記載する項目について

　記録項目については，「8.2　記録の項目」を参考に，構造物の特性を考慮して，適切な記録項目を選択するとよい．**付属図 8-2.1** および**付属図 8-2.2** では，検査と措置を別の様式とした場合の例を示しているが，この場合，検査→措置→健全度の見直し，といった構造物の時系列的な維持管理の流れが分かるように留意して，記録を行うことが重要である．

3.3　記録簿では記載しきれない内容について

　検査にあたっては，写真や図，スケッチ等の視覚的な情報や，測定によって得られる数値情報など，誰が調査を行っても同じ判定となるデータを記録として残すのがよい．**付属図 8-2.1** および**付属図 8-2.2** に

例示した様式では，そのような調査結果の記載箇所が用意されていないため，別紙として記録するのが望ましい．

　なお，付属図に別紙の例は割愛しているが，変状写真の記録が特に重要なものになると考えられる．

3.4　検査種別によって検査員が異なる場合の記録の方法について

　鉄道事業者によっては，個別検査と全般検査等で検査を実施する部署や検査責任者が異なる場合がある．そのような場合には，検査結果の受け渡し等，適切な維持管理が可能となるような体制を構築する必要がある．

建造物検査記録簿

_____ 土木技術センター

線名	○○本線	駅間	○○～××	キロ程	10 k 520 m 上	構造物名	△△川橋りょう（上）P5	検査基準日	9/10

検査区分	調査日	検査実施者	天候	調査内容				健全度	記事	措置等	検査責任者承認印
				変状箇所	調査方法	調査結果	変状原因等				
初回	2000.10.1	□□, ●●, ◇◇	晴	なし	入念な目視			S	別紙1参照	—	☆☆印
通常全般	2002.9.10	□□, ◇◇	雨	なし	目視			S	別紙2参照	—	☆☆印
通常全般	2004.9.5	□□, ●●	曇	く体基部	目視	水平方向のひび割れ 長さ 5.0 m 幅 0.2 mm	不明	B	別紙3参照	—	☆☆印
〃	〃	〃	〃	その他の箇所は異状なし							
随時	2005.7.25	□□, ●●, ◇◇	晴	く体基部	入念な目視	ひび割れ進展 長さ：全周 幅 0.5 mm	地震によると考えられる	A	2005.7.23 ○○沖地震	個別検査	☆☆印
〃	〃	〃	〃	支承部	〃	下沓アンカーボルト位置からひび割れ発生	〃	(B)			
〃	〃	〃	〃	その他の箇所は異状なし							
個別	2005.7.25	□□, ●●, ◇◇	晴	く体基部	入念な目視	ひび割れ進展 長さ：全周 幅 0.5 mm	地震のため，進行性はないと考えられる	A2	別紙4参照	監視	☆☆印
〃	〃	〃	〃	その他の箇所は異状なし							
特別全般	2006.9.3	●●, ◇◇	晴	く体基部	入念な目視	注入箇所の変状なし		C	別紙5参照	—	☆☆印
〃	〃	〃	〃	その他の箇所は異状なし							
通常全般	2008.10.22	□□, ◇◇	雨	なし	目視			C	別紙6参照	—	☆☆印

付属図 8-2.1　検査の記録様式の例

建造物措置記録簿

_____ 土木技術センター

| 線名 | ○○本線 | 駅間 | ○○～×× | キロ程 | 10 k 520 m 上 | 構造物名 | △△川橋りょう（上）P5 |

検査区分	調査日	措置				健全度の見直し	記事
		種別	措置日	実施者（施工者）	内容		
個別	2005.7.25	監視（3月に1回）	2005.9.20	■■	目視，ひび割れの進展なし	—	
		監視（3月に1回）	2005.12.25	■■	目視，ひび割れの進展なし	—	
		監視（3月に1回）	2006.3.10	■■，●●	目視，ひび割れ幅 0.7 mm	—	
		補修	2006.5.1～6.30	▽▽工業（株）	ひび割れ注入工（く体基部・支承部）	C	06-501号工事

付属図 8-2.2　措置の記録様式の例

平成 19 年 1 月
鉄道構造物等維持管理標準・同解説
（構造物編　基礎構造物・抗土圧構造物）
—令和 7 年付属資料改訂版—

令和 7 年 1 月 30 日　発　行

編　者	公益財団法人 鉄道総合技術研究所	
発行者	池　田　和　博	
発行所	丸善出版株式会社	

〒101-0051 東京都千代田区神田神保町二丁目17番
編集：電話(03)3512-3266／FAX(03)3512-3272
営業：電話(03)3512-3256／FAX(03)3512-3270
https://www.maruzen-publishing.co.jp

Ⓒ Railway Technical Research Institute, 2025

組版印刷・中央印刷株式会社／製本・株式会社 松岳社

ISBN 978-4-621-31071-7　C 3051　　　　Printed in Japan